高等学校教材

生活垃圾焚烧处理技术

周北海　白良成　等 编著

化学工业出版社
·北京·

内容简介

生活垃圾焚烧处理是目前及今后垃圾减量化、资源化和无害化的重要手段之一。本书阐述了生活垃圾特性与焚烧历程，生活垃圾的焚烧工程技术、接收存储系统、锅炉类型与构造、焚烧过程，烟气与废水处理、噪声与恶臭防治、焚烧灰渣处理利用、热能利用与发电系统、垃圾焚烧厂的建设、运行维护与管理体系。

《生活垃圾焚烧处理技术》可作为普通高等学校环境工程专业、环境卫生工程专业的本科生和研究生教材，以及相关专业工程技术人员的参考书籍。

图书在版编目（CIP）数据

生活垃圾焚烧处理技术/周北海等编著．—北京：化学工业出版社，2024.3

高等学校教材

ISBN 978-7-122-44651-0

Ⅰ．①生… Ⅱ．①周… Ⅲ．①生活废物-垃圾焚化-高等学校-教材 Ⅳ．①X799.3

中国国家版本馆 CIP 数据核字（2024）第 007176 号

责任编辑：王淑燕　宋湘玲　　　装帧设计：刘丽华

责任校对：李雨晴

出版发行：化学工业出版社

（北京市东城区青年湖南街 13 号　邮政编码 100011）

印　　刷：三河市航远印刷有限公司

装　　订：三河市宇新装订厂

787mm×1092mm　1/16　印张 18¾　字数 459 千字

2024 年 6 月北京第 1 版第 1 次印刷

购书咨询：010-64518888　　　售后服务：010-64518899

网　　址：http://www.cip.com.cn

凡购买本书，如有缺损质量问题，本社销售中心负责调换。

定　　价：68.00 元

前　言

我国采用焚烧技术处理生活垃圾始于20世纪80年代，起步较晚，但发展很快，经历引进、消化、吸收、再创新的过程，已实现垃圾焚烧炉（炉排炉）的国产化和大型化的成功实践。自1988年深圳市垃圾焚烧厂的正式投入运营开始，垃圾焚烧发电技术作为垃圾减量化、资源化和无害化的主要手段备受关注，在我国生活垃圾处理的占比越来越高。

基于编著者的教学、科研和工程实践，《生活垃圾焚烧处理技术》充分考虑环境专业教学的同时，兼顾工程技术人员的需求。内容安排上，力求体现系统性、完整性、新颖性以及建设与运维、管理的结合，既有基础理论的简明阐述，又有工程应用技术与设备资料的总结并集成，以及工程实践的经验和教训。本书简述了生活垃圾特性与焚烧历程，以及阐述了生活垃圾的焚烧工程技术、接收存储系统、锅炉类型与构造、焚烧过程，并对烟气与废水处理、噪声与恶臭防治、焚烧灰渣处理利用、热能利用与发电系统进行了论述，其间贯彻了党的二十大提出的"污染防治攻坚向纵深推进，绿色、循环、低碳发展迈向坚实步伐"的理念，最后介绍了垃圾焚烧厂的建设、运行维护与管理体系。

《生活垃圾焚烧处理技术》由周北海、白良成组成编写组，进行整体设计、内容选取、编写并统稿，徐文龙审，中国城市建设研究院范晓平以及北京科技大学研究生侯荣荣、蔡燕萍、冯竹青、马楠、邱丽佳等参与编写。

《生活垃圾焚烧处理技术》参考了国内外同仁们的研究成果，在此深表谢意。在出版过程中，得到了化学工业出版社有限公司、相关企业以及技术人员的鼎力支持，谨此一并致以诚挚的谢意。

本书可作为普通高等学校环境工程专业、环境卫生工程专业的本科生和研究生教材，以及相关专业工程技术人员的参考书籍。

垃圾焚烧技术及其实践发展迅速，加之国内垃圾分类工作的全面开展，焚烧技术的理论和工程实践肯定会得到进一步完善和发展。鉴于我们的能力所限，书中不当之处在所难免，敬请各位读者批评指正。

周北海　白良成

2023年10月于北京

目 录

第1篇 生活垃圾特性与焚烧概述篇

第 2 篇　垃圾焚烧系统篇

第 9 章 噪声与恶臭防治系统 / 177

第 10 章 焚烧灰渣处理利用系统 / 193

第 11 章 热能利用与发电系统 / 214

第 4 篇 建设与运行维护管理篇

第 12 章 垃圾焚烧厂建设 / 234

第 1 篇
生活垃圾特性与焚烧概述篇

第1章 生活垃圾的性质

垃圾是伴随着人类活动产生的，是人类生活的必然产物，有人存在就有垃圾产生。城市的迅速扩张带来了生活垃圾产生量的爆炸性增加，城市生活垃圾已成为世界各国城市不得不面对的社会问题之一。

长期以来，我国城市生活垃圾的处理方式主要以填埋为主。随着我国环境保护法律法规的不断完善，人们环保意识的增强，填埋作为单一的处理方式越来越不适应垃圾处理“减量化、资源化、无害化”的要求，垃圾管理战略应遵循源头减量、废品回收、转化利用、能源回收、剩余填埋这一主线，以实现环境效益、经济效益和社会效益的统一。

1.1 生活垃圾概述

说到垃圾，人们立刻会想到日常生活中的瓜果皮核、菜叶、废弃塑料、一次性餐盒、易拉罐、废弃纸张等。实际上，垃圾的含义远不止于此。

1.1.1 生活垃圾的概念

按照《中华人民共和国固体废物污染环境防治法》的定义，生活垃圾是指在日常生活中或者为日常生活提供服务的活动中产生的固体废物以及法律、行政法规规定视为生活垃圾的固体废物。

城市生活垃圾指人类在城市内所产生的生活垃圾，主要包括居民生活垃圾、集市贸易与商业垃圾、公共场所垃圾、街道清扫垃圾及学校、企事业单位生活垃圾等。

1.1.2 生活垃圾的特征

生活垃圾具有动态特征，主要表现为以下四个方面。

① 混杂性。生活垃圾是多种废物的混合体。为改变垃圾的混杂性，实现垃圾处理的减量化、资源化、无害化，我国正在推进垃圾分类工作。垃圾分类需要尽量简单明了，使居民容易按照要求去做且不会导致居民产生额外的工作。

② 波动性。不同的人在不同时间所产生的垃圾种类与数量有一定差异，物理成分的比例总是处于波动状态。城市生活垃圾的产生量从一天之间到一年四季均呈现一定的波动性。以北京市为例，第一季度产生量最多，第二季度开始减少，第三季度出现最低点，第四季度逐渐增加。

③ 时空性。由于时空差异以及人们的社会经济活动的差异，表现出生活垃圾的差异性。即使在同一地域、同一时期，生活垃圾的特性在一定范围内也表现出差异性。

④ 持久危害性。自然环境消纳垃圾的容量是有限的。虽然垃圾回收利用可减轻对环境容量的压力，但不可能全部回收利用，因此垃圾的流动给城市带来源源不断的压力。垃圾对自然环境的污染积蓄到一定程度就会远远超出环境自身净化的能力，给人们带来严重的影响。

1.1.3 生活垃圾的分类及处理方法

(1) 生活垃圾分类

生活垃圾分类收集与处理是实现减量化、资源化和无害化的必经之路。我国于 20 世纪 50 年代就提出“垃圾要分类收集”，此后相继出台多项全国性和地方性的垃圾治理政策法规，但效果却不尽如人意。“垃圾分类”在国外很多国家已开展多年，甚至经历几代人的努力，一些成功的经验值得学习。

日本是世界上垃圾分类要求最严格的国家之一。20 世纪 50 年代后，日本的生活垃圾主要分为可燃垃圾和不燃垃圾。90 年代，随着再利用不断受到重视以及填埋空间的减少，减少垃圾产生量日益受到重视，垃圾分类更加细化。垃圾按流向主要分为四类：可燃垃圾、不可燃垃圾、大件垃圾和资源垃圾。不同类别的垃圾必须分类投放，一旦分错，专业人员会将垃圾退回，多次投错会受到政府的诚信警告。日本政府通过“诚信管理”使垃圾分类有序进行。日本垃圾分类的历史也是法律法规不断完善的过程，从 1900 年的《污物清扫法》到 1954 年的《清扫法》，再到 1970 年的《废弃物处理法》以及 2000 年的《循环性社会促进基本法》，法律体系得到不断地完善修订。

德国拥有世界上最早的循环经济方面的法律，1904 年就开始实施城市垃圾分类收集。德国将生活垃圾分为三类（后边提到的前三类）或五类：不可回收垃圾、包装废物、有机垃圾、纸类、玻璃类。不同城市根据其后端处理工艺，垃圾分类方法不尽相同。分类工作由居民在家中完成一部分，大部分分类工作在资源回收站完成。回收站的分类非常细致，有十几个大类，二三十个小类。德国政府按照“分质分类收费”原则管理垃圾分类工作。不可回收垃圾，费用由产生者承担，额度取决于后续处理的成本。垃圾产生者对垃圾没有分类，会承担较大的经济损失。

美国的垃圾分类工作起步也比较早。20 世纪 90 年代，美国确立了生活垃圾优先分级管理战略，要求按源头减量、循环再生利用、焚烧能源利用与处理处置顺序进行管理，注重源头减量与循环再生利用，并将其写进联邦法规。在此管理战略的指导下，美国对生活垃圾实施分类管理，即分类收集—分类运输—分类回收与处理。美国各地的分类方式有所不同，大体分为 4 大类：可回收垃圾、有机垃圾、特殊垃圾以及其他普通垃圾。整体上，美国垃圾分类由家庭分类和公共场所分类两部分组成，家庭分类包括室内垃圾桶和室外垃圾桶。室内垃圾桶有 3 个，分为厨房垃圾、纸类及其他可循环垃圾；室外垃圾桶有 2 个，一个装厨房垃圾，一个一半装纸类一半装可循环垃圾。公共场所垃圾分为可回收类、可堆肥物及其他废物。对于大件或有害垃圾，则需自己将垃圾送到指定场所或委托回收公司上门服务。为推动生活垃圾分类管理，美国各地采用了多种推动政策与措施，主要包括垃圾区别收费制度、垃圾分类奖罚政策、饮料瓶抵押金制度、生产者延伸责任制度及税收优惠政策等。

北欧居民的垃圾分类意识较强，分类处理技术处于世界前列。例如，挪威每户居民家中至少有4个垃圾桶，装有不同颜色的垃圾袋，分别是食物、塑料、纸张以及其他垃圾。居民的垃圾分类意识很高，自觉把垃圾分类后交给收运方。瑞典的生活垃圾大致也分为四类：有机垃圾、可燃垃圾、可回收垃圾和不可回收垃圾。如果投放垃圾时发现别人投错垃圾，发现者会进行重新分类再次投放。芬兰垃圾分类系统较复杂，把垃圾分为六类：生物垃圾、废纸、纸板、玻璃、废金属以及混合垃圾。尽管分类复杂，但芬兰居民同样能自觉践行分类。

从各国生活垃圾分类原则来看有三个共同点：一是各国生活垃圾分类管理均遵循“3R”原则，即减量化、再使用、再循环；二是多数国家生活垃圾分类的大项类同，包括可回收垃圾、生物垃圾、有害垃圾及其他垃圾；三是各国都遵循有害垃圾的强制分类原则。同时，每个国家又各具特色，即北欧民众的环保意识强，美国政府的管理能力突出，德国的经济手段应用灵活，日本的诚信体系完善。

2000年，我国正式提出开展“垃圾分类”工作，明确北京、上海、南京等8个城市为生活垃圾分类收集试点城市。自2016年底，垃圾分类工作在全国全面开展起来。2017年开始制定强制分类管理办法，要求到2020年底生活垃圾回收利用率达到35%以上。其中，46个重点城市2023年全面建成生活垃圾分类收集和分类运输体系。

《城市生活垃圾分类及其评价标准》（CJJ/T 102—2004）对生活垃圾分类进行了相应规定。采用焚烧处理垃圾的区域，宜按可回收物、可燃垃圾、有害垃圾、大件垃圾和其他垃圾进行分类；采用卫生填埋处理垃圾的区域，宜按可回收物、有害垃圾、大件垃圾和其他垃圾进行分类；采用堆肥处理垃圾的区域，宜按可回收物、堆肥垃圾、有害垃圾、大件垃圾和其他垃圾进行分类。

在我国的生活垃圾中，厨余和可回收物占大部分，1985—2003年厨余含量从57.9%降至52.6%，可回收物由4.0%增加到16.3%，最高达到21.5%（2000年）。以上海市为例，根据自1994年以来生活垃圾成分变化及人均GDP与厨余、可回收物含量的关系，预测厨余含量将下降，可回收物含量会上升。因此，现阶段垃圾分类的重点是厨余分类收集处理，未来可回收物的再生利用将成为分类工作的重点。

2019年7月1日，《上海生活垃圾管理条例》实施并制定了生活垃圾分为可回收物、有害垃圾、干垃圾、湿垃圾的垃圾分类标准，对违反该规定的人进行相应罚款。这项条例被称为“史上最严”，也标志着我国垃圾分类已进入“强制”阶段。截至2020年底，我国46个重点城市均已启动垃圾分类工作，垃圾分类逐渐统一，以有害垃圾、易腐垃圾、可回收物、其他垃圾组成的四分类原则成为主流，图1-1所示为北京市生活垃圾分类原则。46个重点城市均已实现有害垃圾和可回收垃圾（资源垃圾）单独分类，其中23个城市采用四分类法，8个城市采用以易腐垃圾、可回收物和其他（有害）垃圾为主的三分类法，个别城市采用更为细致的分类方法，如福州市的五分类法，苏州市的七分类法，深圳市的十二分类法等。总之，示范城市普遍采用“大类粗分，干湿分离”的原则。

图1-1　北京市生活垃圾分类原则

一些城市在垃圾分类投放、分类收集、分类运输、分类处理等诸多环节摸索出适合当地特点的模式，并积累和总结出许多经验。南京、石家庄、兰州等示范城市采用积分兑换等措施，大大提高了垃圾分类的参与度；部分示范城市根据垃圾收集情况建设了分类处理设施。上海市的垃圾分类以“大分流、小分类”为核心，以“绿色账户”为载体。

(2) 垃圾处理方法

垃圾分类后除部分可直接循环再利用的废纸、塑料、金属外，剩余的垃圾还要进行适当的处理以实现无害化、减量化和资源化。生活垃圾的处理方式有以下几种：填埋、生物处理（堆肥）、生物质资源化利用、热处理（焚烧、热解、气化、等离子处理）、燃料（RDF）制备等。从世界范围看，目前主流的处理方法主要包括焚烧、卫生填埋、堆肥和生物质资源化利用等。

焚烧是通过高温燃烧处理垃圾的方法。垃圾焚烧已成为实现垃圾处理无害化、减量化和资源化最有效的方法之一，在国内外特别是西方发达国家得到广泛使用。20 世纪 70 年代，德国率先进行垃圾焚烧发电。随后，法、英、美、日等国家也积极开展这方面的研发利用。目前，全球垃圾焚烧发电厂已达 3000 余座，最大单机容量超过 100MW。其中，德国 78 座，美国近 400 座，日本因土地资源紧缺，更是不遗余力建设垃圾焚烧发电厂，焚烧率已超过 70%。

我国垃圾焚烧发电起步较晚，最早的垃圾焚烧发电厂直到 1988 年才投入运行。由于焚烧发电兼具环境和经济效益，国家自“十五”期间开始呈快速增长态势。2021 年，全国生活垃圾清运量为 2.49 亿吨，各类生活垃圾处理设施 1407 座，总处理能力为 105.7 万吨/日，无害化处理量约为 2.48 亿吨/年，无害化处理率高达 99.9%。在 1407 座生活垃圾处理设施中，填埋场有 542 座（处理能力 26.16 万吨/日，处理量为 0.52 亿吨/年），焚烧厂有 583 座（处理能力 71.95 万吨/日，处理量 1.80 亿吨/年），无害化处理量的焚烧占比达 72.55%。我国生活垃圾焚烧无害化处理厂数量及处理规模仍在逐年增加（图 1-2 至图 1-3）。

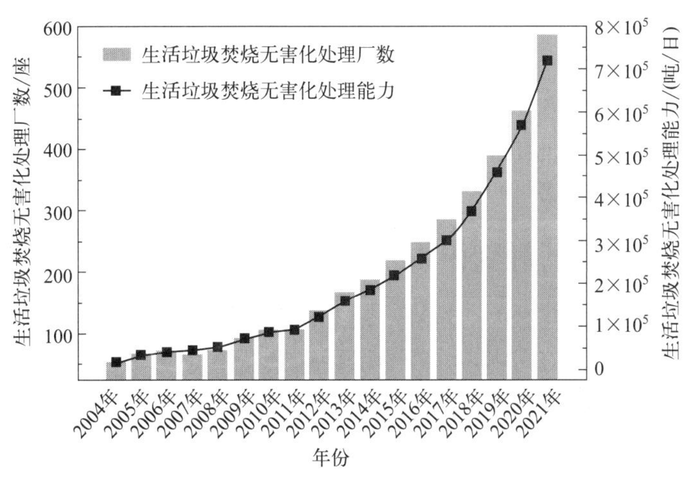

图 1-2　我国生活垃圾焚烧厂数量及处理能力变化

与其他处置方法相比，垃圾焚烧处理具有以下优点：①无害化更彻底。经过高温焚烧，垃圾中除重金属以外的有害成分得到充分分解，细菌、病毒被彻底消灭，各种恶臭气体得到分解，尤其是对于可燃性致癌物、病毒性污染物、剧毒有机物几乎是唯一有效的处理方法。②减量化效果明显。焚烧处理可使垃圾的体积减小 90%左右，质量减少 80%～85%。③实现资源化利用。焚烧热量可回收利用，用于供热或发电，灰渣可作水泥或砖瓦的原料。④环

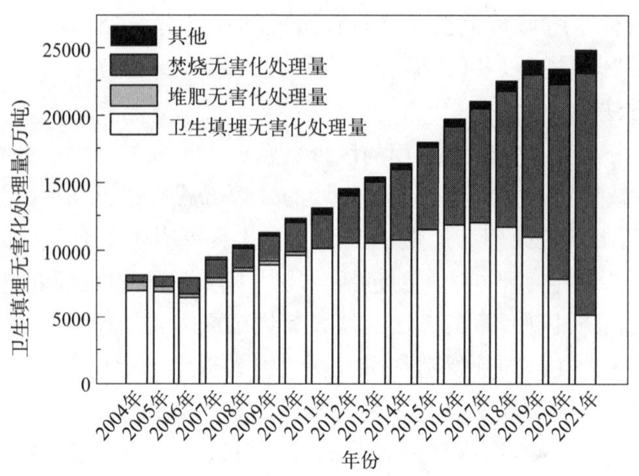

图 1-3　2004—2021 年我国生活垃圾无害化处理量

境影响小。现代的烟气净化技术可大大减少有害气体的排放；垃圾渗滤液可喷入炉膛内进行高温分解，或处理达标后排放。⑤占地少。一座处理能力 1000t/d 垃圾焚烧厂只需 100 亩，而且可在靠近市区建厂，缩短垃圾运输距离。⑥经济效益好。

鉴于上述原因，垃圾焚烧处理及综合利用是实现垃圾处理的无害化、资源化、减量化最为有效的手段，具有良好的环境效益、经济效益和社会效益。

1.2　生活垃圾产生量

生活垃圾产生量为人们生活活动中产生的垃圾量，清运量为环卫收运系统运走的生活垃圾量。垃圾产生量是决策垃圾收集、清运、处理与处置规模、处理方式与规模的基础参数。我国生活垃圾收运方式为日产日清。由于生活垃圾的产生量统计有难度，而清运量统计相对容易，因此产生量常以环卫部门的清运量统计为准。

1.2.1　垃圾产生量及其影响因素

一般认为，有五类因素会对生活垃圾产量造成影响。①内在因素，在五类因素中为主导因素，直接导致垃圾产生量的变化，并在一定程度上反映城市经济发展水平、城市化水平以及居民生活水平，包括人口、GDP、城市化率、收入、消费、能源消耗量、游客数量等。②社会人口学因素，间接影响生活垃圾产生量，包括就业率、失业率、居民教育程度、年龄结构等。③自然因素，包括地理位置、气候、季节变化、自然灾害等。④个体因素，主要指居民的环保意识、分类意愿以及对垃圾处理的付费意愿。⑤政策因素，如减量化政策、资源化政策以及分类措施的实行。

生活垃圾产生量遵循某些准自然法则，大体上表现为什么人丢弃什么垃圾。男女老幼各有不同特征的垃圾产生，但又没有绝对性的规律。有研究者从垃圾学角度提出，按社区 5 天产生的塑料量乘以经验系数即可获知该社区的居民数量。尿不湿是婴儿的特征性垃圾（少数老人也有使用），这种特征比较明显，按社区 5 天产生的尿布量乘以经验系数即可获知该社区的婴儿数量。

药瓶及其包装盒多归结为老年人的特征性垃圾。此外，化妆品包装多为妇女的特征性垃圾（男用化妆品也在流行，只是我国仍然很少）。

生活垃圾产生量的另一准自然法则是，富裕人群的垃圾特征表现为体积大且重量轻，贫穷人群的垃圾特征则表现为数量少且较重。譬如，生活垃圾的组分占比，欧洲城市的纸类为30%～35%，易腐垃圾为15%～30%，而非洲城市的纸类只有2%左右，食物皮占75%。

影响垃圾产生量的最基本要素是人口数量。直接影响生活垃圾产生量的基本因素是城市人口与经济的发展水平。随着我国改革开放，城市化和工业化快速发展，城市人口比例由2000年的36.2%增加到2019年的60.6%。据统计，从1980年到2021年我国城市生活垃圾产生量从3132万吨增至2.49亿吨，据估计，2030年我国城市生活垃圾产生量将达到4.8亿吨。

20世纪90年代中期以前，我国生活垃圾主要运输方式是以开放式5t卡车为主，垃圾处置场基本没有计量设施。垃圾清运量计量基本以垃圾运输车吨位（简称车吨）统计，清运量按车吨50%～70%进行修正。20世纪90年代后期，各地垃圾收运系统逐步配置汽车衡等计量设施，形成二级收运系统。

国内外统计生活垃圾产生量的主要方法有以下几种：①在垃圾转运站或处理场所配置地磅，通过对垃圾车称重，统计垃圾产生量。这种方法简便、省时，为许多国家所采用。②根据车次和设定载重量，采用统计报表形式汇总垃圾产生量。这是大部分城市使用的方法。③采用抽样调查方式对居户、社会单位进行垃圾产生量和成分的调查。抽样调查是以样本指标值来推算总体指标数值的一种调查方法。④根据日常消费品量计算垃圾产生量，这种方法在宏观上能够比较准确地分析由商品到废物的物流变化。可以看出，前两种方法是统计的生活垃圾清运量，数据来源较为翔实，误差相对后两种较小。

一般情况下，生活垃圾产生量与人口数量呈正相关，即垃圾产生量随人口数量增多而增长。表1-1为我国近年来部分城市生活垃圾人均日产生量的情况，反映出人均日产生量基本呈递增状态。

表 1-1　部分城市生活垃圾人均日产生量/[kg/(d·人)]

城市	2014	2015	2016	2017	2018	城市	2014	2015	2016	2017	2018
北京	0.93	1.00	1.10	1.10	1.24	武汉	0.86	1.09	1.17	1.27	1.26
天津	0.71	0.70	0.70	0.80	0.52	长沙	1.49	1.64	1.67	2.74	1.46
石家庄	0.67	0.56	0.64	0.68	0.61	广州	1.70	1.46	1.58	1.61	1.65
太原	1.42	1.48	1.52	1.37	1.25	南宁	0.88	1.01	0.66	0.78	0.89
呼和浩特	1.33	1.23	1.25	1.78	1.24	海口	0.92	1.00	1.21	1.71	1.81
沈阳	1.33	1.41	1.24	1.06	1.11	重庆	0.56	0.56	0.54	0.58	0.60
长春	0.90	0.89	1.24	1.11	1.13	成都	1.26	1.26	1.24	1.50	1.44
哈尔滨	0.80	0.83	0.81	0.84	0.82	贵阳	1.38	1.29	1.36	1.36	1.40
上海	0.69	0.70	0.71	0.84	0.89	昆明	1.04	1.07	1.26	1.13	1.20
南京	1.10	1.00	0.88	1.14	1.22	拉萨	2.73	2.27	0.92	3.43	2.45
杭州	1.73	1.86	1.77	1.60	1.63	西安	1.26	1.30	1.51	0.68	1.37
合肥	1.23	1.33	1.52	1.74	1.62	兰州	1.30	1.32	1.27	1.30	1.36
福州	1.40	1.45	1.46	1.55	1.59	西宁	1.14	1.13	1.12	0.91	1.64
南昌	0.69	0.58	0.87	0.99	0.97	银川	1.14	1.31	1.16	1.17	1.25

续表

城市	2014	2015	2016	2017	2018	城市	2014	2015	2016	2017	2018
济南	0.71	1.03	0.97	1.01	1.04	乌鲁木齐	1.43	1.45	1.51	1.95	2.05
郑州	0.96	1.03	1.23	1.28	1.32	平均值	1.15	1.17	1.16	1.32	1.29

数据来源：中华人民共和国住房和城乡建设部网站 2014—2018 年“城市建设统计年鉴”。

我国规划城市数量及城镇人口还会继续增加，国民经济将持续稳定增长，从而会导致城市生活垃圾产生量的不断增加。但是，随着民用燃煤量的继续减少，居民消费习惯变化趋于稳定，以及城市垃圾管理与处理处置政策的不断完善，将导致城市生活垃圾缓慢增长。因此，预测我国城市生活垃圾产生量将以 3%～6%的速度增长。

当经济发展到稳定增长期，经济发展将不再构成影响垃圾产生量的主要因素，而生活垃圾管理等方面的政策性影响与实施力度和城市人口构成将是影响生活垃圾产生量的主要因素。以日本为例，1989 年东京的垃圾产生量达到历史最高值（490 万吨/日）。此后，东京制订了废弃物处理及再利用的相关条例，建立循环型社会经济体系，即“东京减肥计划”，目标在于构建最大限度不扔垃圾及垃圾再利用和更加合理的最终处理的社会秩序，2006 年垃圾产生量减少到 365 万吨/日。通过不懈努力以及现场指导，东京的生活垃圾产生量逐年减少。

我国也在致力于循环型社会的构建。在预防、限制垃圾产生的环节，除了推行禁止过度包装、净菜进城等措施，还鼓励提高产品质量以延长产品使用寿命，以及提高一次性商品税收。在废物循环利用环节，鼓励考虑产品的生态成本。在垃圾处理与处置环节，全面提高收集、运输、转运以及填埋、焚烧等水平。

1.2.2 垃圾产生量预测

1）生活垃圾产生量

《生活垃圾产生量计算及预测方法》（CJ/T 106—2016）规定了生活垃圾采样法和生活垃圾产量计算方法。

（1）采样法

生活垃圾产生量统计调查的采样点应设在生活垃圾产生源，调查区域的垃圾产生源功能区分类可按表 1-2 划分。

表 1-2 生活垃圾产生源功能区分类

功能区	居住区			企事业区			商业区				交通场(站)区				清扫保洁区		
类别区	燃煤	半燃煤	无燃煤	工业企业	商务办公	医疗卫生	商场超市	餐饮	文体娱乐	集贸市场	火车站	公交站	飞机场	轮船码头	道路、广场	园林绿地	水域保洁

根据调查区域服务人口数量确定最少采样点数（表 1-3），再基于各功能区及类别区的分布和垃圾产生量，布置采样点并确保各功能区均有采样点，采样点涵盖的人口数量占比宜不少于 1%。采样点背景资料包括区域类型、服务范围（人口数量、面积、人次）、收运方式等内容。生活垃圾产生量调查宜以年为周期，采样频率宜每月 1 次，同一采样点采样间隔时间宜大于 10 天。调查周期小于 1 年时，可增加采样频率，同一采样点采样间隔时间宜不小于 7 天。为保证采样的代表性，全年宜有 2～3 次采样在节假日进行。在调查周期内，地

点发生变化的采样点数不宜大于总数的 30%。

表 1-3　人口数量与最少采样点数

人口 N/万人	$N<50$	$50\leqslant N<100$	$100\leqslant N<200$	$N\geqslant 200$
最少采样点数/个	8	16	20	30

(2) 生活垃圾产生量计算

在日产日清的情况下，统计采样点 1 天（24h）的生活垃圾产生量及该采样点服务的人口数量、人次或面积。统计方法包括称重法和容重法两种方法。

① 称重法。对于便于直接称重的生活垃圾，宜采用称重法现场统计垃圾产生量，按式(1-1) 计算采样点垃圾日产生量：

$$y_m=\sum_{n=1}^{N}y_{mn}/N \tag{1-1}$$

式中　y_m——第 m 个采样点垃圾日产生量，kg/d；

y_{mn}——第 m 个采样点第 n 次采样的垃圾产生量，kg/d；

N——第 m 个采样点采样频率，次。

② 容重法。对于不便于直接称重的生活垃圾，可按《生活垃圾采样和分析方法》（CJ/T 313—2009）的规定测定采样点生活垃圾容重，根据垃圾体积按式(1-2) 计算采样点生活垃圾日产生量：

$$y_m=\sum_{n=1}^{N}\rho_{mn}V_{mn}/N \tag{1-2}$$

式中　ρ_{mn}——第 m 个采样点第 n 次采样垃圾容重，kg/m^3；

V_{mn}——第 m 个采样点第 n 次采样垃圾体积，m^3/d。

将所有采样点的生活垃圾日产生量及采样点服务的人口数量、人次数或面积按功能区及类别区进行汇总，计算各类别区采样点的垃圾日产生量及其人口数量、人次数或面积的比值，即可得到各类别区人均垃圾日产生量等。计算调查区域各类别区及功能区生活垃圾日产生量，汇总各功能区的生活垃圾日产生量，按式(1-3) 计算调查区域的生活垃圾日产生量：

$$Y_d=\sum_{j=\mathrm{A}}^{\mathrm{E}}Y_j=Y_{\mathrm{A}}+Y_{\mathrm{B}}+Y_{\mathrm{C}}+Y_{\mathrm{D}}+Y_{\mathrm{E}} \tag{1-3}$$

式中　Y_d——调查区域垃圾日产生量，kg/d；

Y_j——各功能区垃圾日产生量，kg/d。

统计调查区域服务人口数量，按式(1-4) 计算调查区域人均垃圾日产生量：

$$R_d=Y_d/S_d \tag{1-4}$$

式中　R_d——调查区域人均垃圾日产生量，kg/(人·d)；

S_d——调查区域服务人口数量（包括户籍常住人口和非户籍常住人口），人。

注：非户籍常住人口指实住半年以上的流动人口，下同。

(3) 车吨位法

调查区域的生活垃圾全部日产日清时，可根据车吨位统计的垃圾日均清运量，按式(1-5) 计算垃圾日产生量：

$$Y_d=Y_q\cdot k_S\cdot k_C \tag{1-5}$$

式中 Y_q——按车吨统计的垃圾日均清运量，kg/d；

k_S——渗滤液修正系数（对于直运可不考虑渗滤液流失问题）；

k_C——装载系数。

(4) 实吨位法

调查区域的生活垃圾日产日清并具备称重条件时，可根据垃圾处理设施按实吨位统计的垃圾平均日处理量，按式(1-6) 计算垃圾日产生量：

$$Y_d = Y_S \cdot k_S \tag{1-6}$$

式中 Y_S——按实吨位统计的垃圾平均日处理量，kg/d。

2）生活垃圾产生量的预测

对垃圾产生量与特性进行预测是确定焚烧规模的必要条件之一。垃圾产生量预测一般以主要影响因素为基本条件，分析因果关系，建立数学模型，预测垃圾产生量的发展趋势和水平。《生活垃圾产生量计算及预测方法》（CJ/T 106—2016）规定的垃圾产量预测方法为增长率预测法和回归预测法。目前，行业预测标准是采用回归预测法。

(1) 增长率预测法

增长率预测法根据选用预测基数的不同，分为人均指标法和年增长率法，预测时可根据实际情况选取。人均指标法采用基准年人均垃圾日产生量和人口数量为预测基数，预测年垃圾年产生量按式(1-7) 计算：

$$Y = R_0(1+r_1)^t \cdot S_0(1+r_2)^t \cdot 365 \tag{1-7}$$

式中 Y——预测年垃圾年产生量，kg；

R_0——基准年人均垃圾日产生量，kg/(人·d)；

r_1——人均垃圾日产生量年均增长率（不少于 5 年），%；

S_0——基准年人口数量（包括户籍常住人口和非户籍常住人口），人；

r_2——人口年均增长率（不少于 5 年），%；

t——预测年限，预测年份与基准年份的差值。

年增长率法采用基准年垃圾年产生量作为预测基数，预测年垃圾年产生量按式(1-8) 计算：

$$Y = Y_0 \cdot (1+r_3)^t \tag{1-8}$$

式中 Y——基准年垃圾年产生量，kg；

r_3——垃圾年产生量年均增长率（不少于 5 年），%；

t——预测年限，预测年份与基准年份的差值。

(2) 回归预测法

① 预测模型建立。根据生活垃圾年产生量（基数）计算对应给定自变量 X（预测年）的因变量 Y 值（预测年垃圾年产生量），采用逼近垃圾年产生量的最小二乘法计算 Y 关于 X 的回归曲线，回归曲线方程式见式(1-9) 和式(1-10)：

线性回归方程 $$Y = a + bX \tag{1-9}$$

指数回归方程 $$Y = dc^X \tag{1-10}$$

式中 X——预测年；

a, b, c, d——回归系数。

其中，指数回归方程两边取对数 $\ln Y = \ln d + X\ln c$，令 $Y^* = \ln Y$，$a = \ln d$，$b = \ln c$ 进行

方程变换 $Y^* = a + bX$，可将指数回归方程转变为线性回归方程。

② 相关系数计算。按式(1-11) 计算相关系数，确定垃圾产生量变化是线性回归还是指数回归，然后取相关系数高者进行计算。

$$r = \frac{n\sum_{i=1}^{n} x_i y_i - \sum_{i=1}^{n} x_i \sum_{i=1}^{n} y_i}{\left[\left(n\sum_{i=1}^{n} x_i^2 - \left(\sum_{i=1}^{n} x_i\right)^2\right)\left(n\sum_{i=1}^{n} y_i^2 - \left(\sum_{i=1}^{n} y_i\right)^2\right)\right]^{0.5}} \tag{1-11}$$

式中　r——Y 关于 X 的相关系数；

n——有效历史数据个数，不少于 6 年；

x_i——第 i 个历史数据对应年；

y_i——第 i 个历史数据对应垃圾年产生量，kg。

③ 回归系数计算

按式(1-12)、式(1-13) 计算线性回归方程中的回归系数 a、b，并将求出的 a、b 值代入式(1-9)：

$$a = \frac{\sum_{i=1}^{n} y_i - b\sum_{i=1}^{n} x_i}{n} \tag{1-12}$$

$$b = \frac{n\sum_{i=1}^{n} x_i y_i - \sum_{i=1}^{n} x_i \sum_{i=1}^{n} y_i}{n\sum_{i=1}^{n} x_i^2 - \left(\sum_{i=1}^{n} x_i\right)^2} \tag{1-13}$$

对于指数回归方程 $Y = dc^X$，可将其转变为线性回归方程，再参照式(1-12)、式(1-13) 进行回归系数求解。

④ 预测计算

将预测年代入最终确定的回归方程进行计算，即得垃圾年产生量的预测结果。

(3) 多元线性回归预测法

① 影响因子选择。生活垃圾产生量预测应主要考虑以下影响因素：人口、经济发展水平、居民生活水平以及基础设施建设水平等，预测时可根据实际情况在影响因子初选集中选取影响因子，见表 1-4。

表 1-4　生活垃圾产生量影响因子初选集

影响因素	影响因子
人口	人口数量、旅游接待人次
经济发展水平	生产总值、社会商品零售总额
居民生活水平	居民可支配收入、人均消费支出、城市气化率/燃气率
基础设施建设水平	城区面积、清扫保洁面积、环卫车辆设备总数

注：清扫保洁面积包括道路、绿化及水域保洁，根据实际情况可单独作为影响因子。

以垃圾年产生量为因变量 (Y)，影响因子为自变量 (Z)，按式(1-14) 计算相关系数，进行相关性分析，应采用与垃圾年产生量有极大关联性（相关系数绝对值大于 0.8）的影响因子作为影响因子，同时影响因子之间相互不相关。

$$r_m=\frac{n\sum_{i=1}^{n}z_{mi}y_i-\sum_{i=1}^{n}z_{mi}\sum_{i=1}^{n}y_i}{\left[\left(n\sum_{i=1}^{n}z_{mi}^2-\left(\sum_{i=1}^{n}z_{mi}\right)^2\right)\left(n\sum_{i=1}^{n}y_i^2-\left(\sum_{i=1}^{n}y_i\right)^2\right)\right]^{0.5}} \tag{1-14}$$

式中 r_m——Y 关于 Z_m 的相关系数；

z_{mi}——第 i 个历史数据对应的影响因子 Z_m 值；

y_i——第 i 个历史数据对应的垃圾年产生量，kg；

m——选定影响因子个数；

n——有效历史数据个数，不少于 6 年，且满足 $n\geqslant m+1$，数据较为翔实的地区宜使 $n\geqslant 3(m+1)$。

② 预测模型建立。以影响因子作为自变量（Z）、垃圾年产生量作为因变量（Y），按式(1-15）构建多元线性回归分析模型：

$$Y=p_0+p_1z_1+p_2z_2+\cdots+p_mz_m \tag{1-15}$$

式中 $p_0,p_1,p_2,\cdots,p_m$——回归系数；

$z_1,z_2,\cdots,z_m$——影响因子数据。

③ 回归系数计算。假设获得 n 组有效历史数据$(z_{1i},z_{2i},\cdots,z_{mi},y_i)(i=1,2,\cdots,n)$，按式(1-16）构建多元线性回归分析模型对应的矩阵模型：

$$Y=ZP \tag{1-16}$$

式中 Y——n 组垃圾年产生量有效历史数据的矩阵形式，即 $Y=(y_1,y_2,y_3,\cdots,y_n)'$；

Z——n 组影响因子有效历史数据的矩阵形式，即：

$$Z=\begin{bmatrix}1 & z_{11} & z_{21} & \cdots & z_{m1}\\ 1 & z_{12} & z_{22} & \cdots & z_{m2}\\ \cdots & \cdots & \cdots & \cdots & \cdots\\ 1 & z_{1n} & z_{2n} & \cdots & z_{mn}\end{bmatrix};$$

P——回归系数的矩阵形式，即 $P=(p_0,p_1,p_2,\cdots,p_m)'_n$。

采用最小二乘法按式(1-17）计算回归系数，并将求出的值代入式(1-15)：

$$P=(Z'Z)^{-1}Z'Y \tag{1-17}$$

④ 预测模型检验。多元线性回归方程应经检验后再用于预测，检验内容包括拟合优度检验、回归方程显著性检验、回归系数显著性检验。若检验不通过，再进行逐一剔除变量，对新的方程进行检验，直到保留的变量对因变量均有显著影响为止。

⑤ 预测计算。若预测模型通过检验，将影响因子数据代入式(1-15）进行计算，即可获得该区域垃圾年产生量的预测结果。

垃圾产生量和特性总是处于动态变化过程之中，影响因素是多方面的，其中最突出的影响因素包括人口结构、民用燃煤水平、消费水平、生活习惯、垃圾分类实施情况等，而且这些条件在不同社会背景下的影响程度不同。因此，在垃圾产生量预测过程中，应特别注意对边界条件的分析。

3）生活垃圾产生量计算及预测方法的应用

(1) 生活垃圾产生量计算方法的应用

① 计算方法选取。生活垃圾产生量计算方法中，采样法和实吨位法为实测法，车吨位

法为估算法。对于垃圾收运和处理环节具有完善的称重计量系统且日产日清的地区，宜选用实吨位法进行统计；对于收运称重计量系统尚不完善的地区，可将三种方法相互结合使用进行统计；对于尚未建立收运称重计量系统的地区，宜选用采样法进行统计。

② 计算要求。车吨位法和实吨位法中的渗滤液修正系数根据收运过程的实测值确定。车吨位法的装载系数根据当地实测值确定，按车型、区域类别、季节等因素分类测定。计算垃圾产生量时，应考虑季节性波动因素的影响。

(2) 生活垃圾产生量预测方法的应用

① 数据收集与处理。用于预测垃圾产生量的人均日产生量、年产生量以及相关基础数据应以官方公布的统计数据为主。作为预测的必要基础、应对现状和历史数据进行分析，主要包括数据来源、完整性、变化特征、统计口径、地域范围等，原则上有效数据的个数不少于预测年限。当历史系列数据不连续时，可根据需要采用比例法或数据内插法对数据进行推导和插补；当历史数据具有明显的波动特征时，根据预测需要可采用移动平均数法等对历史系列数据进行平滑处理，以减弱偶然因素的影响。因行政区划调整等原因造成历史系列数据统计范围发生变化时，应对历史系列数据进行范围修正，以保证预测年计算口径的一致性。当调查区域产业结构和规模发生较大变化或城乡规划出现重大调整时，宜采用调整后的数据进行预测，数据较少时可参照类似区域预测指标进行估算。

② 预测方法选取。预测方法的选取应充分考虑预测地区的经济发展状况、人口、数据可及性及其有效性等，至少选取两类方法分别进行预测，以提高预测的综合性和科学性。增长率预测法和一元线性回归预测法为两类必选方法，预测时分别运用一种或一种以上方法。多元线性回归预测法考虑多种因素对垃圾产生量的影响，无须设定预测参数，可减少主观因素对预测结果的影响。这种方法所需数据较多，操作相对复杂，适用于基础数据较为翔实的地区，可作为备选预测方法或用于校核。未列入标准的皮尔曲线法、灰色系统预测法、BP 神经网络预测法等预测方法，也可根据实际情况和需要作为备选预测方法或用于校核。

③ 预测要求。增长率预测法适用于垃圾产生量、人口数量呈平稳增长（或降低）趋势的地区。当预测年限大于 5 年时，宜以每 5 年为一个阶段进行分时段预测，针对不同阶段选取不同的垃圾年平均增长率。增长率预测法和一元线性回归预测法应进行历史检验，即将模型运用到对历史年份的预测，并将预测值与历史统计值进行比较，如果 80%的预测结果与实际值的偏差在±20%以内，一般认为该模型是可接受的；否则，应对模型进行必要的调整甚至舍弃。多元线性回归预测法需进行预测模型检验，检验通过后方可用于垃圾产生量预测。

④ 预测结果确定。利用所有预测方案得出的最小值和最大值的区间值作为预测结果，也可将所有预测方案预测值的算术平均值或中位值作为预测结果代表值。

1.3　生活垃圾物理特性

固体废物的物理特性主要包括组成、含水率、容重及感官性能等。感官性能指固体废物的颜色、臭味、新鲜或者腐败的程度等，往往可通过感官进行判断。

1.3.1　生活垃圾物理成分

由于各地居民的生活习惯不同、季节对居民生活习性的影响以及居民生活水平的差异等，所以生活垃圾的成分有较大差异。不同国家典型生活垃圾的物理成分见表 1-5。

表 1-5　不同国家典型生活垃圾物理成分　　单位：%

物理成分		低收入		中等收入		高收入	
		国家(地区)	典型值[1]	国家（地区）	典型值	国家（地区）	典型值
有机物	食品垃圾	40～85	49	20～65	43	6～30	9
	纸类	1～10	4	8～30	17	20～45	34
	塑料	1～5	2	2～6	4	2～8	7
	纤维	1～5	5	2～10	4	2～6	2
	橡胶/皮革	1～5	7	1～4	2	0～4	1
	竹木	1～5	2	1～10	6	1～4	2
无机物	玻璃	1～10	3	1～10	5	4～12	9
	罐头盒	—	—	—	—	2～8	6
	金属	1～5	4	1～5	2	0～1	0.5
	灰尘等	1～40	—	1～30	—	0～10	3
	其他	24	—	17	—	—	—

在城市生活垃圾中，有机物占60%，无机物占40%。其中，废纸、塑料、玻璃、金属、织物等可回收物约占20%。表1-6为北京、上海、杭州等城市的生活垃圾组分。由此可知，我国生活垃圾的特点是成分多、形态复杂、水分多、挥发分高、发热量低、固定碳低。另外，在垃圾产生量迅速增加的同时，其构成及特性也在发生很大变化。

表 1-6　我国典型城市生活垃圾组成成分　　单位：%

城市	年份	厨余	灰土	木竹	砖瓦	金属	纸	塑料	玻璃	织物	其他
北京	2012	53.96	2.15	3.08	0.57	0.26	17.64	18.67	2.07	1.55	0.05
上海	2016	60.40	0.02	1.95	0.41	1.08	11.88	17.56	3.57	2.85	0.28
杭州	2010	58.15	2.00	2.61	—	0.96	13.27	18.81	2.73	1.47	0.00
深圳	2010	44.10	—	1.41	1.85	0.47	15.34	21.72	2.53	7.40	5.16
青岛	2009	64.68	6.30	0.30	0.31	0.88	9.48	8.38	2.17	3.03	4.46
重庆	2011	72.97	1.48	1.91	0.92	0.36	9.34	8.40	1.46	3.16	0.00
洛阳	2012	87.40	—	1.00	—	—	2.80	2.10	—	0.50	6.20
大同	2011	88.74	3.90	0.10	0.56	0.10	4.00	2.00	0.20	0.10	0.30
拉萨	2014	89.88	—	1.31	—	0.08	—	0.59	—	0.12	3.02

① 多成分、形态复杂。早先由于生活垃圾没有进行分类收集，垃圾组分包括厨余、灰渣、砂石、塑料、橡胶、纸张、金属等，部分城市生活垃圾还混有工业垃圾（包括电子垃圾）和建筑垃圾等。同时，垃圾物理形态也较为复杂，有块状、粉末状、条状、带状等，还有干与湿、硬与软等不同物理状态。

[1] 所谓典型值，即具有代表性的能表征群体特性的参数，可以代表一组数据的特征和分布的特定数值。这里存在的各种因素使生活垃圾的成分有较大差异，生活垃圾物理成分呈现一定范围，但是物理成分典型值可以代表该组物理成分数据的总体特征。

② 水分多、挥发分高。垃圾的水分含量较高，平均达 50%。另外，垃圾挥发分较高，达 17%～30%。垃圾发热量主要来源于挥发分，这是垃圾与固体化石燃料显著不同的特点。

③ 发热量和固定碳低。垃圾的发热量较低，一般为 4180kJ/kg 左右；固定碳含量较低，平均为 3.32%。

随着燃气化率的不断提高，生活垃圾的有机物含量及发热量将进一步增加，进而垃圾的可燃物增多，可利用价值增大。

居民生活水平和消费结构的改变不仅影响生活垃圾的产生量，也影响其成分。近年来，居民的收入持续增加，生活水平不断提高，纸张、塑料、玻璃、金属、织物等可回收物的消费不断增加。

包装废物的快速增长，是城市生活垃圾增长的重要原因之一。实际上，垃圾中的废纸、金属、玻璃、塑料等大部分是使用后废弃的包装物。随着包装业的快速发展，包装形式、种类和数量增加很快，很多产品都是过度包装或豪华包装，这在大城市中尤为突出。一次性商品的大量使用，也是垃圾产生量增长的原因之一。目前，我国包装废物约占生活垃圾的 10%，体积约占家庭垃圾的 30%。

此外，影响生活垃圾组分的社会因素，主要指社会行为准则、道德规范、法律规章制度等，是一种间接的影响因素，它实际上是人类对垃圾产生系统的干预。我国推行的垃圾减量、回收和再利用措施可大幅度减少垃圾处理量，垃圾分类收集则是从源头改善垃圾的特性，减少垃圾的处理难度。

《上海市生活垃圾管理条例》自 2019 年 7 月 1 日起实施。根据上海市的数据，垃圾分类实施一个多月后，全市可回收物的量逐步增加，从 6 月份每天 3300 多吨增加到 8 月份的每天 4500t，较 2018 年底增长 5 倍。7 月份每天清运湿垃圾超过 8200t，比 6 月份增加约 1200t。湿垃圾的纯净度达到 99%，干垃圾中的湿垃圾含量也呈下降趋势。干垃圾的含水率则降低 39.2%，低位热值环比增长 78.6%。干垃圾的渗滤液产生率可减少 1/3 左右。含水率每降低 1%，垃圾低位热值一般会提高 158～175kJ/kg。

新修订的《北京市生活垃圾管理条例》2020 年 5 月 1 日正式实施，把生活垃圾分成四类，即可回收垃圾、有害垃圾、餐厨垃圾（湿垃圾）以及其他垃圾（干垃圾）。前 4 个多月，海淀区湿垃圾分出量从前两年日均 51t 增加至日均 380t。在新条例实施前后，干垃圾中的厨余占比从 57.37%降到 32.74%。

总之，我国城市生活垃圾构成的变化趋势为：有机物增加、可燃物增多、可回收利用物增加、可利用价值提高。

1.3.2　生活垃圾物理性质

生活垃圾的物理性质包括组分、含水率、容重和恶臭等，与垃圾组成密切相关。物理组分（%）常以湿基表示，化验分析常用干基垃圾。当垃圾含水量已知时，可用式(1-18) 换算各成分的含量：

$$G=a(1-W) \tag{1-18}$$

式中　G——湿垃圾某成分质量分数；

a——干垃圾同类组分质量分数；

W——垃圾含水率。

1）生活垃圾含水率

（1）定义

垃圾含水率指单位质量垃圾的含水量，用质量分数（%）表示。其计算式为：

$$W=(A-B)/A \cdot 100\% \tag{1-19}$$

式中 A——垃圾原始质量，kg；

B——垃圾烘干后质量，kg。

（2）影响因素

垃圾含水率随垃圾组分、季节、气候而变化。生活垃圾含水量主要来自瓜果蔬菜等厨余物，以及雨水浸入等。统计结果显示，近年我国城市生活垃圾含水量在40%～60%。垃圾含水量具有明显季节性特征，5～9月较高，平均为50%～60%，最高值多出现在7～8月（56%～60%）；10月到次年4月的含水率比5～9月低6%～10%，最低值（多在50%以下）多出现在10月到次年1月左右。

生活垃圾在投放、收集、运输及处理处置过程中，含水量也在变化。据美国一项试验，家庭垃圾在原始弃置状态下经过24h，厨余和庭院垃圾的含水率降低5%～10%，纸类、织物等含水率提高10%～20%。在我国目前垃圾平均含水量50%～60%的情况下，垃圾在焚烧厂垃圾池堆积过程中，含水量和渗滤液量也随季节不同而不同，变化范围为垃圾质量的0%～10%。

（3）含水率的测定

除结晶水外，生活垃圾含水量还包括外在水分和内在水分。外在水分即垃圾各组分表面保留的水分，内在水分指垃圾各组分毛细孔中的水分，这两部分水分是垃圾含水量主要组成部分。不同垃圾的容重和含水量见表1-7。

表1-7　不同垃圾的容重与含水量

垃圾类型	容重/(kg/m^3)		含水量/%	
	分布范围	典型值	分布范围	典型值
混合食物垃圾	130～480	290.0	30～47	41.5
纸类	42～130	89.0	2～6	3.6
纸板	42～80	50.4	2～5	3.0
塑料	42～130	65.2	0.2～3	1.2
织物	42～100	65.2	3～9	5.9
橡胶	100～202	130.4	0.6～3	1.2
皮革制品	100～260	160.1	5～7	5.9
庭院垃圾	590～226	100.8	17～47	35.6
玻璃	160～480	195.7	0.6～3	1.2
罐头盒	50～160	88.9	1～3	1.8
铝制品	65～240	160.0	1～3	1.2
其他金属	130～1150	320.2	0.5～3	1.8
灰土等	420～999	480.2	3.6～7	4.7
灰烬	649～830	744	3.6～7	3.6
庭院松散干树叶	30～148	59.3	12～24	17.8
庭院松散湿绿草	207～296	237.2	24～47	35.6
庭院压实湿绿草	593～830	592.9	30～53	47.4
破碎的庭院垃圾	267～356	296	12～42	29.4

续表

垃圾类型	容重/(kg/m³)		含水量/%	
	分布范围	典型值	分布范围	典型值
市政破碎垃圾	178～451	296.4	9～24	12
正常压实填埋垃圾	362～498	450.6	9～24	14.8
充分压实填埋垃圾	590～741	598.8	9～24	14.8
湿食品垃圾	474～949	539.5	29.6～47.4	41.5
商业包装用木箱	110～160	109.7	5.9～17.8	11.9
商业木材下脚料	100～181	148	11.9～47.4	29.6
商业混合垃圾	139～181	160	5.9～14.8	8.9
混合建筑垃圾	181～259	261	2.4～8.9	4.7
废弃混凝土	1198～1799	1539	0～3	—
工业金属废料(重)	1500～1998	1779	0～3	—
工业金属废料(轻)	498～898	738	0～3	—
工业混合金属废料	800～1500	898	0～3	—
油、焦油、沥青	800～999	949	0～3	1.2
工业锯末	101～350	291	11.9～23.7	11.9
工业纺织废物	101～219	181	3.6～8.9	11.9
工业混合木材	400～676	498	17.8～35.6	14.8
动物尸体	201～498	358.7	—	—
混合果实垃圾	249～750	358.7	35.6～53.4	44.5
混合蔬菜垃圾	201～700	358.7	35.6～53.4	44.5

通过垃圾含水率可计算出以垃圾干物质为基础的各种成分含量。如果垃圾直接用于堆肥或焚烧，含水率是需要重点控制和调节的参数。如果垃圾送去堆场或填埋场，也可根据含水率估算出堆场或填埋场产生的渗滤液量。因此，含水率是研究垃圾特性、确定垃圾处理过程中必不可少的参数。

垃圾含水率的测定一般采用烘干法，温度通常控制在 105±1℃。烘烤时间以达到恒重为准。当垃圾中有机物含量高时，不易完全达到恒重。所以，一般以两次连续称重的误差小于总质量千分之四为标准，或根据经验烘烤在 4～5h 以上。另外，当垃圾主要为可燃物时，温度以 70～75℃为宜，烘烤时间为 24h。

2）生活垃圾容重

（1）定义

垃圾在自然状态下，单位体积的质量称为垃圾的容重，又称视比重，以 kg/L、kg/m^3 或 t/m^3 表示。垃圾容重随成分和压实程度而不同，我国生活垃圾容重范围为 0.15～0.50t/m^3，典型值为 0.35t/m^3。

（2）影响因素

影响垃圾堆积密度的主要因素是灰土、瓦砖等无机成分。以厦门市的生活垃圾为例，1985 年厦门市以煤为家庭燃料，渣土占 84.29%，垃圾堆积密度为 0.6～0.7t/m^3。1993 年煤气逐渐进入家庭，分为以燃煤为主的“综合户”和以燃气为主的“煤气户”。据生活垃圾渣土成分统计结果，综合户为 61.85%，燃气户为 2.38%。1998 年厦门市基本普及燃气，渣土仅占0.28%，垃圾堆积密度降到0.38t/m³。在收集、输送、处置等不同阶段，生活垃圾容重也有较大变化。

(3) 容重的测定

容重是垃圾的重要特性之一。测定原始垃圾容重的方法有全试样测定法和小样测定法，而测定填埋场垃圾容重则较多采用反挖法、钻孔法等。下面，介绍常用的小样测定法，即将经“四分法”缩分后的垃圾初试样，装满一定容积的广口容器，按下式计算确定垃圾容重值。通常，需测定3个以上试样，用平均值来求取垃圾的容重。

$$D=(W_2-W_1)/V \tag{1-20}$$

式中 D——垃圾容重，kg/L或kg/m³；

W_1——容器质量，kg；

W_2——装有试样的容器总质量，kg；

V——容器体积，L或m³。

我国环卫系统现场采用的是“多次称重平均法”。此法是用一定体积的容器，在1年12个月内每月抽样称重1次，得到年均垃圾的质量，再除以容器体积，即得到垃圾的容重，其表达式为：

$$D=[(a_1+a_2+a_3\cdots+a_n)/n]/V \tag{1-21}$$

式中 D——垃圾容重，kg/m³；

a_n——垃圾质量，kg；

n——称重次数；

V——称重容器体积，m³。

3）生活垃圾恶臭

垃圾在储存过程中，蛋白质和纤维素等有机物腐烂变质，产生多种恶臭物质。迄今为止，凭人的嗅觉能感觉到的恶臭物质有4000多种，其中对人体健康危害较大的有氨、硫化氢、硫醇类、甲基硫、三甲胺、甲醛、苯乙烯、酪酸、酚类等几十种。

生活垃圾产生的恶臭污染物主要有8种，即硫化氢、甲硫醚、二甲硫醚、甲硫醇、三甲胺、氨、乙醛及苯乙烯。其中，氨和硫化氢是最为主要的恶臭物质，氨由含氮有机物分解而来，而硫化氢的产生有两个途径：一是未完全消化的含硫氨基酸的降解；二是粪便中大量的微生物和硫酸盐。

1.4 生活垃圾化学特性

生活垃圾的化学特性主要指垃圾的组成元素与挥发分、灰分、热值等。作为焚烧技术（包括热解及气化等高温技术）的基本依据，需要确定的元素包括碳、氢、氧、氮、硫、氯以及灰分、水分、热值等。

1.4.1 垃圾组成元素

碳是构成生活垃圾的主要可燃元素，包括固定碳和挥发分中的碳。碳完全燃烧的产物为CO_2，生成热32700kJ/kg，是决定垃圾热值的主要因素之一。影响垃圾含碳量的组分包括橡塑、纸类、纤维、厨余等。

氢在垃圾中的占比很小（与煤相近）。氢属高燃烧放热的元素，生成热 120000kJ/kg。垃圾中的氢，一部分是以 C_mH_m 结构并以挥发分形式存在的燃烧放热物质，一部分是与氧化合的不可燃物质。氢元素的含量，橡塑最高，厨余最低。

硫含量，生活垃圾远低于煤。硫属于可燃物质，生成热 9040kJ/kg。含有机硫的主要物质为橡胶、塑料类。硫对垃圾热值影响比较小，但其燃烧产物为有害物质。

氯在垃圾中的占比很小，对垃圾热值的影响可忽略不计。氯主要来源于含氯塑料和厨余等。由于垃圾中的氯元素高于硫元素，故垃圾焚烧烟气中氯化氢的含量远高于硫氧化物。

氧在垃圾中的含量比较高，这点与煤相似。氧元素一方面属于助燃物质，另一方面又容易与氢化合成不可燃物质。在一定温度条件下，氧与氮化合成氮氧化物，成为气态污染物。纸类、竹木、纤维的氧元素含量较高。

氮为不可燃物质，以化合态存在于垃圾有机物中。在 1200℃ 的条件下，与氧化合成氮氧化物。

垃圾元素分析可采用经典法或仪器法测定。采用经典法测定垃圾元素时，可按煤的元素分析方法进行，并满足现行国家标准的有关规定；采用仪器法测定元素时，按仪器使用要求确定样品量。需要说明的是，生活垃圾物理成分复杂多变，分析结果也只能反映出垃圾的大致特性。

垃圾元素分析随计算基数可分为湿基与干基两种表示方法，如表 1-8 所示。

① 湿基：包括水分在内的实际应用成分的总量作为计算基数，表示为：

$$C+H+O+N+S+Cl+A+W=100\%$$

② 干基：去掉水分的垃圾成分的总量作为计算基数，表示为：

$$C^g+H^g+O^g+N^g+S^g+Cl^g+A^g=100\%$$

二种计算基数之间的转换关系如下：

$$C=C^g\cdot(100-W)/100$$

表 1-8　垃圾理化特性及元素分析分类方法

湿基垃圾									
干基垃圾							水分		
不燃物	可燃物						结合水	游离水	
	灰分	固定碳	挥发分					内在水分	外在水分
A		C	H	O	N	S	Cl	W	

鉴于生活垃圾元素组成复杂，测试烦琐，以及垃圾元素与化学特性分析的精确性稍差，城市环卫系统一般较少进行这项工作。生活垃圾各物理成分的干基元素典型值见表 1-9，该表可用于估算生活垃圾的干基元素含量。在实际应用中，需要根据含水率将干基折算到湿基。表 1-10 为我国生活垃圾折算湿基元素与灰分、水分的一般数据范围。

表 1-9　生活垃圾干基元素分析典型值和分布范围　　单位：%

分析结果		纸类	橡塑	厨余	纤维	竹木	其他
C	典型值	41.33	60.39	35.64	45.04	42.96	27.64
	分布范围	38～49	60～78	25～48	36～50	40～53	—

续表

分析结果		纸类	橡塑	厨余	纤维	竹木	其他
H	典型值	5.90	7.83	6.41	6.41	6.02	4.06
	分布范围	5～6.5	7～14	5～6.5	5～6.5	5.5～6.5	—
S	典型值	0.20	0.10	0.39	0.15	0.10	0.31
	分布范围	0～0.3	0～1.0	0～0.5	0～0.4	0～0.2	—
O	典型值	42.59	17.85	36.51	42.59	41.24	16.74
	分布范围	39～44	4～20	28～38	32～45	35～44	—
N	典型值	0.30	0.48	2.60	2.18	2.35	1.94
	分布范围	—	—	—	—	—	—
Cl	典型值	0.46	1.89	0.82	0.46	0.36	0.45
	分布范围	—	—	—	—	—	—
A	典型值	7.42	5.18	19.64	3.17	6.97	48.76
	分布范围	3～12	4～10	14～25	1～10	1～10	—

表 1-10　我国生活垃圾折算湿基元素与灰分、水分的一般数据范围

元素名称	元素符号	范围	元素名称	元素符号	范围
碳	C	10%～22%	氮	N	0.5%～1.5%
氢	H	1%～3%	氯	Cl	0.1%～1.0%
氧	O	8%～15%	灰分	A	10%～25%
硫	S	0%～0.6%	水分	W	40%～60%

1.4.2　挥发分

挥发分（V）又称挥发性固体含量，是指在绝热条件下将垃圾样品加热到 900±10℃，持续 7min，分解析出的除水蒸气外的气态物质，主要包括以甲烷和非饱和烃为主的碳氢化合物以及氢气、一氧化碳、硫化氢等气体。由于垃圾各组分的分子结构不同，因而挥发分析出温度不同，其中橡胶、塑料、竹木、纸类等有机物的挥发分析出初始温度在 150～200℃。据有关挥发分析出（即失重）的试验结果，在 600℃下按质量分数计得析出挥发分为塑料 99.94%、橡胶 55%、竹木与纸类 80%等。因此，垃圾焚烧过程是以挥发分燃烧为主要形式，同时由于挥发分着火温度低，垃圾着火与燃烧是不困难的。

1.4.3　灰分

灰分（A）是指垃圾中不能燃烧也不挥发的物质。生活垃圾的灰分由有机物的灰分和无机物组成，其中有机物焚烧产生的灰分一般在 5%～6%。无机物燃烧产生的热值多来自标签、涂层及容器内残留的物质等，产生的热量很少，故可以认为无机物不参与化学反应，全部按灰分处理。总体上，我国生活垃圾总灰分相对比较高，目前在 25%以内。

灰分测定：将生活垃圾在马弗炉中 815±10℃条件下，灼烧至恒重时的质量分数。可燃物是除去水分和灰分后的物质。

1.4.4 垃圾热值

垃圾热值的测定与工业生产中测定煤的热值一样重要。垃圾热值（Q）也称为发热量，是单位质量垃圾完全燃烧释放的热量，分为高位热值和低位热值。高位热值（Q_H）指单位质量垃圾完全燃烧后燃烧产物中的水分冷凝为 0℃ 水时释放的热量；低位热值（Q_L）指单位质量垃圾完全燃烧后燃烧产物中的水分冷却为 20℃ 水蒸气时所释放的热量。二者差别在于水分蒸发和氢燃烧生成的蒸汽潜热（一般取 2512kJ/kg 即 600kcal/kg）是否放出。工程计算、焚烧工艺及设备选择需要采用低位热值。鉴于低位热值测定困难，往往通过测定高位热值，再用经验公式转化为低位热值。当垃圾的低位热值大于 3350kJ/kg（800kcal/kg）时，垃圾能够实现自燃烧，燃烧过程无须增加助燃剂。

垃圾热值的测定方法有直接试验测定法、经验公式法和组分加权计算法。当垃圾成分未知时，常用热值测定仪器——氧弹量热计进行直接试验测定；当垃圾元素组成已知时，可用经验公式估算垃圾的热值；当垃圾物理组成已知时，可利用各单一组分的热值、质量百分比，通过加权公式来计算。

1）氧弹量热计测定法

氧弹量热计是最常用的固液体燃烧测定仪器。氧弹放在量热器中，容器中盛有一定量的水。测量时，称取一定量的试样，压成小片，置于氧弹内。为使有机物燃烧完全，通常在氧弹中充上 2.5～3.0MPa 的氧气，然后通电点火，使压片燃烧。燃烧时放出的热传递给水和量热仪器，由水温升高值（Δt）即可求出试样燃烧放出的热量：

$$Q=k\Delta t \tag{1-22}$$

其中，k 为量热体系的水当量，即量热体系（水和量热仪器）温度升高 1℃时所需的热量。

由式(1-22) 可知，欲求出试样的热值，必先知道 k 值。常用方法是用已知热值的标准样品苯甲酸在氧弹中燃烧，从量热体系的温升即可求得 k。

$$k=Q_{\text{已知}}/\Delta t \tag{1-23}$$

测定过程分两步进行，即先由标准样品燃烧确定 k 值，再测定试样的热值。

2）经验公式分析方法

采用经验公式分析垃圾热值的方法可分为按元素分析模型加权计算方法、按工业分析模型以及按物理组分分析模型的方法。后两种方法是在特定条件下取得的简易方法（表 1-11），计算误差比较大。

表 1-11　采用物理组分及工业分析测算热值的经验公式

按物理组分分析的经验公式	按工业分析的经验公式
①按垃圾中橡塑(R)及动植物有机物(G)计算公式 $Q_L=[4400(1-Q_R)+8500Q_R]Q_G-600Q_W$	①按挥发分(V)、水分(W)计算公式 $Q_L=45Q_V-6Q_W$
②按垃圾中塑料(R)、可燃杂物(G)、纸类(P)计算 $Q_L=88.2Q_R+40.5(Q_G+Q_R)-6Q_W$	②Bento 公式 $Q_L=44.75Q_V-5.85Q_W+21.2$

根据元素分析计算垃圾低位热值相对要复杂些，但符合性比较好。在研究多种计算模型中，由于 Cl 元素对热值的影响非常小，因此均被忽略。下面，介绍几种常用的模型。

(1) 门捷列夫模型

$$\begin{aligned}Q_L &= 339Q_C + 1030Q_H - 109(Q_O - Q_S) - 25Q_W, \text{kJ/kg} \\ &= 81Q_C + 246Q_H - 26(Q_O - Q_S) - 6Q_W, \text{kcal/kg}\end{aligned} \tag{1-24}$$

(2) Steuer 模型

$$\begin{aligned}Q_L &= 81(Q_C - 3/8Q_O) + 57\times 3/8Q_O + 345(Q_H - 1/16Q_O) + 25Q_S - 6(9Q_H + Q_W) \\ &= 81Q_C + 291Q_H + 25Q_S - 30.562Q_O - 6Q_W, \text{kcal/kg}\end{aligned} \tag{1-25}$$

(3) Vonroll 模型

$$\begin{aligned}Q_L &= 348Q_C + 939Q_H + 105Q_S + 63Q_N - 108Q_O - 25Q_W, \text{kJ/kg} \\ &= 83Q_C + 224Q_H + 25Q_S + 15Q_N - 26Q_O - 6Q_W, \text{kcal/kg}\end{aligned} \tag{1-26}$$

(4) Dulong 修正模型

$$\begin{aligned}Q_a &= 81Q_C + 342.5(Q_H - 1/8Q_O) + 22.5Q_S - 6(9Q_H + Q_W) \\ &= 81Q_C + 288.5Q_H + 22.5Q_S - 42.8Q_O - 6Q_W, \text{kcal/kg}\end{aligned} \tag{1-27}$$

以上 4 个模型均有较好的适应性，如欧洲一些公司采用 Vonroll 模型，日本一些公司采用 Steuer 模型及 Dulong 修正模型。针对我国目前的垃圾成分，建议采用门捷列夫模型或 Vonroll 模型。此外，在日本等国还常用下述模型：

(5) Scheurer-Kestner 模型

$$Q_L = 81(Q_C - 3/8Q_O) + 342.5Q_H + 22.5Q_S + 57\times 3/40 - 6(9Q_H + Q_W), \text{kcal/kg} \tag{1-28}$$

(6) 日本环境卫生中心估算模型

$$Q_L = 81Q_C + 345Q_H - 33.3Q_O + 25Q_S - 6(9Q_H + Q_W), \text{kcal/kg} \tag{1-29}$$

(7) 三成分法计算垃圾低位热值

三成分法是根据可燃分、水分和灰分，估算垃圾低位热值的方法。该方法计算结果误差较大，可作为初步估算用，或是与元素分析法一起使用。三成分法计算垃圾低位热值通常采用下述公式或三角图法（图 1-4）。

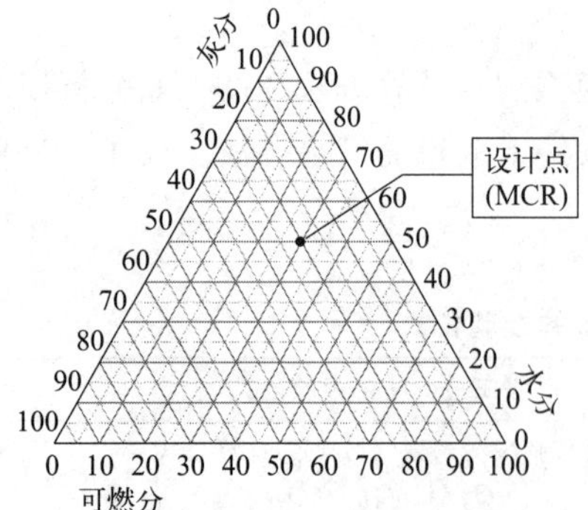

图 1-4　三角图

三成分法计算式为

$$Q_L = 45B - 6W \tag{1-30}$$

三成分法修正式为

$$Q_L = a\cdot B/100 - 6W \tag{1-31}$$

式中　Q_L——垃圾低位热值，kcal/kg；

B——垃圾可燃分含量，%；

W——垃圾水分含量，%；

a——垃圾可燃分低位热值，kcal/kg。

与三成分法计算式相近的估算垃圾低位热值方法还有许多，计算准确度均较差，仅用于粗略估算用。如下式是根据垃圾的挥发分、塑料、纸类和水分计算的经验公式：

$$Q_L = 88.2R + 40.5(V - P) - 6W, \text{kcal/kg} \tag{1-32}$$

式中　R、V、P——分别为塑料、挥发分、纸类干基质量分数。

3）灰分及水分对垃圾热值的影响

(1) 灰分对垃圾热值的影响

灰分变化对垃圾热值影响程度可按照下式计算：

$$Q_3=\frac{100Q_1}{100-\Delta A} \tag{1-33}$$

式中 Q_3——灰分减少后的垃圾热值，kJ/kg；

Q_1——原状垃圾热值，kJ/kg；

ΔA——灰分减少的百分比，%。

一般可按灰分减少 1%，垃圾热值相应增加 1%进行初步估算。

(2) 水分对垃圾热值的影响

生活垃圾在中转、运输、储存过程中，一部分水分会渗透出来形成垃圾渗滤液，当含水量为 50%～60%时，渗滤液可达到垃圾质量的 8%～20%。渗滤液的析出有助于垃圾热值的提高，以垃圾含水量降低 4%为例，垃圾含水量与热值关系的分析结果如下。

① 计算公式：

$$Q_2=\frac{(Q_1+6W_1)(100-W_2)}{100-W_1}-6W_2 \tag{1-34}$$

式中 Q_2——含水率降低后的垃圾热值，kJ/kg；

Q_1——原状垃圾热值，kJ/kg；

W_2——降低后垃圾含水率，%；

W_1——原状垃圾含水率，%。

② 计算结果：

序号	名称	数据				
1	原状垃圾低位热值/(kcal/kg)	945	1045	1200	1305	1500
2	原状垃圾含水率/%	58.54	57.24	57.60	54.15	51.60
3	垃圾含水率降低比例/%	4	4	4	4	4
4	降低后垃圾含水率/%	54.54	53.24	53.60	50.15	47.60
5	降低含水率后低位热值/(kcal/kg)	1094	1199	1370	1550	1673
6	热值增加/(kcal/kg)	149	154	170	173	173
7	降低单位含水率热值增加/(kcal/kg)	37	38.5	42.5	43.3	43.3

1.5 生活垃圾采样与分析

生活垃圾特性分析是焚烧厂设计、建设及运行管理的重要基础资料。垃圾特性分析具有动态性质，一般取近 3～5 年垃圾特性分析资料作为焚烧厂设计的基础资料，以正确掌握生活垃圾的物理、化学性质。特性分析资料合理性的前提是垃圾采样必须有代表性。

1.5.1 采样控制点

1）采样

(1) 采样点

采样点选择原则，即该点生活垃圾应具有代表性和稳定性。垃圾采样点的背景资料，包括区域类型、服务范围、产生量、处理量、收运处理方式等。采样点应按垃圾流节点进行选择。在生活垃圾产生源设置采样点，应根据调查区域的人口数量确定最少采样点数。在产生源以外的垃圾流节点设置采样点，应由该类节点（设施或容器）的数量确定最少采样点数。在调查周期内，地理位置发生变化的采样点数不宜大于总数的30%。

(2) 采样频率和间隔时间

产生源生活垃圾采样与分析以年为周期，采样频率为每月1次，同一点采样间隔时间宜大于10天。因环境引起生活垃圾变化时，可调整部分月份的采样频率。调查周期小于1年时，可增加采样频率，同一点采样间隔时间不宜小于7天。

(3) 采样量及采样方法

《生活垃圾采样和分析方法》(CJ/T 313—2009）规定，采用经典法测定垃圾元素分析，可按照煤的分析测定方法，包括《煤的元素分析》(GB/T 31391—2015)、《煤中氯的测定方法》(GB/T 3558—2014)、《煤中全水分的测定方法》(GB/T 211—2017)、《煤中碳和氢的测定方法》(GB/T 476—2008)、《煤中全硫的测定方法》(GB/T 214—2007)。

2）样品制备

(1) 一次样品制备

将垃圾样品（测定容重后）破碎至100～200mm，摊铺在水泥地面上充分混合，用四分法缩分2～3次至25～50kg样品，置于密闭容器运到分析场所。难以全部破碎的可预先剔除，在其余部分破碎缩分后，按缩分比例将剔除部分破碎加入样品中。

(2) 二次样品制备

生活垃圾含水率测定后，进行二次样品制备。根据测定项目的要求，将烘干后的垃圾样品各种成分的粒径分级破碎至5mm以下，选择下面两种样品形式之一制备二次样品。

混合样制备步骤为：①按照垃圾物理组成的干基比例，将粒径5mm以下的各种成分混合均匀；②缩分至500g；③用研磨仪将混合样研磨至0.5mm以下。

合成样制备步骤为：①用研磨仪将烘干的粒径5mm以下的各种成分分别研磨至0.5mm以下；②将各成分分别缩分至100g后装瓶备用；③按照垃圾物理组成的干基比例，配制测定用合成样。

(3) 缩分

将待缩分样品放在清洁、平整、不吸水的板面上，堆成圆锥体。用小铲将样品自圆锥顶端落下，使其均匀地沿锥尖散落，不可使圆锥中心错位。反复转堆，至少转3周，使其充分混匀。用十字样板自上向下将锥体分成四等份，按四分法取任意两个对角的等份，重复上述操作数次，直到样品减至100g左右，并将其保存在瓶中备用。

瓶上注明样品名称（或编号）、成分名称、采样地点、采样人、制样人、制样时间等信息。

(4) 样品制备注意事项

防止样品产生任何化学变化或受到污染。在粉碎样品时，确实难以全部破碎的垃圾组分可预先剔除，在其余部分破碎缩分后，按缩分比例将剔除生活垃圾部分破碎加入样品中，不可随意丢弃难以破碎的成分。

(5) 二次样品保存

二次样品应在阴凉干燥处保存，保存期为3个月。保存期内若吸水受潮，则需在105℃±5℃下烘干至恒重后，才能用于测定。

3）采样记录的具体要求

① 注明采样目的、试验项目、采样要求等。

② 注明采样日期、时间、地点、范围，并作采样标记。如果在企业采样，则应说明在哪个产品范围、哪个部门及在生产运行点提取的试样。

③ 注明垃圾来源、种类、堆积形式，以及提取试样的垃圾堆放时间（估计）。

④ 注明采样方法，包括采样器械。提取的单项试样和混合试样，必须说明是由多少单项试样混合提取的混合试样。

⑤ 注明采样时对垃圾特点的描述，包括试样的颜色和气味、固体或半固体状态、是否均匀及其粒度分析。

⑥ 注明储存试样容器的类型，试样的质量、体积与容积；

⑦ 注明天气等因素对垃圾特性的影响。

⑧ 注明采样人员及其工作部门、签字时间。标明采样时在场人员的姓名。

1.5.2　样品与分析结果要求

对生活垃圾分析样品及分析结果的基本要求见表 1-12。

表 1-12　分析样品及分析结果的基本要求

序号	分析项目	基本要求
1	物理成分	物理成分分析按质量分数计;计算结果保留 2 位小数
2	容重	计算结果保留 3 位有效数字;单位为 kg/m^3
3	含水率	含水率测定应在测定物理成分后 24h 内完成; 按质量分数计;计算结果保留 2 位小数
4	可燃分、灰分	样品粒度小于 0.5mm; 试样质量 5g±0.1g,精确至 0.0001g; 计算结果保留 2 位小数; 可燃分=100－灰分
5	热值	样品粒度小于 0.5mm; 计算结果保留 4 位有效数字;单位为 kJ/kg

思考题

1. 我国城市生活垃圾的基本特征有哪些?

2. 垃圾焚烧的特点及应用前景如何?

3. 城市生活垃圾产生量的影响因素有哪些?

4. 已知垃圾含水率为 53.59%，干基物理成分含量为纸类 5.39、橡塑 11.82、厨余 25.83、纤维 2.83、竹木 1.53、其他 28.43、无机物 24.17。求垃圾元素分析值。

5. 简述生活垃圾的物理性质和化学性质。

6. 实现垃圾减量的途径有哪些?

7. 论述现阶段垃圾处理技术的选择对策。

第2章 生活垃圾焚烧历程

生活垃圾含有大量的有机可燃物，且可燃物的占比和发热量都相当高。可燃垃圾包含纸布、皮革、塑料、橡胶、竹木、动植物残体、树叶、果皮、厨余等，都是潜在的能源物质，可通过合适的方式把它们转化为能量进行回收利用。随着生活水平的提高和消费观念的改变，我国生活垃圾中的有机物不断增加，可燃物增多，热值也在提高。

垃圾焚烧技术起源于19世纪末。20世纪70年代后，垃圾焚烧技术在欧美和日本得到迅速发展，焚烧处理技术日趋成熟。到1995年，德国约有53座垃圾焚烧发电厂，年处理垃圾量超过1000万吨；法国有近300座垃圾焚烧厂，其中巴黎有4座，年处理量为170万吨，占全市垃圾总量的90%。美国从20世纪80年代开始，兴建了100多座垃圾焚烧厂，年处理能力约为3000万吨。日本是世界上焚烧厂数量最多的国家，2017年共有1103座垃圾焚烧设施（其中新建设施43座），合计处理能力为1.8×10^5t/d。近30年来，发达国家、中等发达国家建设了大量的垃圾焚烧厂，发展中国家也开始建设垃圾焚烧厂。

2.1 焚烧的概念

生活垃圾焚烧处理技术是目前世界上最常用的现代化大规模生活垃圾处理技术之一。这种技术全面运用燃烧理论与技术，以及现代工程科学多个专业的成果，高效、稳定、快速地处理生活垃圾。

2.1.1 焚烧的定义

焚烧法是一种高温热处理技术，即以空气与废物燃料在焚烧炉内进行氧化燃烧反应，废物中的有毒有害物质在高温下氧化、热解而被破坏，是一种可同时实现废物无害化、减量化、资源化的处理技术。

垃圾焚烧，即通过适当的热分解、燃烧、熔融等反应，使垃圾经过高温下的氧化进行减容，成为残渣或熔融固体物质的过程。采用焚烧法处理生活垃圾的基本目标是：①消除有害物质；②减量；③余热利用。

焚烧法不仅可以处理固体废物，还可以处理液体废物和气体废物；不但可以处理生活垃圾和一般工业废物，而且可以处理危险废物。危险废物中的固态、液态和气态有机废物，常常采用焚烧法来处理。在焚烧处理生活垃圾时，也会将垃圾焚烧处理前产生的渗滤液和臭气引入焚烧炉焚烧处理。

焚烧处理适合于处理有机成分多、热值高的废物。当处理可燃有机物很少的废物时，需补加燃料，这会使运行费用增加。如果有条件辅以适当的废热回收装置，可在一定程度上弥补上述缺点，从而使焚烧法获得经济效益。

1）焚烧的基本概念

（1）燃烧

通常把具有强烈放热效应、有基态和电子激发态的自由基出现并伴有光辐射的化学反应现象称为燃烧。燃烧可以产生火焰，火焰又能在合适的可燃介质中自行传播。火焰能否自行传播，是区分燃烧与其他化学反应的特性之一。其他化学反应都只在反应开始的局部地方进行，而燃烧反应的火焰一旦出现，就会不断向周围传播，直到能够反应的整个系统完全反应完毕为止。燃烧过程，伴随着化学反应、流动、传热和传质等化学过程及物理过程，这些过程相互影响。因此，燃烧过程是一个复杂的综合过程。

（2）着火与熄火

可燃物在与空气共存的条件下，当达到某一温度时，与着火源接触即能引起燃烧，并在着火源离开后仍能持续燃烧，这种持续燃烧的现象叫着火。着火是燃料与氧化剂由缓慢放热反应发展到由量变到质变的临界现象。从无反应向稳定的强烈放热反应状态的过渡过程，即为着火过程；相反，从强烈放热反应向无反应状态的过渡过程，称为熄火过程。工业应用的燃烧设备，尽管特点和要求不同，但启动过程都有共同的要求，即要求启动时迅速、可靠地点燃燃料并形成正常的燃烧工况。当燃烧工况建立后，即使工作条件改变，火焰也能保持稳定而不熄灭。

影响燃料着火和熄火的因素很多，如燃料性质、氧化剂成分、过剩空气系数、环境压力及温度、气流速度、燃烧室尺寸等。这些因素可分为两类，即化学反应动力学因素和流体力学因素，或称化学因素和物理因素。着火与熄火过程就是这两类因素相互作用的结果。在日常生活和工业应用中，最常见到的燃料着火方式为化学自燃、热自燃和强迫点燃。

① 化学自燃。这类着火通常不需要外界加热，而是在常温下依靠自身的化学反应发生的。例如，金属钠在空气中的自燃，烟煤因长期堆积通风不好而发生的自燃等。

② 热自燃。将一定体积的可燃气体混合物放在热环境中使其温度升高。由于热生成速率是温度的指数函数，而热损失只是一个简单的线性函数，因此，只要稍微增加混合物的温度，其温度上升率就会大大增加。这样，当热量的生成速率超过损失速率时，着火会在整个容器内瞬间发生，燃烧反应就自行继续下去，而不需要进一步的外部加热，这就是热自燃着火机理。

③ 强迫点燃。工程上的点火方法常为强迫点燃，即用炽热物体、电火花或热气流等使可燃混合物着火。强迫点燃过程可设想成一个炽热物体向气体散热，在边界层中可燃混合物因温度较高而进行化学反应，产生的热量又使气体温度不断升高而着火。

（3）着火条件与着火温度

在一定的初始条件（闭口系统）或边界条件（闭口系统）之下，由于化学反应的剧烈加速，反应系统在某个瞬间或某空间部分达到高温反应态（即燃烧态），实现这个过渡的初始条件或边界条件称为着火条件。着火条件不是一个简单的初温条件，而是化学动力学参数和流体力学参数的综合函数。

单位体积混合气单位时间反应放出的热量，称为放热速度，单位时间向外界环境散发的热量，称为散热速度。着火的本质问题取决于放热速度与散热速度的相互作用及其随温度增长的程度。

(4) 热值

垃圾的热值指单位质量垃圾燃烧释放的热量，以 kJ/kg（或 kcal/kg）计。要使生活垃圾维持燃烧，就要求燃烧释放的热量足以满足加热垃圾到达燃烧温度所需要的热量和发生燃烧反应所需的活化能，否则，需要添加辅助燃料才能维持燃烧。

热值有两种表示法，即高位热值和低位热值。高位热值指化合物在一定温度下反应到达最终产物的焓的变化。低位热值与高位热值的意义相同，只是产物的状态不同。前者水是液态，后者水是气态。因此，两者之差就是水的汽化潜热。在垃圾焚烧过程中，垃圾热值是影响焚烧稳定性的关键参数，垃圾热值的变化对燃烧过程的稳定性产生重要影响。

目前，尚没有一种成熟的垃圾热值在线测量技术应用于垃圾焚烧过程。现有的垃圾热值计算方法主要是以垃圾物理成分组成数据为依据来计算，即人为认定垃圾的几种成分为主要成分作为输入，采用统计、线性回归以及神经网络等方法进行垃圾热值的预测。这种方法主要用于离线分析过程以及宏观分析和统计过程。

重庆垃圾焚烧发电技术研究院构建了基于小脑神经网络的垃圾热值监测模型，利用垃圾发电厂在线测量数据作为输入参数实现垃圾热值的在线监测，并应用于某垃圾发电厂的垃圾燃烧过程控制系统之中。

(5) 理论燃烧温度

燃烧反应是由许多单个反应组成的复杂化学过程，包括氧化反应、气化反应、热解反应等，有的反应放热，有的反应吸热。当燃烧系统处于绝热状态时，反应物在经化学反应生成平衡产物的过程中所释放的热量全部用来提高系统的温度，系统最终达到的温度称为理论燃烧温度，即绝热火焰温度。这个温度与反应产物的成分有关，也与反应物的初温和压力有关。理论燃烧温度的计算比较复杂，因为它会影响平衡成分的组成，反过来最终产物的平衡成分又会影响理论燃烧温度的高低，它们之间是互为依赖的关系，故对理论燃烧温度只能用渐近法计算求解。

在实际工作中，常常根据实践经验运用近似法加以估算。在温度 25℃时，许多烃类化合物燃烧产生的净热值 NHV 为 4.18kJ 时，约需理论空气量 m_{st} 为 1.5×10^{-3}kg，则纯碳氢化合物燃烧时

$$m_{st}=1.5\times10^{-3}\frac{\text{NHV}}{4.18}=3.59\times10^{-4}\text{NHV} \tag{2-1}$$

若多烃类化合物含氯，m_{st} 求解数值会偏低，但可满足工程要求。为了进一步简化，常以垃圾和辅助燃料混合物 1kg 作为基准，即 $m_w+m_f=1.0$（m_w 为垃圾摩尔质量，m_f 为辅助燃料摩尔质量），主要产物为 CO_2、H_2O、O_2 及 N_2，它们的近似热容在 16～1100℃范围内为 1.254kJ/(kg·℃)。因此，可用下式计算理论燃烧温度，即

$$\text{NHV}=m_pC_p(T-298)+m_eC_p(T-298) \tag{2-2}$$

式中 NHV——净热值，kJ/kg；

m_p——烟气摩尔质量；

m_e——烟气过量空气摩尔质量；

C_p——近似热容，4.18kJ/kg；

T——理论燃烧温度，K。

m_p 和 m_{st} 之间的关系可用下式表达

$$m_p = 1 + m_{st}$$

则

$$\begin{aligned} \mathrm{NHV} &= 1.254 \times (1 + m_{st})(T - 298) + 1.254 m_e (T - 298) \\ &= 1.254 \times (1 + 1.5 \times 10^{-3}\mathrm{NHV} + m_e)(T - 298) \end{aligned} \tag{2-3}$$

空气过量率 EA 为

$$EA = \frac{m_e}{m_{st}} \tag{2-4}$$

则

$$\mathrm{NHV} = 1.254 \times (T - 298)[1 + 3.59 \times 10^{-4}\mathrm{NHV}(1 + EA)] \tag{2-5}$$

由式(2-1)～式(2-5) 可得

$$T = 298 + \frac{\mathrm{NHV}}{1.254 \times [1 + 3.59 \times 10^{-4}\mathrm{NHV}(1 + EA)]}$$

$$EA = \frac{\left[\dfrac{\mathrm{NHV}}{1.254 \times (T - 298)}\right] - 1}{3.59 \times 10^{-4}\mathrm{NHV}} - 1$$

$$\mathrm{NHV} = \frac{1.254 \times (T - 298)}{1 - 4.49 \times 10^{-4} \times (1 + EA)(T - 298)} \tag{2-6}$$

通过式(2-6)，可以分析燃料净热值、燃烧温度、助燃空气系数三者间的关系。

(6) 焚烧效果

在实际的燃烧过程中，操作条件不可能达到理想效果，因此垃圾燃烧不完全。不完全燃烧的程度反映焚烧效果的好坏。评价焚烧效果的方法有多种，有时需要两种甚至两种以上的方法才能对焚烧效果进行较全面的评价。评价方法一般有目测法、热灼减量法及一氧化碳法等多种。

① 目测法。目测法是通过肉眼观察烟气的“黑度”来判断焚烧效果，烟气越黑，则焚烧效果越差。

② 热灼减量法。热灼减量法是根据炉渣有机可燃物的量（即未燃尽固定碳）来评价焚烧效果的方法。它是指炉渣中的可燃物在高温、过量空气的条件下被充分氧化后，单位质量炉渣的减少量。热灼减量越大，说明燃烧反应越不完全，焚烧效果越差；反之，焚烧效果则越好。利用热灼减量表示焚烧效果的计算公式如下：

$$E_s = \left(1 - \frac{W_L}{W_f}\right) \times 100\% \tag{2-7}$$

式中　E_s——焚烧效率，%；

W_L——单位质量炉渣的减量，kg；

W_f——单位质量垃圾的可燃物量，kg。

③ 一氧化碳法。一氧化碳（CO）是垃圾不完全燃烧的产物之一，常用烟气的 CO 含量来表示焚烧效果的优劣。烟气 CO 含量越高，表明垃圾的焚烧效果越差；反之，则焚烧反应进行得越彻底，焚烧效果越好。利用烟气 CO 含量表示焚烧效率的计算公式如下：

$$E_g = \frac{C_{CO_2}}{C_{CO} + C_{CO_2}} \times 100\% \tag{2-8}$$

式中　E_g——焚烧效率，%；

C_{CO}——烟气 CO 含量，%；

C_{CO_2}——烟气 CO_2 含量，%。

2）垃圾焚烧过程

垃圾焚烧过程复杂，根据可燃物的种类，有 5 种不同的燃烧方式：①蒸发燃烧，即可燃物受热熔化成液体，进而蒸发为气体，与空气混合而燃烧，如石蜡的燃烧即为蒸发燃烧；②分解燃烧，即可燃物受热后分解，产生的可燃气体（通常是碳氢化合物）挥发，剩下固定碳和不可燃物。挥发分与空气混合燃烧，固定碳表面与空气接触进行表面燃烧；③表面燃烧，如木炭等固体受热后不发生熔化、分解或蒸发等过程，而是在固体表面与空气反应进行燃烧，燃烧产生的灰质随即脱落；④扩散燃烧，气固非均相燃烧中反应生成的灰层包裹可燃物，氧化剂与反应产物通过灰层扩散传递，如煤的燃烧；⑤整体燃烧，气固非均相燃烧中，固体燃料在孔隙率较大且氧化剂充足时，整个燃料体发生燃烧。

生活垃圾的组成成分复杂多变，燃烧过程也非常复杂。垃圾的水分含量高于其他一般的固体燃料，因此烘干对于垃圾正常焚烧非常重要。垃圾进入焚烧炉后，首先在炉内受热升温，在此过程中大部分水分析出蒸发，同时某些易燃物熔化、气化发生蒸发燃烧。之后，大部分有机物在高温下热解，释放的挥发性气体着火燃烧。垃圾的某些固相物质在高温下也发生各种形式的燃烧，最终燃烧产物与垃圾的不可燃组分混合成为炉渣排出炉外。因此，一般将垃圾焚烧依次分为干燥、热分解、燃烧和燃尽 4 个阶段来分析（前两个阶段也合称为干燥阶段）。需要注意的是，在垃圾焚烧过程中，这 4 个阶段并没有明显的界线，不过在总体上有时间的先后差别。

（1）干燥

垃圾干燥是利用炉内热量使垃圾的水分蒸发，从而降低垃圾含水率的过程。按热量的传递方式，可将干燥分为传导干燥、对流干燥和辐射干燥 3 种方式。生活垃圾的含水率高，入炉垃圾的含水率一般在 40% 甚至更高，因此，干燥过程需要消耗不少热能。垃圾含水率越高，干燥阶段也就越长，会导致炉温降低很多，着火燃烧越困难，影响焚烧的正常工况。这样，就需要添加辅助燃料，提高炉温，改善干燥着火条件。现代垃圾焚烧炉一般在干燥阶段向炉内通入热风，利用空气的热量来加速烘干垃圾，以避免因辐射干燥对炉内温度造成过大的影响。

（2）热分解

垃圾的热分解是垃圾的有机可燃物在高温作用下分解成轻质可燃气体、固定碳以及不可燃物的过程，此外一些分解后产物还会发生聚合形成新的反应产物。热分解过程在大部分情况下是吸热反应过程。

有机可燃物的热分解速率可用式(2-9) 表示：

$$K = A e^{-E/RT} \tag{2-9}$$

式中 K——热分解速率；

A——频率系数；

E——可燃物活化能，kJ/mol；

R——气体常数；

T——热力学温度，K。

有机可燃物活化能越小，热分解发生时的温度越高，则热分解速度越快。同时，热分解速率还与传热及传质速度有关。由于生活垃圾中有机固体物尺寸较大，传热速度和传质速度对热分解速率的影响明显，且传热速率对热分解速率的影响远大于传质速度对热分解速率的影响。因此，保持良好的传热性能，使热分解在较短时间内完成，是保证垃圾燃烧完全的基础。

(3) 燃烧

燃烧是可燃组分在氧气作用下快速氧化的过程。垃圾的焚烧过程十分复杂，经干燥和热分解后会产生很多不同的气、固相可燃物，它们在空气作用下达到着火温度后就会形成火焰燃烧，因此垃圾焚烧是气相均相燃烧和异相（气、固相）燃烧的混合过程。另外，垃圾的燃烧还可分为完全燃烧和不完全燃烧，前者的最终产物主要是 CO_2 和 H_2O，后者的最终产物除上述两种成分外还有 CO 和其他有机可燃物。

(4) 燃尽

垃圾的燃尽是垃圾经过燃烧过程后剩余的固定碳等固态可燃物最终氧化反应成不可燃灰分的过程。燃尽过程对于提高垃圾焚烧效果，降低炉渣的热灼减量十分重要。垃圾经燃尽阶段后完成整个燃烧过程，进入出渣系统。

2.1.2　燃烧图的应用

1）燃烧图概念

燃烧图界定正常焚烧垃圾的范围，以及焚烧量与发热量的相互关系，同时界定满足环保和正常燃烧的范围与添加辅助燃料的范围。燃烧图是垃圾焚烧应用技术的工程设计和运行指导图，特别是对于炉排型焚烧炉，具有重要的实用价值。

我国生活垃圾的热值正处在从低热值（3340kJ/kg 以下）向高热值（7500kJ/kg 以上）过渡时期，且垃圾成分与特性具有动态变化的特点。针对生活垃圾的特点，新建厂额定垃圾热值一般可根据焚烧炉的使用寿命来确定，如焚烧炉使用寿命为 25～30 年，则额定垃圾低位热值可在现有垃圾热值基础上预测到第 8 年时的垃圾热值作为额定垃圾热值，而不宜以现有垃圾热值作为额定热值。同时应注意，在焚烧厂初期运行过程中，垃圾热值应处于额定热值与相应焚烧量的下限热值之间，以保证垃圾正常燃烧。

在绘制燃烧图时，首先确定垃圾额定处理量，其次确定设计点即额定垃圾低位热值以及上、下限垃圾低位热值。这样，基本可确定焚烧炉的规模以及余热锅炉的蒸发量与蒸汽参数的关系。一般而言，最低焚烧量取额定垃圾焚烧量的 70%（或 65%）左右。另外，焚烧炉应有短时间 10%超负荷能力，这也是选择相关辅助设备的基本依据。这些运行条件是绘制燃烧图的必要条件。

需要特别指出的是，燃烧图中的垃圾低位热值是指入炉时的热值。垃圾在运输、储存过程中，垃圾水分会析出，导致垃圾热值提高。经测算，水分降低 1%，垃圾低位热值提高 158～175kJ/kg。

2）燃烧图的绘制要点

(1) 确定坐标系

燃烧图如图 2-1 所示。横坐标为处理垃圾量（t/h），同时应包含 70%～100%焚烧量的区间。纵坐标表示垃圾发热量，单位为 MW。

确定一束与纵、横坐标相对应的垃圾热值直线即垃圾热值（热值线）等于发热量（纵坐标点）除以处理垃圾量（横坐标点）。该束热值线至少应包括额定热值线、上/下限热值线、建厂时垃圾热值线以及不需要添加辅助燃料的最低热值线（如有）。

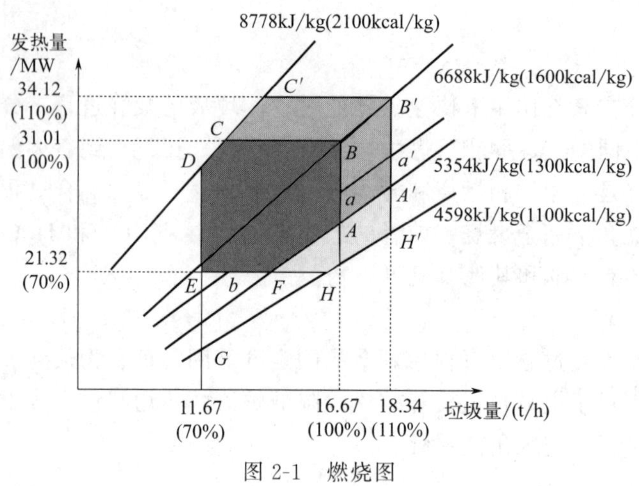

图 2-1　燃烧图

(2) 确定焚烧炉工作域

焚烧炉工作区域确定见图 2-1。从横坐标 100％负荷处作垂线分别交额定热值线于 B 点，不添加辅助燃料的下限热值线于 A 点，当前垃圾热值线于 a 点，以及不需要添加辅助燃料的最低热值线（如有）；从 B 点作平行于横坐标的线段交上限热值线于 C，与纵轴交点为 100％发热量点。从横坐标 70％负荷处作垂线交上限热值线于 D 点；交下限热值线于 G 点，交额定热值线于 E 点，从 E 点作平行于坐标横轴的 EF 直线交下限热值于 F，交不需要添加辅助燃料的最低热值线（如有）于 b 点。

如果 C、D 两点重合，表示焚烧炉运行达到上限极点。如果该重合点位于上限热值线右侧，表示超出焚烧炉运行范围，需要调低垃圾上限热值。如果 A、F 点重合，表示焚烧炉运行达到下限极点。如果重合点位于下限热值线左侧，则适当下调 EF 使 F 点与 A 点重合。如果焚烧炉供应商不予认可，则表示超出焚烧炉运行范围，需要调高垃圾下限热值。

多边形 $ABCDEF$ 围成的区域为焚烧炉工作范围。从横坐标 110％负荷点处作垂线分别交下限垃圾热值、额定垃圾热值于 A'、B'点，再沿 B'点作平行于横轴的线段交上限垃圾热值线于 C'点。

多边形 $ABCC'B'A'$围成的区域为焚烧炉超负荷工作范围。需要说明的是，焚烧炉在超负荷范围内的工作时间应是短时的，超负荷工作时间过长会缩短设备使用寿命。一般情况下，每次超负荷时间不超过 2h，每天最多 2 次。

如果垃圾下限热值达不到焚烧炉无须添加辅助燃料（多采用 0 号轻柴油）的正常工作要求时，应标示出添加辅助燃料的工作范围。

(3) 对燃烧图基本分析

① B 点表示焚烧炉额定工况下的工作点。从线段 BC 的 B 点到 C 点表示垃圾处理量逐渐减少，但总垃圾热值恒定不变，这是焚烧炉正常工作的最大热负荷，表示焚烧炉正常工作的上限，也是确定燃烧室容积热负荷、炉膛容积，以及风机、烟气净化设施、受电设备等容量的上限。

② 线段 AB 表示焚烧炉在 100%处理量下正常工作的区间。在此范围内，垃圾发热量随着垃圾热值的变化而变化，但均能保证垃圾热灼减量的要求。

③ A 点表示焚烧炉在 100%处理量下正常工作的下限。炉排燃烧速率（即机械负荷）、炉排面积，以及蒸汽空气加热器、辅助燃烧设备容量按此点参数确定。

④ 从线段 CD 的 C 点到 D 点，表示垃圾处理量逐渐减少，总垃圾热值降低，偏离额定炉膛热负荷。

⑤ E 点表示焚烧炉正常工作的最低垃圾处理量和最低垃圾发热量。

⑥ 折线 EFA 表示维持焚烧炉稳定燃烧，保证规定的炉渣热灼减量的下限。EFA 线以下（特别是沿线段 FA，尽管总垃圾发热量逐渐增加），炉渣热灼减量不能保证。

⑦ 如果设计点 F 工况下不能保证炉渣热灼减量的要求，则需要根据发热量适当将 F 点沿 FA 线段向上移动到 F'（图中未表示出）。此时，EFF'区域也属于需要添加辅助燃料区。

2.1.3　焚烧的影响因素

垃圾进入焚烧炉后，经干燥热解后有机可燃物在高温条件下完全燃烧，生成 CO_2 等气体，同时释放热量。在实际的燃烧过程中，由于焚烧炉内的操作条件不可能达到理想状态，所以燃烧不完全，严重时会产生大量的黑烟，并且炉渣中会残留有机可燃物。垃圾焚烧的影响因素包括：生活垃圾的性质、温度、停留时间、烟气湍流度、过量空气系数以及其他因素。其中，焚烧温度（temperature）、烟气停留时间（time）、湍流度（turbulence）以及过量空气系数（excess oxygen）称为“3T+E”，这四个焚烧控制参数是反映焚烧炉工况的主要指标。

（1）垃圾性质的影响

垃圾的热值、组分和几何尺寸是影响垃圾焚烧的主要因素。热值越高，燃烧过程越易进行，焚烧效果也就越好。几何尺寸越小，单位质量（或体积）垃圾的比表面积越大，与周围氧气的接触面积也就越大，焚烧过程中的传热及传质效果越好，燃烧越完全；反之，传质和传热效果较差，易发生不完全燃烧。

（2）温度的影响

焚烧炉的体积较大，炉内温度分布不均匀，即不同部位的温度不同。这里所说的焚烧温度是指垃圾焚烧所能达到的最高温度，该值越大，焚烧效果越好。一般而言，位于垃圾层上方并靠近燃烧火焰区域内的温度最高，可达 800～1000℃。垃圾的热值越高，可达到的焚烧温度越高，越有利于垃圾的焚烧。同时，温度与停留时间是一对相关因子，在较高的焚烧温度下适当缩短停留时间，也可维持较好的焚烧效果。为了减少二噁英的产生，应保持火焰温度（燃烧室出口温度）在 850℃以上。

（3）停留时间的影响

停留时间有两方面的含义：其一是垃圾在炉内的停留时间，指垃圾从入炉开始到炉渣出炉为止的时间；其二是烟气在炉内的停留时间，指烟气从垃圾层逸出到排出焚烧炉所需的时间。实际操作过程中，垃圾停留时间必须大于理论上干燥、热分解及燃烧所需的总时间。同时，烟气停留时间应保证烟气中气态可燃物达到完全燃烧。当其他条件保持不变时，停留时间越长，焚烧效果越好，但停留时间过长会使焚烧炉的处理量下降，经济上不合算，而停留时间过短则会引起过度不完全燃烧。烟气二燃室停留时间需要超过 2.0s。

（4）湍流度的影响

湍流度是表征焚烧炉内垃圾和空气混合程度的指标。湍流度越大，垃圾与空气的混合程度越好，有机可燃物能及时充分获取燃烧所需的氧气，燃烧反应越完全。加大空气供给量，可提高湍流度，改善传质与传热效果，有利于焚烧。

（5）过量空气系数的影响

按可燃成分和化学计量方程，与燃烧单位质量垃圾所需氧气量相当的空气量称为理论空气量。为了保证垃圾燃烧完全，通常需供给比理论空气量更多的空气量，即实际空气量。实际空气量与理论空气量之比为过量空气系数（α），也称过量空气率或空气比。α 对垃圾燃烧状况影响很大，适当的过量空气是有机物完全燃烧的必要条件。增大 α，可提供过量的氧气，且能增加炉内的湍流度，有利于焚烧。但 α 过大会导致炉内温度降低，给焚烧带来副作用，同时还会增加空气输送及预热所需的能量。α 过小将使垃圾燃烧不完全，继而给焚烧系统带来一系列的不良后果。图 2-2 为低过量空气系数对垃圾燃烧影响的示意图。

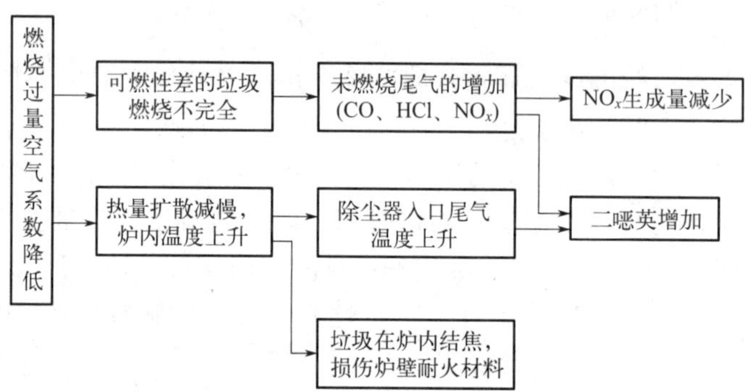

图 2-2　低过量空气系数对垃圾燃烧的影响

（6）其他因素的影响

影响垃圾焚烧的其他因素包括垃圾在炉中的运动方式及料层厚度等。对垃圾进行翻转搅拌，可使垃圾与空气充分混合，改善燃烧条件。炉床上垃圾层厚度必须适当，厚度太大会导致燃烧不完全，厚度太小又会降低焚烧炉的处理量。

综上所述，在生活垃圾的焚烧过程中，应合理控制各种影响因素，使其综合效应向着有利于垃圾完全燃烧的方向发展。但同时应该认识到，这些影响因素不是孤立的，它们之间存在相互依赖、相互制约的关系，某种因素的正效应可能会导致另一种因素的负效应，因此，应从综合效应来考虑整个燃烧过程的因素控制。

2.1.4　焚烧技术

近几十年来，随着我国垃圾的热值不断提高，利用垃圾焚烧的余热发电和供热的技术发展很快，并取得了相当的经济效益。

生活垃圾焚烧厂的系统构成，大型焚烧厂一般都包含有前处理、焚烧、余热利用、污染防治和自动控制等系统，垃圾焚烧处理流程如图 2-3 所示。

垃圾接收系统中的垃圾经前处理系统输送至焚烧系统，在焚烧炉内与空气充分混合燃烧，释放的热能由余热利用系统加以回收利用，产生的污染物（灰渣、废水、烟气）经污染

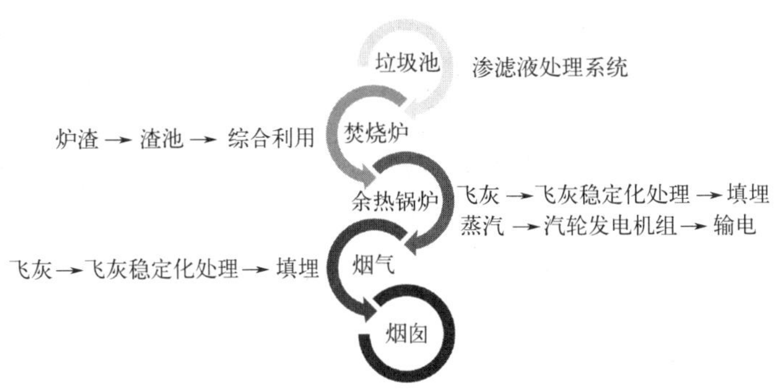

图 2-3　垃圾焚烧处理流程

防治系统处理达标后排放。各系统都配有监测控制设备，构成完整的自动控制系统。

焚烧处理技术有多种类型，根据炉型主要有机械炉排炉焚烧技术、流化床焚烧技术、回转窑焚烧炉技术和垃圾热解气化焚烧炉技术。其中，机械炉排炉已成为发展的主流。

(1) 机械炉排炉焚烧技术

机械炉排炉采用层状燃烧技术，对垃圾预处理要求不高，垃圾热值适应范围广，运行及维护简便等，是目前世界上最常用、处理量最大的生活垃圾焚烧炉型，在我国、欧美及日本等国家得到广泛应用。炉排炉技术成熟可靠，单台处理规模大。垃圾在炉排上先后通过三个区段：干燥段、燃烧段和燃尽段。垃圾在炉排上燃烧，热量不仅来自上方的辐射和烟气的对流，还来自垃圾层的内部。着火垃圾通过炉排的往复运动，产生强烈的翻转和搅动，引起底部的垃圾燃烧。翻转和搅动也使垃圾层松动、透气性加强，有利于垃圾的干燥、着火、燃烧和燃尽。因为炉排炉采取层状燃烧，垃圾会出现料层无法松动、与空气接触面积不足、燃烧速率较慢等问题，这也是炉排炉型多种多样、持续改进的原因。机械炉排焚烧炉的常见炉排型式有往复推动炉排、滚动炉排、多段波动炉排等。

(2) 流化床焚烧技术

流化床技术在 20 世纪 60 年代用来处理工业污泥，70 年代用来焚烧生活垃圾，80 年代在日本应用较多，市场占有率达到 10%以上。90 年代后期，随着烟气排放标准的提高，流化床焚烧炉燃烧工况不易控制、二噁英初始产量高等缺点，使其在生活垃圾焚烧的应用受到限制。在国内，近些年来流化床焚烧炉得到一定范围的应用，但多用于日处理规模 500t 以下的项目，且基本上需要加煤助燃才能正常运行。流化床焚烧炉，床料一般加热至 600℃左右再投入垃圾，保持床层温度在 850℃以上。流化床焚烧炉燃烧十分彻底，但对垃圾有严格的破碎预处理要求，容易发生故障。

(3) 回转窑焚烧炉技术

回转窑是一个旋转型空心圆筒，内壁铺衬耐火材料，窑体一般较长。回转窑焚烧技术是垃圾在低速旋转的筒状炉体内干燥、缺氧热解，生成可燃气体后在二燃室内高温焚烧的一种焚烧技术。垃圾从前端入窑，窑体旋转对垃圾起到搅拌混合的作用，垃圾到达另一端时已燃尽成渣。窑体保持适当的倾斜度，有利于垃圾的前进。回转窑可单独或与炉排炉组合使用。回转窑炉体的慢速旋转使物料易于实现均匀输送和充分混合，从而实现较高的减重率和对有毒有害物质的去除率。由于回转窑焚烧温度较高，可达 1100～1300℃，目前国内回转窑焚烧技术主要用于处理危险废弃物。

水泥窑协同处理垃圾可利用水泥烧成系统处理垃圾，灰渣可作为水泥原料。水泥窑产生的部分高温废气可作为垃圾焚烧的补充热源或全部热源，增加垃圾焚烧系统的入热量，助燃使垃圾焚烧过程更加充分，进而降低甚至消除二噁英的排放。但含水率高、热值低于5000kJ/kg的生活垃圾不适用于此类技术。

利用水泥窑协同处理生活垃圾的主要工艺有：①水泥窑改造使之与垃圾处理工艺相互融合，如铜陵海螺水泥厂的新型干法水泥窑和气化炉相融合的处置技术（简称CKK系统）；②对生活垃圾进行提质、原料化，在进入水泥窑炉焚烧前将垃圾制备成下游原料，以供水泥工业使用，如华新水泥厂的垃圾衍生燃料技术（refuse derived fuel，RDF）。

(4) 热解气化焚烧炉技术

热解气化技术是将垃圾推入有少量空气的热解室中，垃圾在缺氧氛围中干燥、挥发、热解。垃圾经热解后生成大量的可燃气体（如甲烷、一氧化碳等），热解炉的炉温主要由垃圾中不挥发的固定碳等成分的燃烧来维持。垃圾经热解后产生的可燃气体进入燃烧室燃烧，燃烧室温度可达1000℃以上。

以上四种垃圾处理技术各有优缺点，四种垃圾焚烧技术和炉型比较如表2-1和表2-2所示。

表2-1　四种垃圾焚烧技术比较

项目	机械炉排炉	流化床焚烧炉	热解气化焚烧炉	回转窑焚烧炉
炉床及炉体特点	机械运动炉排，面积较大，炉膛体积较大	固定式炉排，炉排面积和炉膛体积较小	多为立式固定炉排，分两个燃烧室	无炉排，靠炉体转动带动垃圾移动
垃圾预处理	不需要	需要	热值较低时需要	不需要
设备占地	大	小	中等	中等
灰渣热灼减率	易达标	可达标	不易达标	不易达标
垃圾停留时间	较长	较短	最长	长
过量空气系数	大	中等	小	大
单炉最大处理量	1200t/d	500t/d	200t/d	500t/d
空气供给	易调节	较易调节	不易调节	不易调节
对垃圾含水量的适应性	通过调整干燥段适应不同湿度垃圾	炉温易随垃圾含水量的变化而波动	通过调节垃圾停留时间来适应垃圾湿度	通过调节滚筒转速来适应垃圾的湿度
对垃圾不均匀性的适应性	通过炉排带动垃圾翻转，使其均匀化	较重垃圾迅速到达底部，不易燃烧完全	难以实现垃圾翻动，因此大块垃圾难以燃尽	空气供应不易分段调节，大块垃圾不易燃尽
烟气中含尘量	较低	高	较高	高
燃烧介质	无	石英砂	无	无
燃烧工况控制	较易	不易	不易	不易
运行费用	低	高	低	较高
烟气处理	较易	较难	不易	较易
维修工作量	较少	较多	较少	较少

表 2-2　四种垃圾焚烧炉型的比较

比较项目	机械炉排炉	流化床焚烧炉	热解气化焚烧炉	回转窑焚烧炉
主要应用国家及地区	欧洲、美国、日本	日本	美国、日本	美国、丹麦
处理能力	大型 200t/d 以上	中小型 150t/d 以下	中小型 200t/d 以下	大中型 200t/d 以上
设计/制造/操作维修	成熟	供应商有限	成熟	供应商有限
前处理设备	除大件垃圾外大分类破碎	破碎至 5cm 以下	无法处理大件垃圾	除大件垃圾外不分类破碎
垃圾处理性	佳	佳	垃圾与空气混合效果较差	佳
优点	适用大容量，公害易处理，燃烧可靠，运行管理容易，余热利用率高	适用中容量，燃烧温度较低，热传导较佳，污染低，燃烧效率较佳	垃圾搅拌及干燥性佳，可适用中、大容量，可高温安全燃烧，残灰颗粒小	适用小容量，构造简单，装置可移动、机动性大
缺点	造价高，操作及维修费高，应连续运转，操作技术高	操作技术高，燃料种类受限，需添加流动媒介，进料颗粒较小，单位处理量所需动力高，炉床材料冲蚀损坏	连接传动装置复杂，耐火材料易损	燃烧不安全，燃烧效率低，使用年限短，建造成本较高

由于技术成熟、对进料要求低、适应性好等原因，机械炉排炉应用较流化床焚烧炉更为广泛。从我国新投产生活垃圾焚烧发电项目看，机械炉排炉在市场竞争中占据优势。在统计的 103 个垃圾焚烧项目中，机械炉排炉有 60 个，流化床焚烧炉有 37 个。具体到应用区域，直辖市和东部发达地区（特别是省会和副省级城市）的垃圾焚烧厂以机械炉排炉引进技术和关键设备为主，中（北）部省份以流化床焚烧炉为主设备且以国内制造为主，这主要是因为中西部地区煤炭资源丰富。目前，除了常规狭义上的垃圾焚烧技术，还发展出垃圾气化熔融技术、等离子气化技术等其他广义上的垃圾焚烧处理技术。

2.2　生活垃圾焚烧的发展历程

2.2.1　国外生活垃圾焚烧技术发展历程

焚烧技术作为一种处理生活垃圾的专用技术，其发展历史大致经历了三个阶段：萌芽阶段、发展阶段和成熟阶段。

萌芽阶段是从 19 世纪 80 年代开始到 20 世纪初。1874 年和 1885 年，英国诺丁汉和美国纽约先后建造了处理生活垃圾的焚烧炉。1896 年和 1898 年，德国汉堡和法国巴黎先后建立了世界上最早的生活垃圾焚烧厂，开始生活垃圾焚烧技术的工程应用。其中，汉堡垃圾焚烧厂被誉为世界上第一座城市生活垃圾焚烧厂。由于技术原始和垃圾可燃物的比例较低，焚烧产生的浓烟和臭味对环境的污染相当严重。

在此期间，垃圾焚烧技术得到了相当的改进，炉排、炉膛等方面的技术逐渐有了现在的形式。德国威斯巴登市于 1902 年建造了第一座立式焚烧炉，此后在欧洲又出现了各种改进型的立式焚烧炉。与此同时，随着燃煤技术的发展，焚烧炉从固定炉排到机械炉排，从自然通风到机械供风，先后开发和应用了阶梯式炉排、倾斜炉排、链条炉排以及回转式垃圾焚烧炉。

发展阶段是从20世纪初到60年代末。在西方发达国家，随着城市建设规模的扩大，生活垃圾产生量也快速递增，垃圾焚烧减量化水平高的优势重新得到重视，但并没有成为主要的垃圾处理方法。

成熟阶段。自20世纪70年代以来，能源危机引起人们对垃圾能量的兴趣，烟气净化技术和焚烧设备的发展促进垃圾焚烧技术进入成熟阶段。随着人们生活水平的提高，生活垃圾中可燃物的含量大幅度增长，垃圾热值随之提高，为应用和发展垃圾焚烧技术提供了先决条件。这一时期，垃圾焚烧技术主要以炉排炉、流化床和旋转窑式焚烧炉为代表。

目前，焚烧已成为许多发达国家处理城市生活垃圾的主要方式。在资源相对紧张的日本、瑞士、卢森堡和新加坡等国，焚烧的比例都已远远超过填埋。

垃圾焚烧技术发展到现阶段，炉型种类繁多，如机械炉排炉已从过去的固定式焚烧炉发展成为移动式焚烧炉，炉排运动方式多种多样，有逆动式、往复式、滚动式等。燃烧时间也由间歇式（8h）发展成半连续式（16h）和全连续式（24h），单炉最大处理能力已高达1200t/d。现代化垃圾焚烧设备防治二次污染的能力大大提高，技术也很完善，如采用干/湿式净烟设备、脱硫设备、袋式除尘设备以及飞灰残渣的固化设备等，可有效地防止二次污染的发生。近年来，有害气体中呋喃、二噁英等的防治技术也有了新的突破。焚烧设备的运行管理也从过去的人工方式、半机械化方式发展成为机械化方式、全自动化方式，直到目前的全电脑化控制方式，整个焚烧过程包括进料、燃烧、除尘、排渣、测试等工序全部由电脑自动控制。

随着垃圾热值的不断提高，对高温烟气进行余热利用成为可能，焚烧设施也由过去的公益性设施发展为兼具发电、供热、区域性供暖制冷等能力的效益型设施。焚烧设备经过不断创新，已从原来的落后状态发展成为运用各种高科技手段的新一代垃圾焚烧设备，并逐步形成焚烧发电成套技术，使垃圾焚烧实现能源回收。由于可实现垃圾的4R（reduce、reuse、recycle、recovery）综合处理，焚烧技术也越来越被国内外接受。近年来，欧洲已出现高参数的垃圾焚烧发电技术，主要可概括为：①与火力发电厂耦合（WTE-GT），采用燃气轮机蒸汽-燃气联合循环系统，利用燃气轮机的高温排气为焚烧发电厂提供额外热源，如西班牙扎巴尔加尔比焚烧发电厂就是采用这种新型垃圾焚烧发电技术；②借鉴火力发电机组的再热循环技术，发展出垃圾焚烧发电的再热循环系统，如荷兰阿姆斯特丹AEB焚烧厂采用的即为此技术；③增强材料性能，提高锅炉参数，如采用涂层技术等过热器保护技术，提高锅炉的初参数。

2.2.2 中国生活垃圾焚烧技术发展历程

中国生活垃圾焚烧技术的研究起步于20世纪80年代中期，“八五”期间被列为国家科技攻关项目。当时，仅有深圳等极少数城市采用生活垃圾焚烧技术。随着我国东南部沿海地区和部分大/中型城市的经济发展以及生活垃圾低位热值的提高，近年来不少城市建设了生活垃圾焚烧厂，如深圳、珠海、上海、广州、重庆、成都、福州、顺德、中山、常州、北京、厦门等。

从我国已有的焚烧炉来看，按处理规模基本上可分为三类：小型焚烧炉（小于10t/d）、中型焚烧炉（10～50t/d）和大型焚烧炉（大于50t/d）。

受经济条件的限制及我国生活垃圾组成特点的制约，以前焚烧技术在我国主要用于工业废物（垃圾）和医疗垃圾，且大部分是处理能力小于 10t/d 的小型焚烧炉。我国生产小型焚烧炉的企业有 30 多家，主要分布在北京、武汉、广州、江苏、河南、辽宁、山东等地，而专门生产焚烧炉的企业较少，大多属于机械制造厂的附属产品。

1988 年，我国第一座现代化垃圾焚烧厂——深圳市市政环卫综合处理厂（即清水河垃圾焚烧发电厂）正式投入生产。该厂是我国引进日本三菱重工成套焚烧处理设备（马丁逆向往复炉排炉）建成的第一座现代化焚烧厂。两台日处理能力为 150t 的焚烧炉，日处理垃圾 300t，可处理深圳市 25%的垃圾。发电设备为德国西门子系统，装机容量为 3000kW。工艺流程包括：垃圾接收、焚烧、强制通风、烟气净化、静电除尘、灰渣处理、排污、检测控制等 11 个系统，废水、废气和灰渣均进行无害化处理，余热用于发电，满足本厂 70%的需要。该厂于“八五”期间进行了扩建与技术改造，增建了国产化的 150t/d 三号炉，并提高了锅炉和发电容量，电能热回收率达到 10%左右（扩建前为 5%左右）。值得一提的是，三号炉建设是结合国家“八五”科技攻关项目——“城市生活垃圾焚烧技术”而进行的，重点是消化引进技术，并进行设备的国产化装备攻关。实施结果，三号炉设备国产化率达到 85%，核算节支达 50%左右（与成套引进相比），但未实现国产化的项目是炉排和燃烧控制系统。

综合我国生活垃圾焚烧技术应用的现状，焚烧技术大致可以归纳为以下两个类型。

（1）国产化焚烧技术设备

我国在吸取国外成功经验的基础上，努力研制国产化的生活垃圾焚烧技术和设备。这些焚烧技术和设备大致有以下几种：①顺推式机械炉排焚烧设备；②逆推式机械炉排焚烧设备；③履带式机械炉排焚烧设备；④立窑式焚烧设备；⑤流化床焚烧设备。这些基本上囊括了世界上常用的垃圾焚烧设备类型。

（2）综合型焚烧技术设备

这里所说的综合型焚烧技术设备，是指将引进技术设备与国产技术设备相结合的生活垃圾焚烧系统。迄今，已采用或拟采用这种模式的有深圳、珠海、重庆、福州、成都、广州、上海、北京、厦门等城市。

随着我国经济的发展，有利于垃圾焚烧应用和推广的因素正在进一步成熟：①近年来，生活垃圾尤其是一些分类收集的垃圾，其低位热值已达 4180～5852kJ/kg，不仅达到自燃的要求，也具备热能回收发电的基础；②生活垃圾可焚烧性好的城市，一般也是经济力较强、填埋空间较紧张的城市，从管理方面也有垃圾焚烧的能力和需求；③国内对生活垃圾焚烧技术的积累已有较好的基础。

在我国的许多大城市和经济比较发达的城市，垃圾填埋场建设受到越来越多的限制，很难找到合适的场址。垃圾中可燃物的大量增多，垃圾热值的明显提高，使焚烧技术成为近年来许多城市解决垃圾出路的新趋势和新热点。特别是在经济较发达、生活水平较高的城市，焚烧已成为处理城市生活垃圾的主要技术之一。

1999 年，广东省环保产业协会协助广州劲马动力设备集团公司引进加拿大瑞威环保公司的控制空气氧化（CAO）热解焚烧发电技术，在深圳龙岗建成投产 300t/d 垃圾焚烧发电厂。龙岗垃圾发电厂为三台 100t/d 两段式热解焚烧炉。此外，瑞威环保公司采用 CAO 热解焚烧技术独资在惠州市建造并经营日处理 500t 垃圾的发电厂。同时，珠海垃圾发电站采用 300t/d 的回转窑焚烧炉。2002 年，深圳道斯集团引进美国 Basic 抛式炉排热解气化焚烧炉在佛山市南海区建成 2 条 200t/d 垃圾焚烧发电生产线，东莞博海环保公司在东莞摩街开发建设的二台 150t/d 回转窑热解气化焚烧发电厂建成投产。同年，深圳汉氏环保公司开发的 LXRF 立式热解气化焚烧炉通过建设部（现改为住房和城乡建设部）科技成果鉴定，在太原、济南、广东顺德、武汉等地得到应用。珠江三角洲地区开发和投产的垃圾焚烧技术有热解焚烧炉、炉排焚烧炉、回转窑焚烧炉三种。

2000 年，重庆三峰卡万塔环境产业有限公司引进德国马丁垃圾焚烧与烟气净化技术，完全实现技术和设备的国产化，率先建立了垃圾焚烧炉国产化基地，并在重庆投资建成中国首座以 BOT 模式运作的垃圾焚烧发电厂——重庆同兴垃圾焚烧发电厂（1200t/d），此后相继投资建设了福州红庙岭垃圾焚烧发电厂、成都九江垃圾焚烧发电厂、重庆第二垃圾焚烧发电厂、昆明空港区垃圾焚烧发电厂、沧州垃圾焚烧发电厂、玉溪垃圾综合处理厂等项目。

浙江宁波枫林垃圾发电厂，一期投资达 4 亿元，日处理量超千吨的现代大型城市垃圾环保利用项目，于 2002 年投入正式运行。至此，宁波继深圳、珠海之后，成为我国第三个实现“垃圾发电”的城市。

上海浦东御桥生活垃圾发电厂经过半年的试运行，2002 年底正式进入工业化营运阶段。该项目总投资近 7 亿元，日处理生活垃圾能力 1000t，发电 35 万 kW·h。

武汉市在武昌关山热电厂和汉阳锅顶山分别修建了东湖高新垃圾焚烧发电厂和汉阳锅顶山垃圾焚烧发电厂。东湖高新垃圾焚烧发电厂引进荷兰技术，垃圾处理量为 800t/d。汉阳锅顶山垃圾焚烧发电厂初步选址汉阳锅顶山废弃采石场上，占地约 800 亩[1]。项目建设规模为近期日处理垃圾 1500t，最终规模为日处理垃圾 2000～3000t。武汉的二妃山垃圾发电厂，是用垃圾产生的沼气燃烧发电，非直接焚烧垃圾。

我国生活垃圾焚烧技术发展历程体现了引进技术、消化吸收、创新、自主化的理念和实践，并取得了实际成效。

① 引进技术，注重先进性、实用性和可靠性。通过消化创新，取得热值较低、含水量和灰分较高的垃圾焚烧处理技术成果，为焚烧处理技术在我国的发展开辟了道路。

② 在引进技术的同时，积极推进焚烧处理技术、工艺和装备自主化的开发和研制。目前，国内大型生活垃圾焚烧炉中炉排炉焚烧炉、流化床焚烧炉和热解炉已在工程中应用，取得较好成效。我国自主研发的大型垃圾焚烧炉中有些机型已达到当代国际水平。

③ 余热锅炉性能逐步提高。蒸汽温度：203℃→370℃→400℃→450℃→460℃；蒸汽压力：1.6MPa→2.45MPa→3.82MPa→4.0MPa→6.1MPa，为提高热能转换效率和经济收入创造了条件。

我国垃圾焚烧处理能力从 2001 年的 6520t/d 提升到 2018 年的 364595t/d，焚烧处理能力在垃圾无害化处理能力的占比从 2001 年的 3%提升到 2018 年的 47%。在环渤海地区、长三角地区、珠三角地区、浙江省、江苏省、福建省等地，在国家政策的引导下已广泛采用垃圾焚烧处理技术，建设了一批现代化生活垃圾焚烧发电厂。在 1998—2008 年的 10 年期间，上海、杭州、重庆、深圳等城市分别引进日立造船、三菱马丁、阿尔斯通、西格斯的“炉排焚烧”核心技术，建造了一批（约 50 座）垃圾焚烧发电项目，投资规模 300～400 百亿元。2008—2018 年的 10 年期间，我国在垃圾焚烧发电产业的发展更快，至 2018 年底我国已建成具有相当规模的焚烧厂 331 座，焚烧能力达 36.5 万吨/日。

[1] 1 亩＝666.67 平方米。

至今国内已运营（包括在建）的生活垃圾焚烧厂有 300 座以上，分布在全国 23 个省（自治区、直辖市、行政区）上百个城市。焚烧炉型主要有机械炉排炉、流化床焚烧炉、热解炉三种。机械炉排炉对垃圾适应性最强，是运行最可靠、技术最成熟、应用最广泛的主导炉型，在垃圾焚烧发电市场的占比最大。

国内机械炉排焚烧技术包括以下两类：国外授权和国内自主研发，如重庆三峰卡万塔环境产业有限公司（德国马丁公司 Sity2000 炉排技术转让与许可）、广环投和中科集团（丹麦伟伦公司 Volund 炉排技术转让与许可）、深圳能源环保有限公司（新加坡吉宝西格斯炉排技术授权）、无锡华光环保能源集团股份有限公司和上海康恒环境股份有限公司（日立造船 VonRoll 炉排技术授权）、江苏天楹赛特环保能源集团有限公司（比利时 waterleau 炉排技术授权）。

上海引进法国先进的焚烧工艺建造上海浦东垃圾焚烧厂，日处理生活垃圾 1000t，工程总投资 6.7 亿元。上海浦东垃圾焚烧厂是目前我国水平较高的现代化垃圾焚烧厂，主要焚烧设备采用倾斜往复阶梯式机械炉，配置 3 条生产线，2 套 8500kW 汽轮发电机组。此外，上海御桥日处理 1500t 的垃圾焚烧厂（浦东御桥生活垃圾发电厂）也已建成。这些企业在焚烧炉引进创新方面都取得较好业绩。同时以康恒环境为代表的企业，还在“去工业化”“超净排放”“邻避变邻利”等方面进行了前瞻性探索，为走向社会和谐发展之路迈出重要的一步。

我国在引进先进焚烧工艺和焚烧设备的同时，也加紧焚烧设备和技术国产化的科技攻关。目前，我国在借鉴发达国家成功经验的基础上，正努力研制国产化的生活垃圾焚烧技术和设备。国内自主研发的代表技术有杭州新世纪能源环保工程股份有限公司和温州伟明环保能源有限公司以马丁炉排为基础研制的“逆推＋顺推两段式”炉排技术，中国光大国际有限公司在西格斯炉排基础上研发的多级液压机械式炉排，绿色动力环保集团股份有限公司在马丁炉排基础上开发的新型逆推式炉排。浙江大学开发出用于焚烧生活垃圾、污泥、工业废物的异比重循环流化床焚烧技术以及 ZD 流化床系列焚烧炉，该技术具有适应垃圾不分类、多组成、高水分和低热值的特点。单炉处理能力有 150t/d、200t/d、300t/d、350t/d 等系列，可适用于我国大中城市日处理 300～1000t 不同规模的垃圾处理要求。

“十三五”期间，全国共建成生活垃圾焚烧厂 254 座，累计在运行生活垃圾焚烧厂超过 500 座，焚烧设施处理能力 58 万吨/日。全国城镇生活垃圾焚烧处理率约 45%，初步形成了新增处理能力以焚烧为主的垃圾处理发展格局。按照《“十四五”城镇生活垃圾分类和处理设施发展规划》，具体目标为到 2025 年底，全国城市生活垃圾资源化利用率达到 60%左右；全国城镇生活垃圾焚烧处理能力达到 80 万吨/日左右，城市生活垃圾焚烧处理能力占比 65%左右。

我国垃圾焚烧的市场规模和焚烧量得到超常规发展，已基本形成“焚烧为主，填埋托底”的垃圾终端处置格局。垃圾焚烧工程不仅在规模上得到快速增长，同时焚烧技术、烟气净化系统和市场经济模式也发生深刻变化，逐渐适应我国垃圾特点和社会需求。随着垃圾分类的推进，我国垃圾处理格局也将逐步从能量回收型向资源回收型转变。

然而，我国垃圾焚烧行业依然存在较多技术痛点和发展瓶颈，未来的行业可持续发展面临着新的挑战和机遇。垃圾焚烧行业应主动探索中小城镇垃圾焚烧工程实施和盈利模式，响应矿化垃圾开采及焚烧处置需求，补齐飞灰无害化处理和资源化利用的短板；转变规模效益到技术和管理效益，加强“邻利”理念引领；推动技术创新和转移，积极布局“一带一路”等国际市场。

思考题

1. 简述垃圾焚烧过程。

2. 简述热值的概念及高位热值、低位热值之间的关系。

3. 常用的垃圾焚烧炉有哪些类型?

4. 简述燃烧图的概念及绘制要点。

5. 生活垃圾焚烧的影响因素有哪些?

6. 反映焚烧炉工况的四大控制参数“3T+E”具体指什么?控制“3T+E”的目的是什么?

7. 论述我国生活垃圾焚烧技术的发展历程及应用状况。

第2篇

垃圾焚烧系统篇

第3章 垃圾焚烧工程技术

物体快速氧化、产生光和热的过程，称为焚烧。焚烧是包括蒸发、挥发、分解、烧结、熔融和氧化还原等一系列复杂的物理变化和化学反应，以及相应的传质和传热的综合过程。固体废物的焚烧是一个燃烧过程。燃烧需具备燃烧三要素（火三角），分别是可燃物如燃料、助燃物如氧气及温度要达到燃点（热量）。从生活垃圾焚烧的角度看，燃烧的三要素包括：①垃圾，大部分有机物都是可燃物，包括可燃固体和挥发分；②助燃物，主要指垃圾焚烧需要的一、二次助燃空气；③点火源，焚烧炉启动多采用轻柴油辅助燃烧。

3.1 燃烧基本理论

3.1.1 燃烧概述

常见燃烧着火方式有化学自燃燃烧、热燃烧以及强迫点燃燃烧。

固体废物的焚烧为强迫点燃燃烧，使可燃性废物与一定量的过剩空气在焚烧炉内发生氧化反应实现燃烧，经济有效地转换成燃烧气和稳定的灰渣。垃圾燃烧以挥发分燃烧为主，固定碳燃烧为辅。当垃圾燃烧后的产物中不再含有可燃物质，即灰、渣中没有剩余的固体可燃物时称为完全燃烧。当燃烧产物中还有剩余的可燃物存在时称为不完全燃烧。要保证垃圾完全燃烧，首先要实现垃圾快速且稳定着火，理论上应使燃烧室的燃烧工况达到两个条件：①放热量和散热量平衡；②放热速度大于散热速度。如果不具备这两个条件，即使在高温状态下也不能保证垃圾稳定着火，垃圾的燃烧过程将因火焰熄灭而中断，并不断向缓慢氧化的过程发展。

在运行中，实现垃圾完全燃烧意义重大，既可以提高能源转化效率和垃圾电厂的运行经济性，还能够减少有害气体的产生量，减轻烟气净化的负担和降低成本。

3.1.2 燃烧特性

燃烧特性是反映燃料着火难易、燃烧稳定性、燃烧速率、燃烧效率、燃烧动力学规律的技术指标，是燃烧设备的主要设计依据。燃烧特性相关参数包括着火温度、燃烧反应速率、最大反应速率温度、燃尽温度、燃烧效率、炉渣热酌减率等。

(1) 着火温度

着火温度是指开始燃烧反应时的温度。理论上，由缓慢的氧化状态转变到反应能自动加速到高速燃烧状态的瞬间过程为着火，反映燃料开始燃烧时的难易程度。对垃圾燃烧而言，在层状燃烧（如炉排炉），局部自燃的着火温度大约在 300～400℃，此时垃圾热解产生的芳香族物质即显著燃烧并迅速导致燃料层温度上升到 800℃以上，进入旺盛燃烧状态。

（2）燃烧反应速率

燃烧反应速率为单位时间单位体积烧掉的燃料量。燃烧是复杂的物理化学过程，燃烧速率的快慢取决于可燃物与氧的化学反应速率以及二者的接触混合速率。另外，垃圾中挥发分含量会影响着火速率，挥发分含量越高对燃烧越有利。

（3）最大反应速率温度

最大反应速率温度是指燃烧过程中反应速率最快、燃烧速率最大时所对应的温度，可以反映燃料的燃烧性能。

（4）燃尽温度

燃尽温度，指试样失重占总失重 98%时对应的温度。燃尽特性受诸多因素的影响，如挥发分、灰分、含水率、烧结特性、比表面积、空隙率和燃烧膨胀率等。燃尽特性的判别指标难以用常规分析数据来确定，通常将试样失重占总失重 98%时对应的温度定义为燃尽温度，即烧掉 98%燃料时所需的温度。燃尽温度越高，燃尽性能越差。

（5）燃烧效率

燃烧效率（η）是指可燃质中已燃部分释放的热量占燃料热量的百分数。未燃部分包括固体未完全燃烧损失（百分数用q_{gt} 表示）和气体未完全燃烧损失（百分数用q_{qt} 表示）。燃烧效率可用式(3-1) 表示，一般的大型炉排式焚烧炉不低于 95%，循环床焚烧炉可达 98%以上。

$$\eta=1-(q_{gt}-q_{qt}) \tag{3-1}$$

（6）炉渣热酌减率

垃圾焚烧效果的表征除了燃烧效率，常用炉渣热酌减率（P）来表示。炉渣干燥后经 600℃±25℃、3h 灼烧，测量灼烧前炉渣在室温下的质量 m_0 和灼烧后冷却至室温的质量 m，得到热灼减率为：

$$P=\frac{m_0-m}{m_0}\times 100\% \tag{3-2}$$

相关国家标准规定，生活垃圾焚烧炉的 P 值不得大于 5%。大型炉排炉的 P 值为 3%～5%，流化床焚烧炉的 P 值通常在 1%以内。因为在飞灰含碳量方面，炉排炉要稍高于流化床，尤其是燃煤流化床掺烧垃圾时更明显。

3.1.3 燃烧方式

一般认为，固体物质的燃烧存在以下三种燃烧方式：①蒸发燃烧。可燃固体受热熔化成液体，继而气化成蒸气，蒸气再与空气扩散混合而进行燃烧；②分解燃烧。可燃固体先受热分解，轻质烃类化合物挥发，挥发分与空气扩散混合而进行燃烧，留下固定碳和惰性物，固定碳的表面与空气接触进行表面燃烧；③表面燃烧。木炭、焦炭等可燃固体受热后不发生熔化、蒸发和分解等过程，而是在固体表面与空气反应进行燃烧。

生活垃圾中可燃组分种类复杂，因此固体废物的燃烧过程是蒸发燃烧、分解燃烧和表面燃烧的综合过程。虽然焚烧固体废物的物理化学特性复杂，但在机理上与一般固体燃料的燃烧是一样的。

生活垃圾直接焚烧主要采用以下五种燃烧技术类别，即层状燃烧技术、流化燃烧技术、回转窑燃烧技术、热解燃烧技术、气化燃烧技术。其中，层状燃烧技术和流化燃烧技术应用最为广泛。

(1) 层状燃烧技术原理

层状燃烧是一种垃圾在炉排上呈层状分布的燃烧方式。炉排上的垃圾在炉排运动和自身重力的作用下，沿炉排表面翻转移动，同时高温空气以较低速度自下而上通过垃圾层为燃烧提供氧气。二次风从燃烧室喉部喷入，强气流的扰动有助于完全燃烧。

一次风通过炉排进入垃圾层，当达到一定温度时，垃圾析出挥发分后变成焦炭，挥发分等可燃气体与空气混合燃烧形成火焰。随着燃烧反应不断强烈，焦炭和挥发分得到完全燃烧。

(2) 流化燃烧技术原理

流态化是指细颗粒物通过与流体介质的接触而转变成类似流体的一种运行状况。当颗粒处于流态化状态时，作用在颗粒上的重力与气流的曳力相互平衡，颗粒处于一种拟悬浮状态。

流化炉床下部设有多孔板，炉渣或石英砂铺设在床面上，从炉底鼓入 200℃以上的一次热风。当空气速度达到某一临界值时，即可使床料沸腾起来。用燃烧器加热床料或加热一次风提高炉温，当床料加热到 850℃以上时投入垃圾。床料的热容量高，导热性能好，有利于垃圾干燥、着火和燃烧。燃尽炉渣比重较大，落到炉底，经排渣口排出。炉渣经冷却后，用分选设备将粗渣、细渣送到厂外综合利用。少量的中等尺寸的炉渣和石英砂通过提升设备送回炉中继续使用。

床内燃烧温度为 850～950℃，气流断面流速冷态为 2m/s，热态为 4.5～6m/s。一次风经风帽通过布风板送入流化层，二次风由流化层上部送入。

流化床焚烧炉因其热强度高，导热性能好，更适宜燃烧低热值、高水分的垃圾。为了保证入炉垃圾的充分流化，对入炉垃圾的尺寸要求较为严格，要求垃圾进行筛选、破碎等预处理，使其尺寸、状况等均一化。为了保证流化效果，通常入炉垃圾的尺寸小于 15cm。

(3) 回转窑燃烧技术原理

回转窑焚烧炉与水泥工业的回转窑相类似。回转窑的燃烧过程由气体流动、垃圾燃烧、热量传递和物料运动等过程所组成，垃圾的干燥、着火、燃烧、燃尽均在筒体内完成。垃圾由滚筒一端送入，通过滚筒缓慢转动和垃圾自重作用不断翻滚，同时与空气和高温烟气充分混合。垃圾通过热烟气得以干燥和加热，在达到着火温度时燃烧。随着筒体滚动，垃圾不断翻滚下移，燃尽的炉渣在筒体末端出渣口排出。在燃烧过程中，可通过筒体的转速控制来调节垃圾在窑内的停留时间。为保证垃圾完全燃尽，可在回转窑尾部增加一级炉排，以使炉渣进入炉排后继续燃烧直至殆尽。排出的烟气，进入燃尽室（二燃室）。燃尽室内送入二次风，以保证烟气中的可燃分得到充分燃烧。

(4) 热解燃烧技术原理

热解是指垃圾在密封炉膛内的高温缺氧环境下，垃圾中的有机物经物理和化学过程分解为固体炭、热解油和热解气体，3 种成分的比例取决于运行温度和垃圾组分。热解分为高温热解、中温热解和低温热解 3 种。低温热解的产油量高于产气量，高温热解的产气量高于产油量。垃圾热解特性见表 3-1。

表 3-1　垃圾热解特性

类别	温度/℃	产气量	产油量
高温热解	＞800	＋	－
中温热解	500～800	○	○
低温热解	＜500	－	＋

注："＋"表示高；"－"表示低；"○"表示中。

垃圾热解过程分为加热干燥、热解、可燃气燃烧 3 个阶段。在无氧工况下，热解炉温度升高时，首先是干燥垃圾。当温度达到 200～300℃时，垃圾发生热解即部分气化、部分分解，热解速率随着温度升高而加速。当温度达到 670℃时，大部分挥发分析出，热解速率迅速减缓。热解质量损失主要发生在高温区。炉渣和不能热解的物体（如金属、玻璃等）经除渣系统排出。热解气进入热解室上部的燃烧室，同时送入空气，在超过 1000℃的高温下经过大于 2s 的充分燃烧。高温烟气进入余热锅炉生产蒸汽，用于发电或供热。

(5) 气化燃烧技术原理

利用高温将垃圾氧化使其转化成为可燃气体称为气化。为了提高热解产气效率，增加产气量，开发出温度更高的气化技术，气化温度在 800℃以上时，气化介质是氧气。

垃圾在气化炉内高温有氧工况下，产生合成气。合成气经旋风分离器除尘后送到燃烧室，尘回到气化炉底部与富氧空气混合。合成气在过剩空气的工况下，在燃烧室燃烧产生约 1100℃的高温烟气。垃圾气化工艺流程如图 3-1 所示。依据外部有无热量输入，气化技术可分为自热式气化和外热式气化。

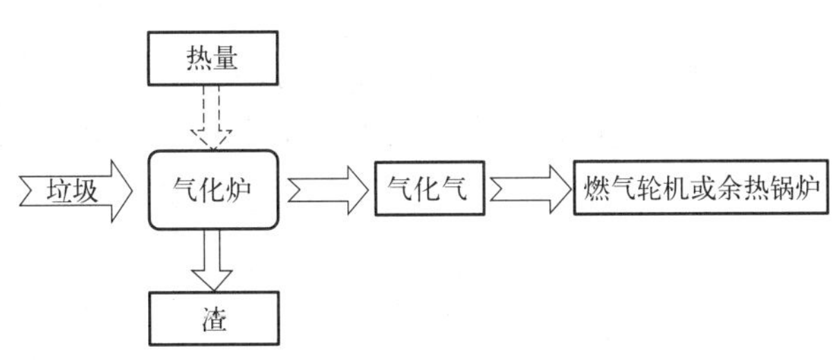

图 3-1　垃圾气化工艺流程

生活垃圾焚烧炉的性能及特点汇总于表 3-2 中。

表 3-2　生活垃圾焚烧炉性能及特点

项目	往复炉排炉	流化床炉	热解/气化炉	回转窑炉
炉床及炉体特点	炉排面积及炉体大	固定式炉床，炉体较小	多为立式固定炉	炉体旋转带动垃圾
垃圾预处理	不需要	需要	热值较低时需要	不需要
炉渣热酌减率	达标	达标	达标	达标
垃圾炉内停留时间	较长	较短	最长	长
过剩空气系数	大	中	小	大
单炉最大处理规模/(t/d)	1200	800	200	500
燃烧可调性	易调节	不易调节	易调节	易调节
对垃圾的适应性	好	差	差	好
烟气含尘量	较低	很高	较低	较低
燃烧介质	无	石英砂	无	无
运行费用	低	很高	较高	较高
烟气净化	较易	易	易	较易

续表

项目	往复炉排炉	流化床炉	热解/气化炉	回转窑炉
维修工作量	较少	较多	较少	较少
运行业绩	最多	较少	少	多用于危险废物、医疗垃圾
综合评价	对垃圾的适应性强，运行可靠，处理效果和环保性能好，成本低	需前处理且故障率较高，加煤焚烧，运行成本高	处理速度慢，经济性差	要求垃圾热值较高

3.2 垃圾焚烧工程技术

从工程技术的观点看，垃圾物料从送入焚烧炉到形成烟气和固态残渣的整个过程，称为焚烧过程。垃圾的焚烧过程比较复杂，通常由蒸发、热分解、熔融和化学反应等传热和传质过程组成。

3.2.1 垃圾焚烧工艺

一座完整的垃圾焚烧设施通常包括 8 个系统，包括垃圾贮存及进料、焚烧、废热回收利用、发电、饲水处理、废气处理、废水处理、灰渣收集及处理等系统（图 3-2）。

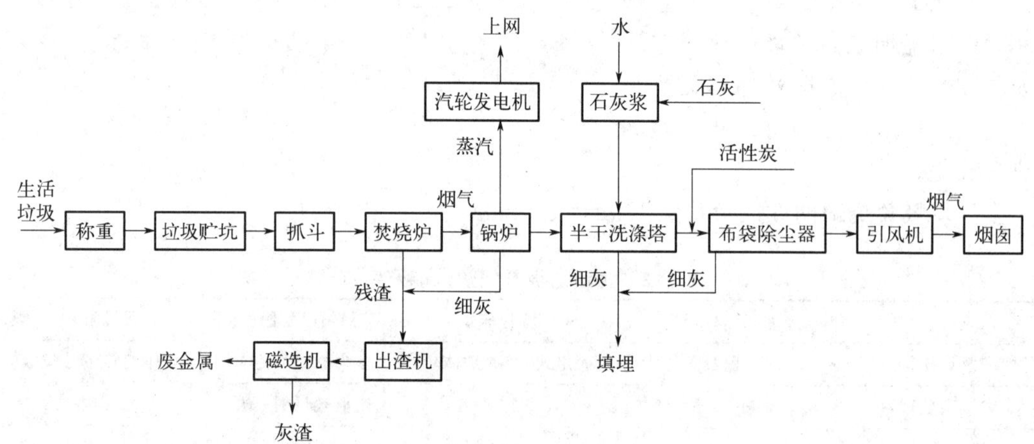

图 3-2　生活垃圾焚烧系统典型工艺流程

(1) 贮存及进料系统

该系统由垃圾贮坑、抓斗、破碎机、进料斗及故障排除/监视设备等组成。垃圾贮坑为垃圾提供贮存、混合以及去除粗大垃圾等功能。一座大型焚烧厂通常设有一个贮坑，为 3～4 台焚烧炉提供垃圾。每台焚烧炉均有一个进料斗，贮坑上方通常由 1～2 个吊车及抓斗负责供料，操作人员由监视屏幕或目视垃圾由进料斗滑入炉体的速度决定进料频率。若有大型物件卡住进料口，进料斗内的故障排除装置可将大型物顶出，落回贮坑。操作人员亦可指挥抓斗抓取大型物品，吊送到贮坑上方的破碎机破碎。

(2) 焚烧系统

该系统主要包括炉床和燃烧室。每个炉体仅设一个燃烧室。炉床多为机械可移动式炉排构造，使垃圾在炉床上翻转并燃烧。燃烧室一般在炉床正上方，燃烧废气在此停留数秒的时间。由炉床下方往上喷入的一次空气与炉床上的垃圾层充分混合，由炉床正上方喷入的二次空气可提高废气的扰动效率。

(3) 废热回收利用系统

该系统包括布置在燃烧室四周的锅炉炉管（即蒸发器）、过热器、节热器、炉管吹灰设备、蒸汽导管、安全阀等装置。锅炉炉水循环系统是封闭的系统，炉水在锅炉管中循环，受热后变成蒸汽，蒸汽再供发电机发电。

(4) 发电系统

由锅炉产生的高温高压蒸汽被导入发电机后，在急速冷凝过程中推动发电机的涡轮叶片，产生电力，并将未凝结的蒸汽导入冷却塔。凝结水贮存在凝结水贮槽，经由饲水泵再打回锅炉炉管中，进行下一循环的发电工作。在发电机中蒸汽亦可中途抽出一小部分作次级用途，如助燃空气的预热等。饲水处理站送来的补充水，注入饲水泵前的除氧器中除氧，以防炉管腐蚀。

(5) 饲水处理系统

饲水子系统的任务是处理外界送入的自来水或地下水，将其处理净化后送入锅炉水循环系统。处理方法包括活性炭吸附、离子交换及反渗透等。

(6) 废气处理系统

废气在排放前必须处理到符合排放标准。早期常使用静电集尘器去除悬浮微粒，再用湿式洗气塔去除酸性气体（如 HCl、SO_2、HF 等）。近年来，多采用干式或半干式洗涤塔去除酸性气体，再配合布袋或离心除尘器去除悬浮微粒及其他重金属等。

(7) 废水处理系统

废水指由锅炉泄放的废水、员工生活废水、实验室废水、洗车废水等，可以综合在废水处理站一起处理，达到排放标准后再放流或回收再利用。废水处理系统一般由数种物理、化学及生物处理单元所组成。

(8) 灰渣收集及处理系统

由焚烧炉体产生的残渣和废气处理单元产生的飞灰，有些企业采用合并收集方式，有些企业采用分开收集方式。国外一些焚烧厂将飞灰进一步固化或熔融后，再合并残渣送到灰渣掩埋场处置，以防沾在飞灰上的重金属或有机性毒物产生二次污染。

3.2.2 质量平衡与能量平衡

(1) 质量平衡

质量平衡指一个系统的输入物料质量与输出物料质量相等。在垃圾焚烧系统中，垃圾和空气在焚烧炉中反应生成水蒸气和烟气，垃圾的不可燃成分成为炉渣。锅炉中的水分加热后变成水蒸气进入汽轮发电机组发电。烟气净化过程中烟气与化学试剂发生作用，大部分成为飞灰和液态水排出系统，净化后的烟气排入大气中。进入系统的物料包括垃圾、水、空气和烟气净化系统的化学试剂，排出系统的物料有烟气、水蒸气、废水、飞灰和炉渣。因此，质量平衡方程可写为：

$$m_{\mathrm{RI}}=m_{\mathrm{WI}}+m_{\mathrm{AI}}+m_{\mathrm{CI}}=m_{\mathrm{AO}}+m_{\mathrm{FO}}+m_{\mathrm{WO}}+m_{\mathrm{FAO}}+m_{\mathrm{BAO}} \tag{3-3}$$

式中 m_{RI}——进入焚烧系统的生活垃圾量，kg；

m_{WI}——焚烧系统用水量，kg；

m_{AI}——焚烧系统实际供给空气量，kg；

m_{CI}——烟气净化系统所需化学试剂量，kg；

m_{AO}——排出焚烧系统的干烟气量，kg；

m_{FO}——排出焚烧系统的水蒸气量，kg；

m_{WO}——排出焚烧系统的废水量，kg；

m_{FAO}——排出焚烧系统的飞灰量，kg；

m_{BAO}——排出焚烧系统的炉渣量，kg。

一般垃圾焚烧后，大部分焚烧产物都是气体，相当一部分成为炉渣，只有少量飞灰成分。根据质量平衡方程，可以计算出燃烧所需的理论空气量和烟气量，为城市生活垃圾焚烧锅炉设计提供依据。

① 燃烧所需理论空气量：燃烧所需的理论空气量是指送入炉内的空气中所含氧气与炉内垃圾正好完全燃烧时的空气量。由于垃圾的主要元素C、H、O、S含量远大于其他元素成分，故计算中可忽略其他元素的影响。

分别以W_C、W_H、W_S、W_O表示垃圾中C、H、S、O元素的质量百分比，空气中含氧体积百分比按21%计，则可推导出完全燃烧1kg生活垃圾所需的理论干空气量（m^3/kg）为：

$$V_0=0.0889W_C+0.265W_H+0.0333W_S-0.0333W_O \tag{3-4}$$

生活垃圾不可能与空气中的氧气完全混合，因此为了保证垃圾的完全燃烧，必须提供比理论空气量V_0更多的空气量V（实际空气量），即V等于过量空气系数α与V_0的乘积。

② 烟气量：生活垃圾中主要可燃的有机物元素包括C、H、O、N、S，焚烧后的气体产物主要是CO_2、SO_2、H_2O、N_2和O_2，其他成分所占比例很小，可以忽略不计。

通过数学推导可知，当1kg生活垃圾（水分为W）完全燃烧时，其理论烟气容积V_t(m^3/kg）为：

$$V_t=0.001866W_C+0.007W_S+0.008W_N+0.111W_H+0.0124W_W+0.8061V_0 \tag{3-5}$$

实际烟气容积V_{t1}还应包括过剩空气量和由此过剩空气带入的水蒸气，即：

$$V_{t1}=0.001866W_C+0.007W_S+0.008W_N+0.111W_H+0.0124W_W+(1.0161\alpha-0.21)V_0 \tag{3-6}$$

(2) 能量平衡

焚烧系统是一个能量转换系统，它将垃圾的化学能通过燃烧转化成烟气的热能，烟气再将热能分配给工质或排放入大气。根据能量平衡原理，输入和输出垃圾焚烧系统的能量是相等的，用公式表达为：

$$Q_r+Q_{rf}+Q_{ra}=Q_1+Q_2+Q_3+Q_4+Q_5+Q_6 \tag{3-7}$$

对式(3-7)中的各项分析如下。

① 输入热量：

a. Q_r为垃圾热量，其值等于入炉垃圾量与其热值的乘积。

b. Q_{rf}为辅助燃料热量，一般只在点火、停炉或焚烧工况不正常时才投入辅助燃料，故平时计算时辅助燃料的输入热量可不计入。在需要计算的场合，该项等于辅助燃料量与其热值的乘积。

c. Q_{ra} 为燃烧空气热量，即入炉空气质量乘以其热焓与自然状态下空气热焓的差值，可以看出若直接采用外部空气作为燃烧空气，则该项为零，若采用烟气式空气预热器预热燃烧空气，则这部分预热热量为焚烧炉内部热交换，不应计为输入热量，只计算燃烧空气预热前的热焓值。

② 输出热量：

a. Q_1 为有效利用热，指其他工质（如水）在垃圾焚烧锅炉中被加热所获得的热量，其值为工质输出流量M_{out} 和工质进出焚烧炉时热焓差的乘积：

$$Q_1=M_{out}(h_2-h_1) \tag{3-8}$$

b. Q_2 为城市生活垃圾焚烧锅炉排出烟气带走的热量，其值为标准状态下的排烟量 M_{py}（kg/h）与单位容积烟气热容（kJ/kg）之差的乘积：

$$Q_2=M_{py}(c_{py}T_{py}-c_{py,0}T_0)(1-q_4) \tag{3-9}$$

式中　c_{py}——排烟温度下烟气的比热容，kJ/(kg・K)；

$c_{py,0}$——环境温度下烟气的比热容，kJ/(kg・K)；

$1-q_4$——因机械不完全燃烧引起实际烟气量减少的修正值。

c. Q_3 为化学不完全燃烧热损失；即由于炉温低、风量不足或混合不良造成垃圾燃烧不完全所引起的热损失。一般化学不完全燃烧热损失以碳的不完全燃烧热损失为主，因此只需计算碳不完全燃烧引起的热损失，即：

$$Q_3=(1-\eta)(C_y-C_{y,lz})L_c \tag{3-10}$$

式中　η——锅炉燃烧效率；

$C_{y,lz}$——炉渣最大含碳量；

L_c——碳不完全燃烧时的热损失，kJ/kg。

d. Q_4 为机械不完全燃烧热损失，即垃圾中未完全燃烧的固定碳引起的热损失，即：

$$Q_4=Q_cAC_{y,lz} \tag{3-11}$$

式中　Q_c——碳发热值，kJ/kg；

A——垃圾的灰分百分比含量；

$C_{y,lz}$——炉渣最大含碳量。

e. Q_5 为城市生活垃圾焚烧锅炉表面向四周空间散热引起的热损失，其值与焚烧锅炉保温性能和焚烧量以及比表面积有关。焚烧量小，比表面积越大，散热损失就越大，反之就越小，一般按经验取为1％～2％。

f. Q_6 为残渣物理排出带来的热损失，即：

$$Q_6=Ac_{lz}(T_{lz}-T_0) \tag{3-12}$$

式中　c_{lz}——炉渣比热容，kJ/(kg・K)；

T_{lz}——排渣温度，K。

若垃圾灰分很高、排渣方式为液态排渣或焚烧炉为纯氧热解炉，则该项可忽略不计。

根据锅炉热平衡可计算出锅炉热效率，一般有两种计算方法。一种是分别算出输入总能量和有效利用的热量，计算二者的比值从而得到锅炉热效率，称为正平衡法；另一种方法是分别计算输入总热量Q_{in} 和锅炉损失的热量L_0，根据公式(3-13）计算锅炉效率，称为反平衡法。

$$\eta=1-\frac{L_0}{Q_{in}} \tag{3-13}$$

3.3 焚烧炉特性参数与相关指标

3.3.1 垃圾焚烧炉的主要特性参数

利用焚烧热能生产蒸汽的垃圾焚烧炉，其主要特性参数是焚烧垃圾能力、炉膛主控温度、蒸发量、主蒸汽参数以及给水温度。当发电机组采用再热技术时，还包括再热蒸汽参数。利用焚烧热能生产热水的垃圾焚烧炉，其主要特性参数是焚烧垃圾规模、炉膛主控温度、热功率、出水压力及供回水温度。

(1) 焚烧垃圾规模

焚烧垃圾是指进入垃圾焚烧锅炉进料斗内的垃圾。焚烧垃圾规模是指垃圾焚烧炉焚烧垃圾的能力，与焚烧热能生产蒸汽或热水等的利用形式无关，单位为吨/日（t/d）或是吨/小时（t/h）。当忽略垃圾池内的混合垃圾存量时，焚烧垃圾量与进厂垃圾量的主要差别在于垃圾渗沥出的水分多少，当渗沥出的水分为零时，可认为焚烧垃圾量等于进厂垃圾量。

(2) 炉膛主控温度与炉膛主控温度区

炉膛主控温度是指以炉膛二次风入口所在断面为基准，炉膛温度≥850℃时，烟气滞留时间达到2s或以上的烟气状态参数。在正常运行工况下及任何流量条件下，都应满足该烟气状态的炉膛内区间称为炉膛主控温度区。

炉膛温度本没有主次之分。根据垃圾燃烧与高温烟气的热力过程，对炉膛不同区间监控的要求是不同的。针对垃圾焚烧过程的初级减排研究成果，特别提出这个基于环境质量的炉膛主控温度是应用二噁英在700～750℃之间，滞留时间1s左右可完成高温分解的研究成果，按照工程余量原则，从工程上赋予特定含义的垃圾焚烧炉初级减排的指标之一。

从实际运行情况看，烟气流量在额定流量的80％～120％（≥500t/d的垃圾焚烧炉取80％～115％）时，实际运行时的炉膛主控温度应是在锅炉厂设计的炉膛主控温度区（即上、下测点区间）内。在80％及以下时，流速降低，主控温度区可能会向下移动。这也是自二次风口以上到炉膛出口之间通常要设置多于二层测点的一个原因。

(3) 对流受热面烟气温度与锅炉排烟温度

就生活垃圾焚烧过程来说，为控制高温腐蚀，并根据灰熔点在对焚烧垃圾烟气颗粒物灰熔点会小于700℃的研究结果，欧盟委员会在其源于欧盟国家的最佳可用技术文献中（Waste Incineration—Best Available Techniques for Integrated Pollution Prevention and Control），对控制进入对流受热面时的烟气侧温度的推荐值是低于650～700℃。欧盟成员国根据本国垃圾特性与实践经验，按650℃或是675℃进行控制。针对我国目前生活垃圾的特性，焚烧烟气污染物具有较强的腐蚀性和较低的灰熔点等因素，推荐按不大于650℃进行控制。实践证明，这对延缓高温腐蚀速率，延长过热器的寿命期是一项有效的措施。

锅炉排烟温度是指省煤器出口烟气温度。锅炉热效率会随着此温度降低而提高，但当此温度低于湿烟气中酸性污染物（通常以SO_2计）露点时又会造成低温腐蚀。因此，一般根据受热面的污染情况，要求将排烟温度控制在180～260℃，实际运行中多控制在190～220℃。

(4) 蒸发量、额定蒸发量与热功率

蒸发量是指利用焚烧热能生产蒸汽的垃圾焚烧炉每小时产生的蒸汽量，单位是吨/小时

(t/h)。额定蒸发量是指在设计点的垃圾热值、额定蒸汽参数与额定给水温度，并保证热效率时规定的蒸发量。

热功率是指利用焚烧热能生产热水的垃圾焚烧锅炉长期安全运行时，每小时出水有效带走的热量，单位为兆瓦（MW），工程单位也常用 104 千卡/小时（104kcal/h）。

(5) 主蒸汽参数与额定出水压力

主蒸汽参数是指垃圾焚烧锅炉高温过热器出口的额定蒸汽压力和温度。其中，额定蒸汽压力是指垃圾焚烧锅炉在规定给水压力和负荷范围内，长期连续运行的蒸汽压力。额定出水压力是指热水型垃圾焚烧锅炉最高允许使用的饱和水压力。蒸汽压力与出水压力由设计压力确定，单位均为兆帕（MPa）。额定蒸汽温度是指垃圾焚烧锅炉在规定的负荷范围内，并在额定蒸汽压力与规定给水压力下，长期连续运行应保证的主蒸汽温度，单位为摄氏度（℃）。对产生过热蒸汽的垃圾焚烧锅炉，铭牌上标明的温度是指过热蒸汽温度；对于无过热蒸汽的垃圾焚烧锅炉，不再标出温度，此时的温度是指额定蒸汽压力下的饱和蒸汽温度；对于热水锅炉，是指锅炉出口的供水温度。

(6) 给水温度与回水温度

用于生产蒸汽的垃圾焚烧锅炉给水温度是指在省煤器入口处的给水温度，单位是摄氏度（℃）。用于生产热水的垃圾焚烧锅炉回水温度是指经过热交换后返回锅炉入口处的温度，单位是摄氏度（℃）。

用于生产蒸汽的层燃型垃圾焚烧锅炉的给水温度一般取 130℃或 140℃；流化型垃圾焚烧锅炉一般按电站锅炉中的非再热式机组中压或次高压采用 150℃±10%或是按工业锅炉采用 104℃。生产热水的锅炉回水温度根据供水温度确定。

(7) 炉膛负压

炉膛负压指采用平衡通风方式的垃圾焚烧炉，使炉膛内烟气压力低于外界大气压力的工况。炉膛负压是反映燃烧工况稳定与否，以及保持工作环境质量的重要参数，也是运行中要控制和监视的重要参数之一。通常，炉膛负压是以炉膛出口附近某一设计断面的平均压力作为监控指标。

(8) 锅炉主要控制温度

垃圾焚烧锅炉主要控制的温度是炉膛主控温度、炉膛出口温度、对流受热面进口温度、排烟温度以及燃烧空气温度。

炉膛主控温度是指在炉膛辐射区域控制断面平均烟气温度不低于 850℃，以上层二次风进口标高为基准的烟气停留时间达到 2s 的区域的温度。

炉膛出口温度 θ''_1 是指锅炉受热面辐射与对流传热最佳比，即辐射和对流受热面金属耗量与成本最小对应的 θ''_1。生活垃圾是以气相燃烧为主，易结渣物质，为了二噁英初级减排，炉膛出口温度控制在 800～1050℃。

对流受热面进口温度 θ''_{dI} 是指灰分变形温度 DT 与软化温度（灰熔点）ST，二者之差＜100℃。为控制对流受热面结渣，按 θ''_{dI}＜(ST－100)℃确定，按＜650℃校核，运行多按 620℃控制。

排烟温度 θ_{py} ＝传热温压降低－金属耗量增加。表现为 θ_{py} 低，排烟热损失小，锅炉热效率高；硫/氯含量越高，则酸露点温度越高，相应低温腐蚀严重。一般设计 θ_{py} ＝180～250℃，运行时一般按照 190～220℃控制。

燃烧空气温度，是根据垃圾着火性能好坏确定的温度，当含水率＞46%时需要加热燃烧空气。根据焚烧垃圾热值选择加热温度，一般不大于250℃。

3.3.2 锅炉运行指标

垃圾焚烧的首要目的是减少垃圾的体积和危害，也是通过焚烧过程实现保护生态环境的初级减排环节。当锅炉在4.0～6.4MPa压力下运行时，蒸发、过热受热面管外壁受到350～1100℃不同温度的烟气作用，管内是255～450℃内不同温度的汽水工作介质，整个系统都是在高压、高温、高应力条件下运行，安全问题尤为重要。对其系统设备运行的常态化安全、可靠、环保运行，常用但不限于下述指标来衡量。

① 年运行时间。年运行时间是指连续12个月内焚烧垃圾的运行时间，换言之为扣除计划与非计划停运时间后的垃圾焚烧炉实际累计运行时间，一般按8000～8400h进行控制。

② 焚烧利用小时。焚烧利用小时指连续12个月累计生活垃圾焚烧量与垃圾焚烧炉的小时焚烧垃圾规模的比值，即：

$$\text{焚烧利用小时}=\frac{\text{年度生活垃圾焚烧量}}{\text{焚烧垃圾规模}/24} \tag{3-14}$$

③ 负荷率。负荷率指连续12个月累计生活垃圾焚烧量按累计运行小时数折算日均处理量与焚烧垃圾规模的比值，即：

$$\text{负荷率}=\frac{\text{年度生活垃圾焚烧量}\times 24}{\text{年运行小时数}\times\text{焚烧垃圾规模}} \tag{3-15}$$

④ 炉渣热灼减率。炉渣热灼减率是指炉渣在110℃下干燥2h后冷却至室温的炉渣试样质量（记为A，单位g），与该试样在600℃±25℃下灼烧3h后冷却至室温的质量（记为B，单位g）之差，占A的百分比，即：

$$\text{炉渣热酌减率}=\frac{A-B}{A}\times 100\% \tag{3-16}$$

⑤ 锅炉事故率。锅炉事故率是指统计期间（无特殊说明均指一个日历年），锅炉事故停炉小时数，与运行小时数和事故停炉小时数之和的百分比，即

$$\text{垃圾焚烧锅炉事故率}=\frac{\text{事故停炉小时数}}{\text{运行小时数}+\text{事故停炉小时数}}\times 100\% \tag{3-17}$$

3.3.3 锅炉经济性指标

(1) 锅炉热效率

垃圾焚烧锅炉热效率η_{gl}是指单位时间内有效利用热Q_1与输入的焚烧垃圾热量Q_{lj}和辅助燃料热量Q_{fr}之和的百分比，即

$$\eta_{gl}=\frac{Q_1}{Q_{lj}+Q_{fr}}\times 100\% \tag{3-18}$$

该指标反映锅炉的燃烧和传热过程的完善程度。其中，Q_1是指单位时间内工质在锅炉中所吸收的热量，包括锅炉界面内的水和蒸汽吸热量与锅炉排污水和自用蒸汽消耗的热量；Q_{lj}是指随每千克焚烧垃圾热值计的总热量；Q_{fr}是单位时间输入辅助燃料的总热量，即单位时间输入的辅助燃料量与其单位发热量的乘积。垃圾焚烧锅炉热效率，一般要求设计中压等级的应不低于78%，对焚烧规模600t/d及以上的不低于80%。

(2) 锅炉净效率

垃圾焚烧锅炉净效率η_j是指锅炉输出的热量与输入的焚烧垃圾热量Q_{lj}和辅助燃料热量

Q_{fr} 之和的百分比，也就是在毛效率 η_{gl} 基础上扣除锅炉运行时的自用热能和电能 $\Delta\eta$ 后的垃圾焚烧锅炉效率，即：

$$\eta_j=\eta_{gl}-\Delta\eta=\frac{Q_1-D_z(i_q-i_{gs})\times10^3-29270N_zb}{Q_{lj}+Q_{fr}}\times100\% \tag{3-19}$$

该式反映自用汽和自用电的消耗引发的锅炉净效率降低。其中，D_z 为自用汽量，t/h；N_z 为自用电量，(kW・h)/h；b 为生产每度电消耗的标准煤量，对垃圾焚烧锅炉暂取 0.335kg/(kW・h)。

3.3.4 锅炉污染物排放指标（初级减排）

《生活垃圾焚烧污染控制标准》（GB 18485—2014）对垃圾焚烧炉排放烟气中污染物浓度的规定为，新建垃圾焚烧炉自 2014 年 7 月 1 日、已有垃圾焚烧炉自 2016 年 1 月 1 日均执行表 3-3 中的限值。

表 3-3 生活垃圾焚烧炉排放烟气中污染物限值

序号	污染物项目	限值	取值时间
1	颗粒物/(mg/m^3)	30	1h 均值
		20	24h 均值
2	氮氧化物(NO_x)/(mg/m^3)	300	1h 均值
		250	24h 均值
3	二氧化硫(SO_2)/(mg/m^3)	100	1h 均值
		80	24h 均值
4	氯化氢(HCl)/(mg/m^3)	60	1h 均值
		50	24h 均值
5	汞及其化合物(以 Hg 计)/(mg/m^3)	0.05	测定均值
6	镉、铊及其化合物(以 Cd+Tl 计)/(mg/m^3)	0.1	测定均值
7	锑、砷、铅、铬、钴、铜、锰、镍及其化合物 (以 Sb+As+Pb+Cr+Co+Cu+Mn+Ni 计)/(mg/m^3)	1.0	测定均值
8	二噁英类/(ng TEQ/m^3)	0.1	测定均值
9	一氧化碳(CO)/(mg/m^3)	100	1h 均值
		80	24h 均值

剩余污泥、一般工业固体废物的专用焚烧炉，排放烟气中二噁英类污染物浓度执行表 3-4 中的限值。

表 3-4 污泥、固体废物的专用焚烧炉排放烟气中二噁英类限值

焚烧处理能力/(t/d)	二噁英类排放限值/(ng TEQ/m^3)	取值时间
>100	0.1	测定均值
50～100	0.5	测定均值
<50	1.0	测定均值

在焚烧炉启动、停炉、运行过程发生故障或事故时（以上情况发生时排放污染物持续时间累计不应超过60h），其间的监测数据不作为评价是否达到此标准排放限值的依据，但在这些时间内颗粒物浓度的1h均值不得大于150mg/m^3。

焚烧飞灰与焚烧炉渣应分别收集、贮存、运输和处置。飞灰应按危险废物进行管理。进入生活垃圾填埋场处置应满足《生活垃圾填埋场污染控制标准》（GB 16889—2008）的要求，进入水泥窑处置应满足《水泥窑协同处置固体废物污染控制标准》（GB 30485—2013）的要求。

垃圾渗滤液和车辆清洗废水应收集并在焚烧厂内处理或送至生活垃圾填埋场渗滤液处理设施处理，满足GB 16889表2的要求（如厂址在符合GB 16889中第9.1.4条要求的地区，应满足GB 16889表3的要求）后，可直接排放。

若通过污水管网或采用密闭输送方式送至采用二级处理方式的城市污水处理厂处理，应满足以下条件：

① 在焚烧厂内处理后，总汞、总镉、总铬、六价铬、总砷、总铅等污染物浓度达到GB 16889表2规定的浓度限值要求；

② 城市二级污水处理厂每日处理生活垃圾渗滤液和车辆清洗废水总量不超过污水处理量的0.5%；

③ 城市二级污水处理厂应设置生活垃圾渗滤液和车辆清洗废水专用调节池，将其均匀注入生化处理单元；

④ 不影响城市二级污水处理厂的污水处理效果。

GB 18485—2014与欧盟2010/76/EC排放标准对比。

《生活垃圾焚烧污染控制标准》（GB 18485—2014）与欧盟2010/76/EC排放标准对比见表3-5。严格的烟气指标排放限值需要有先进可靠的烟气净化工艺和设备做依托。

表3-5 GB 18485—2014与欧盟2010/76/EC排放标准对比

污染物名称	GB 18485—2014		欧盟2010/76/EC	
	日均值	小时均值	日均值	小时均值
烟尘/(mg/m^3)	20	30	10	30
HCl/(mg/m^3)	50	60	10	60
HF/(mg/m^3)	—	—	1	4
SO_2/(mg/m^3)	80	100	50	200
NO_x/(mg/m^3)	250	300	200	400
CO/(mg/m^3)	80	100	50	100
总有机碳(TOC)/(mg/m^3)	—	—	10	20
Hg及其有机物/(mg/m^3)	0.05	0.05	0.05	0.05
Cd及其化合物/(mg/m^3)	0.1	0.1	0.05	0.05
Pb及其他重金属/(mg/m^3)	1.0	1.0	0.5	0.5
二噁英类/(ng/m^3)	0.1	0.1	0.1	0.1

通常情况下，我国垃圾焚烧厂的设计排放标准是按地方排放标准进行设计的，实际排放指标都优于GB 18485—2014。例如，北京某垃圾焚烧厂的实际烟气排放值（标准状态）为，

NO_x 小于 80mg/m^3、烟尘小于 5mg/m^3、HCl 小于 30mg/m^3、SO_2 小于 50mg/m^3、CO 小于 5mg/m^3。

思考题

1. 什么叫作燃烧？燃烧三要素包括哪些？垃圾燃烧有哪些特性？
2. 什么是垃圾的完全燃烧？完全燃烧应具备哪些基本条件？
3. 简述垃圾层状燃烧技术原理。
4. 垃圾焚烧过程需要满足的质量与能量平衡具体指什么？
5. 什么是垃圾焚烧锅炉？其作用是什么？
6. 锅炉的安全、可靠、环保指标主要有哪些？
7. 垃圾焚烧过程中污染物排放需要满足什么指标？

第4章 垃圾接收存储系统

垃圾接收系统一般指垃圾从进厂到焚烧炉入口之间的工艺及设备的总称。该系统实现以下垃圾转移过程：①垃圾运输车辆进厂，经称重计量后沿运输通道进入卸料间，将垃圾卸入垃圾池，车辆退出过程；②抓斗起重机对垃圾池内垃圾进行倒垛拌混，并抓取垃圾送到焚烧炉进料斗内的搬运过程；③渗滤液收集及臭气防治的过程。

关于大件垃圾破碎机设置问题，因为旧沙发家具等大件垃圾在环卫系统收集过程中被分离出去，故在正常情况下垃圾焚烧厂不需要设置大件垃圾破碎装置。

4.1 垃圾接收贮存系统组成概述

垃圾接收贮存系统主要由运输系统、称重系统、卸料系统、吊车抓斗系统、渗滤液收集设施、除臭设施等组成（图 4-1）。垃圾由垃圾运输车运至焚烧厂，称重后从垃圾卸料门卸入垃圾池贮存，并经倒躁混合、抓料后送入焚烧炉焚烧。

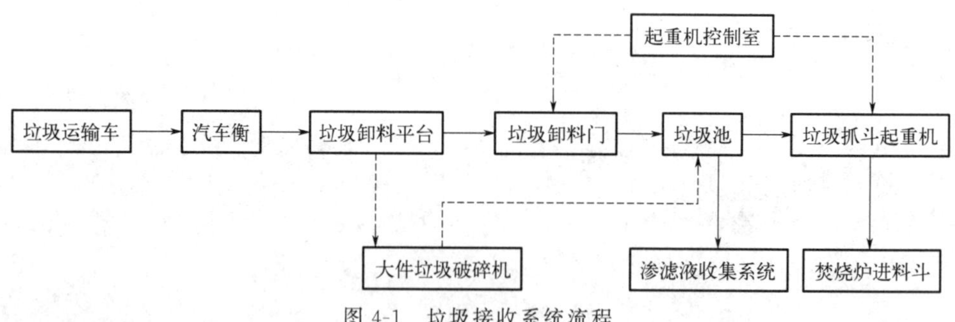

图 4-1 垃圾接收系统流程

渗滤液，通过垃圾池底部的排水格栅经排水沟流入渗滤液收集池，由水泵送入废水处理站，处理达标后用作焚烧炉渣冷却水、卸料平台和运输通道地面的冲洗水、飞灰固化和绿化用水等。

为保证垃圾池的安全、恶臭防控以及厂区的环境卫生，分别在垃圾池内布设消防系统，在垃圾池内需设置气体检测设备，在厂区内的垃圾运输通道及卸料大厅布置垃圾池除臭和地面清洗系统。

4.2　进厂垃圾称重系统

进厂垃圾称重系统的主要功能是对进厂垃圾车进行称重，统计进厂垃圾的质量并对统计数据进行记录、传输、打印，实现日常数据处理，实时监控垃圾运输车进出情况。另外，称重系统还用于对进厂的石灰、活性炭、燃油等生产物料和出厂的飞灰、炉渣等进行计量。

该系统采用计算机控制，由硬件系统和软件系统两部分组成。硬件系统包括网络硬件服务器、UPS 电源、感应式 IC 卡及读写设备、全自动挡车道闸、车辆检测器、LED 电子显示屏、交通指示灯及电子汽车衡等。软件系统包括数据上传和数据库管理等系统。

称重计算机通过局域网实现互联，并在后台设置一台称重服务器，实现多台汽车衡的联网称重管理。称重数据统一存放于服务器数据库中，服务器的数据来源于每台汽车衡每次计量的结果。汽车衡的控制计算机具有独立工作的能力，若服务器发生故障，则汽车衡的计算机能够独立工作，并在服务器故障解除后能够将数据传输至服务器。

4.2.1　汽车衡概述

在垃圾焚烧厂物流出入口附近设置以汽车衡为主要设备的地磅房。汽车衡有机械式与电子式之分，焚烧厂多采用后者。电子汽车衡由称台、称重传感器以及称重显示仪表三个单元组成，并辅以限位装置、连接件等。

根据焚烧厂建设要求，通常配置计算机、大屏幕显示器、打印机、稳压电源、电源浪涌保护器及电源插座等外接设备，以完成更高层次数据管理及传输的需要。电子汽车衡的基本组合如图 4-2 所示。

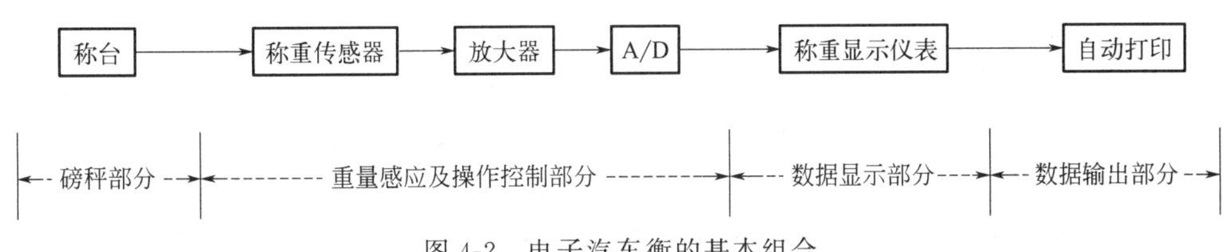

图 4-2　电子汽车衡的基本组合

当运输车行驶到称台上，通过称台将重力传递至电阻应变式称重传感器，使其弹片产生弹性变形，弹性体上的电阻应变片（转换元件）随同变形，导致阻值发生变化，经惠斯登电桥的测量电路把电阻变化转换为电压（或电流）信号。经传感器内部的线性放大器将电压信号放大并通过 A/D 转换器等将模拟信号转换成数字信号，再经微处理器（CPU）对重量信号进行处理后显示重量数据。

称重传感器按转换方法分为光电式、液压式、电磁力式、电容式、磁极变形式、振动式、陀螺仪式、电阻应变式八类。电子衡器基本上都使用电阻应变式传感器，这种传感器整体金属封装，称量范围为 300g 至数千千克，准确度达 1/1000～1/10000，结构较简单，可靠性较好。称重传感器的性能指标主要有线性误差、滞后误差、重复性误差、蠕变、零点温度特性和灵敏度温度特性等。国际法制计量组织（OIML）规定，传感器的误差带（δ）占衡器误差带（Δ）的 70%，称重传感器的线性误差、滞后误差以及温度对灵敏度影响引起的误差等的总和不能超过误差带（δ）。

4.2.2 汽车衡规模

（1）汽车衡称台

汽车衡称台的长度按不小于前后轮距加1.5m，宽度按不小于左右轮距加0.8m，称台面需高出地面。表4-1所示为几种汽车衡的规格尺寸。

表4-1 几种汽车衡的规格尺寸

项目		规格尺寸					
最大称量/t		10	20	30	50	60	80
分度值/kg		5	10	10	20	20	20
使用范围/t		0.5～10	1～20	1～30	1～40	1～40	1～80
称台基本尺寸宽×长/m		3×6	3×7	3×8，3×12	3.4×12，3×14	3.4×12	3.4×18
称台数量/个		1	1	1	2	2～3	3
称台高度/m		0.38	0.38	0.41	0.41	0.41	0.41
传感器	数量/个	4	4	4	6	8	8
	容量/t	5	10	20	20	20	20

（2）汽车衡的设计称量

汽车衡的设计称量（B）应根据最大运输车的满载总重，并考虑一定的安全系数。综合考虑故障、使用寿命、测试精度以及经济性等，最佳安全系数一般为1.7左右。如果直接按此系数计算，再选择标准设备，结果往往会偏大。因此，建议计算安全系数取1.30～1.43。

（3）汽车衡的台数

汽车衡的台数根据进出厂的垃圾、灰渣及其他物料的量，以及运输车的高峰车流量、卸料平台容许的作业车数量等综合确定。我国垃圾运输的高峰时间段多在7：00～14：00，在此期间内应以垃圾运输为主，其他车辆错开此时间段。

以额定日焚烧处理1800t的垃圾焚烧厂为例，实际运输量可达到2000t。采用载重24t半挂垃圾运输车日运输量1600t，需要67车次，其余400t垃圾采用载重2～5t装载量80%的运输车运输，约需要210车次；加上灰渣及其他物料运输，总车流量约为280车次/d。按日6h运输90%的垃圾计，故小时平均车流密度为42车次，考虑不均衡系数0.9，则高峰小时车流密度为47车次。以车辆通过汽车衡的时间按1min计，故高峰期可通过约50车次/h。考虑车辆进出厂时满足同时有序称重，选用2台汽车衡即可满足需求。

4.2.3 汽车衡的技术要求

（1）汽车衡的基本技术条件

适用于汽车衡的主要标准规范有《固定式电子衡器》（GB/T 7723—2017）、《衡器产品型号编制方法》（GB/T 26389—2011）、《电子衡器安全要求》（GB 14249.1—1993）、《非自动衡器》（GB/T 23111—2008）、《称重传感器》（GB/T 7551—2008）等。

（2）汽车衡的基本技术要求

a. 工作范围。以称量和记录垃圾运输车为主，同时满足其他物料进厂车辆的称量和记录的要求。

b. 工作方式。汽车衡系统具有称重、数据存储、显示及打印等功能。地磅房内设置称重显示器，房外设置大屏幕显示器，自动或手动打印，软件或硬盘存储。称重系统根据需要可采用全自动连续称量，也可按人工操作进行常规计量。

c. 管理功能。称重计量时，实时读取称重数据，具有自动记录功能，记录清单包含清单号、物料品种与来源、进厂日期和时间、车辆牌照号、单位、毛重、净重或总重等信息，可进行类别统计。数据可长期保存在硬盘或软件。

d. 称重传感器输出信号应有抗干扰能力。若系统不能远离强电场或磁场，应采取屏蔽措施。若干扰信号超过系统的防御能力，应在传输电缆两端增加抗干扰磁套等设施。微机具有软件组态、调试、校正等功能，具有与厂内集散控制系统（DCS）通信的接口，能够传送实时数据。DCS 与称重系统的通信满足约定格式，DCS 为主站，称重计算机为从站。信号电缆套管一般选用 φ50mm 镀锌管，弯曲半径大于 6 倍套管外径。

e. 防护等级。磅房内机柜防护等级为 IP56，称量传感器防护等级为 IP68，称量显示器防护等级为 IP56。户外电气设备防护等级为 IP65（有防高温、防腐、防水、防冻、防尘等措施），有防雷接地装置，并有与厂区接地网相连接的防雷接地和设备接地的连接板。接地电阻一般不大于 4Ω。各个接地点的电位相等，以避免接地点的电位差影响系统。

f. 基础结构。汽车衡的基础结构有无基坑和浅基坑两种。基础下的素土承载力一般要求不低于 98kPa（10t/m^2）。基础两端有不小于磅台 1/2 长度的直线段，进出磅台端直线长度不小于最大垃圾运输车的车长，以避免车辆转向时引起磅台横向振动。基础应稍高于周围地面，设置防雨篷，计量控制栏杆等设施周边设置排水设施。

4.2.4 垃圾运输车自动识别系统

垃圾运输车自动识别系统（AVS，图 4-3）由服务器数据存储系统、垃圾称重系统、出厂车辆称量系统等组成，集成射频卡、自动称重计量等功能。通过网络可实现计量数据交换、数据资源共享及数据管理、查询等。网络结构采用服务器/客户机方式构建，以垃圾称重数据管理为主要职能，从服务器通过五类双绞线与前端称重计算机系统连接。汽车衡称重管理系统经网络联入厂级 DCS 系统，为全厂管理系统提供有关计量及其相关数据。

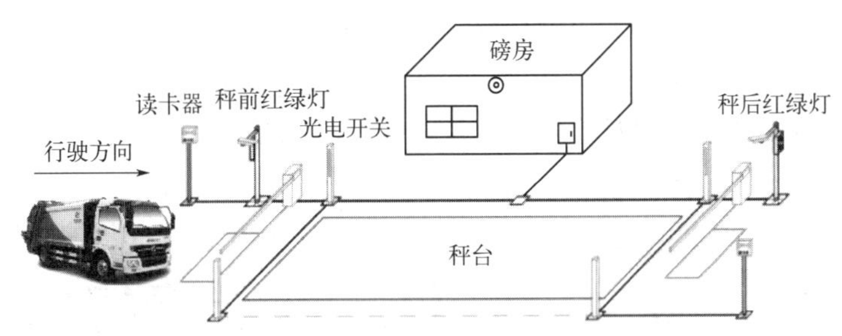

图 4-3　AVS 自动车辆称重系统示意图

车辆自动识别装置主要由读卡器、卡、卡座三部分组成。对应每辆汽车发放一块与车号一一对应的电子车牌。当车辆通过读卡器天线的有效查询射频波束时，电子车牌接收由天线发出的定向查询射频信号，并将自身储存的电子信息调制并反射回天线，从而使读卡器自动读取电子车牌信息。通过电子车牌和车号的对应关系，找到车辆信息，实现车辆的自动识别。

4.3 分选破碎系统

垃圾预处理系统在焚烧厂中的作用越来越重要，主要包括分选与破碎。在垃圾卸入贮坑前对垃圾进行分选，目的是将垃圾中可回收利用或不利于后续处理工艺要求的物料分离出来。应用最广泛的垃圾分选方法是从传送带上进行人工分选，但这种方法效率较低；采用机械设备进行分选效率较高，但往往达不到理想的效果。通常，采用机械与人工分选相结合的方式。

4.3.1 机械分选

根据物料的物理性质或化学性质，如粒度、密度、重力、磁性、电性、弹性等，分别采用不同的机械分选方法，包括筛分、磁选、风选、重力分选、光电分选、温度传感技术等。

(1) 筛分

筛分的原理是根据混合垃圾粒度的不同，利用筛子进行分离。为了使粗细物料通过筛面分离，必须使物料和筛面之间具有适当的相对运动。粒度小于筛孔 3/4 的细粒透筛时，很容易透筛，称为“易筛粒”。粒度大于筛孔 3/4 而小于筛孔的颗粒，因与粗颗粒之间存在某些作用力，很难透筛，这种颗粒称为“难筛粒”。

① 筛分效率。筛分效率是指筛分的筛下物重量与原料中粒度小于筛孔孔径的物料重量之比。理论上讲，凡是粒度小于筛孔尺寸的颗粒都应该成为筛下物，而大于筛孔尺寸的颗粒则全部成为筛上物。实际上，筛分过程受到多种因素的影响，导致一些小于筛孔的颗粒留在筛上随粗颗粒一起成为筛上物。与其他分选装置一样，筛分不可能达到100%的效率。

② 筛选装置。通常，进行固体废物筛选的机械主要有固定筛（图 4-4）、滚筒筛和振动筛。固定筛构造简单，不耗动力，可水平或倾斜安装，在固体废物处理中应用广泛。根据筛条的结构不同，又分为棒条筛和格筛，分别适用于中碎之前和粗破碎机前或粗碎。

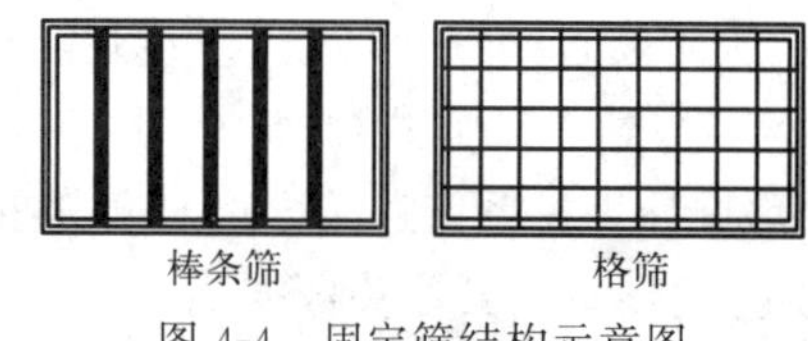

图 4-4 固定筛结构示意图

滚筒筛利用侧壁开有大量筛孔的转筒，将固体废物进行分类。筛下物进入下一步处理，筛上物进入破碎机械。筛分时，固体废物在转筒内不停翻滚，较小颗粒通过筛孔筛出。其中，转筒的转速、倾角、直径和长度以及筛孔直径都对筛分效率有很大影响。滚筒筛示意图见图 4-5 和图 4-6。

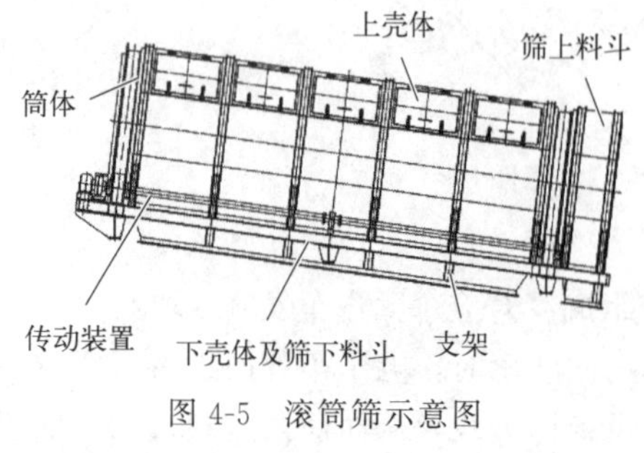

图 4-5 滚筒筛示意图

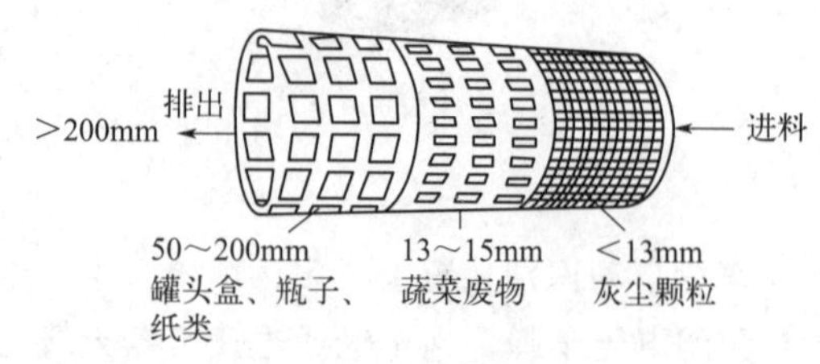

图 4-6 滚筒筛功能示例图

振动筛在化工、冶金、能源等行业有着广泛应用。振动筛利用筛网的剧烈振动使固体废物发生离析现象，密度大而粒度小的废物钻过密度小而粒度大的废物的空隙，进入下层。振动筛面振动剧烈，筛孔堵塞现象可得到消除，适用于含水量较大的废物处理。共振筛利用驱动机构，使筛子在共振状态下使用。共振筛处理能力大，筛分效率高，在生活垃圾处理中具有良好的应用前景。

（2）磁选

磁选有两种类型：一种是传统磁选法，另一种是磁流体分选法（MHS）。

传统磁选法是利用磁性的不同进行分选（图 4-7）。固体废物同时受到磁力和机械力的作用，磁性大的颗粒受到的磁力作用大于机械力，而磁性小的颗粒受到的磁力小，因此颗粒的合力大小不同，运动轨迹也有所不同，最终实现分离。悬吊式磁力分选机在生活垃圾中使用较多，可有效分离垃圾中的铁器。

磁流体分选是一种重力分选和磁力分选联合作用的过程（图 4-8）。它利用磁流体（通常采用强电解质溶液、顺磁性溶液和铁磁性胶体悬浮液）作为分选介质，在磁场或磁场和电场的联合作用下，按固体废物组分间的磁性和密度的差异，或磁性、导电率和密度的差异，使不同的组分分离。磁流体分选可分选密度范围宽的固体废物，回收铝、铜、锌和铅等金属。分离精度要求高时，可选用磁流体静力分选。固体废物中各组分间电导率差异大时，可采用动力分选。

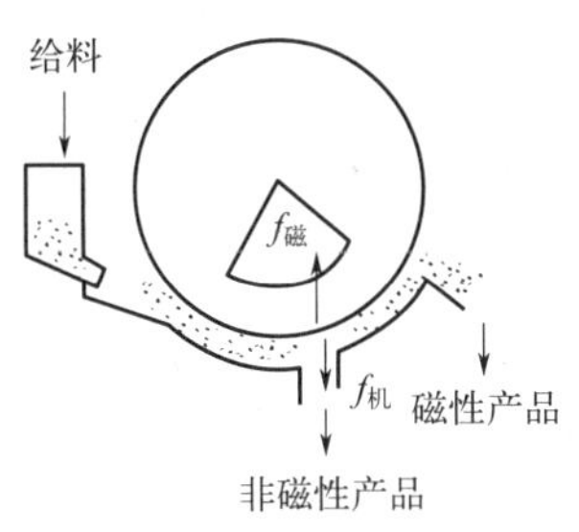

图 4-7　颗粒在磁场中分离

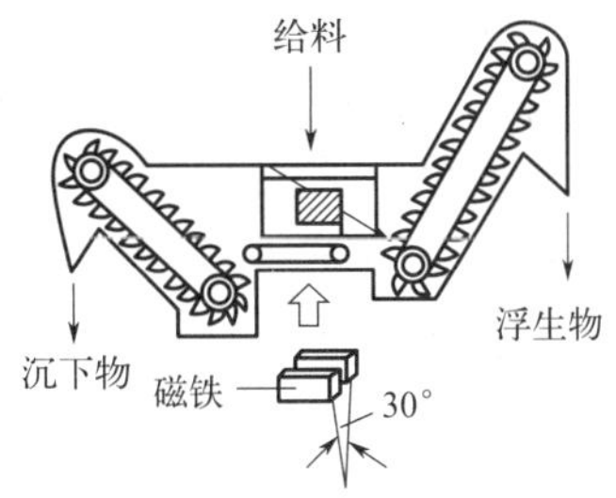

图 4-8　磁流体分选设备示意

（3）风选

风力分选（风选）是利用固体废物不同成分因密度差异被气流带走的距离不同而进行分离。风选具有工艺简单的特点，气流在分选筒中产生湍流和剪切力，有效破碎废物团块，分离轻组分和重组分（图 4-9 和图 4-10）。

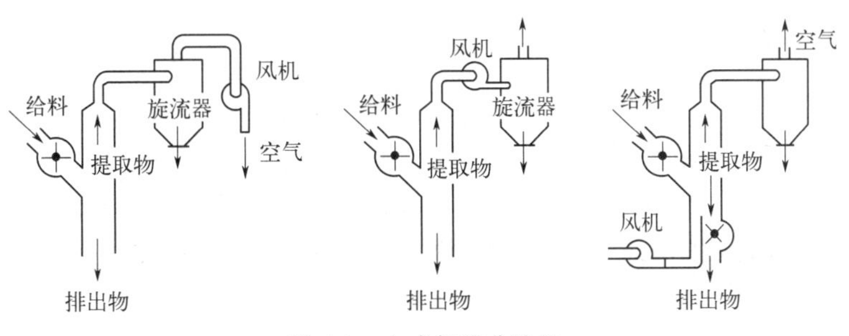

图 4-9　立式气流分选机

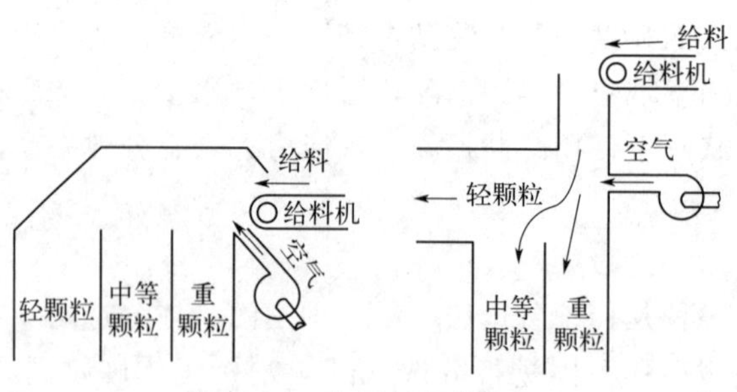

图 4-10 水平气流分选机

(4) 重力分选

重力分选是在流动的介质中按照颗粒的相对密度或粒度进行混合颗粒的分选。重力分选涉及的介质有空气、水、重液（密度大于水的液体）、重悬浮液等。重力分选的方法，按作用原理分为气流分选、惯性分选、重介质分选、摇床分选、跳汰分选等。重介质分选是在液相介质中进行的，不适于包含可溶性物质的分选，也不适合于成分复杂的城市垃圾分选。该法主要应用于矿业废物的分选过程。

(5) 光电分选

利用光检系统，检测通过的颗粒物。图 4-11 是光电分选过程示意图。固体废物经预先窄分级后进入料斗，由振动溜槽均匀地落入高速沟槽进料皮带上，在皮带上拉开一定距离并依次前进，从皮带首端抛入光检箱受检。当颜色与标准色一致的颗粒通过时，不进行吹脱，当颜色与标准色不一致的颗粒物通过时，反射光经光电倍增管转换为电信号，电子电路分析该信号，产生控制信号驱动高频气阀喷射压缩空气，使其吹落，达到分离的目的。光电分选可从生活垃圾中回收塑料、橡胶、金属、玻璃等。

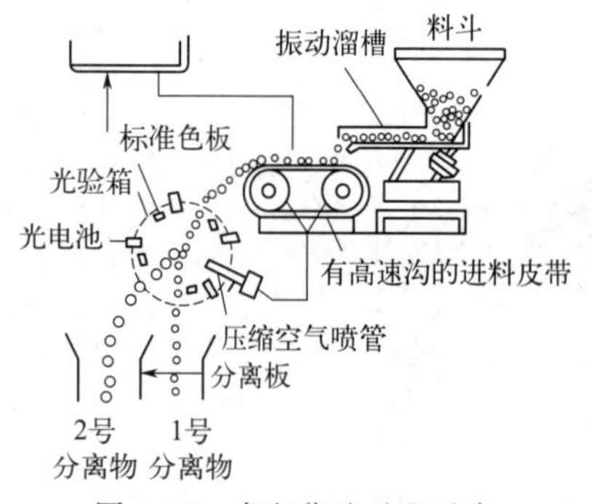

图 4-11 光电分选过程示意

(6) 温度传感技术

现有的温度传感技术主要通过热源识别，利用 X 射线及热源将 PVC 从混合塑料中识别出来。或通过温差识别出不同物体，利用各种塑料脆化温度不同，加热后于低温下通过热传感技术，可进行有选择的分选。同样的方法可适用于不同材质的固体垃圾。该分选技术可将生活垃圾大致分为有机物、无机物和金属。

4.3.2 人工分选

人工分选可实现垃圾中有用资源的回收，并替代部分机械分选不宜进行的工作，如大型家具、大型金属块等。垃圾焚烧前的分选阶段主要是去除砖石等大块不燃物、较大的可回收物（塑料瓶、易拉罐、废旧金属炊具等）以及灯管等有害垃圾。在垃圾破碎工序前应布置人工分选，以降低后续处理的工作量及工作难度，同时在机械分选后也应设人工分选，以更好回收有用资源。

4.3.3　垃圾破碎

通过人力或机械等外力作用，破坏物体内部的凝聚力和分子间作用力而使物体破裂碎化的操作过程统称为破碎。垃圾破碎是焚烧前的预处理作业，破碎后的垃圾尺寸变小，粒度均匀，可有效提高焚烧效率。燃烧是一种表面反应，破碎的供料可大大增加垃圾颗粒的表面积，以利于空气接触更多的垃圾颗粒表面而使焚烧更快更完全。

4.3.4　垃圾破碎机选择

垃圾破碎机选择的基本原则为：①具有适用多种物料的高破碎能力和低能耗比。②可调整破碎物料尺寸等工作参数，保证处理能力和破碎粒径；破碎后的物料尺寸分布范围窄；较难处理的如地毯、席梦思床垫等也很容易破碎。③具有自动进料、破碎和切割、出料、反转、不可破碎物排除等功能。④部件设计考虑足够的裕量；设备维护方便。⑤可实现破碎装置与原有设施的最佳组合。

大件垃圾的种类众多，物料特性（如硬度、韧性等）各不相同，对破碎机的性能要求不同。目前，我国常用的垃圾破碎机有颚式破碎机（破碎抗压强度≤300MPa）、锤式破碎机（破碎抗压强度≤100MPa，湿度≤15%）、反击式和冲击式破碎机（适用于硬、脆物料岩破碎）及环锤式破碎机（破碎抗压强度≤150MPa）等，均适用于处理同类硬物料的系列破碎机，但尚缺少成熟的处理垃圾的专用破碎机系列产品。表 4-2 为部分国外成熟的垃圾破碎机产品及适用情况。

表 4-2　部分国外成熟的垃圾破碎机产品及适用情况

垃圾类型 / 破碎机类型	纸类	塑料		橡胶类	废木料	纤维	有机生活垃圾	可燃粗大垃圾	不燃垃圾	石料类	金属类	玻璃类	建筑垃圾
		硬质	软质										
低速单轴破碎机	●	●	○	○	●	○	○	○	○	□	□	□	□
低速双轴破碎机	●	●	●	●	●	●	●	●	●	□	□	□	□
立式切断机	●	●	●	●	●	●	○	●	□	□	●	□	□
液压双轴剪断破碎机	●	●	●	●	●	●	●	●	●	●	□	□	●
高速回转锤式破碎机	●	●	□	○	●	●	●	○	●	●	●	●	●
纸张破碎机	●	□	□	□	□	□	□	□	□	□	□	□	□

注：橡胶类中含轮胎。●表示适合；○表示有条件适合；□表示超出适用范围。

4.4　垃圾卸料系统

垃圾卸料系统主要包括卸料平台和卸料门。卸料平台供垃圾车辆驶入、倒车、卸料和驶出。卸料平台布置观察室，供管理人员观察垃圾车运行情况，必要时对垃圾车的运行进行指挥。卸料门的主要作用是把卸料平台和垃圾池分开，防止垃圾池内的粉尘和臭气扩散。卸料门要求能迅速开关和适应频繁启闭。

4.4.1　垃圾卸料平台

卸料平台的基本功能是保证垃圾运输车安全迅速到达指定位置、卸车及驶离，顺畅作业。

(1) 卸料平台的基本形式

卸料平台的基本形式有敞开式与封闭式，地面式与高架式，单向通行与双向通行之分。

① 敞开式与封闭式。也称为室外型与室内型，主要区别在于是否设置墙体与屋盖。从防雨和防恶臭扩散等环境保护角度考虑，卸料平台应采用封闭式。

② 地面式与高架式。为避免垃圾池过深而增加土方工程量及施工难度，将卸料平台抬高。国内垃圾焚烧厂多采用标高 6～8m 高架式，并以高架道路相连。高架道路坡度应不大于 8%，且设置防滑设施。双向通行时，高架道路有效宽度不宜小于 6m；高架道路有弯道时，曲率半径应大于最大垃圾运输车的转弯半径且不小于 12m。另外，高架道路应设置迅速排除雨水及冲洗路面用的排水口，两侧应设置护栏及照明设备。

③ 单向通行与双向通行。单向通行是指垃圾运输车进、出口分设在卸料平台两侧，双向通行是指垃圾运输车进、出于卸料平台同一侧，同一卸料厅大门。单向通行方式较好，但占地面积较大且投资高，只有条件允许时方可实施。这也是实际上多采用双向通行方式的原因。

(2) 卸料平台的尺寸

卸料平台大小应满足最长垃圾运输车一次掉头即可到达指定卸料口，一次转弯即可出去。因此，卸料平台要有足够的宽度与纵深尺寸。卸料平台通常与垃圾池平行布置在焚烧炉进料斗前，其长度主要受垃圾焚烧工房宽度制约。纵深（不包括人行通道），单向通行时不宜小于 15m，双向通行时不宜小于 18m。针对我国目前使用的垃圾运输车，建议按如下 2 个公式中的较大值初步确定卸料平台纵深尺寸（C_i）：

$$C_1 = 2\times \text{最大垃圾运输车的最小转弯直径}$$

或

$$C_2 = 4\times \text{最大垃圾运输车的长度(不适用半挂车)}$$

(3) 卸料平台配套设施

卸料平台设有安全防护设施，主要包括卸料门前围挡（一般高 25cm）、车挡及安全岛、指示灯等，沿周边内墙设防护栏杆，设置警示牌及防火、防滑、事故照明等设施，垃圾运输车运行组织等安全设施。

卸料平台应有节能型采光设施，主要包括照明设施，室内型卸料平台有屋面采光板及其他设施。

卸料平台的卫生防护措施主要有喷射水雾降尘措施和水冲洗地面措施等。采用水冲洗地面时，地面坡度为 1%～2%，坡向中间污水沟。当纵深较小时，也可坡向垃圾池前的污水沟，再进入污水收集设施。

4.4.2 垃圾卸料门

(1) 卸料门的作用

卸料门的主要目的是防止垃圾池内的粉尘和臭气扩散。当垃圾运输车在卸料平台倒车至卸料门前规定位置时，卸料门自动开启，运输车完成卸料工作离开时，卸料门自动关闭。

(2) 卸料门设置

每扇卸料门配置一套独立的控制装置。控制系统以埋地式感应监测器和远红外线传感器双重检测，结合垃圾抓吊位置信号自动启闭卸料门。启闭过程可按性能曲线进行调整，因故断电时可自锁，以免发生事故。

卸料门的尺寸根据最大垃圾运输车与最不利的卸料方式确定。卸料门高度按最大垃圾运输车高度和倾卸作业高度中的数值较大者设计，多为 4.2～4.5m。鉴于垃圾运输车的宽度不大于 2.5m，故卸料门宽度多为 3.6～3.7m。当卸料口水平布置时，卸料门相应调整为卸料盖。

卸料门的配套设施主要包括防滑车挡及防撞安全岛等设施，每扇卸料门上方需配置 IP56 的红、绿色交通信号灯（各一只）。为避免运输车与抓斗起重机在同一区域内作业，造成对抓斗起重机的干扰，甚至破坏性的影响，抓斗运行区域的垃圾门应闭锁。

(3) 卸料门数量

卸料门数量依据高峰小时垃圾运输车的车流密度确定（表 4-3）。若有环卫系统固定垃圾运输车型以外的车辆倾卸垃圾时，需同时考虑其安全倾卸的要求，必要时可单独设置卸料门。

表 4-3　垃圾卸料门设置数量

垃圾处理规模/(t/d)	≤150	150～200	200～300	300～400	400～600	>600
卸料门参考数量/扇	3	4	5	6	8	≥10

(4) 卸料门形式

卸料门的布置方式可分为两类：一类是在卸料侧垃圾池壁上预留门洞的竖向布置方式，此时需采取避免干扰抓斗起重机作业的措施；一类是在卸料平台的地板上水平布置方式，此时需增加卸料平台的纵深，这会增加建筑工程费用。目前，国内多采用竖向布置方式。

卸料门的结构形式有多种。适用于竖向布置方式的主要有两扇平开式卸料门、卷帘式卸料门、滑动式卸料门及铰接式卸料门等，其中应用最多的是平开式卸料门。适用于水平布置方式的主要有转筒式、旋转门式和提拉式等，其中提拉式有所应用，其他形式很少应用。

应用较多的平开双门式结构，由门体框架、加强构件、两侧厚钢板和通长铰链等组成。门体由电动推杆驱动，采用变频拖动，一扇门的两个门体内由一套连杆机构联结，要求结构紧凑、安装方便、运行时无冲击力。

(5) 卸料门的选择

卸料门应具有高耐腐蚀性、高结构强度、高气密性，门体启闭可靠，行程准确，运行平稳，表面平整美观。

钢结构强度和刚度满足当地基本风压产生的标准风荷载。外表面钢板可采用 5mm 厚钢板，与钢结构骨架连接可采用钻孔塞焊。采取有效控制焊接残余应力的方法，降低焊缝拘束度的工艺措施。

表面涂料满足现场环境的要求，长期不褪色、不脱落且易于修补。所有钢结构构件表面涂漆前，应进行喷丸或抛丸除锈，除锈等级达到 Sa2 1/2。刷无机富锌底漆，现场焊接完成后，补底漆，再涂防腐漆，清漆。涂层应均匀，无明显皱皮、流坠、针眼和气泡等。

卸料门的控制台设置在垃圾抓斗操作室内，有就地/自动/操作台三种操作选择的立式转换开关和每扇门的启停按钮。在自动方式发生故障时，为不影响正常的卸料工作，应配置就地开关箱，其面板上装有可进行手/自动选择的转换开关和紧急停止按钮。监控柜位于卸料门控制室内，柜内配置配电设施、变频器和每扇门的独立控制装置。

4.5 垃圾池

垃圾池用于垃圾的接收和存储，同时顺畅排出垃圾池内的渗滤液。垃圾池间是密闭的，具有防渗、防腐功能的钢筋混凝土结构，池底有坡度，便于渗滤液流向排水格栅。垃圾池上部布置垃圾抓斗、抓斗操作室、消防设施、除臭设施、检修平台、垃圾给料斗等。

4.5.1 垃圾池的构造条件

垃圾池的构造能够支撑垃圾重量、抓斗起重机重量及其他重量。生活垃圾具有酸腐蚀性，垃圾渗滤液成分复杂，以及垃圾池易受垃圾抓斗撞击作用等，因此垃圾池内壁应防渗、防腐蚀、平滑耐磨并能承受垃圾抓斗的冲击。

垃圾池底部有不小于2%的坡度，通常坡向卸料平台侧。池底坡度不宜过大，主要是考虑减小池底基础垫层厚度，节省投资。垃圾池底部有渗滤液收集系统，收集口采取防堵塞措施，目前此问题尚未得到妥善解决。

垃圾池内的垃圾是焚烧厂主要的恶臭污染源。防止恶臭扩散的对策是抽取垃圾池内的气体作为焚烧助燃空气，使恶臭物质在高温条件下分解，同时使垃圾池内处于负压状态，并设照明、事故排烟及停炉时的除臭与通风装置。

为防止垃圾焚烧炉内的火焰通过料斗回燃到垃圾池内，以及垃圾池内意外着火，需采取防火措施，设置消防水炮等灭火设施。

4.5.2 垃圾池有效容积与荷载

我国生活垃圾是每天收运，目前的垃圾含水量较高，垃圾热值偏低。为保证充分燃烧，需要垃圾在垃圾池内堆放一段时间，排出部分水分，提高垃圾热值，为此，垃圾池有效容积应按5～7d额定垃圾焚烧量确定。

垃圾池有效容积以卸料平台标高以下的池内容积为准。同时，为适当控制有效容量，可考虑在不影响卸料和抓斗起重机正常作业的条件下，采取在远离卸料门或暂时关闭部分卸料门的区域，提高垃圾储存高度，增加垃圾储存量。计算垃圾池容积时，垃圾堆积密度按实测值确定，目前可取0.35t/m^3。垃圾池有效宽度可按9～24m确定，且不应小于抓斗最大张角直径的2.5～3倍。垃圾池长度一般按焚烧工房平面布置确定。

例题：已知日处理垃圾1600t，垃圾储存周期5d，垃圾堆重按0.35t/m^{3}计。垃圾池有效宽度取75.5m，有效深度取12m，纵深取24m。求垃圾池有效容积。

解：需要容积：$V'=1600\times5/0.35\approx22857(m^3)$

有效容积：$V_1=24\times12\times75.5=21744(m^3)<V'$

为此取附加容积高度5m，纵深24/2=12m，有效宽度的1/2

则附加容积：$V_2=12\times5\times75.5\times1/2=2265(m^3)$

总容积：$\Sigma V=V_1+V_2=24009(m^3)>V'$

垃圾池载荷可按计入堆高的容量即垃圾最大装载量或按满水重量即水容积计算。

方法1：按垃圾最大装载量计算垃圾池荷载（图4-12）。

考虑垃圾堆积过程的沉降作用，垃圾堆积密度按0.5～0.6t/m^{3}计。总容积$V=V_1+V_2$，其中V_2按从卸料门处到进料斗边线与卸料平台和卸料斗侧墙面组成的三棱锥体。

方法 2：按水容积计算垃圾池荷载（图 4-13）。

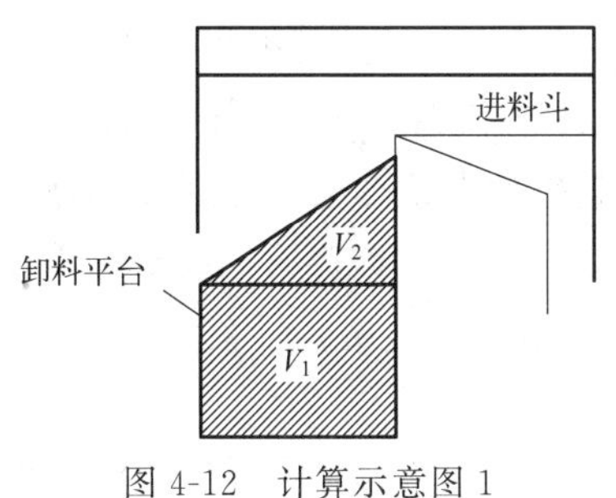

图 4-12　计算示意图 1

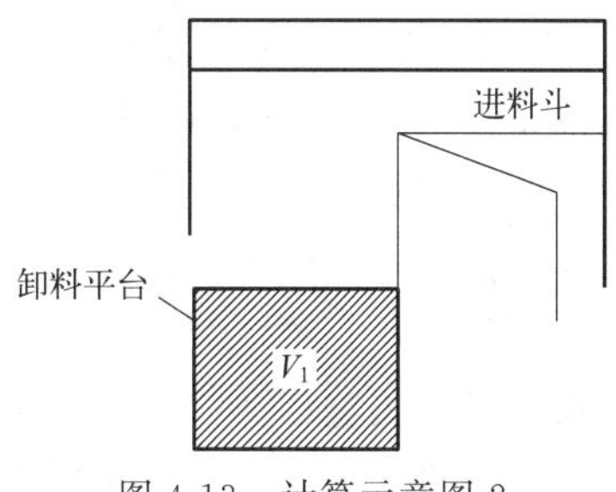

图 4-13　计算示意图 2

垃圾堆积密度按 $1.0t/m^3$ 计，即相当于充满水的垃圾池，总容积 $V=V_1$。

4.5.3　垃圾池的腐蚀与防治

(1) 垃圾池腐蚀机理

① 水泥的中性化作用。垃圾池为钢筋混凝土结构，混凝土碳化是最主要的中性化作用形式。碳化一般是指混凝土中的碱性物质 $Ca(OH)_2$ 与酸性物质反应，使混凝土 pH 降低的现象。对于普通硅酸盐水泥，水化反应产生的 $Ca(OH)_2$ 可使钢筋表层钝化而得到保护。垃圾池内的渗滤液发酵时间短，低碳有机酸（如乙酸、乳酸）含量高，pH 为 4.3～5.2。渗滤液与垃圾池的接触会导致水泥中性化，造成垃圾池腐蚀，此类腐蚀占主导地位。

② 氯离子腐蚀。氯离子是一种渗透性极强的腐蚀介质。它接触钢筋表面时，会迅速破坏钢筋表面的钝化层，即便在强碱性环境中依然会引起点蚀。环境中气态或液态的水往往会渗透到混凝土表面，这种水是含有杂质的电解液，电化学作用会加速锈蚀。当 Cl^- 渗透到钢筋表面，部分保护膜被破坏，成为活化态。在氧和水充足的条件下，活化的钢筋表面形成阳极，未活化的钢筋表面成为阴极，结果阳极金属铁溶解，形成腐蚀坑，一般称这种腐蚀为点蚀。该过程反应如下：

$$Fe^{2+}+2Cl^-+2H_2O \xlongequal{} Fe(OH)_2+2HCl$$

$$4Fe(OH)_2+O_2+2H_2O \xlongequal{} 4Fe(OH)_3\text{(铁锈)}$$

铁锈上的水蒸发后形成红锈，氧化不完全的变成 Fe_3O_4（黑锈），在钢筋表面形成锈层。由于铁锈呈多孔疏松状，无法阻挡腐蚀向内部发展。此外，水泥中性化以后，水化氢化铝盐中的氯离子可游离出来，破坏钢筋表面的钝化膜。

③ 硫酸盐腐蚀。渗滤液中的 SO_4^{2-} 进入混凝土内部，与水泥固相发生化学反应，生成难溶的盐矿物类——钙矾石和二水石膏，吸水后发生膨胀，对混凝土造成破坏。当 SO_4^{2-} 浓度较低时，反应式为：

$$3CaO\cdot Al_2O_3\cdot 13H_2O+3Ca(OH)_2+3Na_2SO_4+18H_2O \xlongequal{} 3CaO\cdot Al_2O_3\cdot 3CaSO_4\cdot 31H_2O+6NaOH$$

反应产物水化硫铝酸钙含有较多结晶水，体积比水化铝酸钙增加 2.5 倍以上。当 SO_4^{2-} 浓度较高时，其反应式为：

$$Na_2SO_4+Ca(OH)_2+2H_2O \xlongequal{} CaSO_4\cdot 2H_2O+2NaOH$$

二水石膏体积增大 1.24 倍。当 SO_4^{2-} 浓度在 1000mg/L 时，产生硫铝酸钙型侵蚀，其特征是试样出现数条粗大裂纹；当 SO_4^{2-} 浓度大于 1500mg/L 时，产生石膏-硫铝酸钙复合型侵蚀，石膏侵蚀起主要作用，特征是试样发生溃散。渗滤液的 SO_4^{2-} 浓度可达 7000mg/L，因此 SO_4^{2-} 对垃圾池的混凝土破坏不容忽视。

④ 其他腐蚀。垃圾渗滤液对混凝土的腐蚀机理涉及物理、化学、材料及微生物等多个领域，除上述的腐蚀机理之外，还有溶解性腐蚀、微生物腐蚀。另外，抓斗的撞击和垃圾的摩擦也会加速腐蚀。腐蚀缩短垃圾池的使用寿命，增加维修维护费用，维修工程复杂，影响焚烧厂的正常运行。

(2) 垃圾池防腐措施

垃圾池的防腐措施主要针对钢筋混凝土进行防护。钢筋混凝土的涂层防护主要采用钢筋防腐涂装和混凝土表面涂装，两种防护方法可单独实施，同时采用防护效果更佳。混凝土的 pH 值为 12～13，呈碱性。从涂层与混凝土接触面的角度，选择混凝土防腐措施时需考虑：耐碱性、附着力、抗氯离子渗透性、耐盐水和耐化学介质性能、柔韧性（以适应混凝土的收缩与膨胀）。

垃圾池环境恶劣，渗滤液腐蚀性强，且可能遭受垃圾抓斗的撞击。因此，从涂层与垃圾池环境接触面的角度，选择混凝土防腐措施时需考虑：涂层应具有良好的耐酸性、耐盐性、延展性、不透水性、抗老化性、耐磨性等。

4.5.4 渗滤液导排

渗滤液是垃圾堆放过程中产生的废液。渗滤液是垃圾焚烧厂主要的二次污染物之一。垃圾在入炉前，通常在垃圾池内进行 3～7 天的发酵，以沥出水分，提高垃圾热值。

渗滤液导排装置可使渗滤液能够顺利流入收集池。渗滤液通过导排管（水平管）上的多排小孔渗入管内，然后自流到导排管末端经末端大孔流出进入收集池。图 4-14 为渗滤液导排系统的俯视图（a）及其内部结构图（b）。

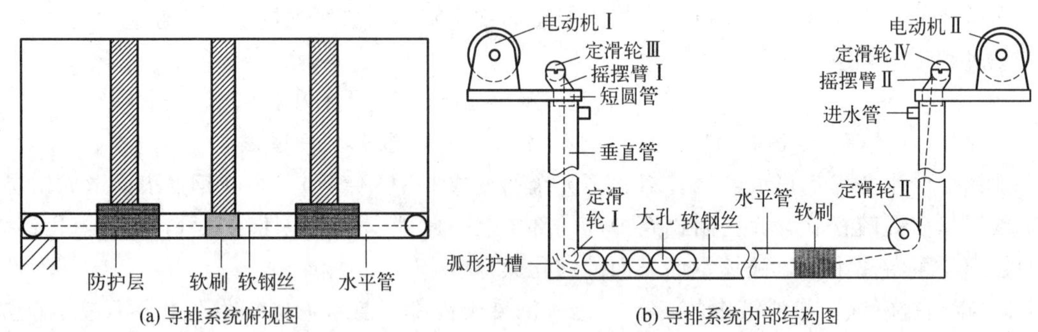

图 4-14 渗滤液导排系统

导排系统主要由“U”形导排管、牵引系统和防护层组成。导排管的水平管设置在垃圾池底部靠近卸料门一侧，管壁开有许多排小孔。在水平管较低的一端，即靠近渗滤液收集池的一端开有若干大孔。导排管的两个垂直管紧贴垃圾池壁，上端固定在池沿上，在两个垂直管上端各留有一个进水管，以备冲洗之用。

牵引系统由钢丝、软刷、定滑轮、电动机等组成。软刷固定在软钢丝上，具有可压缩性且可拆卸，钢丝贯穿于导排管内，通过设在导排管两端的电动机的牵引作用实现软刷的往复运动，以擦刷沉淀或管内壁黏附的污渍。定滑轮设在导排管的两个拐弯处，收集池一端的窄轮定滑轮Ⅰ仅能通过钢丝，另一端的宽轮定滑轮Ⅱ则能通过软刷以便取出来更换，定滑轮Ⅱ处设有防护板保护。

防护层由若干相互独立的荆条编制垫组成，直接覆盖在“U”形管的水平管上面，以防渣土、长细物进入水平管内，同时还可防止塑料、纸张等对导排管小孔的封堵。荆条腐烂后可直接烧掉。

电动机Ⅰ、电动机Ⅱ通过自动控制实现交替运转，设于电动机下方的定滑轮Ⅲ、定滑轮Ⅳ分别与摆动臂Ⅰ、摆动臂Ⅱ相连，摆动臂下部焊接短圆管，短圆管插入导排管上端，短圆管既可从导排管中拔出，也可自由转动。在钢丝绳缠绕或解缠过程中短圆管可自由摆动，并带动摆动臂摆动。

“U”形导排管的管径一般为300～400mm，若干大孔形成的长度与渗滤液收集池的长度相等且开口面向收集池，导排管水平管的小孔孔径一般为10～20mm。

定滑轮Ⅰ的下方有一个弧形护槽，钢丝在解缠过程中落下后，护槽确保其能顺畅进入定滑轮的槽内，保证牵引系统的正常运转。

4.6 抓斗起重机

抓斗起重机作为专用特种起重机，是保证垃圾焚烧系统正常运行的关键设备。抓斗起重机的作用包括：①投料功能。将垃圾抓起并送入焚烧炉进料斗；②混料功能。搅拌垃圾，以改善垃圾不均匀性；③倒垛功能。将卸料门附近的垃圾送到不妨碍卸料区域，避免卸料门处发生拥堵；④计量/抓取功能。统计焚烧量以及将落入垃圾池内大件垃圾抓取出来等。每座焚烧厂通常设置2台抓斗起重机，同时设置一个备用抓斗。当起重量超过10t时，如需要设主、副两个起升机构，两者荷载之比约为4∶1。

抓斗起重机工作条件的主要特征有：①湿度大、灰尘大及腐蚀性气体的恶劣工作环境；②工作时间长，升降频繁，满载率高；③可靠性要求高。

正是由于抓斗起重机的重要作用，工作环境和条件的特殊性，我国引进抓斗起重机多采用德国、芬兰等国际知名厂家的设备。目前，国内一些厂商已成功研发出抓斗起重机。

4.6.1 抓斗起重机基本组成和结构

抓斗起重机的基本结构包括大车、小车、起升机构、称重装置、垃圾抓斗、供电装置、控制系统以及安全设施等。

(1) 大车

大车结构主要由车梁、起重机走道、行走机构、驱动装置等构成。大车梁多采用抗疲劳能力较强的全偏轨或半偏轨箱形梁结构，材料多为Q235B，机械应力按照FEM标准8级计算。主梁与端梁用摩擦式高强度螺栓连接，或用焊接方式连接。每个端梁均装有双法兰轮、缓冲器以及防脱轨装置。在缓冲板上有走轮监控装置。主梁一侧或两侧设有维修走道，通常由花纹钢板制成，设有带踢脚板的栏杆，宽度不小于500mm。

大车运行机构是端梁上的车轮组和“三合一”驱动单元。4个大车车轮装在与端梁连接的耐磨轴承中，其中2个为独立驱动的驱动轮。车轮直径有320mm、500mm等规格，材料用自润滑性较差但强度较高的42CrMo4或ZG50SiMn合金钢并硬化处理至45HRC，也有用自润滑性好但强度较低的 GGG-70 球墨铸铁。耐磨轴承采用重型调心轴承，轴承座为锻造。

(2) 小车

小车轨道为焊接在大梁上的特殊起重机扁平轨道。小车架为整体加工结构，橡胶缓冲块固定在车架前端，车架上设置起升机构。小车有 4 个装在耐磨轴承中的车轮，2 个为驱动轮，直径为 400mm，材料与大车轮相同。车轮都是通过坚固的角式轴承连接。车轮前布置可调式金属轨道刷。小车运行机构为集中驱动形式，运行机构和驱动装置均与大车相同。

起升机构采用单电机，单底座式减速器，单卷筒驱动，独立电动电缆卷筒给抓斗供电。也有单电机，重级工作制三支点双减速器，双卷筒驱动，采用外置式电动液压推杆制动器。

(3) 起升机构

液压抓斗起升机构有单卷筒和双卷筒之分。德国和芬兰的起重机采用高强度钢制造，以单卷筒形式垂直安装于大梁上。卷扬机双联钢丝绳卷筒上有绳槽，两边有法兰，装在自定位滚珠轴承上。典型钢丝绳为 2/2 缠绕方式，直径根据安全工作荷载确定，如采用 $8m^2$ 或 $10m^2$ 垃圾抓斗，安全荷载为 12500kg 或 16000kg，钢丝绳直径分别为 26mm 或 30mm，钢丝绳额定强度为 $1960N/mm^2$。卷筒装有过载切断器，用以保护绕绳元件和滚筒。一旦钢丝绳偏离绳槽时，行程开关即被激活，切断起升动作。为避免钢丝绳和卷筒受对角线方向拉力和钢丝绳自身缠绕遭受损坏，卷筒底部装有重级制导绳器。导绳器用于卷筒全长范围，使绳索起升时准确地进入滚筒槽，一旦钢丝绳跳出滚筒槽即发出报警信号。

起重机启动和制动时都会导致载荷的摆动，导致载荷定位困难，而且运送载荷也很危险，为此可采用防晃动系统，用于手动或全自动控制吊车。

起升电机为完全闭合式、风扇冷却、变频控制的鼠笼电机，F 级绝缘等级及 IP55 防护等级外壳。电机配备有温度传感器，将过热信号传输给操作台上的报警装置。循环冷空气由一个独立的外设强制性风扇向电机提供。

减速器为全闭合且油浸润滑，齿轮为强硬化处理的斜齿轮，由 21NiCrMo2（AISI8620）、20NiCrMo5 或 17CrNiMo6 合金制造，经渗碳处理至洛氏硬度 58，表面精加工至 DIN3961 质量 6 级或更高。所有轴承均为滚子轴承，最低工作寿命 40000h。减速器外壳材料为 Fe52，较新型减速器外壳材料为 GRP70。减速箱驱动轴通过柔性联轴节与卷筒相连，万向轴臂可调，无张紧力。通过油浴方式实现长效润滑，润滑油高度可通过玻璃指示器显示。

起升机构配备双闸瓦电动推杆式制动器，制动器具有额定最少 200％满负荷电动机转矩。起升制动由电气制动实现，机械制动在运行速度小于额定速度的 3％时才动作。抓斗由一根垂直电缆供电，电缆缠绕在卷筒中部，与钢丝绳同步升降。

(4) 称重装备

称重计量方式主要有电流式和感应式两种。电流式称重是通过读取电机的电流与电压值，再换算成垃圾重量，误差较大；感应式称量是通过电阻应变式传感器直接计量的方式，精度±2.5％。感应式称重系统主要由传感器、数据输出与显示系统等组成，功能包括称量、即时显示、统计报表、查询、实时打印，目标料斗的给料量信号发送至 DCS 等。

(5) 垃圾抓斗

抓斗有爪型抓斗（适用于各类垃圾焚烧厂、由 5～7 支爪组成）和叉型抓斗（一般应用在Ⅳ类垃圾焚烧厂）。从抓斗开闭操作方式看，有四绳机械抓斗和液压式抓斗。四绳机械抓斗通过自身重量切入垃圾堆体抓取垃圾，而焚烧厂多采用小型抓斗，其自身重量较轻，有时抓取垃圾效果不理想。配电方式有滑轮式与电缆式两种，多采用电缆式。液压式抓斗利用电机驱动液压缸并利用液压缸压力抓取垃圾，液压杆表面镀铬，通过油嘴加油保证润滑。液压式抓斗动力输出大，抓满率高，但需注意液压缸散热性能。液压式抓斗有重型单一液压式（液压缸位于抓斗中间，每支爪闭合时作用力 1～1.5t）和轻型单一油压式（各爪分别由包覆其内的液压缸操控），后者应用得更广泛。

抓斗由轻合金钢构成，抓斗头部采用 HB400 或相当的材质，爪的交叉元件和抗扭爪采用 RSt37-2 或 RSt52-3 等耐磨材料并用惰性气体焊接而成。抓斗刃口是背部平坦的箱形结构，坚韧但无锋利边缘，以免对垃圾池造成损伤。抓斗铰由铸造尼龙衬套和表面淬火的 C45 销轴组成，可重复润滑。

驱动单元由电机、联轴节和液压缸等组成。液压系统在达到最大压力后，液压油作无压力的循环，从而控制过载和过热状态。电机防护等级 IP55，温度等级 B 级。开、闭斗由电机顺时针或逆时针旋转，并通过接触器动作来实现。在断电情况下，由于单向阀的作用，抓斗处于闭合状态，确保载荷停留在空中某一位置，同时报警和显示、记录。

制动器发生故障时，如果变频器带电，会自动报警并零速启动，防止重物下坠；如果发生超速或运行方向改变，变频器可自动报警并进行应急处理，防止故障扩大。

（6）供电装置

大、小车供电多采用高柔软度塑料绝缘的扁电缆供电。大车电缆挂在滑动小车上，沿滑轨运动，滑动小车安装在起重机桥架悬出支架上。小车电缆挂在电缆小车上，沿工字钢运动。液压抓斗采用电缆卷筒供电，利用钢丝绳卷筒部分缠绕电缆，与钢丝绳同步升降。采用电缆卷筒供电时，为避免电缆被扯断，电缆卷筒和钢丝绳卷筒通过链条和链轮实现电缆与抓斗同步升降。电控柜一般设置在电气间内。起重机上设有 220V 辅助照明，24V 或 36V 安全照明，以及 360V 动力电源插座和 220V 检修电源插座。

（7）控制系统

每台起重机配置一套独立的控制系统，多采用 PLC＋变频＋触摸屏控制方式。手动控制通过电流进行控制，启动电流和电阻较大，损耗也大，需经常进行调整，一般不推荐单独使用。手动＋半自动控制可实现手动抓料后的提升、运行、投料、返回以及自动称重等功能。手动＋半自动＋全自动控制可实现垃圾抓斗起重机全过程控制以及倒垛、混料等功能。控制系统还具有实时动态计量、运行限位保护、故障报警以及抓斗防晃动等功能。

大车、小车、起升机构均采用变频专用电机驱动，每台电机都配有同轴安装的高精度光电旋转编码器，用于测量电机转速和旋转圈数（角度）。电机每旋转一圈，编码器则发出 600 个（或 1024 个）脉冲数字信号，矢量控制变频器根据编码器的反馈信号控制电机，实现高精度速度控制。PLC 根据反馈信号进行计数，计算电机相对起始位置的运行圈数，从而计算出起重机各机构相对起始位置的运行距离和抓斗位置。在吊车控制室内的触摸屏上，显示整个行车运行区域的示意图，将整个区域划分为网格地址，并显示行车抓斗运行位置的三维坐标，实现自动控制目的。

起重机最重要的电气与控制元件有：鼠笼式运行与起升机构用变频电机、带制动电阻变频器、过载测量装置、遥控器、摇杆式控制器、机械式限位、吊车报警器、光电式防撞装置、控制台及附件、终端箱、小车供电系统、接触器、吊车断开开关、可编程控制器、通信系统、旋转编码器、主电流接线端子、主控制接线端子、主电源线、电源主开关等。

(8) 安全设施

大车、小车和起升机构等设置限位和极限限位安全保护开关。起升限位保护通过免维护齿轮起升限位开关，确保切断起升机构。有升降极限位置的紧急停止开关，上升限位开关为两级限位开关。机械式行走限位利用缓冲器作为停止和限位，接触器跳开可使大、小车停止。限位保护至少包括：抓斗上下限保护（停机保护），极端上下限保护（上下限保护不动作时的保护），投料口下限保护（防止抓斗与进料斗相撞保护），投料口中心指示（抓斗移动到规定位置时中心指示灯点亮），起重机控制室保护，垃圾池壁保护等。

采用空气断路器和相序保护器进行系统的短路、过电流、过热、错断相等保护，采用变频器进行运行机构的短路、过电流、电机过热、欠电压、过电压、接地短路、失速、散热片过热、制动单元过热等保护。

通过起升机构的齿轮箱输出轴上的超载保护装置进行超载保护，通过检测钢丝绳松紧自动停止下降运动。起升机构制动器应有冗余，只有在起升机构力矩等条件满足时才能打开，同时解决因 PLC 干扰可能引起的制动器机构误动作，产生“溜钩”事故。采用防晃动装置或措施，以保证抓斗顺畅作业。

大车、小车方向的距离监测由链式定位系统或红外线传感器等设施实现。装有绝对编码器和限位开关的定位小车在链条上行走，将位置信号同步传递回 PLC。提升机构的距离监测通过装在齿轮箱轴上的绝对编码器实现。垃圾料位的厚度通过钢丝绳松弛，由编码器将信号传递至 PLC。测距系统的基本参数包括检测距离、最小检测物体、响应时间、防护等级以及激光等级等。

设置电源质量监控装置，以避免维护人员在检修过程中造成电源换向等故障。起重机桥梁上设有报警声响信号，在联动台上有开关控制，行车时司机可发出行车报警信号。手动控制优先，当采用半自动控制运行时通过操作台即可转为手动操作，确保意外发生时由人工控制行车。

4.6.2 抓斗起重机基本技术规格

(1) 抓斗起重机基本技术规格

作为特种专用起重机，垃圾抓斗起重机的基本技术参数有生产率、起重量、抓斗容积、工作级别、工作速度以及跨度和提升高度等。其中，生产率包括日投料、混料与搬运垃圾总量，一般按 1/3～1/2 时间用于投料，因此生产率应按日处理量的 2～3 倍确定。在实际应用中仅按投料量计，被称为“名义生产率”。

(2) 抓斗起重机分类

起重机械应用广泛，分类方式众多，如按起重机构造、使用场合、取物装置和用途、回转能力、支承方式、工作机构驱动方式、运移方式、操纵方式等进行分类。从这些分类方式中具有唯一性的定位看，垃圾抓斗起重机属于远距离操纵的悬挂、运行式专用垃圾抓斗桥式起重机。有选择性定位的主要是工作机构的驱动方式。按此分类，有手动、半自动与全自动抓斗起重机（表 4-4）。

表 4-4 推荐采用的垃圾抓斗起重机控制方式

焚烧处理规模/(t/d)	≤150	150～600	>600
推荐控制方式	手动	手动或半自动	半自动或自动

4.6.3 抓斗起重机规格确定

(1) 基本技术条件

与各类起重机一样，抓斗起重机不许超载使用，应有至少 10% 额定载荷的裕量。通常，焚烧厂设计时按 1 台抓斗起重机运行计算，实际设置 2 台。抓斗起重机全年全天运行。

抓斗起重机的设计基础资料应包括：额定焚烧能力与焚烧线数量、垃圾堆积密度及含水率等特性、垃圾池内最高温度、焚烧工房平面图及剖面图（包括垃圾池宽×纵×深、进料斗长×宽与标高、起重机所需跨度、承轨梁长度）、电源情况（电压、频率等）、控制方式等。

(2) 基本技术参数

① 垃圾堆积密度。抓斗抓取的垃圾受到压缩作用，相比于垃圾池内的垃圾堆体以及卸载到进料斗内的垃圾，其密度要高，爪型和叉型抓斗抓取作业过程的垃圾堆积密度变化见表 4-5。根据我国目前垃圾特性现状，在计算生产率时，垃圾堆积密度可按 0.6～0.8t/m³ 计，计算起重机起重量时按 1.0t/m³ 计。抓斗压缩系数取 2.0。

表 4-5　抓取作业过程的垃圾堆积密度变化

垃圾所处位置		爪型抓斗			叉型抓斗		
垃圾堆积密度/(t/m³)	垃圾池内	0.2	0.3	0.4	0.2	0.3	0.4
	闭合抓斗内	0.46	0.55	0.60	0.38	0.45	0.52
	焚烧炉进料口	0.27	0.32	0.42	0.22	0.32	0.42
抓斗压缩系数		2.30	1.83	1.50	1.90	1.50	1.30

② 负载持续率。负载持续率 JC（%）也称接电持续率 ED（%），是负载（即通电）持续时间占工作循环时间的百分比。负载持续率一般按起升 60%，小车和大车运行 60%～100%，抓斗 40% 考虑。

③ 工作机构速度。包括起升速度、空载或部分载荷速度、小车运行速度和大车运行速度。当运输距离长、跨度大以及自动化程度高时，可选择较高工作机构速度。提高工作机构速度可选择小容量抓斗，但对设备性能质量要求较高，特别需要解决由此带来的延长停车对位时间、加剧抓斗晃动等问题，而且过高速度可能会加大电机功率，因此应根据设备质量和技术经济性确定工作机构速度。

④ 工作级别。起重机的工作级别反映起重机在设计寿命期间的使用程度和载荷状态程度，能较准确地反映起重机的工作状态，包括起重机利用等级、载荷谱系数、起重机结构工作级别，以及机构工作级别等。划分起重机工作级别的目的是为设计、制造和选用提供合理、统一的技术基础和参考标准，提高零部件的通用化水平。

a. 起重机利用等级。表征起重机在设计寿命期间的使用频繁程度，按设计寿命期内工作循环次数 N 分为 U0～U9 十级。抓斗起重机为全年（365d）整天（24h）使用，工作循环次数按 $N \geqslant 4 \times 10^6$，确定为 U8～U9 级。

b. 载荷谱系数。表明起重机荷载的状态程度，为起升载荷与额定载荷之比或起升载荷作用次数与工作循环次数之比的函数。起重机载荷状态按名义载荷谱系数分为轻、中、重、特重即 Q1～Q4 四级，可通过计算确定。垃圾抓斗起重机通常取 Q4 级。

c. 起重机结构工作级别。起重机载荷谱和工作循环次数分别是决定构件应力谱和应力循环次数的依据，按结构件中的应力状态（相当于名义载荷谱系数）和应力循环次数（相当于工作循环次数）分为A1～A8八级，划分方式与起重机工作级别划分方式相同。结构工作级别不一定与起重机工作级别相同，就抓斗起重机而言，均宜采用A8级。

d. 机构工作级别。根据各个工作机构利用等级和表明机构荷载状态把机构工作级别划分为M1～M8八级。其中，工作机构利用等级依据机构设计使用寿命划分为T0～T9十级；机构载荷状态用载荷谱系数表征，划分为L1～L4四级。抓斗起重机采用M8级。

(3) 抓斗起重机循环周期

抓斗起重机的循环周期（T）包括一次投料、一次混料及一次倒垛的循环周期。混料和倒垛的循环周期与投料的循环周期的差别仅在于不含称量过程。输送垃圾的投料循环周期为“抓料→提升→大车行走→小车行走→称量→卸料→闭合”与“小车行走→大车行走→下降”。其中，提升与行走、下降与行走过程会有部分重合时间。

影响投料循环周期的因素主要有：垃圾池尺寸、小时最大垃圾处理量与堆积密度等垃圾特性、抓斗起重机各机构运行速度与加速度、抓斗特征等。根据工作程序，确定加料循环的时间。投料循环周期示例与混料循环周期示例见图4-15和图4-16。

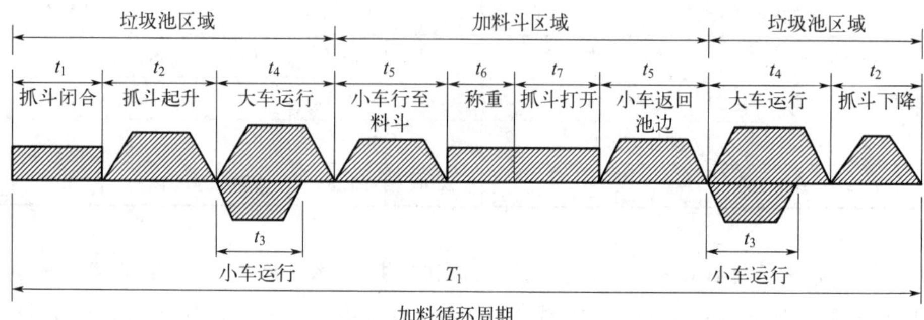

图4-15 投料循环周期示例

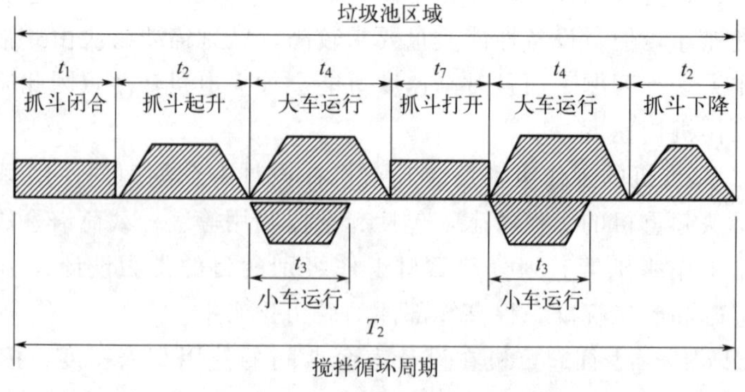

图4-16 混料循环周期示例

(4) 作业率

在抓斗起重机的功能中，投料时间占比称为作业率。作业率一般可按30%～40%计，估算时可按每小时工作20min左右计，另有20min左右用于混料、倒垛作业，剩余20min

左右为休息时间。

(5) 抓斗容积

抓斗容积依据需要的小时抓取垃圾量，通过大车、小车与提升的速度计算运行周期的时间等因素后，按式(4-1) 确定：

$$V=\frac{D}{r} \tag{4-1}$$

式中　V——抓斗容积，m^3；

D——抓斗容量，t；

r——垃圾堆积密度，t/m^3。

其中，D 由式(4-2) 确定

$$D=\frac{Q}{T_1/T_2} \tag{4-2}$$

式中　D——抓斗容量，t；

Q——小时垃圾供给能力，t/h；

T_1——抓斗起重机小时工作时间，h；

T_2——一次投料时间，h。

(6) 起重量

起重量根据抓斗形式、规格和抓取垃圾的容积与特性等在内的安全工作载荷确定。其中，抓斗内的垃圾堆积密度按 $1.0t/m^3$ 计算。为避免起重机发生超载现象，实际起重量应考虑不低于 1.1 倍的裕量。

4.6.4　抓斗起重机技术要求

① 抓斗起重机一般设置 2 台，一用一备，并设置备用抓斗，必要时可设置 3 台，一般很少应用。操作室内按每台抓斗起重机设一台操作转椅，每台操作椅都能独立控制其中任意一台抓斗起重机的运行。转椅的左右是控制面板，包括操纵杆、按钮、开关和指示灯等。操作人员通过转椅上的按钮、操作杆进行操作，并通过显示屏显示起重机状态。

抓斗起重机控制室，应有密闭安全的防护措施，且设置能直接观察垃圾池内情况的观察窗。观察窗应有安全防护措施及清洁设施。从操作椅的位置应能较好地观测到整个垃圾池和进料斗内的情况。

② 每台抓斗起重机都能在规定时间内完成投料、混料、倒垛等工作，并按照要求清理垃圾坑卸料门处的垃圾，以确保卸料门的连续使用。

③ 安全保护。应有区域保护措施。抓斗起重机只能在设定的范围内移动，在垃圾卸料期间的规定区域内，抓斗不允许停留。

设有以测距装置为主的防碰撞系统。当两台起重机相互靠近时自动减速，距离过近时报警并自动停止，实现两台起重机连锁保护功能。同时，应采取防止抓斗撞击操作室和垃圾池壁的措施。

起重机系统的横移和行走位置应有不受断电影响的定位系统。设有紧急停车装置；大、小车行走可配备两级限位开关，轨道末端设有缓冲装置。

设有防晃装置或采取有效防晃措施。设有钢索防松弛装置，当钢丝绳松弛时，应切断抓斗下降动作；导绳装置应能有效防止卷筒上的钢丝绳回跳，并设有钢丝绳防缠绕装置，以免抓斗打转。抓斗的吊索卷筒装置设免维护滚动轴承，并配置保护外壳。在抓斗和吊索之间应有1m左右的连接链条。

提升机构设有力矩限制器等过载保护和检测装置。抓斗抓取动作完成后，检测设备自动判断垃圾重量是否介于设定范围，如超重，抓斗卸载，重新抓取。断电时，抓斗不能自行打开。

④ 每台抓斗起重机配有自动称重装置。当起重机位于进料斗的上方时，对抓取的垃圾进行称重，把重量读数传送到起重机控制室。每次读数包括垃圾净重、进料位置和时间，称量精度在±2.5%之内。

⑤ 起重机的供电在任何条件下都必须通过手动开合。抓斗起重机设单独的电机控制中心（MCC间）。MCC间设有通风装置，起重机电气设备间与吊车电机端子柜的距离不宜大于300m，以防电信号衰减。所有电气端子成组排列，布置在封闭电气柜内。起重机所有运动可通过紧急停止按钮切断，必要时可通过主接触器关闭。主开关应设计为自动开关，并带有短路保护、低压脱扣和位置连锁。

所有电机是防爆型变频专用电机，具有过欠电压、过流、短路、接地故障、散热器过热、电机过载、失速缺相等保护功能，防护等级不低于IP54。抓斗电机应防水、防腐、防尘，运行电机为变频调速并带测温元件。在电机和驱动装置之间安装联轴器和制动机构。吊索及其附件和抓斗连接的安全系数不小于5。

抓斗起重机通过拖链电缆供电。电缆沿大车运行轨道铺设，电缆和吊车上所有电缆采用屏蔽电缆。变频器至电动机等动力电缆应考虑使用屏蔽或铠甲电缆，以减弱变频器对外界的电磁干扰。移动电缆应适应50℃环境温度。

⑥ 采用PLC实现对抓斗起重机的手动、半自动控制和全自动操作，并在操作室内设总开关旋钮和运行方式的选择开关。PLC软件由供应商提供。在吊车电气柜和操作椅上安装故障和分析显示屏以便操作。PLC控制系统至少包括：PLC、输入/输出模件、模拟输入/输出模件、通信模件、电源模件、操作面板、PC上位机（最新配置）、操作系统软件（最新版本）：编程组态软件、监控软件及驱动程序软件等全套软件。

监控画面至少应包括：总体画面显示、投料画面显示、倒垛画面显示、混料画面显示、进料斗料位画面显示、起重机状态画面显示。PLC系统可在电子噪声、射频干扰及振动都很大的工作环境中连续运行，且不降低系统性能。

⑦ 大车为大型工字钢梁结构，配置走道、平台、栏杆，具备必要的安全措施；维修走道和平台必须能到达维修位置并便于维修。小车带外壳，供巡检人员行走，外壳装设保护栏杆。提升装置为不带挂钩的电动绞车，由电机驱动、电动机配变频器或可控硅元件组成。吊索及其附件和抓斗连接的安全系数不能小于5。斗爪端部分可更换，多采用HB400材料。

⑧ 垃圾池墙上设密闭检修门，巡检人员通过检修门到达检修通道。进入垃圾池的维修通道设置前室采用避免恶臭外溢措施，前室内设正压送风系统。

⑨ 设计参数至少包括：抓斗起重机系统数量、设计类型、抓斗类型、吊车及抓斗额定容量、垃圾容积密度设计（垃圾坑内）、抓斗容量、抓斗荷载大车、小车与提升/降落速度（最大值）、速度控制模式、抓斗起重机利用率、吊车给料能力、钢结构、吊索驱动装置等的设计规范、电动机控制方式及等级、防护等级、供电方式、电源、控制电源电压、运行环境等。

⑩ 接口：实现起重机PLC与全厂DCS通信。在半自动状态下，将卸料门开闭状态、进

料斗料位高度模拟量信号，以及故障信号及焚烧线工作状态信号直接连接到起重机 PLC。

⑪ 其他：注意抓斗起重机轨道梁及轨道安装尺寸的准确性，与尺寸核实无误后再施工。起重机轨道应装有末端缓冲器，大车梁上设置缓冲装置。

思考题

1. 垃圾接收存储系统通常包含哪些设备？
2. 简述几种垃圾分选方式的原理及适用条件。
3. 垃圾池设计建造过程中有哪些注意事项？
4. 垃圾池防腐有几种类型？如何进行防治？
5. 抓斗起重机在垃圾焚烧系统中起到什么作用？
6. 请描述抓斗起重机的基本结构。

第5章 垃圾焚烧炉类型与构造

生活垃圾发电已成为我国处理生活垃圾的主流技术。在实际工程应用中，焚烧炉的选择对垃圾焚烧发电厂的安全、经济、环保等都有较大影响。本章主要介绍主流焚烧炉、热回收设备及主要辅助设备等。

5.1 垃圾焚烧炉概述

垃圾焚烧炉或垃圾焚烧锅炉是焚烧厂的核心设备。垃圾焚烧炉定义为利用高温氧化方法处理生活垃圾的设备；垃圾焚烧锅炉定义为垃圾焚烧炉和利用焚烧热能进行换热并产生蒸汽或热水的热力设备（余热锅炉），即焚烧炉与余热锅炉的总称。鉴于越来越多的垃圾焚烧厂都在进行热利用，本书一般把两者统称为焚烧炉。

垃圾焚烧炉的选择取决于焚烧技术的成熟性、焚烧炉的适用性和可靠性、辅助设备的标准化程度与故障率情况、经济性以及维护成本等。基于这些条件和多年建设运营实践，焚烧厂的焚烧炉配置多采用2～4台套（表5-1）。

表5-1 垃圾焚烧厂的焚烧炉数量配置

日处理垃圾/t	焚烧炉配置比例/%		
	2台套	3台套	4台套
600～700	70	23	7
700～1200	13	65	22
1200～1800	极少	约100	很少

焚烧垃圾的主要目的是处理垃圾。规模较大的现代焚烧厂都会利用焚烧垃圾产生的热能发电或供热。一般而言，利用垃圾焚烧热能发电，处理规模越大，经济性越好。就经济规模而言，焚烧厂规模应不小于300t/d。目前，单厂处理规模已达3000t/d，单台处理能力超过1000t/d。

5.2 垃圾焚烧锅炉的主流型式

焚烧炉的发展自初具现代意义起，至今已有60余年的历史，应用的焚烧炉有数百种之多。2000年，《城市生活垃圾处理及污染防治技术政策》（建城〔2000〕120号）建议，我国垃圾焚烧采用往复炉排炉技术，审慎采用其他炉型。

5.2.1　焚烧炉类型介绍

(1) 机械炉排焚烧炉

炉排型焚烧炉的主要特征是垃圾堆放在炉排上，焚烧火焰从堆层着火面向未着火堆料的表面及内层传播，形成层燃过程。

在垃圾焚烧技术发展早期，固定炉排炉得到一定的应用，但因焚烧效果的局限性，很快被机械炉排炉取代。机械炉排炉焚烧技术不断进步，因而目前提到垃圾焚烧炉便不言而喻多指机械炉排炉。

垃圾通过进料斗进入倾斜向下的炉排，利用炉排交错运动而向下方移动，依次通过干燥区、燃烧区、燃尽区，直至燃尽被排出炉膛。燃烧空气从炉排下部进入并与垃圾接触，高温烟气通过锅炉受热面使炉水变成蒸汽，同时烟气也得到冷却，经处理达标后排放。炉排炉炉型很多，包括往复式、滚动式、顺推式、逆推式、阶梯式等。大型炉排炉的代表包括三菱马丁炉、法国 Alstom 公司焚烧炉、德国 Babcock 炉排炉和比利时 Seghers 多段式焚烧炉等。

(2) 流化床焚烧炉

流化床炉体是由多孔分布板组成，炉膛内装填石英砂，将石英砂加热到 600℃以上，在炉底鼓入 200℃以上的热风，热砂沸腾后再投入垃圾。垃圾同热砂一起沸腾，垃圾很快干燥、着火、燃烧。炉渣比重较大，落到炉底，水冷后用分选设备将粗渣、细渣送到厂外，中等炉渣和石英砂通过提升设备送回到炉中继续使用。

20 世纪 90 年代后期，由于烟气排放标准的提高，流化床炉在垃圾焚烧炉市场几乎消失。现在，日本各厂家转而致力于应用流化床炉来气化熔融生活垃圾的技术开发。

(3) 回转式焚烧炉

回转式焚烧炉（回转窑）是用冷却水管或耐火材料沿炉体排列，炉体略为倾斜。通过炉体的不停转动，垃圾在干燥、燃烧、燃尽的同时向炉体倾斜的方向反滚，直至燃尽被排出炉体。按锅炉系统布局的不同，回转窑又分为前转窑和后转窑，前者以美国 Westinghouse 公司的水冷式回转窑为代表，后者主要以丹麦 Volund 公司的回转窑为代表。回转窑主要是用于处理工业垃圾。

(4) 气化熔融焚烧炉

垃圾于 500～600℃的流化床内气化，空气过剩系数保持在 0.1～0.3。流化床气体产物（包括未燃物）和飞灰一起送入立式（竖式）旋涡熔融炉，在约 1350℃下进行熔融燃烧。熔融燃烧室的过剩系数为 1.3，垃圾热值一般要求在 6000kJ/kg（约 1433kcal/kg）以上。为了使余热发电效率达到 30%以上，在熔融炉二次燃烧室中安装高效陶瓷换热器将空气预热到 700℃以上，再将过热器的过热蒸汽加热，压力达到 10MPa，温度为 500℃。由于空气中不含 HCl 等腐蚀物质，因而无须担心高温腐蚀。

(5) 脉冲抛式炉排焚烧炉

垃圾经自动给料单元送入焚烧炉的干燥床干燥，然后送入第一级炉排进行高温挥发、裂解，炉排在脉冲空气动力装置的推动下抛动，垃圾被逐级抛入下一级炉排，此时高分子物质发生裂解，其他物质进行燃烧。如此下去，直至燃尽后进入灰渣坑。助燃空气由炉排上的气孔喷入并与垃圾混合燃烧，同时使垃圾悬浮在空中。挥发和裂解出来的物质进入第二级燃烧室，进行进一步的裂解和燃烧，然后进入第三级燃烧室进行完全燃烧。高温烟气通过锅炉受热面加热蒸汽，同时烟气经冷却后排出。

机械炉排焚烧炉、流化床焚烧炉和气化熔融焚烧炉的技术比较如表 5-2 所示。

表 5-2　生活垃圾焚烧炉的比较

比较	机械炉排焚烧炉	流化床焚烧炉	气化熔融焚烧炉
焚烧原理	垃圾在炉排上，从炉排下部通风使垃圾燃烧。垃圾燃烧分为干燥、燃烧和燃尽三个阶段	在炉底部多孔管中通风，使砂层形成流动层，垃圾与砂（650～800℃）接触，瞬时燃烧	先将垃圾在 500～600℃还原性气氛中热解为可燃气体以及以炭为主的固体残渣，再进行燃烧并熔融
应用情况	生活垃圾焚烧	20 年前日本开始用于焚烧生活垃圾，现今较少使用	近年来开始用于处理生活垃圾
使用垃圾对象	垃圾热值为 800～3500kcal/kg；污泥等超过 20%时最好设干燥设备	垃圾热值为 800～5000kcal/kg，适用于高热值的塑料和液状污泥等	垃圾热值为 1500～1800kcal/kg 以上，还可处理灰渣、不可燃垃圾等
前处理	一般不需要	垃圾粉碎到 20cm 以下	垃圾粉碎到 15～20cm 以下，有时需干燥脱水
燃烧管理	缓慢燃烧，温度控制较易	燃烧温度易受垃圾的性质、尺寸、垃圾量、砂温影响	气化和燃烧熔融为两个过程，达到前后热平衡等较难
运行成本	比流化床焚烧炉便宜一些	需设破碎机、不燃物与流动砂分离设备等，运行成本较高	比机械炉排焚烧炉单纯焚烧成本要高
维修管理	机器数少，维修管理方便	机器数稍多，维修管理费稍高	机器数比单纯焚烧要多，但比焚烧+灰熔融稍少

5.2.2　往复炉排炉

以某国产倾斜反推往复式炉排炉为例，介绍生活垃圾焚烧炉的结构特点。该倾斜反推往复式炉排炉处理垃圾能力为 150t/d，焚烧炉部分（图 5-1）包括料斗、溜槽、给料器、炉排、炉膛、液压系统和燃烧喷嘴等。

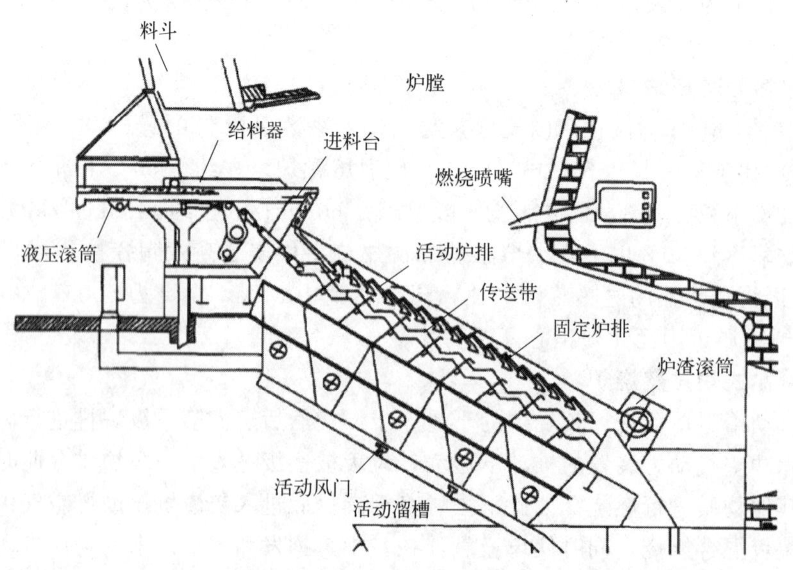

图 5-1　倾斜反推往复式炉排基本结构示意图

垃圾经料斗进入溜槽，并充满料斗和溜槽以保证炉室封闭。液压给料器根据燃烧控制指令将垃圾送入炉内。垃圾通过往复式炉排运动得到搅动并向前推进，依次通过干燥、燃烧、燃尽3个阶段，残渣由排灰滚筒推入推灰器排出。

炉排由交替布置的活动炉排片和固定炉排片组成。一次燃烧空气经蒸汽、烟气两级预热后进入炉床下的空气室。一次风共分5级配置，因此设置5个隔离空气室。空气经炉排片间缝隙穿过垃圾层进入炉内，与垃圾发生反应燃烧；二次风为冷风，通过鼓风机从二次炉膛入口喷入炉内，扰动烟气并使之燃烧更彻底，同时控制二次污染物尤其是二噁英释放。为达到这一目标，烟气必须在850℃下停留2s以上。炉排末端设有助燃喷嘴供启动或停炉时控制温度之用，炉膛前拱处设有辅助燃烧喷嘴以供在垃圾热值过低时喷油助燃之用。该炉可处理热值3350kJ/kg以上的垃圾，垃圾热值在4180kJ/kg以上时不需添加辅助燃料。

在燃烧控制方面，该炉主要是根据炉温和锅炉蒸发量的变化，由油压系统自动调整给料速度和一次风量，从而达到调节燃烧工况、保障稳定运行的目的，具体有以下一些调节手段：①调整给料器的冲程与速度控制垃圾进料速度；②根据燃烧过程工况调整炉排往复运动速度；③基于燃烧情况调节一次风量；④及时关闭给料溜槽挡板保持炉内负压；⑤调节二次风量以控制炉温。

该炉型对垃圾的适应性较强，在我国及东南亚地区等都有成功案例，是一种成熟的大型生活垃圾焚烧炉。下面，具体介绍该焚烧炉的组成。

(1) 料斗和溜槽

料斗位于焚烧炉入口处，垃圾进入料斗后经溜槽进入焚烧炉。料斗与溜槽之间设置挡板以密封炉内空气。溜槽的下部比上部稍大，以防止垃圾在溜槽内堵塞。溜槽侧壁设有冷却水夹套（图5-2）。

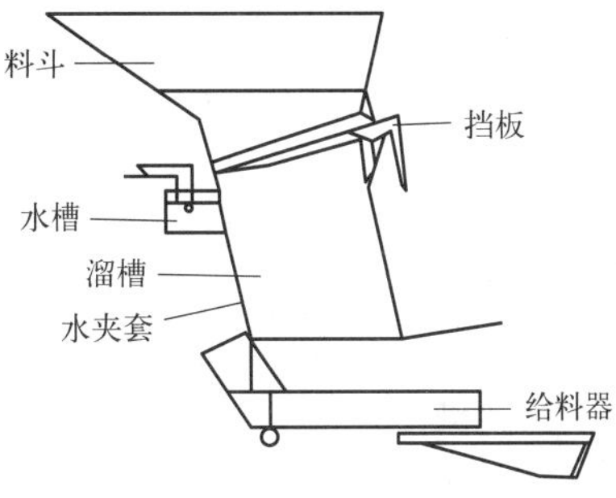

图5-2　焚烧炉进料系统

(2) 给料器

垃圾从给料溜槽落在给料平台（图5-1）上，由液压驱动的给料器不断往复运动推上炉排。

(3) 反推往复式炉排

反推往复式炉排由固定炉排片和活动炉排片组成。固定炉排片固定在炉床上，活动炉排片由连杆和横梁组成，用液压传动装置驱动。固定炉排片和活动炉排片为横向交错配置。一列炉排片有11片或13片，多列炉排并行构成一炉，炉排总体倾角约为26°。炉排分为干燥、焚烧、燃尽三段，末端设有轧辊和推灰器。

炉排下方沿炉床纵向布有一系列气室，鼓风机将空气鼓入气室后经炉排送入炉内。每个气室入口处均配备挡板，可根据燃烧情况以调节送风量。

炉排内部为迷宫式结构，设有许多狭窄通道，空气从气室高速通过这些通道进入炉内。这样，一方面对炉排起到冷却作用，减少高温对炉排的腐蚀，另一方面迷宫式结构可使空气的流动阻力远大于通过垃圾层的阻力，这可最大限度地降低炉内给风的不均匀性。

在活动炉排反推运动前后，相邻炉排片之间会形成一个20mm左右的缝隙，细灰渣从此处落入下方气室中，从而保护燃烧空气出口不被堵塞。气室的细灰渣由自动吹扫系统定时送入推灰器。

(4) 炉膛、炉墙与密封

考虑到国内垃圾水分高、热值低的特点，炉膛下部设计成绝热炉膛。采用前后拱结构，使垃圾引燃区始终保持较高温度。炉膛下方两侧易遭垃圾腐蚀和磨损处设置高耐磨耐火砖、高耐磨浇注料和高铝砖。为保证燃烧充分，在绝热炉膛出口处设有二次风喷嘴。

绝热炉膛上方设置垂直烟道，共有三段烟道，烟道四周均为膜式水冷壁所包围。通道主要通过上集箱吊于顶部梁格上，保证各部分水冷壁膨胀一致。

炉墙为砖砌结构，装有防磨防腐耐火材料和常规材料。砖墙为支撑结构，上部为膜式水冷壁结构，采用敷管炉墙。尾部烟道为护板框外铺保温材料结构。下部炉墙用护板密封，上部三段通道采用膜式水冷壁密封，尾部为钢制烟道密封，各穿管处均用特殊的密封结构，上下部的接合部也采用特殊结构密封。

(5) 余热锅炉

余热锅炉为单锅筒自然循环水管锅炉。锅炉下部是炉排和绝热炉膛，炉膛上方是三段烟道。第 3 烟道中布置 3 级对流过热器，尾部烟道布置一级省煤器和一级空气预热器。锅炉构架采用全钢构架，按抗 7 级地震设计。三个通道过热器全部悬吊在顶板梁上，尾部省煤器、空气预热器搁置在尾部柱和梁上。

锅炉给水经省煤器预热后进入给水母管，然后分成三路，一路进入汽包，另两路分别进入 1、2 级减温器。汽包由两组链片和吊杆悬吊于顶板梁上，内部采用单段蒸发系统。汽包内布有旋风分离器、波形板分离器、表面排污管和加药管等设备。其中，沿上升管方向左右对称布置 6 个旋风分离器，在汽包蒸汽出口处装有 2 次分离元件波形板分离器，以保证汽水分离效果，确保蒸汽品质。

蒸汽从汽包引出至过热器入口集箱，随后被分配到吊挂管中，之后进入过热器。过热器布置在第 3 烟道上部，沿烟气流向分别为高温、中温、低温 3 级过热器。高温过热器为双管圈顺列顺流布置，中温和低温过热器均为双管圈顺列逆流布置。在每级过热器之间设有喷水减温器以控制过热器出口蒸汽温度，保护过热器。各级过热器管系部件均悬吊于顶部梁格上。

锅炉配备各种监控装置，包括水位计、平衡容器、水位报警器、紧急放水管、加药管、水汽取样器、连续排污管和压力冲量等。所有水冷壁下集箱均设有定期排污装置，在汽包和集汽箱上设有安全阀，过热蒸汽各段测点均设置有热电偶插座。锅炉最高点和最低点均设有放空阀和排污疏水阀。

过热器出口的烟气经过渡烟道进入省煤器。过渡烟道为钢制烟道，在烟道上装有两个柔性三向膨胀节和一个单向膨胀节，以吸收锅炉的膨胀。省煤器布置在过渡烟道中，为双管圈逆流布置，通过撑架固定在钢梁上。烟气预热器为四行程管箱结构，上部与管板连接，下部为一个特殊密封结构，以利于膨胀。

第 2、3 烟道的飞灰和尾部灰通过两个旋转锁气阀进入灰尘搬运机，再经落灰管进入推灰器。此外，为了清除对流受热面上的积灰，在过热器区域、水平烟道前、省煤器上部和空气预热器上部均有吹灰设备，利用锅炉过热蒸汽清灰。为保障锅炉安全可靠地运行，根据锅炉质量分配设置有膨胀中心，在刚性梁上设置导向装置，使锅炉膨胀沿膨胀中心统一膨胀。

(6) 辅助设施

垃圾焚烧炉的辅助设施，主要包括：①液压与润滑系统。给料器、轧辊、推灰器、灰吹扫装置、炉排传动装置等由统一的油压装置执行，既可按程序远程操控，也可现场手动操作；传动部件的润滑由统一的炉润滑油装置执行。②锅炉构架。锅炉构架为全钢结构，充分考虑地震烈度对构架的影响。为抵抗水平力，设置有 3 圈刚性平台。

5.3　焚烧炉炉排

炉排型焚烧炉主要有进料斗、进料管、液压站与液压系统（或电驱动系统）、推料器、焚烧炉排、出渣口、炉排下灰斗、炉墙冷却设施和炉膛等，以及钢结构、框架、支撑、平台扶梯等配套设施。其中，炉排是焚烧炉的关键部件。

5.3.1　炉排结构

按炉排的结构形式主要有往复式炉排和滚筒式炉排。往复式炉排按其运动方式和结构形式分为顺推式往复炉排、逆推式往复炉排、组合式往复炉排、水平式往复炉排等。

往复炉排一般由运动炉排片、固定炉排片、传动机构和槽钢支架等部分组成，炉排片成排相间布置。运动炉排片在推动垃圾向炉渣出口方向移动时，把入炉垃圾逐步推到已燃垃圾层上，返回时把部分已燃垃圾带入未燃垃圾的底部，达到对垃圾层的拨火作用，并使垃圾层疏松，加强透气性，增加垃圾与空气的接触，促进燃烧。

倾斜往复炉排的结构如图 5-3 所示。固定炉排片和活动炉排片相间叠压成阶梯状、炉床倾斜 15°～20°。固定炉排片装在固定炉排梁上，固定炉排梁固定在倾斜的槽钢支架上。活动炉排片装在活动炉排梁上，活动炉排梁置于由固定炉排梁两端支出的滚轮上，两侧端用连杆连成一个整体。电动机经传动机构减速后，带动偏心轮转动，通过推拉杆拉动活动框架，使活动炉排在固定炉排上往复运动，行程一般为 30～70mm。在炉膛后面的灰渣坑上面，有时还装设余燃炉排，以利于灰渣燃尽。

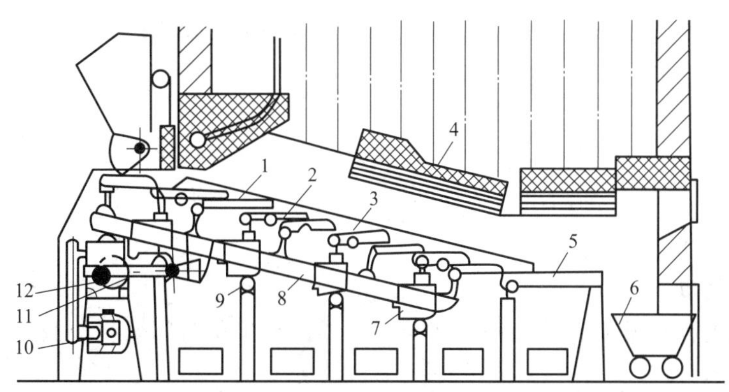

图 5-3　倾斜往复炉排结构简图

1—活动炉排片；2—固定炉排片；3—支撑棒；4—炉拱；5—余燃炉排；6—渣斗；7—固定梁；8—活动框架；9—滚轮；10—电动机；11—推拉杆；12—偏心轮

5.3.2　炉排工作特性

(1) 炉排燃烧速率

炉排燃烧速率也称炉排机械负荷，是保证焚烧炉在长期稳定运行中对垃圾特性变化以及热应力引起变形等的适应能力，并实现垃圾完全燃烧的重要参数，但不作为预定垃圾处理量的指标。

炉排燃烧速率定义为在规定的热酌减量条件下，单位炉排面积单位时间设计焚烧的垃圾量，即

$$m_{炉排}=\frac{B}{S_{炉排}} \tag{5-1}$$

式中 $m_{炉排}$——炉排燃烧速率，kg/(m^2·h)；

B——垃圾焚烧量，kg/h；

$S_{炉排}$——炉排面积，m^2。

炉排面积 $S_{炉排}$，炉排倾角小于 45°时按实际炉排面积计算，炉排倾角大于 45°时按炉排水平投影面积计算。

从式(5-1) 可知，当垃圾处理量一定时，燃烧速率越大，需要的炉排面积越小。一般而言，垃圾热值越低，炉排燃烧速率越低，相应的炉排面积越大；燃烧空气温度越高，焚烧垃圾量越大，炉排燃烧速率越高，则炉排面积越小。水平炉排比倾斜炉排的燃烧速率低。

燃烧速率过高，则单位炉排面积释放热量就过高，容易造成结渣，进而导致炉排和炉墙的腐蚀。炉排燃烧速率的大小与焚烧炉处理能力、炉排类型、垃圾特性和炉渣热灼减率等有关，因此厂商均标有自己的炉排燃烧速率值。针对我国目前锅炉最大连续蒸发量（MCR）热值低于 7000kJ/kg 的工况，典型燃烧速率值一般取(225±45)kg/(m^2·h)，也有推荐取值(210±40)kg/(m^2·h)或 200～300kg/(m^2·h)。

炉排燃烧速率（$m_{炉排}$）可按式(5-2) 确定：

$$m_{炉排}=a\cdot K_1\cdot K_2\cdot K_3\cdot K_4\cdot K_5 \tag{5-2}$$

其中，$a=215$kg/(m^2·h)；$K_1=1+\frac{0.05(H_u-1000)}{100}$，900kcal/kg≤$H_u$（垃圾低位热值）≤1200kcal/kg（$H_u$ 超出低限时取 900，超出高限时取 1200）；$K_2=1+\frac{0.05(t-200)}{50}$，$t$ 为空气最高温度，超过 250℃时取 $t=250$；$K_3=1+\frac{0.1(G-150)}{50}$，$G$ 为单炉日焚烧垃圾量；$K_4=1+0.05(N-5)$，N 为垃圾热酌减率保证值，当 $N>5\%$时，取 $N=5$；$K_5=1$（或 0.9），烟囱出口干烟气 NO_x（标准状态下）保证值≥200mg/m^3 时取 1，<200mg/m^3 时取 0.9。

(2) 床层热强度

床层热强度也称炉排面积热负荷，指单位炉排面积单位时间焚烧垃圾所释放的热量，表征燃烧过程的剧烈程度。

床层各段的热强度是不同的。干燥段为负值，燃烧段为较高正值，燃烬段为较低正值。总体而言，垃圾热值高，则选择高热强度值，反之则选择低热强度值。

床层平均热强度一般规定在 277～694kW/m^2。在引进垃圾焚烧技术中，一些公司针对我国不同城市生活垃圾特性并结合自有焚烧技术与设备特点提出床层平均热强度（表 5-3)。

表 5-3 我国生活垃圾床层平均热强度

热负荷	V与St公司顺推炉排床层平均热强度/(kW/m^2)	B与A1公司逆推炉排床层平均热强度/(kW/m^2)	VS公司组合炉排床层平均热强度/(kW/m^2)	A公司水平炉排床层平均热强度/(kW/m^2)	T公司分段水平炉排床层平均热强度/(kW/m^2)	F公司摆动炉排床层平均热强度/(kW/m^2)
5860kJ/kg	345	390	353	—	—	—

续表

热负荷	V与St公司顺推炉排床层平均热强度/(kW/m²)	B与A1公司逆推炉排床层平均热强度/(kW/m²)	VS公司组合炉排床层平均热强度/(kW/m²)	A公司水平炉排床层平均热强度/(kW/m²)	T公司分段水平炉排床层平均热强度/(kW/m²)	F公司摆动炉排床层平均热强度/(kW/m²)
6280kJ/kg	480	420	470	322/420	322/420	431
最大	520	460	510	460	460	470

(3) 燃烧室容积热负荷

燃烧室容积热负荷指燃烧室单位体积单位时间的热容量，可按式(5-3)确定：

$$q_v=\frac{B[Q_d^y+AC_a(t_a-t_0)]+FQ_f}{V} \tag{5-3}$$

式中　q_v——容积热负荷，kW/m³；

B——垃圾焚烧量，kg/h；

Q_d^y——垃圾低位热值，kJ/kg；

V——燃烧室体积，m³；

A——单位垃圾燃烧空气量（标准状态下），m³/kg；

C_a——空气定压比热容（标准状态下），kJ/(m³·℃)；

t_a——加热空气温度，℃；

t_0——大气温度，℃；

F——辅助燃料量，kg/h；

Q_f——辅助燃料低位发热量，kJ/kg。

垃圾的焚烧量和低位热值是影响燃烧室负荷最直接的参数。一般而言，生活垃圾焚烧炉要达到经济性规模，单炉处理量应不低于 300t/d，最大处理变化量应小于 20%。燃烧室气流模式的选择可以垃圾低位热值为准。我国一般生活垃圾的低位热值基本上都超过 1000kcal/kg，发达地区已超过 1200kcal/kg，因此不须辅助燃料助燃即可焚烧处理。而且，随着垃圾分类收集的推广，可燃分和低位发热量也在不断增加。这些变化趋势在垃圾焚烧炉系统设计中应充分考虑，避免设计垃圾热值过低，从而导致焚烧炉在垃圾热值显著提高后无法满载运转。

燃烧室体积（RFS）的大小应兼顾燃烧室热负荷和燃烧效率两种准则，同时考虑垃圾低位发热量与燃烧室热负荷的比值$\left(\frac{Q}{\mathrm{VHR}}\right)$以及废气体积流率与气体停留时间的乘积（$G\cdot R_T$），两者取其较大值，其计算如下式：

$$\mathrm{RFS}=\max\left(\frac{Q}{\mathrm{VHR}},G\cdot R_T\right) \tag{5-4}$$

$$G=\frac{m_g\cdot F}{3600r} \tag{5-5}$$

式中　Q——小时燃烧垃圾、辅助燃料燃烧所产生的低位发热量和预热空气带入的热量，kcal/h；

VHR——燃烧室热负荷，kcal/(m³·h)；

G——废气体积流率，m³/s；

R_T——烟气停留时间，s；

m_g——燃烧室废气产生率（气体和垃圾质量比）；

r——燃烧室气体平均密度，kg/m^3；

F——垃圾处理规模，kg/h。

燃烧室容积热负荷是确定炉膛大小的指标，一般为 $3.350\times10^5 \sim 8.373\times10^5 kJ/(m^3 \cdot h)$。燃烧热负荷过大，炉膛容积过小，将带来两方面的问题：①炉膛温度过高，导致结渣和加速对炉墙的损害；②烟气停留时间过短，导致CO等燃烧气体后移，发生再燃烧危险。燃烧热负荷过小，炉膛容积过大，会因炉墙散热损失导致炉温降低，燃烧不稳定，还可能造成炉渣热灼减率提高。针对我国目前的垃圾特性并考虑一些焚烧炉的特点，燃烧室容积热负荷建议值为 $4.2\times10^5 \sim 5.5\times10^5 kJ/(m^3 \cdot h)$，最大不宜超过 $6.3\times10^5 kJ/(m^3 \cdot h)$。

(4) 垃圾停留时间

垃圾在炉排上的停留时间包括干燥、焚烧及燃尽过程。垃圾停留时间因垃圾低位热值的不同而不同。垃圾低位热值达到8000kJ/kg以上时（我国台北市、法国圣旺市等垃圾焚烧厂），垃圾停留时间多在60min以内；垃圾低位热值较低时，停留时间多在60～120min，如20世纪90年代末法国香贝里、巴黎、南希，荷兰阿姆斯特丹，比利时冈特等地的垃圾焚烧厂的垃圾停留时间多在60～90min。在我国引进技术设备的垃圾焚烧厂中，垃圾停留时间在垃圾低位热值6000kJ/kg以上时多在60～90min，垃圾低位热值6000kJ/kg以下时则多在90～120min。

垃圾停留时间受垃圾物理性质制约。一般认为，垃圾停留时间与垃圾粒度的平方成正比，粒度越细，与空气接触面越大，燃烧速率越快，垃圾停留时间则越短。另外，垃圾含水量越高，则干燥需时越长，垃圾停留时间也就越长。

(5) 燃烧室出口烟气温度

烟气停留时间是指烟气从二次空气入口到炉膛出口位置之间的停留时间。当炉膛烟气温度达到700℃、停留时间0.5s时，可实现二噁英及臭气的分解。但从工程角度看，为确保实现排放要求，需要适当的安全裕度。但如果烟气温度过高，即达到烟气颗粒物变形或软化温度，会导致水冷壁结渣等现象。因此，我国垃圾焚烧烟气污染物排放标准规定，垃圾焚烧锅炉的炉膛出口烟气温度达到850℃，烟气停留时间不低于2s。

5.3.3 炉排几何尺寸

(1) 炉排长度

炉排长度是指从与推料器衔接处到炉渣出口前的一段距离。生活垃圾沿炉排长度方向展开燃烧过程，因此炉排长度取决于垃圾燃烧过程及燃尽程度，基本上不受垃圾处理量的影响，但与垃圾含水量有关。

炉排技术拥有企业都有自己的设计标准。联合国工业发展组织在推广生活垃圾处理行动中提出，炉排长度取7～9m，其中逆推式炉排及组合式炉排的长度要小一些，水平炉排要长些。鉴于我国生活垃圾含水量较高的特点，需要增加干燥段长度，从而炉排总长度达9～11m。我国现阶段的焚烧炉排的长度多在10～11m。

(2) 炉排宽度

理论上讲，沿炉排宽度方向的垃圾燃烧工况是相同的，故炉排宽度与垃圾焚烧处理量和炉排结构形式等有直接关系。炉排宽度可按式(5-6) 进行估算：

$$W=\frac{Q}{f} \tag{5-6}$$

式中　W——炉排宽度，m；

Q——单位时间垃圾处理量，t/h；

f——系数，垃圾热值 $H \geqslant 9500$kJ/kg 时，f 取 2.75t/(h・m)，$H<9500$kJ/kg 时，f 取 2.25～2.5t/(h・m)。

由于不同企业采用的设计标准有差异，因此炉排宽度也有所不同。针对我国垃圾焚烧的特定情况按式(5-6) 进行的核算表明：对瑞士 VONROLL 型炉排及逆推式炉排按 $f=$ 2.25t/(h・m) 估算，结果比较理想；对水平炉排按 $f=2.55$t/(h・m) 估算，结果比较接近实际情况；对其他顺推式炉排，结果均偏大；对滚筒式炉排基本不适用。因此，该公式只能用于初步估算。

(3) 炉排有效面积

焚烧炉需要有足够的炉排面积热负荷。炉排面积过小，会因温度过高而导致炉排受损。一般热负荷条件为：普通炉排的热负荷，正常负荷时取 600kW/m^2，最大负荷时取 750kW/m^2；水冷炉排热负荷取 2000kW/m^2。

炉排面积可按式(5-7) 估算：

$$A=\frac{H \cdot Q \cdot f_C}{SL_G}+x \cdot W \tag{5-7}$$

式中　A——炉排面积，m^2；

Q——单位时间垃圾处理量，t/h；

H——垃圾热值，kJ/kg；

f_C——换算系数，取 0.28，kW・h/MJ；

SL_G——炉排设计热负荷，kW/m^2；

W——炉排宽度，m；

x——增加的干燥段炉排长度，m。

(4) 炉膛容积估算

一般炉膛要满足容积热负荷 1250GJ/m^3 (350kW/m^3)。炉膛容积可按式(5-8) 估算：

$$V=\frac{H \cdot Q \cdot f_C}{SL_C} \tag{5-8}$$

式中　V——炉膛容积，m^3；

Q——垃圾处理负荷，t/h；

H——垃圾低位热值，kJ/kg；

f_C——换算系数，取 0.28，(kW・h)/MJ；

SL_C——炉膛特定热负荷，取 350，kW/m^3。

5.3.4　运动炉排行程

垃圾具有松散体特征，在一定程度上可被压缩，也会回弹。若炉排行程过短，将发生垃圾只被压缩而不移动的情况；若炉排行程过长，则可能降低炉排热强度，增加运行困难和装置的投资。移动炉排的行程与炉排的结构形式、炉排片的尺寸等有直接关系。

5.3.5 炉排片工作特性

(1) 炉排通风截面比

炉排通风截面比f_{tf}是表示炉排特性的指标，它等于炉排通风孔（缝）总截面积$S_{孔}$与炉排总面积$S_{炉排}$之比，即

$$f_{tf}=\frac{S_{孔}}{S_{炉排}} \tag{5-9}$$

减少f_{tf}，意味着提高通过炉排的气流速度，可增加炉排阻力损失，降低炉排温度。一般而言，f_{tf}不大于2%。

(2) 炉排冷却度

炉排冷却度ω为炉排工作可靠性的指标，等于全部炉排片的肋片总面积$\sum S_{肋片}$与炉排总面积$S_{炉排}$之比，即

$$\omega=\frac{\sum S_{肋片}}{S_{炉排}} \tag{5-10}$$

对空气冷却炉排，主要靠空气流对炉排片进行冷却。为此，炉排片应有足够的肋片，以使空气进行冲刷冷却。炉排冷却度取值一般应不低于2～3。当垃圾低位热值超过8260kJ/kg时，需要考虑采用水冷却炉排。

5.4 液压驱动装置

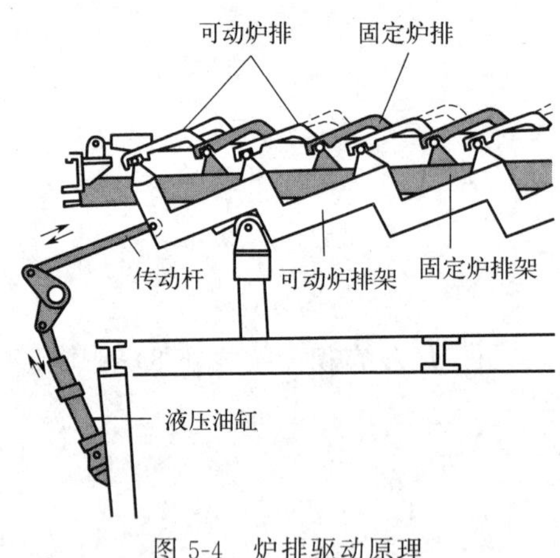

图 5-4 炉排驱动原理

液压驱动系统由液压泵、油箱、液压油冷却器等组成。液压驱动系统的主要特点是结构简单、设备数量少、易维修。

驱动机构位于炉排下部，炉排片安装在驱动机构的格栅上。格栅类似于一套楼梯，每个格栅条纵横交替排列。格栅条依次安装在传动杆上，相邻两轴的杆连接在一起，形成一个连续格栅面。液压装置带动传动杆，传动杆驱动格栅运动，从而带动炉排片移动。对于从炉排片间隙送风的焚烧炉，炉排片移动时，相邻炉排片间会形成2mm间隙，通过间隙提供燃烧空气。炉排片运动可防止颗粒物堵塞间隙，炉排驱动原理如图5-4所示。

5.5 炉膛与炉墙结构

5.5.1 炉膛

(1) 炉膛构造

炉膛（燃烧室）为垃圾提供干燥、燃烧及燃尽的空间，维持合适的燃烧温度，使烟气和空气充分混合并有适当的停留时间，实现垃圾和废气均能完全燃烧。

炉膛的内部构造如图 5-5 所示。炉体两侧为钢架，侧面设置横梁支撑炉排和耐火材料，炉壁为耐火砖墙。砖墙外侧设置保温材料及外壳以确保炉壁的气密性，防止高温烟气外泄。炉体顶部大部分采用水冷壁构造，以吸收炉膛的高温辐射热，保护炉壁，同时可增加锅炉的换热面积，提高蒸汽出率。炉壁构造分为砖墙、塑性耐火砖墙、空冷砖墙和水冷壁 4 种。

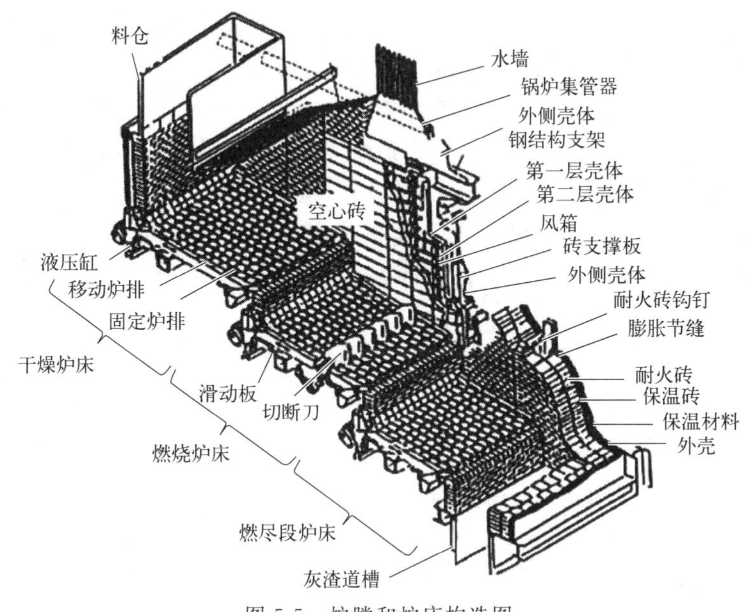

图 5-5　炉膛和炉床构造图

① 砖墙：砖墙结构常用于炉体主结构。优点是造价低廉，便于施工，缺点是砖墙容易崩裂，熔渣易附着。

② 塑性耐火砖墙：主要材料为水泥，构造方式是在炉体外壳上焊接交错布置的锚钉，按照施工厚度选择涂抹、喷浆或灌注，以避免因炉内温度变化引起的热胀冷缩效应导致耐火砖脱落。为防止炉体产生龟裂现象，在适当位置留有膨胀缝隙。塑性耐火砖墙的优点在于不论炉壁形状如何都易于成型，缺点是技术较复杂，施工费用高。

③ 空冷砖墙：与砖墙类似，空冷砖墙的构造只是在砖墙外侧加设热交换装置，向其中送入准备入炉的空气，在利用炉内高温预热燃烧空气的同时降低炉壁温度，避免熔渣附着炉壁，但炉体构造也因此变得比较复杂，不利于维护。

④ 水冷壁：水冷壁是在炉膛顶部或侧壁配置水管以吸收炉内辐射，同时增加锅炉换热面积，降低炉壁温度。大型垃圾焚烧炉一般都设置水冷壁。水冷壁按构造分为裸管水冷壁、鳍片管水冷壁和螺栓管水冷壁。

(2) 炉膛气流模式

炉膛的几何形状对垃圾焚烧炉整体效率的影响非常重要。在功能上，炉膛必须配合炉床的构造，保证垃圾完全燃烧，同时确保烟气在 850℃高温区停留至少 2s 以充分分解二噁英等剧毒物质。此外，炉膛的几何形状还需与锅炉的布局相配合，以提高热能回收率。

垃圾从料斗进入炉床后，随着炉排运动而前进、翻滚、散团，并在燃烧空气的作用下干燥、气化、燃烧。烟气上升进入炉膛，经由炉膛侧壁送入的空气充分搅拌、混合并完全燃烧后进入余热锅炉进行热交换。一次风（由炉排下方送入）需预热升温到 150～260℃再送入炉内，二次风（由炉膛侧壁送入）以搅拌烟气从而达到完全燃烧效果，是否预热取决于焚烧炉整体的热平衡条件。

气流模式根据一次风与垃圾运动方向的关系主要分为逆流式和顺流式，另外有交流式。两者方向相反的称为逆流式，如此可使垃圾得到充分干燥，适于处理低热值高含水率的垃圾；两者方向相同的称为顺流式，通常用于处理高热值低含水率的垃圾；两者方向相交的称为交流式，适于处理热值波动较大的垃圾。当垃圾热值较高、含水率较低时，两者方向的交点偏向燃烧侧为顺流式，交点偏向干燥炉排侧则为逆流式。

此外，还有一种复流式炉膛，在燃烧室中设置辐射隔板隔开，使燃烧室成为两个烟道。靠近干燥段的一次风与垃圾流动方向基本相反，为逆流式，靠近燃尽段则相同，为顺流式。

(3) 炉膛热负荷

在正常工况下，垃圾（及辅助燃料）在单位时间单位容积炉膛中产生的低位发热量（kJ/m^3）称为炉膛热负荷 VHR。VHR 的计算公式如下：

$$VHR=\frac{F\cdot[\overline{H_1}+C_P(t_a-t_0)\cdot A]}{V} \tag{5-11}$$

式中 F——单位时间垃圾处理量，kg/h；

$\overline{H_1}$——垃圾平均低位热值，kcal/h；

C_P——空气平均定压比热容（标准状态下），$kcal/m^3\cdot℃$；

t_a——预热空气温度，℃；

t_0——大气温度，℃；

A——单位质量垃圾平均燃烧空气量（标准状态下），m^3/kg；

V——炉膛容积，m^3。

生活垃圾焚烧炉 VHR 设计值为 $3.3\times10^5\sim6.3\times10^5 kJ/(m^3\cdot h)$。若 VHR 值设计不当，对垃圾燃烧会产生不良影响。VHR 值过大时会导致烟气停留时间太短，燃烧不完全，且在炉壁形成熔渣，从而影响炉膛使用寿命，同时也影响锅炉运行的效率和稳定性。

(4) 炉膛热负荷影响因素

① 垃圾处理量和低位热值，是影响炉膛热负荷的最直接因素，是焚烧炉设计的核心出发点。处理量允许在额定处理量 70%～110%的范围内波动，超额限制在设计值的 20%。垃圾平均低位热值也是焚烧炉气流模式的最重要选择依据。

② 燃烧空气，包括一次风和二次风。为使燃烧完全，需提供高于理论值的空气量。过剩空气系数过低会造成燃烧不完全，降低燃烧效率，但过高又会使燃烧温度下降，影响燃烧效率，同时增加烟气量，也增加热损失。因此，选择合适的过剩空气系数对于焚烧炉的热效率和垃圾完全燃烧非常重要。

③ 燃烧温度（temperature）、搅拌混合程度（湍流度，turbulence）和烟气停留时间（time）（俗称 3T）。炉膛温度应维持在 850℃以上，通过二次风的混合搅拌使烟气在高温区内停留至少 2s。这不仅是垃圾完全燃烧的需要，也是减少焚烧炉出口烟气中二噁英等污染物浓度的重要手段。

④ 炉壁选择。炉壁构造有砖墙、塑性耐火砖墙、空冷砖墙及水冷壁等四种。空冷砖墙和水冷壁的构造，在长期使用下不易烧损和受到熔融飞灰等损害，其容许燃烧室负荷高于一般砖墙构造，故大型焚烧炉的炉壁多采用水冷壁或空冷砖墙。

5.5.2　炉墙结构

炉墙是将炉内燃烧和换热过程的物质与外界隔绝的部件。为此，炉墙应具备一定的特性。

(1) 耐热性和耐侵蚀性

焚烧炉内一般不敷设水冷壁。当垃圾热值大于 6280kJ/kg 时正常工况条件下，内壁温度可达 1000～1300℃，加之垃圾的酸性腐蚀和侵蚀性，要求炉墙具有足够的耐高温性和耐侵蚀性。

(2) 热稳定性

垃圾热值的不稳定性会影响炉内温度的波动，尤其是在启停炉时会引起炉内温度的巨大变化。因此，炉墙须具有对热应力的良好适应性。

(3) 绝热性

炉墙内壁温度很高，会影响到外壁温度，这就要求炉墙具有良好的绝热性能，但不宜靠过度加厚的办法实现。目前，对炉墙材质进行选择或对炉墙空气层采取强制通风冷却成为主要解决途径。按我国要求，外壁温度一般不大于 50℃，欧洲、日本等国家则要求不大于 80℃。

(4) 密封性

焚烧炉是负压运行的，需要炉墙密封以防冷空气漏入炉内，冷空气漏入会破坏生产中的合理配风，使燃烧恶化增大排烟的热损失，降低锅炉效率。炉膛出现正压时，恶臭会逸出到炉外，这种情况是禁止的。因此，炉墙需要保证密封性。

(5) 结构可靠性

在炉墙设计中，须留出膨胀缝，防止炉墙因热膨胀导致裂缝、凸起、倾斜、剥落、坍塌等事故。

(6) 机械强度

为防止燃烧不稳定引起炉膛内明显的压力波动，特别是发生爆燃的情况，要求炉墙具有相应的机械强度。焚烧炉用的耐火材料要求具有如下性能：①高强度与耐磨损性；②耐热震性；③耐腐蚀性；④不黏附熔灰；⑤体积稳定性。

5.6　传热过程

燃料在焚烧炉中燃烧形成 1000℃以上的高温烟气，烟气热量则通过锅炉金属壁传递给水。在锅炉的传热过程中，热量传递有以下三种基本形式，即导热、对流、辐射。

5.6.1　导热

热量从物体的一部分传递到另一部分，或从一物体传递到与它接触的另一物体的过程叫作导热。导热的特点是传热物质本身并没有移动。

锅炉运行时，金属表面会黏附灰垢，即烟气侧（外表面）有积灰，水侧（内表面）有水垢。因此，热量经由积灰层、金属本身和水垢层传导过去。金属的导热能力很好，热阻可忽略不计。

积灰层的导热能力约为钢材的几百分之一。所以，受热面积灰是影响烟气热量传递给水的主要因素之一。吹灰不及时会使传热效率下降、锅炉出力降低、排烟温度升高。积灰严重时会导致受热面堵灰，影响烟气流通，使锅炉难以正常运行。因此，在运行中应坚持受热面吹扫灰制度，以确保锅炉的出力和效率。

水垢的导热能力约为钢材的几十分之一。结垢不仅会使锅炉出力降低，而且更主要的是影响锅炉安全（如爆管）。此外，锅炉结垢后会引起垢下腐蚀，加速受热面的损坏。垢层太厚还会影响管内水的正常流动，甚至阻碍水循环，导致严重事故。所以，水垢的影响比积灰更值得注意。为此，加强锅炉水质监督，定期清除水垢和排污，对强化传热和保证锅炉安全运行非常重要。对采用小管径的水管锅炉，应做到无垢或微垢运行，且需对锅炉补水进行炉外处理。

5.6.2 对流

依靠液体或气体本身的流动来传递热量的过程叫对流。锅炉受热面外侧由于受到烟气冲刷，热量从烟气传递到受热面外壁，受热面内侧因水的流动使热量从内壁传递给水的过程都属于对流传热。

烟气放热的强弱主要与烟气流速有关，速度越大，冲刷管壁越强烈，对流放热也越强烈，因此高烟速可强化传热。但烟速高，通风阻力就大，会受到锅炉抽力的限制，在自然通风情况下烟速一般只能达到3～5m/s。采用引风机实行强制通风，可使烟速大大提高，而烟速过高，不仅使引风机耗电过多，而且受热面会受到烟尘的强烈磨损，影响寿命。综合考虑，强制通风时水管受热面烟速控制在8～12m/s，烟管受热面烟速控制在20m/s左右。

对于以对流传热方式工作的受热面（对流受热面），如锅炉排管、过热器或省煤器等，整个传热过程的强弱主要取决于烟气侧的放热和受热面两侧的积灰层和水垢层的导热。提高烟速，采用小管径，横向冲刷叉排排列，减少积灰层和水垢层厚度等，是保障对流传热的主要措施。

5.6.3 辐射

由热物体直接向周围发射热量的过程叫作热辐射，其特点是热量直接由热源射出，不需要依靠其他物质。在炉膛内，热量从高温烟气传递到受热面外壁即靠辐射。辐射热的受热面（如炉膛水冷壁），叫作辐射受热面。辐射传热强度与绝对温度的四次方成正比，火焰温度越高，辐射就越强烈。炉内辐射传热量和辐射受热面积成正比。

一般而言，高温区的辐射传热强烈，受热面热强度（单位时间单位面积传热量）要高于对流受热面的热强度。因此，在炉膛适当布置一些辐射受热面是有益的。但辐射受热面过多则会走向反面，因为辐射传热会降低烟气温度，炉内平均温度水平也会降低。炉温过低时，辐射传热强度显著减弱，辐射受热面的热强度会低于对流受热面的热强度，这时就不应多布置辐射受热面。小型锅炉，对应于1t/h蒸发量，炉膛布置3～5m^2辐射受热面较合适。当燃烧挥发分较少的燃料时，宜少布置甚至不布置辐射受热面。

经计算，当烟气温度为100℃时，辐射受热面的热强度与对流受热面的热强度基本上相同，这意味着吸收同样的热量所需要的受热面相同。当烟温超过1200℃时，辐射受热面才具有明显的优越性。因此，布置辐射受热面时，炉膛出口烟温应不低于1000℃。只有在自然通风情况下才可考虑取较低的炉膛出口温度（否则对流受热面阻力太大），但也不宜低于900℃。

5.7 助燃空气系统

助燃空气系统是为垃圾稳定燃烧提供氧化剂。焚烧炉助燃空气（也称燃烧空气）的主要作用为：提供干燥所需的风量和风温，为垃圾着火准备条件；为垃圾提供充分燃烧的空气量；促使炉膛内烟气的充分扰动，使炉膛出口 CO 含量降至最低；提供炉墙冷却风，以防炉渣在炉墙上结焦；冷却炉排，避免炉排变形。

5.7.1 助燃空气系统构成

助燃空气包括一次助燃空气、二次助燃空气、辅助燃油所需的空气以及炉墙密封冷却空气等。由于辅助燃油仅用于启停炉和垃圾热值过低的情况，在焚烧炉正常运行中并不需要增加空气消耗量，在设计送风机风量时可不予考虑。

助燃空气系统包括向炉内提供空气的送风机（一次风机、二次风机以及炉墙密封风机）、助燃空气预热器（包括蒸汽空气预热器、烟气空气预热器），以及管道、阀门等。

(1) 一次助燃空气系统

一次助燃空气系统是由炉排下方将空气送入炉膛的装置。炉排区段包括干燥段（或点火段）、燃烧段和燃尽段。空气量随不同区段的需求而改变，根据燃烧控制器与炉排运动速度、废气中氧气及一氧化碳含量、蒸汽流量以及炉内温度进行联控。

一次助燃空气通常在垃圾池的上方抽取，经空气预热器预热后再送入炉排，以便为垃圾快速干燥和着火焚烧创造有利条件。

(2) 二次助燃空气系统

二次助燃空气经预热后从位于前方或后方炉壁上的一系列喷嘴喷入炉内，占助燃空气量的 20%～40%。其作用主要是加强燃烧室气体的扰动和燃气体的充分燃烧，延长烟气停留时间，调节炉膛温度等。

二次助燃空气主要抽自垃圾池，有时也直接取自室内或炉渣储坑。二次助燃空气应与一次助燃空气采用不同的空气预热器，以满足不同的温度需求。

(3) 辅助燃油燃烧系统

辅助燃油燃烧系统由辅助燃烧器、储油罐及空气管线等组成。它的作用是提供启停炉所需辅助的热量，以及在垃圾热值过低时补充热量。

在焚烧炉点火时，由辅助燃油燃烧系统提供热量，提高炉内温度至操作温度后开始投入垃圾，同时逐渐减少辅助燃油用量，直到温度可由垃圾燃烧单独维持时才停用辅助燃油器。当决定停炉时，该系统应在停止垃圾入炉前启动，直到垃圾完全烧尽为止。

(4) 送风机

① 送风机容量的确定。送风机的容量可按式(5-12) 进行确定：

$$Q=LA(1+\alpha) \tag{5-12}$$

式中　Q——送风机风量（一次和二次助燃空气量的总和）（标准状态下），m^3/h；

L——垃圾热值最大时单位质量垃圾燃烧时所需空气量（标准状态下），m^3/h；

A——单位时间垃圾燃烧量，kg/h；

α——裕度。

上述送风机容量是一、二次助燃空气由一台送风机供给的情况。若一、二次助燃空气由两台送风机单独送风，则一、二次风机的容量应分别确定。

垃圾的热值和成分变动很大时，必然导致燃烧不稳定，从而造成炉温的波动、锅炉蒸汽量的变化、垃圾燃尽点的移动等不利状况。为此，许多焚烧炉都通过助燃空气量的调节来控制。因此，实际所需的空气量比设计值要多一些。

另外，当采用二次助燃空气控制炉温时，调节范围比较广，特别是采用单独送风机提供二次助燃空气时，过量空气系数特别大，这点在确定二次风机容量时需加以考虑。

② 风压确定。风机所必需的风压可用式(5-13) 表示：

$$P=P_1+P_2+P_3+P_4-P_5 \tag{5-13}$$

式中 P——送风机设计风压，Pa；

P_1——空气预热器风压损失，Pa；

P_2——从送风机到炉排间阀门、管线的风压损失，Pa；

P_3——炉排压损，Pa；

P_4——垃圾层压损，Pa；

P_5——送风机入口静压，Pa。

风压 P 根据设施的规模和构成有所不同，一般在 1600～6500Pa。对于流化床炉，还要加上砂流动所必需的压头损失，P 一般要达到 15000～25000Pa。

(5) 空气预热器

为了使垃圾充分燃烧，需要采用高温空气去除垃圾的水分。空气温度越高，垃圾干燥越快，燃烧就越好，还能促使灰渣未燃成分的减少。预热空气温度按以下条件确定：垃圾低位热值低于 1000kcal/kg 时为 200～250℃；垃圾低位热值在 1000～2000kcal/kg 时为 100～230℃；垃圾低位热值大于 2000kcal/kg 时为 20～100℃。空气预热器一般有蒸汽空气预热器和烟气空气预热器两种类型。

① 蒸汽空气预热器。蒸汽空气预热器是利用蒸汽降温或冷凝时放出的热量使空气升温的设备，空气温度上升到比饱和蒸汽温度低 20～30℃较为经济。当蒸汽压力为 2.5MPa，出口空气温度可达到 200℃；当蒸汽压力达到 3.9MPa 时，出口空气温度可达到 220℃。如果垃圾含水率很高，则需采用两级空气预热器以提高助燃空气温度。

蒸汽空气预热器的管道有光管式和肋管式两种。光管式空气预热器具有烟尘不易黏附、容易清洗、体积小、价格低等优点，缺点是传热效率低；肋管式空气预热器的传热效率高，但体积大、价格高，且烟尘易黏附在管壁上，不易清洗。

② 烟气空气预热器。烟气空气预热器有多管式、套管式、放射式、炉壁式等形式。多管式空气预热器一般采用管外通空气（或烟气）管内通烟气（或空气）的形式，在垃圾焚烧厂中应用最为广泛。空气预热器的传热性能和耐久性是决定焚烧厂连续运行顺利与否的决定因素之一，尤其是烟尘附着和腐蚀问题应引起足够的重视。

通过空气预热器的烟气含有大量的烟尘。当预热器入口的烟温过高时，烟尘会发生熔融并附着在管壁上形成污垢，降低空气预热器的传热效率，有时甚至会堵塞烟气通道。因此，预热器入口的烟温一般宜保持在 500℃以下。另外，烟气流速对预热器的性能也具有很大影响，烟气流速增加不仅可提高吹灰效果，而且还会提高传热效率。但烟气流速过高，会造成烟尘对预热器的磨损加剧，电能消耗增加。因此，烟气流速不宜过大，一般推荐为 9～13m/s。

烟气空气预热器的另一个问题是酸性气体对预热器的腐蚀，包括高温腐蚀（壁温 300℃

以上）和低温腐蚀（壁温 150℃以下）。烟气中含有 HCl、SO_2 等，以硫氧化物为中心的部位会发生低温腐蚀，以硫氧化物和氯化物为中心的部位则会发生高温腐蚀。针对腐蚀和灰尘堵塞、结垢等问题，为使维护和检修方便，需设检修孔，也可设蒸汽吹灰装置或压缩空气吹灰装置。

烟气空气预热器出口空气温度的调节，一般采用调节空气量来实现，通过设置冷空气旁路与通过预热器的高温空气混合，以控制预热空气所需的温度。

5.7.2　助燃空气送风方式

送风机是助燃空气系统的最主要设备，根据焚烧炉构造及空气利用目的，分为冷却用送风机和主燃烧用送风机。冷却用送风机主要提供炉壁冷却，以防止灰渣熔融结垢所需的冷空气。主燃烧用送风机提供燃料燃烧所必需的空气，是燃料正常燃烧的保证。

（1）分离方式和分流方式

入炉空气，分为一次助燃空气和二次助燃空气。助燃空气可由一台送风机送风，经分流后成为一、二次助燃空气（分流方式），也可以由两台送风机独立送风（分离方式）。

在垃圾焚烧厂中，两种送风方式都可采用。分离方式（又称独立送风方式）的优点是可根据一、二次风所需的不同风量、温度等条件单独控制，操作较为灵活，缺点是设备投资相对较高。分流方式的优缺点与分离方式相反。

（2）一次助燃空气送风

一次助燃空气送风方式有两种：统仓送风和分仓送风。垃圾燃烧是分阶段、分区进行的，沿炉排长度方向所需的空气量并不相同。在干燥段，助燃空气用于干燥垃圾，空气量和空气温度因垃圾含水量的不同而异。在燃烧段，挥发物燃烧和焦炭燃烧是燃烧过程的主要部分，需要大量空气。最后是燃尽段，燃烧过程基本完毕，不需要多少空气，主要是炉排冷却用风。

根据这个原则，沿炉排长度方向是非均匀送风。因此，统仓送风不符合燃烧需要。随着垃圾依次经过干燥段、燃烧段、燃尽段，垃圾厚度逐渐减少，因而沿垃圾走向料层的空气阻力逐渐降低。统仓送风导致越向炉排后端送风量越大，与干燥、燃烧和燃尽各段所需空气量不匹配，结果是既增加化学未完全燃烧损失和机械未完全燃烧损失，又使很多热量随多余空气流失。

在机械炉排炉的燃烧过程中的空气需求量，燃尽段少，燃烧段大，燃烧旺盛区最大，而统仓送风会使燃尽段空气过剩，燃烧段空气不足。合理的办法是采用分仓送风，将炉排下部分成几个独立区域（即风室）。通过每个风室送入炉排的风量单独进行调节，从而满足各燃烧区域所需的风量，使送风匹配燃烧过程，提高燃烧效率。

（3）二次助燃空气送风

即使采用分仓送风，在炉膛气体中仍会有不少可燃气体（如 CO、H_2 等）集中在炉膛中部。同时，燃烧气体还会从料层中带起许多未燃颗粒。炉排中段送风量大，使未燃颗粒也集中在炉膛中部。由炉排炉的燃烧特性可知，炉膛的中部空间是缺氧的，而炉膛的后（或前）部氧气过剩，这种现象难以由分段送风的调节完全消除。因此，为使这些可燃气体、颗粒和过剩氧气充分混合而完全燃烧，以减少飞灰和机械未完全燃烧损失，有效措施之一就是使用二次风。

合理配置二次风，能加强氧与未完全燃烧产物充分混合，使化学未完全燃烧损失和炉膛过剩空气系数降低，同时在炉膛内造成涡流，延长未燃颗粒及未燃气体在炉膛内的行程（烟气停留时间），使飞灰未完全燃烧损失降低。而且，颗粒充分燃烧后，相对密度往往增大，再加上气体的旋涡分离作用，可使飞灰量降低。二次风的布置方便，机械式炉排炉一般都设置二次风送风装置。

二次风并非一定是为了补充空气，而是搅乱烟气，加强气体的涡旋。二次风可以是空气，也可以是其他介质（如蒸汽等）。用空气作为二次风最普遍，因为它既能促进混合，又可补充燃烧的空气需求，缺点是往往需配备一台压力较高的风机。利用蒸汽作为二次风主要是引起气体产生旋涡，使可燃气体与过剩氧充分混合，使燃烧完全，减少未完全燃烧损失。用蒸汽作为二次风时设备简单，而且使过量空气系数不至于太高，有利于保持炉温和燃烧效率，但蒸汽消耗量大，运行费用较高。此外，还有一种方式是采用“蒸汽引射二次风”，它主要是利用高速蒸汽喷入炉膛时造成喷嘴附近的负压区，从而带动空气也以较高速度由空气管喷入炉膛。

二次风的效果与喷嘴布置形式有很大关系。喷嘴一般装在前墙或后墙上，因为前部有挥发物析出，未完全燃烧物较多，而后部则氧气过剩，也可前后墙都安装。二次风机的压力为3000～4000Pa，喷嘴出口速度达50m/s以上。蒸汽引射二次风和蒸汽二次风的风速更高。二次风射程可根据炉室大小选取，一般为1.5～2.5m。

5.7.3 辅助燃油系统

辅助燃油系统由油枪、储油罐、油泵、点火装置和连接管道等组成。燃油通过油枪喷入炉内并被雾化成油滴。油枪头部（油喷嘴）是油枪的主要部分，对喷油量和雾化质量起决定性作用。雾化质量是燃烧质量优劣的基本条件。因此，油喷嘴要在一定压力范围内产生尽量细的油雾，并使油雾分布适合配风的要求。

油喷嘴主要有蒸汽雾化喷嘴、低压空气雾化喷嘴、转杯式油喷嘴、机械雾化喷嘴等几种类型。在垃圾焚烧厂的辅助燃油系统中，油喷嘴一般选用低压空气雾化喷嘴。油从喷口喷出，空气从油喷口四周喷出，高速空气将油雾化。空气速度一般为80m/s，压力为2000～3000Pa。

5.8 余热锅炉

垃圾焚烧炉炉膛烟气温度高达850～1000℃。为保护下游的烟气净化装置免受高温腐蚀的危害，同时也为了充分回收余热，实现垃圾的资源化处理，有必要在焚烧炉后端设置余热利用装置。

大型焚烧炉都在尾部烟道配备余热锅炉。余热锅炉的作用是吸收垃圾燃烧释放的热能，把水加热成具有一定压力和温度的蒸汽。蒸汽送往汽轮发电机组发电，在满足企业自身用电的同时还可往外出售电力，也可将蒸汽外送满足周围用户的需要。这是目前主流的余热利用方式。

5.8.1 余热锅炉分类

锅炉的分类主要根据管道内流体和炉内工质循环方式分类。

(1) 以管道内流体分类

根据管道内流体种类，锅炉分为烟道式和水管式两种（表5-4）。传热管内的流体，烟道式锅炉是烟气，水管式锅炉是水。小型焚烧炉因垃圾处理量较小，余热回收意义不大，设置余热锅炉主要是为了降低烟气温度而非为了提高经济效益，故为了控制制造成本而采用烟道式锅炉。考虑到锅炉效率和经济效益等因素，大中型焚烧炉一般采用水管式锅炉。

表5-4 水管式和烟道式锅炉比较

项目	锅炉种类	
	水管式	烟道式
构造	复杂	简单
价格	高	低
操作维护	困难	容易
负载波动	较大	较小
传热面积	较大	较小
工质参数	较高	较低，蒸汽压力一般<1.5MPa
蒸发量	高	低
锅炉效率	较高	低
经济效益	可观	低

(2) 以炉内工质循环方式分类

按炉内工质循环方式分为自然循环锅炉、强制循环锅炉和贯流循环锅炉。在自然循环锅炉的管道内，水受热成为汽水混合物，流体密度降低，形成上升管，而饱和水密度较大，在管内自上往下流动，形成下降管，上升管和下降管之间因密度差而自然产生循环流动，故称为自然循环式锅炉。在高压锅炉系统中，饱和水与饱和蒸汽之间密度差异小，自然循环效果差，需要循环泵辅助锅炉水循环，称为强制循环式锅炉。贯流循环式锅炉没有汽水包，内部仅为传热管，管内压力在临界压力以上，出口即形成蒸汽，一般用在超临界压力的大容量锅炉系统中。

大型垃圾焚烧厂的锅炉系统多采用中温中压参数，水循环以自然循环为主。

5.8.2 余热锅炉工质循环

锅炉的工作媒介叫工质。锅炉受热面内的工质主要有水、汽水混合物、蒸汽等，余热锅炉实际上是为工质与工质之间的热交换提供一个场所。

(1) 自然循环原理

大型垃圾焚烧厂余热锅炉工质循环大都采用自然循环方式。炉水循环的目的是增进锅炉的效率和安全。炉水循环越快，受热面吸热就越快，产生蒸汽也越多，锅炉效率就越高。此外，炉水循环还可防止管内局部过热或受热面温度不均，确保锅炉安全运行。

在自然循环锅炉中，炉水循环依靠下降管饱和水和上升管汽水混合物之间的密度差形成的压力降。在此系统中，上升管总压差p_u等于下降管的总压差p_d，公式如下：

$$p_u=\rho_u gl+p_{ul} \tag{5-14}$$

$$p_d=\rho_d gl-p_{dl} \tag{5-15}$$

$$p_u = p_d \tag{5-16}$$

式中 p_u——上升管总压差，kPa；

p_d——下降管总压差，kPa；

ρ_u——上升管汽水混合物密度，kg/m^3；

ρ_d——下降管饱和水密度，kg/m^3；

l——汽包至下集箱的高度差，m；

p_{u1}——上升管流动摩阻，kPa；

p_{d1}——下降管流动摩阻，kPa。

上升管和下降管的流体因密度差而形成的压差称为驱动压力（Δp），其值等于系统的流动摩擦阻力之和，即：

$$\Delta p = \rho_d g l - \rho_u g l = p_{u1} + p_{d1} \tag{5-17}$$

通常，下降管与上升管之间的流体密度差会随着压力的增加而减小，一般可通过提高汽包至集箱之间的高度差或采用较大管径的下降管以减少系统流动阻力，维持足够的驱动压力。

(2) 循环流速

循环流速的定义可用下式表示：

$$\upsilon = \frac{MV}{F} \tag{5-18}$$

式中 υ——循环流速，m/s；

M——上升管水流量，kg；

V——系统压力下饱和水比容，m^3/kg；

F——上升管流通截面积，m^2。

(3) 蒸汽干度

蒸汽干度（ω）也称蒸汽品质，指蒸汽所含干饱和蒸汽的百分比。湿蒸汽往往会夹带无机盐或其他杂质，易附着在锅炉管道或汽轮机叶片上，造成设备故障。因此，控制蒸汽干度对于减少系统故障率非常重要。蒸汽干度的定义如下：

$$\omega = 1 - \frac{\text{水滴质量}}{\text{饱和蒸汽质量} \times 100\%} \tag{5-19}$$

(4) 循环比

循环比是指进入上升管的汽水混合物质量与产生蒸汽量的比值，即：

$$\lambda = \frac{M_W}{M_S} \tag{5-20}$$

式中 λ——循环比；

M_W——单位时间进入上升管水量，kg/s；

M_S——单位时间产生蒸汽量，kg/s。

(5) 汽水分离

湿蒸汽含有大量的水滴，会严重影响汽轮发电机组的运行安全，因此有必要采取汽水分离措施，以保证送往汽轮发电机组的蒸汽品质。一般汽水分离的方法有机械式和离心式两种，分离装置布置在汽包内。

(6) 影响蒸汽干度的因素

蒸汽干度越高，表示热能回收系统的可靠程度越高。影响蒸汽干度的因素主要包括锅炉给水和炉水品质、排污和汽水分离等。

5.8.3　余热锅炉部件组成

大型焚烧厂锅炉主要包括水冷壁、锅炉管束、过热器、省煤器和安全辅件，辅助设备主要包括磷酸盐加药系统、停炉保护系统、汽水取样系统、吹灰系统，部分锅炉还在省煤器前加装烟气空气预热器。汽水循环过程为，在余热锅炉的省煤器、水冷壁以及对流蒸发受热面内完成把锅炉给水（水温多为 130～140℃）加热为饱和水、饱和水蒸发为饱和蒸汽的过程；在过热器内完成饱和蒸汽加热到一定温度的过热蒸汽的过程。各阶段吸热比例见表 5-5。加热、蒸发、过热过程的吸热量分配比例及工质在受热面中的热力参数选择，决定受热面的布置。

表 5-5　余热锅炉工质吸热量比例

蒸汽压力/MPa	蒸汽温度/℃	给水温度/℃	总焓增/(kJ/kg)	吸热量比例/%		
				加热	蒸发	过热
6.40	450	130	2705	25.49	57.03	17.48
4.00	400	140	2623	18.91	65.26	15.83
2.45	400	130	2693	15.20	68.46	16.34
2.45	350	130	2580	15.86	71.47	12.67

(1) 水冷壁

水冷壁是布置在炉膛顶部或侧面的用以吸收辐射热、增加锅炉换热面积并降低壁温的水管群，其上端和下端分别与汽包和下部集箱相连。

水冷壁可大大降低炉墙耐火材料的温度，从而可适当减小炉墙厚度。此外，炉内温度的降低还能有效防止结焦。随着垃圾热值和余热锅炉工质参数的不断提高，水冷壁已成为大型垃圾焚烧锅炉不可缺少的主要受热面。

水冷壁布置的疏密程度用相对节距 s/d 表示，其中 s 为相邻水冷壁管圆心间距，d 为水冷壁管外径（图 5-6）。水冷壁管的 s 增大，则辐射受热面减少，每根管作为有效辐射受热面的利用率增大；反之亦然。但 s 过大，炉内的辐射受热面过小，水冷壁就会失去对炉墙的保护作用。实践表明，当 s/d 大于 4 时，水冷壁就难以起到保护炉墙的作用。

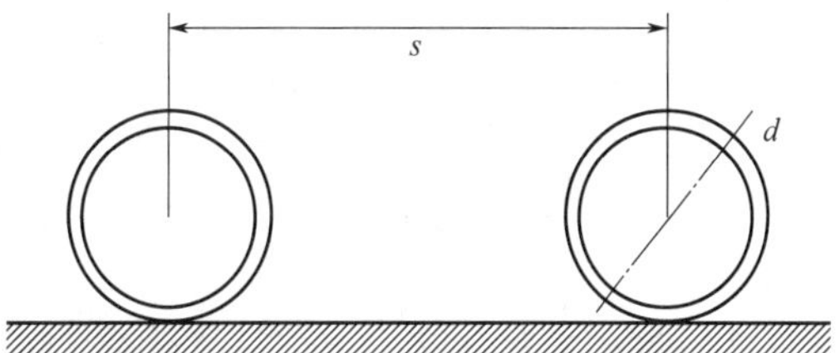

图 5-6　水冷壁相对节距示意图

(2) 锅炉管束

除水冷壁外，在锅炉内还需布置对流蒸发受热面，即锅炉管束。在大型垃圾焚烧炉配套的余热锅炉系统中，锅炉管束一般包括汽包、水包或下集箱和蒸发管群，主要作用是产生饱和蒸汽。

汽包一般为钢制圆桶型压力容器，为汽水分离装置，利用机械方式或离心力去除蒸汽中的水分。一般采用两步分离法，即先利用挡板、旋风分离器、冲洗器除去蒸汽中的较大水滴，再经多重筛除去较小水滴及其他杂质。有些锅炉在汽包下方还设置水包，但为减少锅炉施工面积，大型垃圾焚烧炉锅炉一般都不设置水包，而设置下集箱。

蒸发管群包括上升管和下降管，上端连接汽包，下端连接水包或下集箱，维持炉水循环。考虑到飞灰在蒸发管群上积聚造成的影响，需在蒸发管群中设置清灰装置以减少飞灰的积聚。

(3) 过热器与减温器

汽轮发电机组发电需要蒸汽。锅炉设置过热器能提高蒸汽焓值，从而提高发电机组的效率。在电厂锅炉中过热器一般布置在高温辐射区，但在垃圾焚烧锅炉中烟气腐蚀性强，高温环境会对管材造成严重腐蚀，因此一般将过热器设置在对流区中。

过热器根据构造分为悬吊式、倒立式和水平式（图 5-7）。悬吊式过热器设置在炉内辐射区，过热器顶部以悬吊方式支撑，多用于大型锅炉。该型过热器的构造刚性好，但停炉时凝结水残留于管内端底不易排出；倒立式过热器，可设置在辐射区或对流区，整体构造由下方支撑，凝结水排放容易，但当管内过热蒸汽高速流动时结构刚性欠佳，一般只用于中小型锅炉；水平式过热器管群左右方向排列，设置在对流区，具有上述两种过热器的优点，即构造刚性好且凝结水易于排放，现为很多垃圾焚烧锅炉所采用。

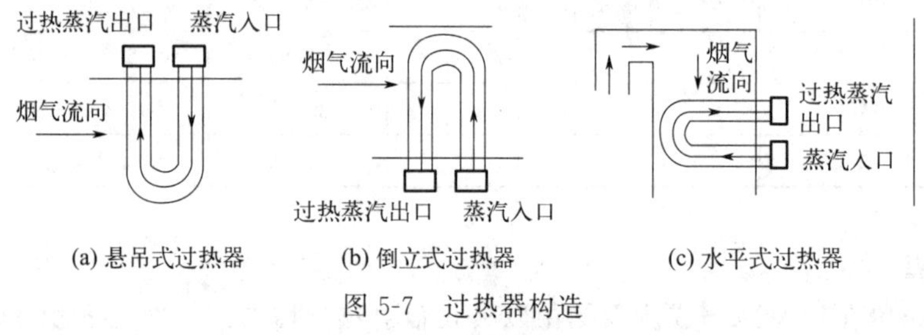

图 5-7 过热器构造

过热器根据气流模式可分为顺流式、逆流式和混流式（图 5-8）。顺流式过热器，蒸汽

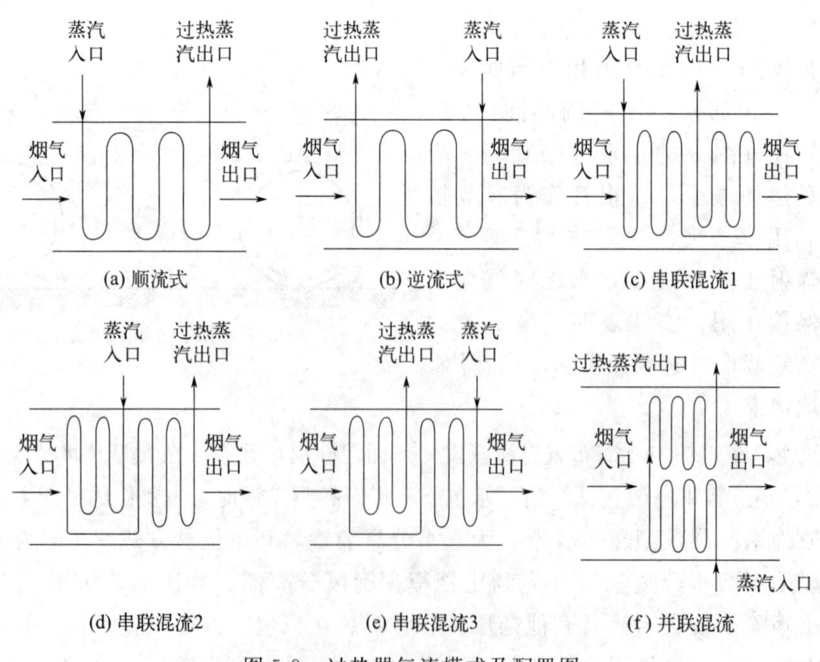

图 5-8 过热器气流模式及配置图

与烟气流向基本一致，因此过热蒸汽温度较低，所需换热面积较大，但过热器管材不易被腐蚀；逆流式过热器，蒸汽与烟气流向相反，过热蒸汽温度较高，所需换热面积较小，但过热器管材较易被腐蚀；混流式过热器，采用顺流式和逆流式混合的方式，既可得到较高的过热蒸汽温度，又可避免因蒸汽出口与烟气入口直接接触而导致过热器管材发生高温腐蚀。

在锅炉运行中，过热蒸汽温度一旦超出允许值就无法保证过热器的安全工作，因此需要安装减温器以调节过热器内蒸汽温度。减温工质通常采用锅炉给水。

减温器布置在过热器入口端或出口端，也可布置在各级过热器之间，用于调整过热器的换热量，保证出口蒸汽参数波动在许可值之内。布置在入口端，对过热器及其后续管道和设备有充分的保护作用，但汽温调节不灵敏；布置在出口端，可灵敏调节汽温，但对过热器保护作用较差；布置在各级过热器之间，既可保持一定的调温灵敏度，又可保护过热器的高温受热面。因此，一般垃圾焚烧锅炉都采用二级喷水减温器。

（4）省煤器

省煤器一般安装在锅炉烟气通道的末端，利用烟气余热加热锅炉给水以提高余热回收和锅炉热效率，同时降低给水与汽包饱和水之间的温度差，降低对汽包的热应力。省煤器出口的烟气温度越低，锅炉热效率就越高，但在垃圾焚烧锅炉中，省煤器出口烟气温度低于硫酸或盐酸的露点则会导致低温酸蚀。因此，一般省煤器出口烟气温度不可过低，正常运行时一般不得低于200℃。

常用的省煤器有铸铁式和钢管式两种。前者只宜用于低压锅炉，给水在其中被加热后仍低于饱和温度，以防汽化产生水击而引起事故；后者一般用于较高压力环境，锅炉给水在进入钢管省煤器前须先经化学或热力除氧以防止腐蚀钢管。目前，大型垃圾焚烧锅炉基本采用钢管式省煤器。

钢管式省煤器由钢制蛇形管构成，管束采用错列方式排列，逆流布置。钢管式省煤器不但可将水加热为饱和水，还可产生部分蒸汽，起到部分蒸发受热面的作用。蛇形管群可垂直于锅炉前墙布置，也可平行前墙布置。省煤器区域飞灰磨损严重，因此多采用平行前墙布置，否则灰尘会因烟气转弯时产生的离心力作用而集中在后墙，对蛇行管造成磨损。

（5）烟气空气预热器

垃圾焚烧锅炉在尾部烟道省煤器之前或之后加装烟气空气预热器，利用烟气余热加热助燃空气以提高垃圾干燥效果和锅炉效率。为了避免烟气对预热器产生低温腐蚀，一般先利用蒸汽空气预热器将助燃空气加热至酸性气体露点以上，再将空气送入烟气空气预热器加热，从而达到防止低温酸蚀，提高入炉空气温度及锅炉效率的目的。

（6）安全附件

垃圾焚烧锅炉的工质参数一般都不是很高，但同样必须加装普通锅炉所必需的安全辅件，具体包括汽包压力表、安全阀、水位计与温度计、各段过热器、温度计、过热器出口集箱流量计、压力表与安全阀等。

（7）辅助设备

磷酸盐加药系统。经过处理的除盐水虽已去除大部分杂质和盐类，但还有少量易结垢的钙离子Ca^{2+}。炉水蒸发时，Ca^{2+}会在受热面结一层坚实的水垢。这不仅影响受热面的换热效率，严重时会造成水冷壁内汽水共沸，影响循环，甚至造成受热面因超温爆管。向汽包内加入磷酸三钠（$Na_3PO_4 \cdot 12H_2O$），可与炉水中Ca^{2+}结合生成溶解度很小的磷酸钙[$Ca_3(PO_4)_2$]。在高温下，磷酸钙转变为水化磷灰石$Ca_3(H_2O)_2(PO_4)_6$，后者是一种不黏结的水渣，可通过排污排出。

5.8.4 余热锅炉材料的腐蚀及防治

垃圾焚烧炉炉膛的烟气温度一般维持在850～1000℃。烟气含有CO_2、NO_x、HCl、SO_x等酸性气体和大量水蒸气，这些气体在流经余热利用装置时会对设备材料产生腐蚀，影响锅炉的寿命和安全运行。腐蚀根据温度分为高温腐蚀和低温腐蚀（电化学腐蚀）两种。管材金属表面温度与腐蚀速度的关系见图5-9。

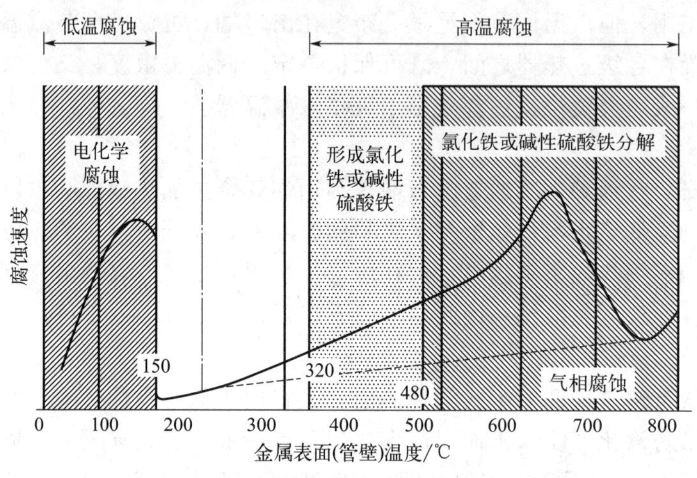

图5-9 金属表面与温度腐蚀速度关系

(1) 高温腐蚀及其防治

烟气中的酸性气体在高温（>300℃）下对锅炉过热器、炉排等产生的腐蚀作用统称为高温腐蚀。高温腐蚀又细分为气相腐蚀和盐腐蚀。

气相腐蚀主要包括金属材料的硫化现象，这是因为烟气中的硫氧化物或氯化氢与金属离子作用形成硫化铁和氯化铁，使金属材料失去氧化保护层而腐蚀。熔融盐腐蚀又称为析出腐蚀，其形成原因是氯化氢和二氧化硫等气体与飞灰中的Na_2O、K_2O等金属氧化物反应产生氯酸盐和硫酸盐，前者再与锅炉材料中的铁反应形成氯化铁造成腐蚀；另外，飞灰中的硫酸氢盐也可与铁反应形成硫化铁（FeS）和碱性硫酸铁。氯化铁和碱性硫酸铁在320～480℃之间生成，当温度升到480～700℃时又会分解，这样不断循环反应而产生金属腐蚀。

锅炉的过热器是高温腐蚀最容易发生的部位。烟气温度在630～700℃时，高温腐蚀速度达到最大。因此，可采取下列方式以防高温腐蚀：①控制金属材料温度和过热器烟道内的烟温。对大型垃圾焚烧锅炉的过热器，应将进入过热器的烟气温度控制在适当温度（不超过700℃，最好控制在630℃以下），同时在过热器前布置蒸发器，避免高温过热蒸汽出口直接接触高温烟气，形成高温腐蚀；②采用抗高温腐蚀材料。当过热器壁面温度超过450℃时高温腐蚀情况变得很严重，为此应选用抗高温腐蚀材料（如Inconel625合金）包覆过热管或采用抗高温腐蚀合金钢过热管道，以保护管壁免受高温腐蚀的损害。

(2) 低温腐蚀及其防治

SO_x和HCl等气体，当环境温度低于它们的饱和温度（露点）时就可能凝结引起腐蚀，故称之为低温腐蚀或露点腐蚀。低温腐蚀主要是硫酸和盐酸的腐蚀，其中盐酸的露点在27～60℃，硫酸的露点在110～150℃。通常，腐蚀情况在酸性气体露点以下20～50℃最为严重。低温腐蚀容易发生在锅炉后部烟温较低的烟气空气预热器和省煤器等部分。一般通过在烟气空气预热器前布置蒸汽空气预热器，提升进入烟气空气预热器的空气温度。通过提高锅炉给水温度超过酸性气体的露点，可防止省煤器低温腐蚀的发生。

5.9　燃烧器

5.9.1　燃烧器概述

油燃烧器是将油和空气按一定的比例、速度和混合方式喷入炉内，提供焚烧炉启/停炉时所需要的热量，以及当垃圾热值低于设计热值下限时提供辅助热量的装置。燃烧器的作用在于，启动和停炉时控制炉温变化速率；垃圾热值过低时的辅助燃烧；新炉及墙耐火材料修补后的烘干。

油燃烧器主要由油雾化器和调风器所组成。燃油通过雾化器雾化成细油粒，以一定的雾化角喷入炉内，与调风器送入的具有一定形状的空气流相混合。目前，多采用压缩空气、蒸汽或机械离心力作用等雾化方式。油雾化器与调风器的配合应能使燃烧所需的大部分空气及时地从火炬根部供入，并使火炬各处的配风与油雾流量密度分布相适应。同时，也向火炬尾部供应一定量的空气，以保证炭黑和焦粒的燃尽。

常用燃烧器的雾化喷嘴特性与适用范围见表5-6。垃圾焚烧锅炉用燃烧器多采用低压空气雾化喷嘴，空气流速约80m/s，压头为2～3kPa。燃料采用轻柴油燃料，也可采用液化石油气、天然气等气体燃料。

表 5-6　常用雾化喷嘴特性与适用范围

项目	压力雾化式	转杯雾化式	蒸汽雾化式	低压空气雾化式
雾化细度	20～250μm，粗细不均，低负荷时油粒变粗	100～200μm，粗细均匀，低负荷时油粒变细	＜100μm，细而均匀，低负荷时油粒变化不大	＜100μm，细而均匀，低负荷时油粒变化不大
雾化角	70°～120°	50°～80°	15°～45°	25°～40°
适用油种类	可用于各种油品，黏度11～27mm²/s	可用于各种油品，黏度11～42mm²/s	可用于各种油品，黏度56～72mm²/s	不宜用于残渣，黏度35mm²/s
燃烧特性	火炬短粗，形状随负荷变化	火炬形状不随负荷变化，易于控制	火炬狭长，形状易于控制	火焰较短，形状易于控制
调节比	简单压力式1∶2，回油压力式1∶4	1∶6～1∶8	1∶6～1∶10	1∶5
出力	100～3500kg/h	1～5000kg/h	3000kg/h以下	1000kg/h以下
进口油压	2～5MPa高压油泵	低压油泵或不用油泵	低压油泵或不用油泵	低压油泵或不用油泵
结构特点	雾化片制造维修要求高，易堵塞，运行噪声小	旋转部件制造要求高，无堵塞，运行噪声较小	结构简单，无堵塞，运行噪声大	结构简单，无堵塞，运行有噪声
雾化介质参数	—	转速300～500r/min	蒸汽压力0.3～1.2MPa	低压3～10kPa

续表

项目	压力雾化式	转杯雾化式	蒸汽雾化式	低压空气雾化式
雾化剂耗量	—	—	0.3～0.6kg汽/kg油	75%～100%理论空气
适用范围	用于小型或前墙及两侧墙布置的大型锅炉，可用于正压或微正压锅炉	用于小型或前墙及两侧墙布置的大型锅炉，不宜用于正压或微正压锅炉	用于小型或四角布置的大型锅炉，可用于正压或微正压锅炉	只用于小型锅炉，不宜用于正压或微正压锅炉

5.9.2 燃烧器基本技术要求

(1) 燃烧效率

燃油燃烧器，在一定运行调节范围内具有良好的雾化性能，包括雾化油滴粒径小且均匀，雾化角适当，沿圆周的油雾流量密度分布与配风一致，油雾与空气混合良好。

(2) 配风

在雾化炬根部及时供给适量空气，防止油气高温缺氧导致热解成炭黑；燃烧器出口处形成大小适中、位置恰当的回流区，使燃料与空气处于较高的温度场中，保证迅速且稳定着火；在燃烧过程中应使油雾与空气迅速均匀混合，保证完全燃烧，减少CO、NO_x 等有害物质的生成。

(3) 火焰充满度

燃烧火焰形状及长度与炉膛相适应，并避免火焰冲刷炉墙等设施。轻油燃烧器的火焰长度、直径与喷油量有如下关系。

火焰长度（L）与喷油量（G）关系式如下：

$$L=0.4432+0.0166G-2\times10^{-5}G^2+10^{-8}G^3 \tag{5-21}$$

火焰直径（D）与喷油量（G）关系式可用下式表示：

$$D=0.2949+0.0036G-6\times10^{-6}G^2+3\times10^{-9}G^3 \tag{5-22}$$

(4) 设备要求与调节性能

设备要结构简明，调节操作方便，运行安全可靠，维修简便，自动化程度较高；喷嘴雾化所耗的能量越少越好。调风装置阻力小，运行噪声低。燃烧器适应炉膛容积热负荷调节要求，不发生回火和脱火。

(5) 控制功能

具有相关安全链的检测、燃烧器安全设备的检测、电子式控制器燃料-空气比例控制与检测、燃料调节元件的控制，以及雾化介质的控制。

选择燃烧器需注意燃料品种、燃烧器的输出功率、调节范围和屏蔽保护、燃烧空气与燃料的混合特性、燃料雾化特性、设备安装与维护简便性等。

5.9.3 燃烧器性能指标

《冶金工业炉燃烧器技术条件》（YB/T 062—2021）规定，燃烧器性能指标如下：

①在5.1条的试验条件下，实际油量比例调节燃烧器不得超过规定值的±5%，非比例调节燃烧器不得超过规定值的±10%；在5.2条和5.3条的试验条件下，实际煤气、空气、蒸汽流量不得超过规定值的±10%。②燃烧调节比不小于3。③在燃烧调节比范围内以最小空气系数工作时其不完全燃烧化学热损失，油类燃料应不大于0.45%，煤气燃料应不大于

0.4%。④在燃烧器调节比范围内正常工作时，燃烧器不应有脱火、回火和火焰偏斜等异常现象；烟气 CO 含量不超过容积的 0.1%，NO_x 含量不超过有关规定。⑤金属手柄表面温度不高于 40℃，非金属手柄表面温度不高于 50℃。⑥正常工作时，不出现燃料、雾化介质及助燃空气泄漏现象，停止工作时不出现燃料泄漏现象。

5.9.4　油燃烧器系统流程

轻柴油燃烧器的油和压缩空气的阀组组装在一个带油盘的支架上整装出厂。油从供油管线通过分支管路到达油阀，油阀组根据燃烧器的运行条件进行油量调节。油阀组可从分支管线前端处被切断。两个主电磁阀打开允许油流入燃烧器，燃烧器的油压可通过油压力计进行监测。

作为雾化介质的压缩空气来自压缩空气管网。雾化空气量由带一个伺服电机的控制阀来调节，调节比为 1∶5。雾化空气的压力通过一个可测试的压力开关来监测并能被两个压力计检测到。

燃烧器一次空气由一次风机输送。一次空气挡板阀控制一次风流量，在一次风控制挡板阀的前端设置压力开关，检测一次风机运行。燃烧器停运阶段，一次风被转用于增加冷却空气量，以防燃烧器过热。燃烧器外壳通过一个带冷却空气的旁通管路来冷却。

燃烧器控制以 HIMA 为基准，控制柜靠近燃烧器安装，包括燃烧器系统运行所需的运行和控制设备，确保正确的燃料空气配比。油驱动设备和压缩空气驱动元件以及燃烧空气控制挡板依靠集成控制器来实现。在所有负荷点，燃料和空气达到一个固定配置。负荷调节由另一个更高级别的程序控制系统来实现。

燃烧器的点火系统由集成点火变压器和火焰监测系统的气体-电子点火为一体的设备组成。点火气体由点火气体阀组提供给点火设备。火焰检测系统的输出信号由全自动燃烧程序控制器检测，一旦点火设备失灵，点火程序即会停止。点火设备所需燃烧空气来自冷却空气挡板前端的冷却空气管道。

思考题

1. 请简述一下完整的垃圾焚烧系统包含的内容。
2. 垃圾焚烧炉的主要类型有哪些？
3. 请简要介绍炉排焚烧炉工作原理。
4. 请给出炉排尺寸和炉膛体积的估算方法。
5. 炉膛结构应具备哪些主要特性？
6. 请阐述一次空气、二次空气的作用。
7. 余热锅炉主要包括哪些部件？简述锅炉内汽水循环过程。

第6章 生活垃圾焚烧过程

在很多领域的工业废物处理中，都会用到焚烧这一工艺。焚烧是一个复杂的化学过程，涉及化学、传热、传质、流体力学、化学热力学、化学动力学等过程。

采用焚烧法处理生活垃圾的基本目标是：①减量化（垃圾减重70%～85%，减容90%以上）；②无害化（消除有害物质）；③资源化（利用焚烧余热生产热能）。炉排型焚烧包括三个阶段，即物料干燥阶段、燃烧阶段和燃尽阶段（可燃质燃尽生成固态残渣的阶段）。各个阶段的界限并非完全分明，尤其是对垃圾之类的焚烧过程更是如此。从实际过程看，一起送入的垃圾物料，有的组分尚在预热干燥，而其他物料已开始燃烧，甚至已燃尽。对同一阶段的物料而言，物料表面已进入燃烧阶段，而内部还在等待加热干燥。这就是说，由于垃圾物料的成分多种多样和几何尺寸的千差万别，它的焚烧过程比燃烧油、气之类的化石燃料要复杂得多。

6.1 生活垃圾焚烧概述

生活垃圾在炉排长度方向上开展整个燃烧过程，燃烧过程根据燃烧特点主要分为三个过程，即干燥（着火）段、燃烧段以及燃尽段。在干燥段，主要是垃圾的预热、水分蒸发以及升温着火的吸热过程；在燃烧段，是以垃圾的挥发分空间燃烧为主的放热过程；在燃尽段，是以垃圾的固定碳燃烧为主的放热过程。这几个燃烧阶段互相关联，无明显界限，但由于垃圾组分的变化，料层同一截面上各点的燃烧情况会有差别。当垃圾厚度沿炉排宽度方向上均匀，且各级炉排的一次风均按化学计量比供风，即理想工况下，料层的燃烧如图6-1所示。

6.1.1 干燥过程

生活垃圾的干燥是利用热能使水分汽化，并排出水蒸气的过程。按热量传递的方式，可将干燥分为传导干燥、对流干燥和辐射干燥三种方式。垃圾的含水率较高，一般为30%～55%，故干燥过程需要吸收大量的热能。在干燥着火的过程中，垃圾首先被推入焚烧炉内，吸收炉内高温烟气的辐射热，并在从炉排下送入的一次风作用下，在100～180℃范围内预热，实现垃圾水分快速蒸发的过程。此后，垃圾继续吸热升温到可燃质与氧发生剧烈反应。当放热反应大于吸热反应，可燃质发热速率大于向环境散热速率时，这两个平衡的临界点成为着火点，对应的温度成为着火温度。着火过程主要是由温度不断提高引起的，也被称为“热着火过程”。在此过程中，化学反应使温度升高，而温度升高又促使化学反应速率变得更

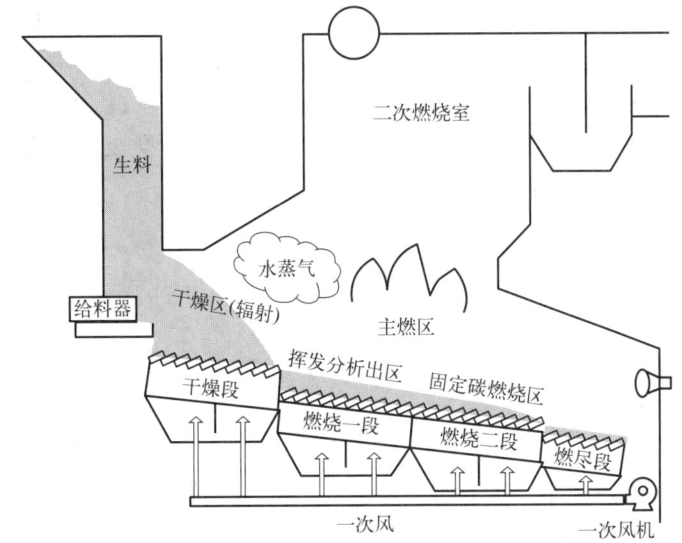

图 6-1　垃圾焚烧炉燃烧过程及料层结构示意

快，反应放热增加，如此反复。燃烧过程的链式反应在这里可以被忽略。

干燥着火段的吸热过程是着火的首要因素，影响吸热过程的主要因素有垃圾含水量及其蒸发速率、垃圾挥发分及其析出过程，以及燃烧空气温度等。因此，干燥段炉排应具备可将大部分垃圾含水量蒸发，不使垃圾结成大团块，均匀移动垃圾和自清洁等功能。对于含水率低于 40％的低水分垃圾，无高水分垃圾那样明显的水分蒸发过程，干燥点火炉排的长度要短，如顺推式炉排要短 2m 左右，逆推式炉排一般要少两排炉排片。

垃圾的含水量越大，干燥过程所需的热能就越多，所需时间也越长，由此导致焚烧炉内的温度下降也就越快，对垃圾焚烧的影响也就越大，严重时会使垃圾焚烧难以持续下去，为此必须从外界供给辅助燃料，以保证燃烧过程的顺利进行。

垃圾的干燥包括炉内高温燃烧空气、炉侧壁和炉顶的辐射等干燥、从炉排下部提供的高温空气的通气干燥、垃圾表面和高温燃烧气体的接触干燥、料层中部分垃圾的燃烧干燥等。利用炉壁和火焰的辐射热，垃圾从表面开始燃烧。干燥垃圾的着火温度一般为 200℃左右。如果提供 200℃以上的燃烧空气，干燥的垃圾着火，燃烧便从这部分开始。垃圾在干燥带上的滞留时间约为 30min。

6.1.2　燃烧过程

物质与氧发生激烈化学反应并伴有任何发光发热的现象叫作燃烧。微观解释，燃烧过程为分子之间的链式反应过程，在反应过程中需要有一群足以破坏原有结构的分子动能，这种动能称为活化能（图 6-2）。分子首先吸收活化能（E），之后进行强烈的化学反应，同时大量放热（E_1），其中（E_1-E）为垃圾发热量。化学反应的活化能一般为 $(4\sim40)\times10^4$ kJ/mol，小于 4×10^4 kJ/mol 时单位时间单位质量烧掉的燃料量即化学反应速率极快，大于 4×10^5 kJ/mol 时则化学反应速率相当缓慢。在燃烧过程中，即使温度不变，化学反应速率也会非常迅速。

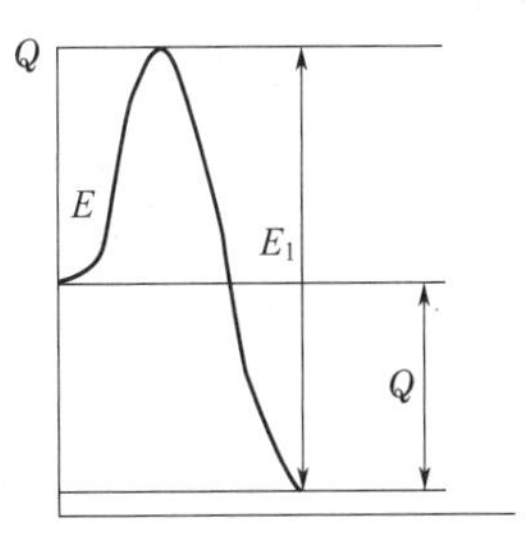

图 6-2　化学反应过程

燃烧阶段是焚烧过程的关键。在此阶段，热分解过程为继续燃烧提供热量。生活垃圾的热分解过程是垃圾多种有机可燃物在高温作用下的分解或聚合化学反应过程，反应产物包括烃类、固定碳以及不完全燃烧物等。垃圾的可燃固体一般由C、H、O、N、S、Cl等元素组成。这些物质的热分解包含多种反应，既有吸热反应，也有放热反应。有机可燃物的热分解速度可用 Arrnenius 公式表示：

$$K=A^{-\frac{E}{RT}} \tag{6-1}$$

式中 K——热分解速度；

A——系数；

E——活化能；

R——气体常数；

T——热力学温度。

有机可燃物的活化能越小、热分解温度越高，则其热分解速度越快，同时热分解速度还与传热传质速率有关。作为燃烧开始的第一阶段，有机物的分解直接关系到垃圾的燃烧、停留时间。

生活垃圾在燃烧过程中，挥发分具有在比较低的温度环境下，短时间内大量析出的特点。垃圾物理组分的挥发析出温度不同，燃烧行为也不尽相同（表 6-1）。

表 6-1 垃圾物理组分的挥发析出温度

物理组分	纸类	竹木	厨余	皮革	纤维	塑料	综合
环境温度/℃	180～250	180～250	230～250	250～300	325～400	约 340	230～250

由于生活垃圾组分间相互影响，这种交互作用与不同组分所占的比例有关，其挥发分平均析出温度为 250℃。挥发分析出过程远比水分蒸发过程激烈快速，且两者构成垃圾的主要减容减重过程。

与煤炭燃烧不同的是，垃圾可燃物中的挥发分占 70%～80%，故垃圾焚烧以挥发分的空间燃烧为主。挥发分中的氢（H_2）、一氧化碳（CO）、烃类（C_mH_n）等在 400℃左右环境中与一次空气混合并发生氧化反应。垃圾在炉排上的燃烧过程受到自然对流和供风气流的携带作用，大部分挥发分在前拱区升腾。当升腾到垃圾层上部空间的挥发分燃烧速率、扩散速率与氧达到平衡界面时进行混合燃烧。此时火焰拉得比较长，空间燃烧强烈，燃烧温度为 850～1050℃，燃烧过程在二次风口的截面处结束。此时，炉排表面的温度达到 350～550℃。

燃烧段的炉排处于最不利的工作环境下，因此要求燃烧炉排应具备燃烧空气分配均匀、垃圾处于良好的混合状态，炉排片冷却效果较好（对低热值垃圾采用风冷，高热值垃圾采用水冷），垃圾移送均匀，具有耐热应力（600℃）、耐腐蚀、抗冲击等功能。

固定碳的燃烧只占垃圾放热的一小部分，且只有当挥发分基本燃尽后才可能进行。固定碳的总失重不大，放热量不多，需要空气量较少。燃烧速率随温度上升而加速，燃尽温度降到 250～350℃时，碳降低到最低。固定碳的燃烧过程发生如下反应：

$$C+O_2 = CO_2$$

$$C+CO_2 = 2CO$$

其中，上述后一个化学反应的活化能是前一个反应的 2.2 倍，只有在很高的温度条件下才占优势，故在垃圾焚烧过程中不予考虑。

当垃圾的灰分多、熔点低时，固定碳燃烧可能会形成厚而密实的碳壳，难以实现完全燃烧，因此要求采用运动炉排搅动和台阶式落差等措施，促使垃圾强烈搅拌。另外，燃尽炉排应具有充分搅拌混合和良好排灰，通入较小的空气量即可实现完全燃烧，不易结块等功能。有无落差的垃圾焚烧过程的差异见图 6-3。

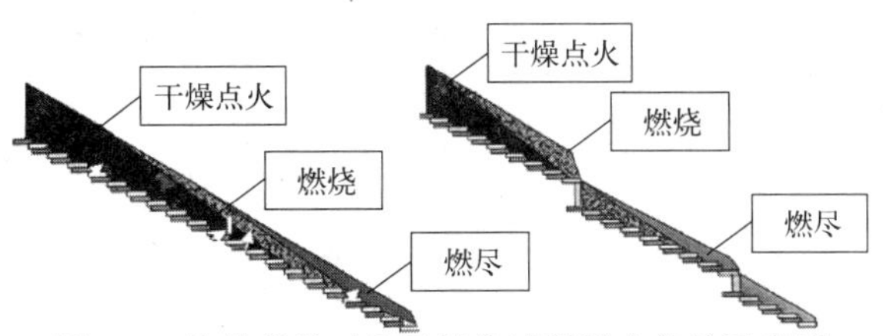

图 6-3 炉排落差对垃圾焚烧过程影响差异示意图

垃圾的燃烧过程是在氧气存在的条件下有机物质的剧烈氧化放热过程。垃圾的实际燃烧过程十分复杂，经干燥和热分解后，产生许多不同种类的气、固态可燃物。这些可燃物在与氧混合并达到一定着火条件后就会形成火焰而燃烧。垃圾含有多种有机成分，其燃烧过程不可能是某一种单纯的燃烧形式，而是包含有蒸发燃烧、分解燃烧和表面燃烧的综合燃烧过程。

在垃圾干燥段干燥、热分解产生还原性气体，进而在燃烧段产生旺盛的燃烧火焰，在后燃烧段进行静态燃烧（表面燃烧）。燃烧段和后燃烧段的界限称为“燃烧完了点”。即使垃圾特性变化较大，但也应通过调节给料量而使“燃烧完了点”位置尽量不变。垃圾在燃烧段的滞留时间约 30min。燃烧空气的 60%～80%在此阶段供应。为了提高燃烧效果，垃圾的均匀投入、垃圾的搅拌混合以及适当的空气分配（干燥段、燃烧段和燃尽段）等极为重要。空气通过炉排进入炉内时，容易从通风阻力小的部分流入炉内，空气流入过多的地方会产生“烧穿”现象，易造成炉排的烧损并产生垃圾的熔融结块。因此，炉排要求具有均匀的风阻。

6.1.3 燃尽阶段

垃圾焚烧过程的最后阶段是燃尽阶段，燃烧段过来的固定碳以及燃烧炉渣中未燃尽部分完全燃烧。垃圾在燃尽段上滞留约 1h，以保证将炉渣的热灼减率降至 3%以内。

垃圾在炉排上不同燃烧阶段的特征见表 6-2。

表 6-2 垃圾在炉排上不同燃烧阶段的特征

阶段	干燥点火			燃烧	燃烧与燃尽
	预热	水分蒸发	升温着火	挥发分析出燃烧	固定碳燃烧
现象	从常温加热到水分蒸发平衡温度	水分吸热蒸发，进入气相	水分蒸发，加热到着火温度	挥发分析出，伴有快速失重过程	固态物质反应放热，灰渣形成
作用	提供垃圾水分蒸发的条件	驱除水分，为垃圾稳定燃烧创造条件	为垃圾着火提供条件，快速燃烧反应开始	焚烧重要阶段之一。热分解部分垃圾，为继续燃烧提供热量	焚烧重要阶段之一。热量释放，灰渣形成
表征参数	$\Delta T=T_E-T_C$（其中，ΔT 为温升，K；T_E 为平衡温度，K；T_C 为环境温度，K）	$W\propto(T_E, P, S, t\cdots)$（其中，$W$ 为垃圾含水量，%；P 为蒸发环境压力，MPa；S 为蒸发结构参数；t 为时间，s）	$\Delta T=T_1-T_E$（其中，T_1 为着火温度，K）	$\Delta V=V_0-V$（其中，ΔV 为析出的挥发分，%；V_0 为初始挥发分含量，%；V 为即时挥发分含量，%）	$T\propto T_i(m_g, Q_g, t\cdots)$ $m\propto m_i(m_g, Q_g, t\cdots)$ （其中，m_g 为垃圾干堆积密度；Q_g 为干基高位发热量）

续表

阶段	干燥点火			燃烧	燃烧与燃尽
	预热	水分蒸发	升温着火	挥发分析出燃烧	固定碳燃烧
伴随效应	1. 吸热 $\Delta Q=mC_P\Delta T$ （其中，m 为垃圾堆积密度，kg；C_P 为垃圾比热容，kJ/kg） 2. 垃圾堆积密度改变	1. 失重 $\Delta W=mW(T_E,P,S,t\cdots)$ （其中，ΔW 为失重，kg） 2. 吸热 $\Delta Q_2=qmW$ （其中，ΔQ_2 为水分蒸发吸热量，kJ；q 为水分汽化潜热，kJ/kg）	1. 吸热升温 $\Delta Q_3=m_gC_P\Delta T$ 2. 开始由吸热转为放热 3. 质量变化加剧 4. 挥发分开始析出，出现火焰	1. 质变 $\Delta m=m\Delta V$ 2. 热量释放 $\Delta Q_4=q(V_i)\Delta m$ （其中，$q(V_i)$ 为第 I 组分析出时的放热系数）	1. 质变 $\Delta m=K_CS$ （其中，K_C 为燃烧比速度，kg/m^2； S 为燃烧反应当量表面积，m^2） 2. 热量释放 $\Delta Q_5=Q_g\Delta m$ （其中，Q_g 为干基高位发热量，kJ）

6.2 垃圾临界热值与绝热火焰温度

在不添加辅助燃料条件下实现垃圾的持续稳定燃烧的垃圾临界热值是在垃圾低位热值不高的条件下，采用焚烧方法处理生活垃圾时所面临的十分现实的问题。实现生活垃圾持续、稳定焚烧的基本特征参数是垃圾临界热值，即在无辅助燃料的条件下，实现垃圾持续、稳定燃烧的下限垃圾低位热值（Q_d）。世界银行关于采用焚烧技术处理垃圾的投资决策指导意见认为，垃圾年均低位热值至少应达到 7000kJ/kg（1672kcal/kg），且任何季节不低于 6000kJ/kg（1433kcal/kg），否则热能回收量少，需要高额的外加燃料才能维持运行。当低位热值从 9000kJ/kg 降低至 6000kJ/kg 时，垃圾处理费增加 30%。

理论上，影响垃圾临界热值的基本边界条件有炉膛过量空气系数（α）、理论空气量（L_0）、空气预热温度（t_k）等。垃圾热值的高低决定垃圾燃烧温度的高低。

垃圾燃烧温度的特征参数是绝热火焰温度（t_a），是指当燃烧系统处于绝热状态时，反应物在经化学反应生成平衡产物的过程中所释放的热量全部用来提高系统的温度，系统最终所达到的温度。垃圾的绝热火焰温度随着空气过剩系数的增加而明显降低，随着空气预热温度的上升而大幅升高。

垃圾临界热值与绝热火焰温度之间的关系可通过能量平衡确立，有精确法和近似计算法两种。垃圾的成分和热值波动性比煤、油和燃气要大得多，精确计算过于烦琐，工程上可采用近似法加以计算。下面，以热平衡计算模型进行计算示例，同时介绍美国、日本的一些研究成果。

(1) 以热平衡为基础的绝热火焰温度模型

根据垃圾焚烧热平衡确定的计算模型如式(6-2) 所示。该模型等号左边第一项为辐射散热后的可用垃圾发热量，第二项为空气带入热量，第三项为垃圾带入热量；等号右边为垃圾焚烧后的烟气热量。

$$(1-\sigma)Q_{dw}\eta+\alpha\cdot L_0\cdot c_k\cdot t_k+c_ft_f=c_y\cdot t_a\cdot V_y \tag{6-2}$$

即

$$t_a=\frac{(1-\sigma)Q_{dw}\eta+\alpha\cdot L_0\cdot c_k\cdot t_k+c_ft_f}{c_y\cdot V_y}$$

式中　Q_{dw}——垃圾低位热值，kJ/kg；
σ——辐射比率，%；
η——焚烧炉效率，%；
α——过量空气系数；
L_0——垃圾理论空气需要量，kg/kg；
c_k——空气平均比热容（见表 6-3），kJ/kg；
t_k——环境温度，℃；
c_f——垃圾平均比热容，kJ/(kg・℃)；
t_f——垃圾初始温度，℃；
c_y——烟气平均定压比热容（标准状态下），近似取c_y=1.3816kJ/(m³・℃)［一般 1.2979～1.4654kJ/(m³・℃)，0.31～0.35kcal/(m³・℃)］；
t_a——绝热火焰温度，℃；
V_y——单位垃圾焚烧烟气量（标准状态下），m³/kg。

L_0 按下式计算：

$$L_0=\gamma \cdot Q_{dw}^{0.8197} \tag{6-3}$$

式中　γ——系数，取 0.002kg/kJ。

表 6-3　空气平均比热容

温度/℃	0	20	100	200
空气平均比热容 c_k(标准状态下)/[kJ/(m³・℃)]	1.3188	1.3199	1.3243	1.3318
	1.7052	1.7066	1.7121	1.7220

c_f 按下式计算：

$$c_f=(A+V_r)\times 0.25+W \tag{6-4}$$

式中　A——垃圾的灰分；
V_r——垃圾的可燃分；
W——垃圾的水分。

下面是绝热火焰温度计算示例（表 6-4）。

表 6-4　绝热火焰温度计算示例

1 计算条件					
计算项目	**符号**	**例 1**	**例 2**	**例 3**	**备注**
进炉垃圾低位热值	Q_{dw}/(kJ/kg)	4598	5443	6688	
	Q_{dw}/(kcal/kg)	1100	1300	1600	
炉膛过量空气系数	α	1.6			
垃圾理论空气需要量	L_0/(kg/kg)	2.311 (2.002)	2.538 (2.308)	2.817 (2.733)	括号内为按如下估算式的计算结果$L_0=0.002\cdot Q_{dw}^{0.8197}$
辐射比率	σ/%	0.0218	0.0184	0.0150	垃圾蒸发水分/垃圾发热量=(417.51−83.73)(0.5−0.2)/Q_{dw}=100.13/Q_{dw}

续表

计算项目	符号	例 1	例 2	例 3	备注
空气平均比热容	c_k/[kJ/(kg·℃)]	1.7220			
空气预热温度	t_k/℃	200			
烟气平均定压比热容（标准状态下）	c_y/[kJ/(m^3·℃)]	1.3816			
焚烧炉效率	η/%	95			
单位垃圾焚烧烟气量（标准状态下）	V_y/(m^3/kg)	3.251	3.623	4.183	
	V_y/(kg/kg)	3.876	4.363	5.096	
2 计算结果					
绝热火焰温度	t_a/℃	$t_a=\dfrac{(1-\sigma)Q_{dw}\eta+\alpha\cdot L_0\cdot c_k\cdot t_k}{c_y\cdot V_y}=\dfrac{(1-\sigma)Q_{dw}\times0.95+1.6\times L_0\times1.7220\times200}{1.3816\times V_y}$			
		1234	1293	1351	
3 工况分析					
为保证炉膛内烟气达到850℃时停留不低于2s，根据以往经验，取绝热火焰温度1234℃，则垃圾临界热值4598kJ/kg（1100kcal/kg）。考虑锅炉热效率80%，要保持火焰温度1234℃，则垃圾热值应保持不低于5748kJ/kg（1373kcal/kg）。					

（2）其他推导模型

① 美国Tillman等根据美国垃圾焚烧厂的运行数据，推导出垃圾焚烧温度回归模型：

$$t_a=0.0258Q_{gw}+1926\alpha-2.524W+0.59(t_k-25)-177 \tag{6-5}$$

式中 t_a——燃烧温度，℃；

Q_{gw}——垃圾高位热值，kJ/kg；

α——过量空气系数；

W——垃圾含水量，%；

t_k——助燃空气预热温度，℃。

② 日本田贺博士根据热平衡原理，提出燃烧温度模型：

$$t_a=[(Q_{dw}+6W)-5.898W+0.80t_k\alpha(1-W/100)]/[0.847\alpha(1-W/100)+0.491W/100] \tag{6-6}$$

式中 t_a——燃烧温度，℃；

Q_{dw}——垃圾低位热值，kcal/kg；

W——垃圾含水量，%；

t_k——助燃空气预热温度，℃；

α——过量空气系数。

例：取进炉垃圾低位热值4598kJ/kg，按田贺博士模型计算燃烧温度的结果：

$$\begin{aligned}t_a&=[(Q_{dw}+6W)-5.898W+0.80t_k\alpha(1-W/100)]/[0.847\alpha(1-W/100)+0.491W/100]\\&=[(1100+6\times50)-5.898\times50+0.80\times200\times1.6\times(1-50/100)]/\\&\quad[0.847\times1.6\times(1-50/100)+0.491\times50/100]=1235(℃)\end{aligned}$$

（3）简算法

$$t_a=(Q_{dw}-\Delta Q)/V_yc_p+t_0 \tag{6-7}$$

式中 t_a——燃烧温度，℃；

Q_{dw}——垃圾低位热值，kJ/kg；

ΔQ——损失热量，kJ/kg；

V_y——单位垃圾焚烧烟气量，m^3/kg；

c_p——$t_a \sim t_0$ 间平均比热容，kJ/m^3；

t_0——助燃空气预热温度，℃。

6.3 完全燃烧与过量空气

在燃烧装置的调试和运行中，要进行烟气监测分析，以判断燃烧过程的完成程度，从而控制并改善燃烧过程。完全燃烧是指垃圾的可燃物质彻底分解，以达到垃圾减量最大化，将环境的污染降到最低的目的。烟气主要成分为 N_2、CO_2、CO、O_2 及含水量，而 H_2、C_mH_n 的含量极低，通常忽略不计。由烟气分析仪测出的为干烟气成分，理论上完全燃烧指烟气中不存在 CO。根据烟气成分，理论推导出 V_{CO}（CO 体积分数）的关系式：

$$V_{CO}=\frac{21-(1+\beta)V_{RO_2}-V_{O_2}}{0.605+\beta}\% \tag{6-8}$$

其中，V_{RO_2} 为三原子气体的体积分数，$V_{RO_2}=V_{CO_2}+V_{SO_2}$。由于烟气分析时可同时测出 CO_2 和 SO_2，因此用 RO_2 表示烟气。β 称为燃料特性系数，可用下式表示：

$$\beta=2.35\,\frac{W_H-0.126W_O+0.038W_N}{W_C+0.375W_S} \tag{6-9}$$

理论完全燃烧定义 $V_{CO}=0$，由关系式(6-8) 得到完全燃烧方程：

$$21-V_{O_2}=(1+\beta)\cdot V_{RO_2} \tag{6-10}$$

式(6-10) 可用来判断燃烧过程的优劣。

考核完全燃烧的工程指标有：烟气 CO 含量低于 $40mg/m^3$，有机成分的灰渣含碳量低于 2%。

从目前的污染物对环境的贡献、环境自身净化能力的平衡要求以及实施垃圾焚烧的技术经济条件的角度看，现有技术尚达不到严格意义上的完全燃烧。按照我国关于垃圾焚烧的现行标准为：烟气中的 CO 的 1 小时均值低于 $100mg/m^3$，炉渣热灼减率低于 5%。随着经济的发展和人们对环境质量要求的不断提高，对垃圾焚烧的环境保护标准还有进一步趋严的空间。

为了实现完全燃烧，就需要有过量的空气。过量空气系数（α）可表述为：

$$\alpha=\frac{21.3}{21.3-V_{O_2}-\dfrac{V_{CO}}{2}}\approx\frac{21}{21-V_{O_2}} \tag{6-11}$$

传统的燃烧是实现稳定运行、完全焚烧和控制环境污染。在炉排型垃圾焚烧炉的焚烧过程中，烟气含氧量通常控制在 6%～10%，最大到 12%，即过量空气系数通常为 1.4～1.9，最大到 2.3。针对我国低热值垃圾，在传统焚烧炉中，烟气含氧量一般控制在 8%～11%；对于低氧燃烧的焚烧炉，烟气含氧量一般控制在 5%～6%。另外，对我国早期有所应用的间歇式小型垃圾焚烧炉，当机械化程度较高时，含氧量为 8%～12%；当机械化程度较低时，含氧量为 10%～13%。为了应用方便，表 6-5 给出了烟气含氧量与过量空气系数的对应关系。

表 6-5　烟气含氧量与过量空气系数的对应关系

含氧量/%	5	6	7	8	9	10	11	12	13
过量空气系数(α)	1.3125	1.4000	1.5000	1.6154	1.7500	1.9091	2.1000	2.3333	2.6250

需要注意的是，α 是指余热锅炉出口处的燃烧过量空气系数。针对整个垃圾焚烧系统计算时，应将炉膛、对流受热面及尾部烟道的漏风系数一并考虑，即$\sum\alpha'=\alpha+\Delta\alpha_{炉}$；将烟气净化系统的漏风系数也加以考虑时，则$\sum\alpha'=\alpha+\Delta\alpha_{炉}+\Delta\alpha_{烟}$。借鉴我国层燃锅炉额定负荷时，漏风系数见表 6-6。当对流受热面水平布置，蒸发器、过热器与省煤器漏风系数之和可在 0.03～0.06 之间选取；烟气净化系统的漏风系数与设备制造质量、系统设计、安装质量等有关，取值多为 0.06～0.12。

表 6-6　我国层燃锅炉额定负荷时的漏风系数

名称	层燃炉	凝渣管表	过热器	省煤器			
条件	机械化加煤	—	—	$D>50t/h$	$D\leqslant 50t/h$		
	—	—	—	每段	钢管	铸铁/有护板	铸铁/无护板
漏风系数(α)	0.1	0	0.03	0.02	0.08	0.1	0.2

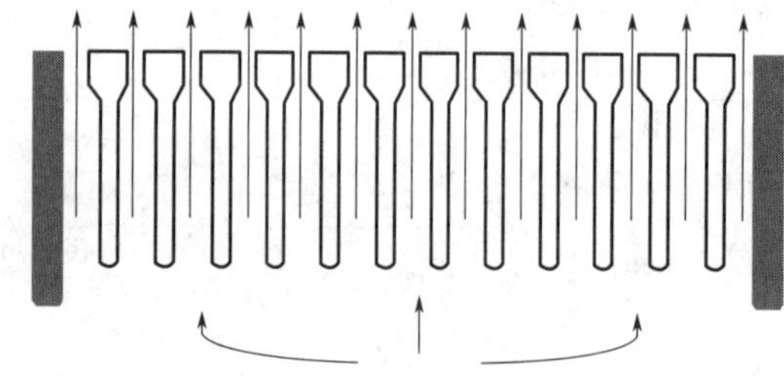

图 6-4　传统燃烧技术的一次空气典型分配的示意图

新型燃烧技术是在传统的燃烧技术基础上，实现低空气比燃烧，减少烟气的产生量和污染物的排放，减少热量损失，从而提高余热回收利用率。在炉排型焚烧炉的垃圾焚烧过程中，α 为 1.3～1.4。传统燃烧技术的一次空气典型分配的示意图参见图 6-4。低空气燃烧技术的一次空气典型分配示意图参见图 6-5。

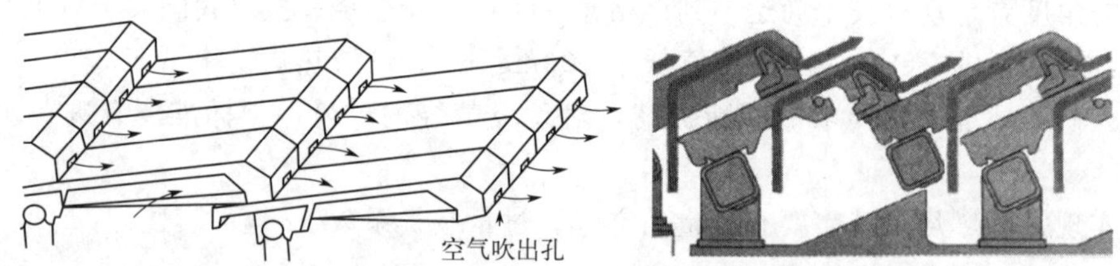

图 6-5　低空气燃烧技术的一次空气典型分配示意图

6.4　燃烧空气分配方式

垃圾沿床层长度方向展开燃烧过程，炉排各段的燃烧过程各不相同，局部配风量也不同。理论上，垃圾沿床层宽度方向的燃烧是均匀一致的，配给风量也应均匀一致。燃烧空气配给量最大的区域是挥发分剧烈析出，迅速燃烧并大量释放热量的局部区域；固定碳燃尽区则需要相对较少的燃烧空气；水分蒸发过程是大量吸热但不耗氧的过程，此时靠燃烧区域完全供热比较困难，故需要通过助燃空气提供一部分热量，即需要烟气或蒸汽通过传热过程适当提高助燃空气的温度。若空气温度过高，则会增加床层内部结块或结渣的可能性。垃圾焚烧的多年实践表明，当垃圾热值低于 8000kJ/kg 时，一次空气需要加热。一次空气加热温度与垃圾低位热值的关系如表 6-7。

表 6-7　一次空气加热温度与垃圾低位热值的关系

垃圾低位热值 LHV/(kJ/kg)	≤5000	5000～8000	>8000
一次空气加热温度/℃	200～250	100～220	20～100

助燃空气从垃圾池上方抽取，以便同时消除垃圾池内产生的恶臭。系统流程见图 6-6，其中蒸汽-空气加热器是利用蒸汽潜热为主加热空气的设备。加热器出口的空气温度一般比进口的蒸汽饱和温度低 20～30℃，当蒸汽压力为 4.6MPa 时，饱和温度为 258.7℃，则加热后空气温度不超过 228℃。如果垃圾热值很低，需要更高的空气温度时，可在焚烧锅炉尾部烟道设置空气预热器，与蒸汽-空气加热器串联设置。空气加热温度，根据垃圾低位热值并考虑炉排表面的温度工况等因素而确定。另外，当垃圾热值达不到保证燃烧室的燃烧温度和烟气停留时间的要求时，首先应采取提高一、二次空气温度的措施。当垃圾低位热值更低时，应在上述措施基础上，投入辅助燃料，以达到燃烧工况的要求。

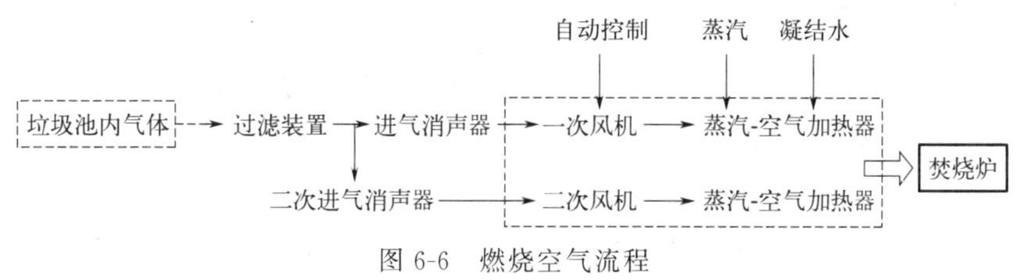

图 6-6　燃烧空气流程

燃烧空气采取仓室分区配风的方式，仓室与炉排下的灰斗合二为一。一次空气通过空气分配阀门进入灰斗，再经炉排片下部肋片间的通道迂回冷却炉排后，由炉排片的通气孔或炉排片的间隙进入炉排上的垃圾床层，炉排的阻力损失从 490Pa 到 1470Pa 不等。针对我国的垃圾焚烧厂建设，一些公司提出焚烧炉排的空气阻力损失多在 620～800Pa，个别低至 392Pa，或高达 980Pa。

为了调控炉膛烟温，避免因温度过高导致烟气颗粒物达到软化温度，充分满足挥发分完全燃烧的要求，以及使烟气形成紊流，需要采用二次空气。传统燃烧技术的一次空气占比为 60%～70%，二次空气占比为 30%～40%。对于低空气燃烧技术，二次空气量占比一般低于 30%。此外，通过控制二次空气量以达到控制烟气含氧量的目的，其中，烟气含氧量在 6%时热效率比较高，在 10%时可控制 CO 的形成。另外，在炉膛二次空气喷入区域形成高速紊流，并产生很高的温度。此时，也形成有利于 NO_x 生成的环境。为降低 NO_x 的生成环境，可采用分阶段送入二次空气的方法。

二次空气喷嘴多沿着炉膛喉部的前、后墙对冲布置，以利于形成紊流，但需上下错开，避免互相干扰。喷嘴数量根据二次空气量的多少确定，当喷嘴数量比较多，单排布置不下时也可采用双排布置方式。当炉膛深度不大时，喷嘴可集中布置在前墙。喷嘴可水平布置，也可呈 10°～25°向下倾斜布置。

二次空气喷嘴可采用制造简单的圆形，常用尺寸为 ϕ40～60mm；也可采用便于插入炉墙内的方形，高宽比不宜大于 6∶1。喷嘴出口流速大于 50m/s，射程范围为 1.5～4.5m。射程可按下式计算：

$$\frac{S}{d_0}=k\frac{W_{2k}}{W_y}\sqrt{\frac{\gamma_{2k}}{\gamma_y}} \tag{6-12}$$

式中 S——射程，m；

d_0——喷嘴内径，m；

W_{2k},W_y——二次空气及炉膛内烟气流速，m/s；

γ_{2k},γ_y——二次空气及炉膛内烟气重度，kN/m^3；

k——系数取决于喷嘴形式和喷射角，可按表 6-8 确定。

表 6-8　*k* 值与喷嘴形式和喷射角的关系

二次空气与烟气流夹角	60°	90°	120°
圆形射流	1.92	2.00	1.20
平面射流	1.85	2.00	1.80

6.5 垃圾床层厚度

在垃圾焚烧过程中，垃圾层厚度沿炉排长度方向不断减薄，固定碳燃尽区的床层厚度比干燥点火区和燃烧区初始阶段明显薄很多。所谓床层厚度是指从垃圾被推入炉排到初始燃烧阶段的平均厚度。正常的床层厚度大约为 800～1000mm。

由于炉排具有使垃圾强烈混合的作用，在焚烧过程中床层厚度总是处于变化状态。这是为了使析出的挥发分迅速扩散，及时获取氧量进行燃烧，避免因床层内部和孔隙受热而析出极难燃尽的炭黑（也叫析炭）。另外，水分在整个床层高度方向的蒸发分布不均匀，需要避免发生局部蒸发。

6.6 燃烧平衡计算与工程计算

6.6.1 燃烧平衡计算的基本条件

垃圾焚烧是以抽取垃圾池内的气体作为助燃气体，该气体成分包括空气成分和恶臭物质。其中，恶臭物质的占比很小，与空气相比可以忽略。在垃圾焚烧过程中，需要考虑氮气在燃烧过程中的耗氧量。Cl 含量一般大于 S 含量，但 Cl 与 H 发生反应，其数量级也很小，一般不需要单独列出。

燃烧平衡计算是以空气作为助燃气体的氧化反应为基础。在垃圾燃烧计算中，仍按传统假定空气和烟气的组分，包括水蒸气和氮气都按理想气体的计算方法。

(1) 空气成分

空气成分为氮气（N_2）78%、氧气（O_2）21%、氩气（Ar）0.9%、二氧化碳（CO_2）0.03%以及其他 0.097%。

（2）燃烧反应

燃烧过程包括如下反应：

$$C+O_2 = CO_2$$

$$2H_2+O_2 = 2H_2O$$

$$N_2+2O_2 = 2NO_2$$

$$S+O_2 = SO_2$$

原子（分子）量参考值为 C(12.0110)、O_2(31.9988)、CO_2(43.9999)、H_2(2.0158)、H_2O(36.0303)、N_2（28.0134）、NO_2(46.0055)、S(32.0600)、SO_2(64.0588)

6.6.2 燃烧空气计算与风机选型计算

（1）单位垃圾所需的理论一次燃烧空气量（V^0）

$$V^0 = \frac{22.41}{21}\left(\frac{W_C}{12.011}+\frac{W_H}{4.0316}+\frac{W_S}{32.0602}+\frac{W_{Cl}}{35.453}+\frac{W_O}{31.9988}\right)$$

$$=0.0889W_C+0.2647W_H+0.333W_S+0.0301W_{Cl}-0.0333W_O\,(m^3/kg) \tag{6-13}$$

在工程项目前期不具备计算条件时，可根据垃圾低位热值，按式(6-3) 初步估算按重量计的燃烧空气量 L_0。

（2）一、二次空气分配

一、二次空气分配按照设备供应商的规定。在燃烧空气量中一次空气占比为 60%～70%，最高达 80%，二次空气占比为 30%～40%，最低为 15%。当尚未确定供货商时，可按 66%的一次空气量和 34%二次空气量估算，即：

$$\frac{L_{02}}{L_{01}+L_{02}}=0.34 \tag{6-14}$$

实际应用中，当垃圾发热量小于 5000kJ/kg 且偏离 MCR（最大连续运行负荷）较大时，炉膛温度偏低，再注入二次空气会使炉膛温度明显降低。因此，有焚烧厂采取减少甚或间断注入二次空气，以提高炉膛温度的措施。

（3）一、二次风机选择计算

垃圾的成分和特性随季节变化，因此在选择风机时，应针对不同季节的垃圾成分进行核算并按超负荷 15%～20%时的最大计算风量确定。在垃圾焚烧过程控制中，需要调整和控制一次风量以及不同燃烧段的配风。对于炉排型焚烧炉，在自动调整炉排运动速度的同时，进行风量调整和控制，因此需要有较大的裕量。一般而言，焚烧厂的规模越大，风机的设计风量富裕度越小。对仅通过二次风调节炉温时，则需要较大的二次风裕量。

一、二次风机的风量按下式计算：

$$V_k=\alpha\cdot c\cdot B\cdot V^0\left(1+\frac{t}{273}\cdot\frac{101}{b}\right) \tag{6-15}$$

式中　V_k——风机风量，m^3/h；

α——过量空气系数（根据不同焚烧技术确定，传统焚烧炉取值 1.6～2.0；低空气比燃烧技术取值 1.3～1.4）；

c——一次或二次空气分配系数，%；

B——焚烧炉焚烧垃圾量，kg/h；

t——入炉时的燃烧空气温度，℃；

b——当地大气压，kPa。

一、二次风机的风压可按下列公式计算：

$$P=P_1+P_2+P_3+P_4+P_5+P_6+P_7 \tag{6-16}$$

式中 P——风机设计风压，kPa；

P_1——蒸汽-空气加热器阻力，kPa；

P_2——管道、管件和闸门阻力损失，kPa；

P_3——炉排和垃圾层阻力损失，kPa；

P_4——风机入口静压（一般为负压），kPa；

P_5——空气预热器阻力，kPa；

P_6——二次空气喷嘴阻力，kPa；

P_7——风压裕量，kPa。

风压一般取 4.0～6.5kPa，其中一次风压 4.0～5.0kPa，二次风压 5.0～6.5kPa。

6.6.3 燃烧烟气计算与引风机选型计算

(1) 理论烟气量计算

理论烟气量仍以烟气含氮量、理论水蒸气量和理论三原子气体量三项之和为基本依据，并根据实际经验进行适当修正确定。实际烟气量（V_y，m^3/kg）需考虑过量空气，计算公式如下：

$$\begin{aligned}V_y=&0.01867W_C+0.112W_H+0.007W_S+0.00315W_{Cl}+0.008W_N\\&+(1.0161\alpha-0.21)V_0+0.0124W_W\end{aligned} \tag{6-17}$$

(2) 引风机风量（V，m^3/kg）计算

$$V=B\cdot V_y\left(1+\frac{t}{213}\right)\cdot\frac{101}{b} \tag{6-18}$$

式中 B——焚烧垃圾量，kg/h；

t——引风机前的烟气温度，℃；

b——当地大气压，kPa。

(3) 引风机风压

$$H_y=\frac{1.2}{9.8}(h_1''+\Delta H_{lz}-H_{zs})\cdot\frac{273+\theta_{py}}{273+200}\cdot\frac{101}{b}\cdot\frac{1.293}{\gamma_y^0} \tag{6-19}$$

式中 H_y——引风机风压，kPa；

h_1''——余热锅炉出口负压，kPa；

H_{zs}——烟气自生通风力，kPa；

ΔH_{lz}——烟道总流动阻力，kPa；

θ_{py}——排烟温度，℃；

b——当地大气压，kPa；

γ_y^0——标准状态下烟气重度，N/(m³)。

γ_y^0 按下式计算：

$$\gamma_y^0=\frac{1-0.01A^y+1.306\alpha V^0}{V_y} \tag{6-20}$$

式中　A^{y}——垃圾有机成分中的收到基灰分。

ΔH_{lz} 按下式计算：

$$\Delta H_{lz}=\sum \Delta h_{1}\cdot(1+\mu)+\sum \Delta h_{2} \tag{6-21}$$

式中　$\sum \Delta h_{1}$——从炉膛到除尘器的总阻力，kPa；

$\sum \Delta h_{2}$——除尘器以后的总阻力，kPa；

μ——烟气中灰分质量浓度。

仅当$A_{fh}>0.006\,Q_{d}^{y}$ 时

$$\mu=\frac{A_{fh}}{100\gamma_{y}^{0}\cdot V_{y}^{pj}} \tag{6-22}$$

式中　A_{fh}——烟气飞灰占垃圾总灰分的质量分数；

V_{y}^{pj}——余热锅炉出口到除尘器间平均过量空气系数下的烟气比容，m^{3}/kg。

引风机风量计算应充分考虑以下因素：①在垃圾焚烧运行中，过剩空气条件下的湿烟气量；②控制烟温用的补充空气量；③烟气净化系统投入药剂或增湿引起的烟气附加量；④引风机前漏入系统的空气量。因此，引风机风量宜按最大计算风量加15％～30％的裕量确定。

由于以下几点原因，引风机应采用变频调速装置：①燃烧控制与炉温控制结果，即一、二次风量变化导致烟气量变化。②垃圾燃烧波动造成炉内温度变化，这种变化对喷水冷却的焚烧炉的烟气量影响较大，对采用垃圾焚烧锅炉的烟气排放量可认为没有影响。③单台焚烧炉规模越大，相对空气漏入量越小，反之亦然。采用垃圾余热锅炉冷却烟气工况的漏入空气量小于喷水冷却烟气的漏入空气量。引风机采用变频调速或液力耦合器等装置是保证垃圾完全燃烧的重要措施。

一些垃圾焚烧厂的燃烧空气量设计值参见表6-9。

表6-9　垃圾焚烧厂的燃烧空气量设计值

名称	处理量/(t/d)	MCR值/(kcal/kg)	空气温度/℃	一次风量(标准状态下)/(m^3/h)	二次风量(标准状态下)/(m^3/h)	锅炉出口烟气温度/℃	烟气量(标准状态下)/(m^3/h)
CA	165	1800	20	19100	10500	200～250	60000
AL	200	1400	20	31000	12000	200～250	46000
VO	216	1400	20	24305	14000	200～250	53000
SP	216	1400	20	24600	18000	200～250	55000
TK	300	1350	20	27870	8940	200～250	48000
TK	400	1300	20	33625	13107	200～250	63134
TK	400	1550	20	34900	17200	200～250	69400
ST	400	1400	20	57000	24200	200～250	87710
AL	400	1400	20	39936	12064	200～250	102600
SI	400	1400	20	56800	18000	200～250	108972
SI	400	1550	20	88056	19296	200～250	119520
HI	400	1550	20	56088	22680	200～250	131688
RI	400	1670	20	38500	7262	190	84600
SA	400	1670	20	81840	8700	200	122640

续表

名称	处理量/(t/d)	MCR 值/(kcal/kg)	空气温度/℃	一次风量(标准状态下)/(m^3/h)	二次风量(标准状态下)/(m^3/h)	锅炉出口烟气温度/℃	烟气量(标准状态下)/(m^3/h)
LU	500	2800	20	69400	29800	200～250	133400
	500	1400	20	46563	39671	200～250	109454
AB	500	1600	25	49000	33000	200～250	107900
ST	500	1600	20	65368	28105	200～250	116170
TK	800	1600	20	72940	36680	200～250	143120

思考题

1. 请简要解释生活垃圾焚烧的基本原理。
2. 请列举与焚烧相关的基本特征参数。
3. 垃圾焚烧过程一般分为几个阶段？
4. 垃圾临界热值指的是什么？有何影响条件？
5. 绝热火焰温度指的是什么？有何影响因素？
6. 请简述燃烧空气分配方式。

第3篇

污染控制与资源利用篇

在本篇中对烟气与废水处理、噪声与恶臭防治、焚烧灰渣处理利用进行了阐述，污染防治工作攻坚向纵向推进，同时本篇中还对焚烧的垃圾进行了热能利用，对供热方式做统筹计划，这不但适应了社会经济发展的需要，还体现了党的二十大“绿色、循环、低碳发展迈出坚实步伐”的理念。

第7章 烟气净化系统

生活垃圾焚烧产生的烟气，含有粉尘、酸性气体、重金属和二噁英等污染物，因此必须净化达标后才能排放。HCl、SO_x 等酸性气体多采用碱性吸收剂吸收，NO_x 采用选择性催化还原法和选择性非催化还原法去除，重金属和二噁英主要采用活性炭吸附，粉尘净化采用袋式除尘器或静电除尘器等除尘。

7.1 烟气的主要成分

对垃圾焚烧烟气进行净化前，应首先了解烟气的主要成分，明确烟气量，这有助于烟气净化工艺的选择和设计。

7.1.1 烟气成分

垃圾焚烧烟气主要由 N_2、O_2、CO_2 和 H_2O 等无害物质组成，体积占比约99%，此外还含有约1%的有害污染物。通常，把除水蒸气以外的烟气称为干烟气，把含有水蒸气的烟气称为湿烟气。烟气含水率一般为15%～35%。

烟气中的有害污染物包括：①颗粒物；②酸性污染物；③重金属，如铅、汞、镉等；④残余有机物等以及二噁英。

7.1.2 烟气量计算

(1) 理论空气量

生活垃圾的元素组成主要为C、H、O、N、S等，其中C、H和S元素在空气的作用下分别转化为 CO_2、H_2O 和 SO_2。在计算理论空气量时，假设垃圾中的N元素都转化为 N_2。空气中的氮需要在氧化环境和1200℃的条件下才能转化为 NO_x，而焚烧炉内不具备这种条件，所以计算理论空气量时可忽略生成热力型 NO_x 消耗的空气量。假设垃圾中的固定态氧可用于燃烧，并且假设空气的成分只有 N_2（79.1%）和 O_2（20.9%），则 N_2 的体积是 O_2 的3.78倍。下面，对垃圾焚烧过程中所需的理论空气量进行计算。

对烘干后垃圾进行元素分析，单位质量垃圾中的C、H、O、N、S的分别为 X、Y、Z、V 和 W，对应的摩尔数分别为 $X/12(x)$、$Y/1(y)$、$Z/16(z)$、$V/14(v)$ 和 $W/32(w)$，则垃圾的化学式为 $C_xH_yO_zN_vS_w$，在空气中完全燃烧会发生以下化学反应：

$$C_xH_yO_zN_vS_w+\left(x+\frac{y}{4}+w-\frac{z}{2}\right)O_2+3.78\left(x+\frac{y}{4}+w-\frac{z}{2}\right)N_2\rightarrow$$
$$xCO_2+\frac{y}{2}H_2O+wSO_2+\left[\frac{v}{2}+3.78\left(x+\frac{y}{4}+w-\frac{z}{2}\right)\right]N_2 \tag{7-1}$$

单位质量的垃圾焚烧需要的理论空气量为：

$$V^0=22.4\times 4.78\left(x+\frac{y}{4}+w-\frac{z}{2}\right)/(12x+y+16z+14v+32w) \tag{7-2}$$

(2) 理论烟气量

垃圾焚烧烟气中的 N_2、O_2、CO_2 和 H_2O 大约占烟气体积的 99%，因此忽略其他成分。根据式(7-1) 和式(7-2)，单位质量垃圾焚烧产生的烟气量如下：

$$V_s'=22.4\times\left\{x+\frac{y}{2}+w+\left[\frac{v}{2}+3.78\left(x+\frac{y}{4}+w-\frac{z}{2}\right)\right]\right\}/(12x+y+16z+14v+32w) \tag{7-3}$$

在实际操作中，垃圾含有水分，需要考虑水转化为水蒸气增加的烟气量。因此，把水蒸气体积与 V_s'之和记为理论烟气量（V_s）。

(3) 实际烟气量

在垃圾焚烧过程中，供给的空气量常常高于理论空气量，因此实际烟气量包括过剩空气量。实际烟气量可由下式计算：

$$V_{as}=V_s+(\alpha-1)V^0 \tag{7-4}$$

$$\alpha=\frac{V_a^0}{V^0} \tag{7-5}$$

式中　α——空气过剩系数；

V_a^0——实际空气量，m^3/kg。

7.2　烟气污染物特性

7.2.1　烟气污染物成分

在垃圾焚烧烟气中含有多种污染物，主要有烟尘；HCl、NO_x 及 SO_x 等酸性气体；重金属及其盐类；CO 等，此外还含有二噁英等有机物。

1）颗粒物（飞灰）

垃圾焚烧烟气中的颗粒物多为不规则的球形，粒径为 0.001～1000μm，表面沉淀有二氧化硅（SiO_2）、氯盐（KCl、NaCl）、无水石膏（$CaSO_4$）和少量方解石（$CaCO_3$）等结晶物质。飞灰的孔隙率高，表面积大，热灼减率高，干灰堆积密度为 0.3～0.5t/m^3。飞灰的化学成分包括酸性氧化物（SiO_2、Al_2O_3、TiO_2 等）、碱性氧化物（CaO、Fe_2O_3、MgO、K_2O、Na_2O 等）、氯化物以及硫化物盐类等，pH 值一般大于 11。

焚烧烟气中的粉尘可分为无机烟尘和有机烟尘两部分，其中无机烟尘主要来自固体废物中的灰分，而有机烟尘主要是由灰分包裹固定碳粒形成。

2）酸性污染物

（1）氯化氢（HCl）

垃圾焚烧烟气中的最主要酸性气体是HCl，浓度远高于NO_x和SO_x。HCl主要是含氯化合物、塑料（如PVC）燃烧时产生的，同时，碱金属氯化物（如NaCl）与SO_2、O_2、H_2O反应也会生成HCl。

HCl在垃圾焚烧过程中会促进其他有毒物质的产生。在一定条件下，HCl可与重金属发生反应，生成沸点较低的金属氯化物，加剧重金属的挥发，导致飞灰的重金属富集程度增加，造成飞灰的毒性加大。HCl还能促进氯苯、氯酚、氯苯并呋喃等具有“三致”作用的有机物生成，尤其是PVC裂解后生成的HCl可能会促进多环芳烃（PAHs）的生成。值得注意的是，HCl还能直接或间接地促进二噁英的生成，因此控制高温烟气的HCl含量有利于控制二噁英的生成。

（2）硫氧化物（SO_x）

垃圾焚烧产生的SO_x主要是SO_2，还有少量的SO_3，由含硫化合物氧化燃烧生成。SO_2是一种无色有强烈辛辣窒息性臭味的气体，它对结膜和上呼吸道黏膜有强烈刺激性。吸入高浓度SO_2可引起喉水肿、支气管炎、肺炎、肺水肿等。在空气中，SO_2很容易被氧化成SO_3，SO_3与水汽形成硫酸雾，侵入肺泡，会引起肺水肿和肺硬化。

（3）氮氧化物（NO_x）

NO_x主要来源于含氮化合物的分解转换和空气中氮气的高温氧化，主要成分为NO。与大多数危废焚烧相比，生活垃圾焚烧炉的燃烧温度相对较低，因此通常情况下，烟气NO_x的发生浓度要低于危废焚烧烟气。

NO_x是导致大气光化学污染的重要污染物质，有NO、NO_2、N_2O、N_2O_3、N_2O_7等多种形态。垃圾焚烧烟气中的NO_x以NO为主，NO浓度随温度提高而迅速增加，并且高温区的烟气停留时间越长，NO的生成量就越多，而低温则有利于NO_2的生成。通常认为，NO_x由95%的NO和5%的NO_2组成，但一般都按NO_2为100%考虑，这是因为在小于200℃的条件下，NO可通过光化学反应转化成NO_2。NO的生物化学活性和毒性都低于NO_2。与CO相似，NO也能与血红蛋白结合，阻碍血红蛋白与氧气的结合，导致人体缺氧。NO_2具有很强的毒性，当大气中NO_2浓度较高时，会严重威胁人体健康。

（4）氟化氢（HF）

垃圾焚烧会产生少量的HF。它是一种无色气体，易溶于水，具有较强毒性，能刺激眼鼻黏膜，高浓度时甚至导致鼻中隔穿孔、支气管炎或肺气肿，并可引起反射性窒息、呼吸循环衰竭。长期接触低浓度HF可导致牙蚀症及氟骨症。

（5）一氧化碳（CO）

CO主要是不完全燃烧的产物，反映焚烧过程的完全程度，也可看作可能存在有机微量污染物（如二噁英等）的标志。当CO的排放浓度在50～100mg/m^3范围时，可判定燃烧过程是完全的，并且有机微量污染物已被破坏。

3）重金属

飞灰含有2%～3%的重金属元素，主要有Ca、Na、K、Mg、Fe、Al、Ti、Ba、P、As、Ni、Co、Mn、Pb、Cd、Cu、Cr、Zn、Hg、Sn及其化合物等多种成分。由于挥发性的不同，金属元素在飞灰和炉渣中的含量分布差异较大。Cd、Pb、Sn、Cu、Zn、Hg、Cr、

Co、Mn、As、Ni 等重金属在飞灰中的比例达 40%以上，其中 Cd、Pb、Hg 等金属因挥发性较强，在飞灰中含量相对较高。

飞灰重金属的存在形态分为可交换态、碳酸盐结合态、铁锰氧化物结合态、有机结合态和残渣态。其中，可交换态和碳酸盐结合态的比例高，重金属在酸性条件下容易溶出，这类重金属有 Cd、Pb、Mg、Cu 及 Zn 等。残渣态重金属稳定性好，不易溶出，这类重金属有 Hg、Sn 等。

重金属是具有潜在危害的污染物，不能被微生物分解。生物体可富集重金属，将某些重金属转化为毒性更强的金属-有机化合物。20 世纪 50 年代，日本的 Hg 和 Cd 污染分别引起水俣病和痛痛病，因此重金属污染备受关注。

4）二噁英

二噁英是三环芳香族有机化合物。由 2 个或 1 个氧原子连接 2 个被氯取代的苯环，分别形成 PCDDs、PCDFs 以及 Co-PCB。每个苯环上可取代 1～8 个氯原子，从而可形成 75 种 PCDDs、135 种 PCDFs 和 29 种 Co-PCB，合计有 239 种二噁英。

二噁英是无色无味的针状固体（熔点约 303～305℃），非常稳定，几乎不发生酸碱中和反应及氧化反应，极难溶于水，可溶于大部分有机溶剂，是亲脂憎水性物质，所以非常容易在生物体内积累，对人体危害严重。相关毒性效应数据显示，二噁英的暴露可引起皮肤痤疮、头痛、失眠、忧郁、失聪等症状，并具有长期效应，如染色体损伤、心力衰竭、癌症等。二噁英被称为“地球上毒性最强的毒物”。

二噁英在低温下很稳定，在 800℃以上的条件下很容易分解，所以在垃圾焚烧过程中控制炉膛温度高于 850℃，烟气停留时间超过 2s，可有效抑制二噁英的产生。自然环境中的二噁英为 pg-TEQ/m^3 数量级，垃圾焚烧产生的二噁英为 ng-TEQ/m^3 数量级。

二噁英的异构体因所含氯原子数及取代位置不同，其毒性有较大差别。为了评价它们的毒性，引入毒性当量（TEQ）的概念，其数值称为毒性当量因子（TEF），取毒性最强的 2,3,7,8-四氯二苯并二噁英（2,3,7,8-TCDD）的 TEF 为 1，其毒性为氰化钾的 1000 倍。其他二噁英的 TEF 均小于 1。研究表明，有 29 种二噁英异构体为强毒物质，其中包括 7 种 PCDD、10 种 PCDF 和 12 种多氯联苯（PCBs 也属于二噁英）（表 7-1）。

表 7-1 二噁英的毒性当量因子

名称	缩写	分子式	分子量	TEF
二氯二苯并二噁英	DCDD	$C_{12}H_6Cl_2O_2$	253.1	0
三氯二苯并二噁英	T_3CDD	$C_{12}H_5Cl_3O_2$	287.5	0
2,3,7,8-四氯二苯并二噁英	2,3,7,8-T_4CDD	$C_{12}H_4Cl_4O_2$	322.0	1
1,2,3,7,8-五氯二苯并二噁英	1,2,3,7,8-P_5CDD	$C_{12}H_3Cl_5O_2$	365.4	0.5
1,2,3,4,7,8-六氯二苯并二噁英	1,2,3,4,7,8-H_6CDD	$C_{12}H_2Cl_6O_2$	390.9	0.1
1,2,3,6,7,8-六氯二苯并二噁英	1,2,3,6,7,8-H_6CDD			0.1
1,2,3,7,8,9-六氯二苯并二噁英	1,2,3,7,8,9-H_6CDD			0.1
1,2,3,4,6,7,8-七氯二苯并二噁英	1,2,3,4,6,7,8-H_7CDD	$C_{12}H_1Cl_7O_2$	425.3	0.01
1,2,3,4,6,7,8,9-八氯二苯并二噁英	1,2,3,4,6,7,8,9-O_8CDD	$C_{12}H_8O_2$	459.8	0.001
2,3,7,8-四氯二苯并呋喃	2,3,7,8-T_4CDF	$C_{12}H_4Cl_4O$	306.0	0.1

续表

名称	缩写	分子式	分子量	TEF
1,2,3,7,8-五氯二苯并呋喃	1,2,3,7,8-P_5CDF	$C_{12}H_3Cl_5O$	340.4	0.05
2,3,4,7,8-五氯二苯并呋喃	2,3,4,7,8-P_5CDF	$C_{12}H_3Cl_5O$	340.4	0.5
1,2,3,4,7,8-六氯二苯并呋喃	1,2,3,4,7,8-H_6CDF	$C_{12}H_2Cl_6O$	374.9	0.1
1,2,3,6,7,8-六氯二苯并呋喃	1,2,3,6,7,8-H_6CDF	$C_{12}H_2Cl_6O$	374.9	0.1
1,2,3,7,8,9-六氯二苯并呋喃	1,2,3,7,8,9-H_6CDF	$C_{12}H_2Cl_6O$	374.9	0.1
2,3,4,6,7,8-六氯二苯并呋喃	2,3,4,6,7,8-H_6CDF	$C_{12}H_2Cl_6O$	374.9	0.1
1,2,3,4,6,7,8-七氯二苯并呋喃	1,2,3,4,6,7,8-H_7CDF	$C_{12}HCl_7O$	409.3	0.01
1,2,3,4,7,8,9-七氯二苯并呋喃	1,2,3,4,7,8,9-H_7CDF	$C_{12}HCl_7O$	409.3	0.01
八氯二苯并呋喃	O_8CDF	$C_{12}H_8O$	443.8	0.001
3,3′,4,4′-四氯联苯	3,3′,4,4′-T_4CB	$C_{12}H_6Cl_4$	292.0	0.01
3,3′,4,4′,5-五氯联苯	3,3′,4,4′,5-P_5CB	$C_{12}H_5Cl_5$	326.4	0.1
3,3′,4,4′,5,5′-六氯联苯	3,3′,4,4′,5,5′-H_6CB	$C_{12}H_4Cl_6$	360.9	0.05
2,3,3′,4,4′-五氯联苯	2,3,3′,4,4′-P_5CB	$C_{12}H_5Cl_5$	326.4	0.001
2,3,4,4′,5-五氯联苯	2,3,4,4′,5-P_5CB	$C_{12}H_5Cl_5$	326.4	0.001
2,3′,4,4′,5′-五氯联苯	2,3′,4,4′,5′-P_5CB	$C_{12}H_5Cl_5$	326.4	0.001
2′,3,4,4′,5-五氯联苯	2′,3,4,4′,5-P_5CB	$C_{12}H_5Cl_5$	326.4	0.001
2,3,3′,4,4′,5-六氯联苯	2,3,3′,4,4′,5-H_6CB	$C_{12}H_4Cl_6$	360.9	0.001
2,3′,4,4′,5,5′-六氯联苯	2,3′,4,4′,5,5′-H_6CB	$C_{12}H_4Cl_6$	360.9	0.001
2,3,3′,4,4′,5,5′-七氯联苯	2,3,3′,4,4′,5,5′-H_7CB	$C_{12}H_3Cl_7$	395.3	0.001

7.2.2 烟气污染物浓度

垃圾焚烧烟气的污染物浓度通常采用在0℃/1atm的标准状态下，干基烟气含氧量11%（或10%抑或12%）作为计量标准，各种污染物的浓度参考范围见表7-2。

表7-2 垃圾焚烧烟气污染物浓度（标准状态，干烟气11%O_2）

烟气成分	参考范围
烟气量(标准状态下)/(m^3/t垃圾)	3500～4500
O_2/%	—
N_2/%	—
CO_2/%	—
水蒸气/%(v/v)	3～35
颗粒物(标准状态下)/(mg/m^3)	1000～6000
HCl(标准状态下)/(mg/m^3)	200～1600
HF(标准状态下)/(mg/m^3)	0.5～5
SO_x(标准状态下)/(mg/m^3)	20～800
NO_x(标准状态下)/(mg/m^3)	90～500
CO(标准状态下)/(mg/m^3)	10～200

续表

烟气成分	参考范围
Pb(标准状态下)/(mg/m^3)	1～50
Hg(标准状态下)/(mg/m^3)	0.1～10
Cd(标准状态下)/(mg/m^3)	0.05～2.5
Cr、Cu、Mn、Ni(标准状态下)/(mg/m^3)	10～100
二噁英(标准状态下)/(ngTEQ/m^3)	1～15

7.3　烟气污染物的形成机制

7.3.1　粉尘

垃圾焚烧过程的物理和化学反应均会导致粉尘的产生。物理反应引起的粉尘产生过程包括：①烟气卷起一些微小颗粒产生的粉尘。另外，燃烧不完全时微小的未燃尽物也以粉尘形式随烟气排出。②在高温燃烧区一些低沸点物质气化形成粉尘。化学反应引起的粉尘产生过程包括：①一些盐类被氧化，随着烟气冷却而凝结成盐颗粒形成粉尘。②投入 $Ca(OH)_2$ 或 $CaCO_3$ 去除酸性气体时，反应产物或未反应物构成粉尘。

7.3.2　酸性气体

(1) 氯化氢 (HCl)

烟气中的氯化氢主要来源于含氯物质的焚烧，含氯物质分为有机氯化物及无机氯化物等。常见的有机氯化物有聚氯乙烯（PVC）、聚偏二氯乙烯（PVDC）等。其中，PVC 的热稳定性差。当温度为 600～800℃时，发生下列化学反应：

$$CH_2CHCl+5/2O_2 = 2CO_2\uparrow+HCl\uparrow+H_2O \tag{7-6}$$

氯化钠在温度 430～540℃时发生以下反应：

$$2NaCl+SO_2+1/2O_2+H_2O = Na_2SO_4+2HCl\uparrow \tag{7-7}$$

$$2NaCl+2SiO_2+H_2O = Na_2O(SiO_2)_2+2HCl\uparrow \tag{7-8}$$

HCl 由 Cl 与 H 反应生成，1molCl 生成 1molHCl。所以，根据垃圾 Cl 含量即可计算出每千克垃圾产生的 HCl 体积。

(2) 硫氧化物 (SO_x)

垃圾燃烧产生的 SO_x 主要源于有机硫，也有部分源于无机硫。其中，可燃性硫的转化率几乎达 100%。垃圾产生的 SO_x 量一般在 HCl 的 1/10 以下。

燃烧过程中，当过量空气系数（α）小于 1 时，有机硫的反应产物有 SO_2、H_2S 和 SO_3 等；当 α 大于 1（即完全燃烧）时，95%以上的生成物为 SO_2，约 0.5%～2%的 SO_2 进一步反应生成 SO_3。SO_x 的形成机制如下。

有机硫：$$C_xH_yO_zS_p+O_2 \longrightarrow CO_2\uparrow+H_2O+SO_2\uparrow+\text{未完全燃烧物} \tag{7-9}$$

无机硫：$$2SO_2+O_2 = 2SO_3 \tag{7-10}$$

$$S+O_2 = SO_2\uparrow \tag{7-11}$$

(3) 氮氧化物 (NO_x)

垃圾焚烧产生的 NO_x，一部分来源于含氮有机质的分解转化，一部分来源于空气中的氮。焚烧产生的 NO_x 主要分 3 类，各自的生成机理如下。

① 热力型 NO_x。热力型 NO_x 是指在高温条件下，N_2 与 O_2 反应生成 NO_x 的过程。当温度低于 1500℃时，NO 的生成量很小；当温度高于 1500℃时，每升高 100℃，NO_x 的生成速率将提高 6～7 倍。热力型 NO_x 的生成过程为：

$$2N_2+3O_2 \xlongequal{} 2NO_2\uparrow+2NO\uparrow \tag{7-12}$$

② 燃料型 NO_x。燃料型 NO_x 是指燃烧过程中，有机氮被还原成 NH_3，NH_3 再和 O_2 反应生成 NO_x 的过程。氮分子 N≡N 键能比有机氮 C—N 的键能大得多，因此氧首先破坏 C—N 键而生成 NO_x，反应温度为 600～800℃。燃烧温度对 NO_x 的生成影响不大，而 α 对燃料型 NO_x 的生成影响显著。NO_x 的转化率，当 $\alpha<1$ 时显著降低，当 $\alpha=0.7$ 时趋于 0。燃料型 NO_x 的形成原理如下：

$$C_xH_yO_zN_w+O_2 \longrightarrow CO_2\uparrow+H_2O+NO_2\uparrow+NO\uparrow+\text{未完全燃烧物} \tag{7-13}$$

③ 瞬时型 NO_x。在燃烧过程中，碳氢化合物也会生成 NO_x，称为瞬时型 NO_x。它与热力型 NO_x 合并统称为热力型 NO_x。空气中的氮需要在氧化气氛和 1200℃的高温下转化为 NO_x，而焚烧炉内不具备这种条件，因此垃圾焚烧过程产生的 NO_x 90%属于燃料型。

(4) 氟化氢 (HF)

垃圾焚烧产生的氟化氢（HF）主要来自氟碳化合物的燃烧，如特氟龙、聚氟薄膜等。由于氟和氯的化学特性十分相似，HF 的形成机理与 HCl 类似，但 HF 的产生量比 HCl 要少。

7.3.3 重金属

垃圾中的电池、温度计、油漆、金属板、化学溶剂、废油、灯管、油墨等，常含有重金属元素（Pb、Hg、Cr、Cu、Cd、Mn、Zn 等）。这些重金属在焚烧过程中会发生迁移和转化。一部分重金属在高温下由固态转化为气态，并以气态形式存在于烟气中。一部分重金属进入烟气后被氧化，并凝聚成很细的颗粒物，还有很大一部分重金属附着在粒径$<1\mu m$ 的飞灰颗粒上。

7.3.4 二噁英

生活垃圾在焚烧过程中，二噁英的生成机理相当复杂，已知的生成途径可能有：

① 垃圾自身含有微量或痕量二噁英，在焚烧过程中以炉渣或炉排下灰的形式排放出来。

② 含氯有机物在焚烧过程中，在 300～500℃下因不完全燃烧导致脱氯、重排、自由基缩合或其他化学反应生成二噁英。垃圾焚烧设备中二噁英生成的数量级为 $10^{-9}\sim10^{-11}g/m^3$。

③ 燃烧不充分而产生过多的未燃尽物质，在 Cu 等催化物质存在和 300～500℃下，高温下已分解的二噁英将会再次生成。

7.4 烟气净化技术

烟气的污染物特性不同，形成机制也存在差异，因此净化技术和工艺也会不同。

7.4.1　粉尘净化技术

除尘设备可捕集烟气中的颗粒物，使颗粒物从烟气中分离。常用的除尘设备分为：机械除尘器、电除尘器、袋式除尘器和湿式除尘器。垃圾焚烧厂采用的除尘器有静电除尘器和袋式除尘器。

1）除尘器的基本性能指标

(1) 除尘效率（η）

除尘效率（η）指除尘器捕集的颗粒物量与进入除尘器的颗粒物量的百分比。考虑到除尘器的漏风系数（K），除尘器的 η 计算如下：

$$\eta=\frac{G_1}{G_0}\times 100\%=\frac{G_0-G_2}{G_0}\times 100\%=\frac{c_0Q_0-c_2Q_2}{c_0Q_0}\times 100\%=\left(1-\frac{c_2}{c_0}K\right)\times 100\% \quad (7\text{-}14)$$

式中　G_0,G_1,G_2——分别为除尘器进口、捕集、出口的颗粒物量，g/h；

c_0,c_2——分别为除尘器进口和出口的含尘浓度（标准状态下），mg/m^3；

Q_0,Q_2——分别为除尘器进口和出口的烟气量（标准状态下），m^3/h；

当多级除尘器串联使用（η 分别为 η_1，η_2，$\eta_3\cdots$）时，多级除尘器的 η 如下：

$$\eta=[1-(1-\eta_1)(1-\eta_2)(1-\eta_3)\cdots]\times 100\% \quad (7\text{-}15)$$

除尘器对不同粒径或不同粒径颗粒物的 η 叫作分级效率（η_d）。

$$\eta_d=\frac{\varphi_{1d}}{\varphi_{0d}}\times 100\%=\left(1-\frac{\varphi_{2d}}{\varphi_{0d}}\right)\times 100\% \quad (7\text{-}16)$$

式中　$\varphi_{0d},\varphi_{1d},\varphi_{2d}$——分别指粒径 d 的颗粒物在除尘器进口、捕集和出口的颗粒物的量，g/h；

总 η 为：

$$\eta=\sum_{d}^{n}\eta_d p_{0d} \quad (7\text{-}17)$$

式中　p_{0d}——粒径 d 的颗粒物在除尘器进口的质量比例，%。

(2) 压力损失（ΔP）

除尘器的压力损失（压差或阻力）指烟气通过除尘器时所消耗的机械能，包括位能和动能。由于烟气的容重小，且在除尘装置内的位置变化不大，在此忽略位能，仅考虑动能的损失。ΔP 由除尘器前后管道中气流的平均全压（静压＋动压）表示：

$$\Delta P=\overline{P_0}-\overline{P_2}+\frac{\rho_g}{2}v^2\left[1-\left(\frac{A_0}{A_2}\right)^2\right] \quad (7\text{-}18)$$

式中　$\overline{P_0},\overline{P_2}$——分别为除尘器进口和出口的静压，Pa；

ρ_g——除尘器内烟气平均密度，kg/m^3；

v——除尘器进口烟气流速，m/s；

A_0,A_2——分别为除尘器进口和出口测点处管道的截面积，m^2。

根据除尘器 ΔP 的大小，将除尘器分为低阻除尘器（$\Delta P\leqslant 500Pa$）、中阻除尘器（$500Pa<\Delta P\leqslant 2000Pa$）和高阻除尘器（$\Delta P>2000Pa$）。低阻除尘器包括静电除尘器和重力沉降室等，袋式除尘器和旋风除尘器属于中阻除尘器，文丘里管除尘器属于高阻除尘器。

2）静电除尘器

静电除尘器是利用高压放电产生电晕作用，使通过的烟气电离化，颗粒物带负荷电且向正极板迁移，附着在正极板上并中和电荷，再通过机械振打使极板上的颗粒物掉落到灰斗内。

垃圾焚烧厂的静电除尘器的电场多采用极板形式。静电除尘器去除的颗粒物的粒径在0.05～20μm，粒径在1.0μm及以下的分级效率较低。压力降在100～200Pa时，去除效率一般可达到95%～99.5%。

自20世纪70年代，静电除尘器被广泛应用于垃圾焚烧厂。其中，与湿法组合技术中，为避免腐蚀，静电除尘器置于上游；与干法或半干法组合技术中，静电除尘器置于下游。

随着烟气排放标准日益严格，二噁英排放问题备受关注。相关研究结果表明，静电除尘器出口烟气的二噁英浓度在300℃时是入口的10～15倍，而250～400℃是静电除尘器的工作温度范围，而这也正是二噁英再生成的温度范围。1997年4月，日本对其国内340座垃圾焚烧炉排放烟气二噁英浓度实测调查发现，标准状态下静电除尘器为12ng-TEQ/m^3，袋式除尘器为0.98ng-TEQ/m^3。此外，袋式除尘器去除重金属的效果要优于静电除尘器。

因此，袋式除尘器于20世纪80年代末开始广泛应用于垃圾焚烧厂，而静电除尘器已很少在新建焚烧厂采用，尤其是与半干法与干法组合工艺中已不再使用。另外，《生活垃圾焚烧处理工程项目建设标准》（建标142—2010）中规定，垃圾焚烧厂中的除尘设备应选用袋式除尘器。

3）袋式除尘器

（1）袋式除尘器的基本特征

在袋式除尘器中，通过筛分、碰撞、拦截、静电和扩散等作用，烟气中的颗粒物被捕集在滤袋上被清除。随着捕集的粉尘量不断增加，一部分粉尘会嵌入到滤布内部，一部分粉尘在滤袋表面形成粉尘初层。粉尘初层是袋式除尘器的主要过滤层，可提高除尘效率。所以，在清灰时不要过度，以免破坏粉尘初层，否则会显著降低除尘效率。

袋式除尘器的除尘效率与温度、含尘量、颗粒物粒径、过滤速度和滤袋材质等有关。袋式除尘器对粒径为0.2～0.4μm颗粒物的除尘效率最低，原因在于此粒径范围的颗粒物处于拦截作用的下限和扩散作用的上限。袋式除尘器的压降控制范围为800～1800Pa，除粒径为0.2～0.4μm以外的颗粒物的分级效率均可达到99%以上，总除尘效率达到99.9%以上。表7-3所列为袋式除尘器对颗粒物的各种作用及其影响因素。

表7-3 各种因素对袋式除尘器作用的影响

作用	粒径	纤维直径增大	滤速减小	颗粒物粒径增大	颗粒物密度增大
筛分	＞30μm	减小	无影响	增加	无影响
惯性	＞1μm	减小	减少	增加	增加
扩散	＜0.2μm	减小	增加	减少	减少

(2) 袋式除尘器的清灰方式

袋式除尘器的清灰方式有机械振动清灰、逆气流清灰和脉冲清灰。在净化垃圾焚烧烟气时，脉冲清灰更为常用。脉冲清灰是利用压缩空气进行反吹，冲击波使滤袋振动，使附着在滤袋上的灰层脱落。脉冲清灰的控制方式有定时清灰和定阻清灰两种，垃圾焚烧厂宜优先采用定阻清灰方式。

脉冲清灰容易出现清灰过度的情况，因此选择合适压力的压缩空气（4～7个标准大气压）和适当的脉冲持续时间至关重要。每喷吹清灰一次称为清灰宽度，典型值为0.1～0.2s。全部滤袋完成一次清灰循环的时间称为脉冲周期，单一材质滤料的脉冲周期典型值为0.5～5.0min。

(3) 袋式除尘器的分类

袋式除尘器根据过滤方向可分为内滤式和外滤式。内滤式是指气体从袋口进入滤袋，然后穿过滤布流向滤袋外，粉尘被阻留在滤袋内，清灰方式多采用机械振动清灰和逆气流清灰。外滤式是指气体由滤袋外进入滤袋内，气流从滤袋内排出，粉尘被截留在滤袋外，清灰方式多采用脉冲清灰。

垃圾焚烧厂大多采用外滤和负压方式的中心喷吹脉冲袋式除尘器（图7-1）。滤袋采用上部开口、下口封闭的形式，烟气从除尘器下方进气口进入，从滤袋外侧穿过滤袋，从上方出气口排出，粉尘则被阻挡在滤袋外侧，最终通过脉冲喷吹清灰，积灰从滤袋上脱落掉入灰斗中。垃圾焚烧厂的袋式除尘器多采用分室结构，以保证一室清灰或维修时，其他室能正常工作。此外，应采取设备保温和灰斗加热措施。

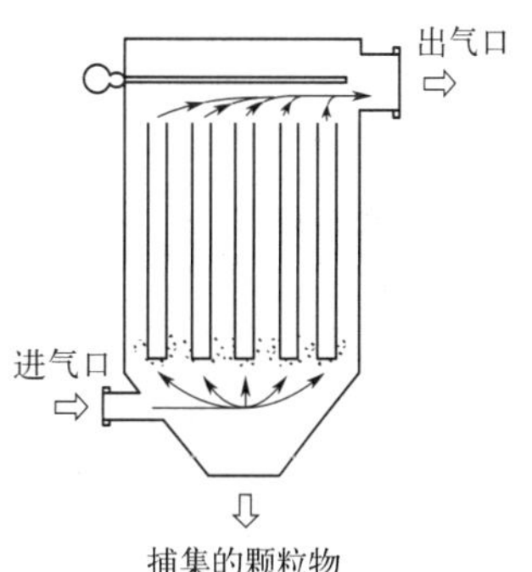

图7-1 喷吹脉冲袋式除尘器示意图

(4) 滤袋和滤料

从形状上分，滤袋有圆袋和扁袋两种。圆袋市场占有率较高，具有受力均匀，龙骨连接简单，清灰功率较小等优点。垃圾焚烧厂的除尘器滤袋多采用内置龙骨的圆袋，滤袋公称直径为120～160mm，长为3～6m，长径比为20∶1～40∶1。垃圾焚烧厂采用的袋口多为不锈钢弹簧圈结构的缝制袋口，也有滤袋顶部缝制环形滤料法兰的袋口。

滤袋材质有天然的和人工合成的纤维织物。天然纤维织物有棉织品和毛织物，适用温度不应高于93℃，且只能耐受中等酸碱腐蚀。许多合成纤维，如尼龙、丙烯酸系纤维、聚酯聚丙烯、碳氟化合物等都可用作滤袋材料。垃圾焚烧烟气净化中，滤袋材质的选择技术要点主要包括除尘效率、容尘量、机械性能、水解性能、化学性能、耐温性能、拉伸性能，以及性价比等。

垃圾焚烧余热锅炉每日24h连续运行，出口烟气温度为180～200℃，受热面污染严重时达230～250℃。因此，滤料应有高温下不劣化、耐化学侵蚀和物理损伤等特性。适用的滤料主要有聚苯硫醚（PPS）、聚亚酰胺（P84）、玻璃纤维（GL）和聚四氟乙烯（PTFE）等。在袋式除尘器的设计中，滤料的选择是关键。袋式除尘器投运前按设备要求进行预喷涂，保证布袋表面对灰尘的吸附作用。在运行过程中，须严格保证烟气温度高于酸露点20℃以上。

(5) 袋式除尘器的选型与计算

① 烟气量选择。理论烟气量是根据垃圾化学成分计算得到的，实际烟气量还应考虑过量空气和漏风系数。当进行烟气量的粗略估算时，可按标准状态下焚烧 1t 垃圾产生 4000～5000m^3 烟气取值。

② 过滤速度和面积。袋式除尘器的过滤速度（也称气布比），指单位时间通过单位滤料面积的烟气量（m/min），一般取 0.9～1.5m/min。当 n 室运行时，过滤速度最好不超过 1.0m/min，当 $n-1$ 室运行时，不超过 1.2m/min。

袋式除尘器的有效过滤面积（A）按下式计算：

$$A=\frac{Q}{60v} \tag{7-19}$$

式中 A——有效过滤面积，m^2；

Q——实际烟气量，m^3/h；

v——过滤速度，m/min。

③ 分室数目。式除尘器每室常按每个脉冲阀支持 10～15 个滤袋清灰考虑，每室可排列 10 排左右，因此每室可设置 100～150 条滤袋。分室多按单列或双列布置，分室数由过滤面积确定，参考值如表 7-4 所示。

表 7-4 分室数量与有效过滤面积的关系

有效过滤面积/m^2	分室数量	有效过滤面积/m^2	分室数量
1～1220	2	18300～24400	11～13
1220～3660	3	24400～33530	14～16
3660～7620	4～5	33530～45720	17～20
7620～12200	6～7	>45720	>20
12200～18300	8～10		

7.4.2 酸性气体去除技术

1）氯化氢（HCl）控制技术

烟气的 HCl 去除技术，主要包括湿法、干法和半干法三种工艺。湿法工艺指采用 $Ca(OH)_2$、NaOH 等溶液作为吸收剂，将 HCl 气体转化为溶于水的盐类，化学反应如下：

$$2HCl+Ca(OH)_2 \longrightarrow CaCl_2+2H_2O \tag{7-20}$$

$$HCl+NaOH \longrightarrow NaCl+H_2O \tag{7-21}$$

湿法工艺去除 HCl 的效率较高，但会产生大量废水，并且烟气湿度太大，容易造成后续净化系统的腐蚀。

干法工艺去除 HCl 主要是采用碱性粉末吸收剂［$Ca(OH)_2$、CaO］，进行中和反应。CaO 干粉脱除 HCl 的化学反应为：

$$2HCl+CaO \longrightarrow CaCl_2+H_2O \tag{7-22}$$

CaO 和 $Ca(OH)_2$ 等粉末作为吸收剂去除 HCl，具有工艺简单，占地小，投资少，无须污水处理，排烟也不需加热等优点，但效率较低，吸收剂消耗大，用量达理论值的 2～3 倍，这给后续处理带来较大压力。另外，$CaCl_2$ 的热稳定性不好，在高温下与水蒸气反应可能重新释放出 HCl 气体。

半干法工艺一般采用石灰浆、高浓度 NaOH 或 $NaHCO_3$ 溶液作为 HCl 吸收剂。在高温条件下，吸收剂所含水分被完全蒸发，不需进行废水处理。采用石灰浆作为吸收剂，药剂成本较低，但喷雾干燥器喷嘴容易堵塞，且喷嘴磨损较严重。使用高浓度 NaOH 或 $NaHCO_3$ 溶液作为吸收剂，HCl 脱除效率很高，但药剂成本高于石灰浆。

2）硫氧化物（SO_x）控制技术

根据脱硫剂的类型，烟气脱硫方法分为湿法、干法和半干法，其中湿法脱硫的应用最多。湿法烟气脱硫包括石灰/石灰石湿法脱硫、氧化镁湿法脱硫、海水脱硫、氨法脱硫等。干法烟气脱硫包括炉内喷钙脱硫、电子束烟气脱硫等。半干法烟气脱硫包括喷雾干燥法脱硫、循环流化床脱硫等。

(1) 石灰/石灰石脱硫

石灰/石灰石脱硫是指采用石灰或石灰石浆液吸收烟气中的 SO_2，生成 $CaSO_3$，进而被氧化为石膏的过程。该法技术成熟，脱硫效率高达 95%以上，是目前应用最多的烟气脱硫工艺。石灰（CaO）脱硫发生的反应如下：

$$CaO + SO_2 + 2H_2O \longrightarrow CaSO_3 \cdot 2H_2O \tag{7-23}$$

石灰石（$CaCO_3$）脱硫发生的反应如下：

$$CaCO_3 + SO_2 + 2H_2O \longrightarrow CaSO_3 \cdot 2H_2O + CO_2 \tag{7-24}$$

在脱硫塔底部通入空气可将 $CaSO_3 \cdot 2H_2O$ 氧化为石膏（$CaSO_4 \cdot 2H_2O$）：

$$CaSO_3 \cdot 2H_2O + 0.5O_2 \longrightarrow CaSO_4 \cdot 2H_2O \tag{7-25}$$

石灰/石灰石脱硫系统包括石灰/石灰石浆液制备系统、烟气吸收系统、脱硫风机、烟气再热系统等。含硫烟气从吸收塔下方进入，经过石灰/石灰石浆液除去 SO_2，然后依次经除雾器除雾，烟气再热后排放。表 7-5 所列为石灰/石灰石脱硫的典型操作条件。

表 7-5　石灰/石灰石脱硫的典型操作条件

参数	石灰	石灰石
SO_2 浓度(体积分数)	4×10^{-4}	4×10^{-4}
浆液浓度(固体含量)/%	10～15	10～15
浆液 pH	7.5	5.6
钙硫比(物质的量的比)	1.05～1.1	1.1～1.3
液气比/(L/m^3)	4.7	>8.8
气体流速/(m/s)	3.0	3.0

(2) 喷雾干燥法脱硫

喷雾干燥法脱硫是指石灰浆液经喷雾干燥器雾化后吸收 SO_2 的方法。喷雾干燥法脱硫发生的主要化学反应如下：

$$Ca(OH)_2 + SO_2 + H_2O \longrightarrow CaSO_3 \cdot 2H_2O \tag{7-26}$$

$$CaSO_3 \cdot 2H_2O + 0.5O_2 \longrightarrow CaSO_4 \cdot 2H_2O \tag{7-27}$$

喷雾干燥法的脱硫效率较高，可达 80%以上，且操作简单，是目前常用的烟气脱硫技术。烟气从塔上方进入塔中，经雾化石灰浆液脱硫后，再从下方进入除尘器除尘后排出。在实际运行过程中，需严格控制喷雾干燥塔的出口烟气温度，温度越低，脱硫效率越高。但是，出口烟气温度不应低于 SO_2 露点温度，否则后续的除尘器无法正常工作。大部分喷雾干燥塔都在绝热饱和温度以上 11～28℃条件下进行工作。

(3) 氧化镁湿法脱硫

氧化镁湿法脱硫是采用氧化镁浆液吸收 SO_2 的技术。先制备氧化镁浆液[$Mg(OH)_2$]，浆液在吸收 SO_2 过程中发生以下反应：

$$Mg(OH)_2 + SO_2 \longrightarrow MgSO_3 + H_2O \tag{7-28}$$

$$MgSO_3 + H_2O + SO_2 \longrightarrow Mg(HSO_3)_2 \tag{7-29}$$

$$Mg(HSO_3)_2 + Mg(OH)_2 + 4H_2O \longrightarrow 2MgSO_3 \cdot 3H_2O \tag{7-30}$$

$$MgSO_3 + 0.5O_2 \longrightarrow MgSO_4 \tag{7-31}$$

氧化镁湿法脱硫，效率高，可达 90%以上。根据产物的处置方式，氧化镁湿法脱硫分为再生法、抛弃法和氧化回收法，其中再生法最具代表性。再生法是将脱硫产物 $MgSO_3$ 在高温下（870℃左右）释放 MgO 和 SO_2 进行再生，不但可避免脱硫废物的产生，而且 SO_2 也可回收，是一种很有发展前景的烟气脱硫技术。但是，该法的成本较高，并且烟气在用氧化镁湿法脱硫之前须先行除尘和除氯，同时还存在 MgO 流失造成二次污染的现象。

(4) 氨法脱硫

氨法脱硫是以氨水为脱硫剂进行脱硫的技术。氨溶液可迅速吸收 SO_2 并发生以下化学反应：

$$2NH_3 + SO_2 + H_2O \longrightarrow (NH_4)_2SO_3 \tag{7-32}$$

$$(NH_4)_2SO_3 + SO_2 + H_2O \longrightarrow 2NH_4HSO_3 \tag{7-33}$$

$(NH_4)_2SO_3$ 的吸收能力很强，是氨法脱硫的主要吸收剂。随着 NH_4HSO_3 比例增加，脱硫剂的吸收能力降低，为此可补充氨水将 NH_4HSO_3 转化为$(NH_4)_2SO_3$，或把高浓度 NH_4HSO_3 溶液从吸收塔中引出，再生得到 SO_2 或其他副产品。

由于烟气中含有 O_2，在吸收塔内还会发生下列副反应：

$$2(NH_4)_2SO_3 + O_2 \longrightarrow 2(NH_4)_2SO_4 \tag{7-34}$$

$$2NH_4HSO_3 + O_2 \longrightarrow 2NH_4HSO_4 \tag{7-35}$$

氨法脱硫的脱硫效率可达 90%以上，而且脱硫产物硫酸铵可用作肥料。但由于氨水的成本远远高于石灰等脱硫剂，所以这种方法的成本较高。此外，氨具有一定的危险性，在运输和使用过程中需格外谨慎。这一工艺运行成本高，工艺复杂，其应用受到限制。

3）氟化氢（HF）控制技术

在脱除烟气中的 HCl、SO_x、NO_x 等酸性气体时，浓度较低的 HF 气体也会同时被脱除。例如，石灰、石灰浆液、氢氧化钠溶液可与 HF 发生以下反应：

$$2HF + CaO + H_2O \longrightarrow CaF_2 + 2H_2O \tag{7-36}$$

$$2HF + Ca(OH)_2 \longrightarrow CaF_2 + 2H_2O \tag{7-37}$$

$$HF + NaOH \longrightarrow NaF + H_2O \tag{7-38}$$

《生活垃圾焚烧处理工程项目建设标准》（建标 142—2010）规定，垃圾焚烧烟气中的 HCl、SO_x 和 HF 等酸性气态污染物的去除宜用碱性药剂进行中和反应。

4）氮氧化物（NO_x）控制技术

基于垃圾焚烧过程中 NO_x 的形成机制，可在焚烧过程中减少 NO_x 的产生，或在烟气中去除 NO_x。控制 NO_x 的产生，应遵循焚烧控制的 3T＋E[1] 原则，在减少 NO_x 生成的同时，还能减少 CO 的生成并破坏二噁英等的合成。基于运行经验，遵循 3T＋E 原则可把 NO_x 控制在 300mg/m^3 以内。《生活垃圾焚烧处理工程技术规范》（CJJ 90—2009）规定，应优先考虑通过垃圾的燃烧控制，抑制 NO_x 的产生。

目前，去除 NO_x 的方法主要是选择性非催化还原法和选择性催化还原法，此外还有一些其他方法，如活性炭吸附法、湿式吸收法。

（1）选择性非催化还原法（SNCR）

SNCR 是在烟温 850～1100℃ 和 O_2 共存的条件下，向炉内投加氨液（NH_3）或尿素［$(NH_2)_2CO$］等脱硝剂，将 NO_x 还原为氮气和水的方法。SNCR 对 NO_x 的去除率在 50% 以下。SNCR 的投资及操作运行成本比选择性催化还原法（SCR）低很多，且无废水处理问题，应用广泛。

在 SNCR 中，以氨为脱硝剂发生以下化学反应：

$$4NH_3+3O_2 \longrightarrow 2N_2+6H_2O \qquad (7\text{-}39)$$

$$4NH_3+5O_2 \longrightarrow 4NO+6H_2O \qquad (7\text{-}40)$$

$$4NH_3+4NO+O_2 \longrightarrow 4N_2+6H_2O \qquad (7\text{-}41)$$

氨是一种无色透明的挥发性气体，有刺激性气味。氨属于剧毒物品，常采用液态（常温加压）方式储存，在储存和使用上有严格的技术要求。在使用时，氨溶液以 8%～25%浓度并通过 0.3～0.7 个压力喷入炉膛。当烟气温度在 900℃ 以下时，反应很慢；温度超过 1000℃时，部分 NH_3 会转变成 NO，导致 NO_x 去除率很低。当温度在 900～950℃，NH_3 与 NO 的比值为 2，停留时间在 0.4s 时，脱硝率可达 90%。在实际应用中，这一条件很难实现，故脱硝率只能达到 30%～50%。

在 SNCR 中，喷入尿素干粉将发生以下反应：

$$2(NH_2)_2CO+4NO+O_2 \longrightarrow 4N_2+4H_2O+2CO_2 \qquad (7\text{-}42)$$

喷入尿素溶液将发生以下反应：

$$2(NH_2)_2CO+2H_2O \longrightarrow 4NH_3+2CO_2 \qquad (7\text{-}43)$$

$$4NH_3+4NO+O_2 \longrightarrow 4N_2+6H_2O \qquad (7\text{-}44)$$

尿素是颗粒状固体，使用时比氨安全。由于尿素受热分解的特性，通常在常温下储存。

（2）选择性催化还原法（SCR）

SCR（图 7-2）是指在催化剂（如 TiO_2-V_2O_5 等）的作用下，利用还原剂（如 NH_3 等）选择性地与烟气中的 NO_x 反应，生成 N_2 和水。

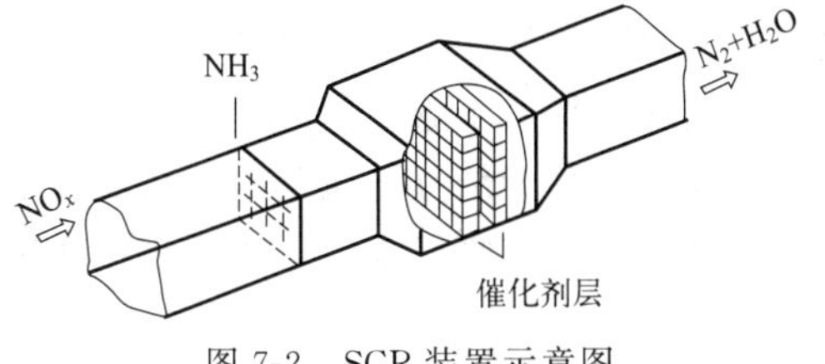

图 7-2　SCR 装置示意图

在催化剂表面，NH_3 与 NO_x 进行等物质

[1] 注：3T，是温度（temperature）、时间（time）和湍流度（turbulence）的英文缩写，具体指高温（850～1000℃）、烟气停留时间超过 2.0s 以及较大湍流程度。E，指过量空气量（excess-oxygen）。

的量反应，当反应温度为200～400℃，$NH_3/NO=1$时，可去除80%～90%的NO_x，反应方程式如下：

$$4NH_3+4NO+O_2 \longrightarrow 4N_2+6H_2O \quad (7-45)$$

$$4NH_3+2NO_2+O_2 \longrightarrow 3N_2+6H_2O \quad (7-46)$$

$$4NH_3+6NO \longrightarrow 5N_2+6H_2O \quad (7-47)$$

$$8NH_3+6NO_2 \longrightarrow 7N_2+12H_2O \quad (7-48)$$

为了保持催化剂的活性，一般在250℃以上进行催化反应，但为了防止二噁英的再生成，又要求尽量低的温度，所以要严格控制反应温度。另外，由于HCl和SO_x等酸性气体可使催化剂活性降低，或粒状物阻塞催化床，因此SCR多置于脱酸和除尘设备后。SCR法是一种十分有效的脱硝方法，但在实际应用中还存在一些问题，如①催化剂长期运行的工况不明；②催化剂劣化；③氨泄漏等。

(3) 活性炭吸附法

活性炭吸附法是指在烟气中加入NH_3后，通过活性炭吸附NO_x和SO_x，同时将NO_x还原成N_2，基本反应方程为：

$$2NO+C \longrightarrow N_2+CO_2 \quad (7-49)$$

$$2NO_2+2C \longrightarrow N_2+2CO_2 \quad (7-50)$$

当温度为250℃左右时，脱硝率可达85%～90%。另外，在活性炭中负载Cu、V、Cr等金属的化合物，可提高脱硝效率。

(4) 湿式吸收法

湿式吸收法是利用碱性溶液吸收NO_x从而达到脱硝的目的。由于NO难溶于水，所以通常要加入一些强氧化剂（如$NaClO_2$）将其氧化为NO_2，然后再用碱性溶液吸收。NO_x吸收溶液包括NaOH、KOH、Na_2CO_3和氨水等，其中氨水的吸收效率最高。湿式吸收法在去除NO_x的同时，还能去除HCl、SO_x和Hg等。湿式吸收法的工程应用并不多，主要原因在于：①NO转化为NO_2的成本非常高；②反应中会生成硝酸盐和亚硝酸盐，废液的分离回收和处理都十分困难。

7.4.3 重金属控制技术

在垃圾焚烧过程中，部分重金属因挥发作用而以元素态及氧化态存在于烟气中。每种重金属及其化合物均有特定的饱和温度。当烟气通过余热回收装置和烟气净化设施降温时，大部分挥发态重金属会凝结成粒状或附着在飞灰表面而被除尘设备捕集。而且，废气通过除尘设备时的温度越低，去除效果越佳。

静电除尘器对于重金属的去除效果较差，这是因为烟气进入静电除尘器时的温度较高，重金属无法充分凝结且与飞灰的接触时间不足，无法充分发挥飞灰对重金属的吸附作用。袋式除尘器与干式吸收塔或半干式吸收塔并用时，除了Hg以外，对其他重金属均有很好的去除效果。

在烟气脱酸过程中也能促使重金属的凝结。另外，一些重金属的氯化物为水溶性，可被湿法脱酸吸收塔内的洗涤液吸收。在早期的垃圾焚烧厂中，采用湿法脱酸工艺主要是为了去除此类重金属。

为了提高对重金属的捕集效率，可在烟气进入除尘器之前向其中喷入粉末活性炭，利用活性炭吸附重金属，然后被除尘系统捕集。在半干法烟气脱酸系统中，利用活性炭去除重金属的工艺流程如图 7-3 所示。《生活垃圾焚烧厂运行维护与安全技术规程》（CJJ128）规定，采用活性炭粉末吸附重金属时，活性炭宜使用比表面积大且碘值高的产品，而挥发有机物成分不可过高。此外，应严格控制活性炭品质和用量，并且防止活性炭仓温度过高。

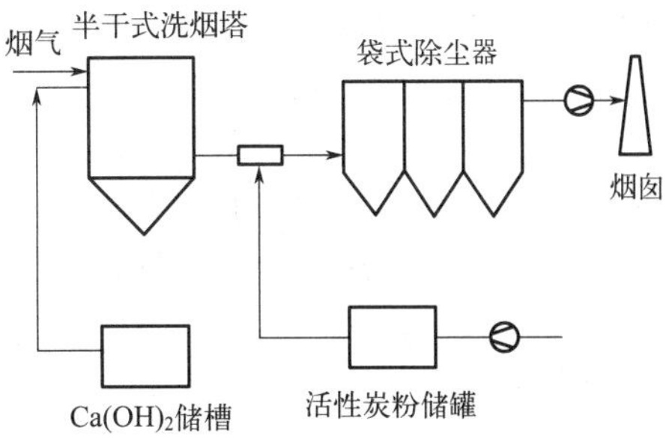

图 7-3　半干法烟气脱酸系统中喷射活性炭去除重金属的工艺流程

在干法烟气净化工艺中，可在袋式除尘器前使用活性炭滤床或加入一些化学药剂，也能提高对重金属的去除。比如，在烟气进入袋式除尘器之前喷入 Na_2S，Hg 与其反应生成 HgS 颗粒被除尘器除去。在湿法烟气净化中，在吸收塔洗涤液中添加一些催化剂，使一些重金属转化为水溶性金属氯化物，进而被洗涤液吸收。例如，在洗涤液中加入 $CuCl_2$ 作为催化剂可促进 $HgCl_2$ 的生成，提高洗涤液对 Hg 的吸收。

7.4.4　二噁英控制技术

二噁英的控制技术分为三类：①在焚烧前控制二噁英的产生；②在焚烧过程中控制二噁英的产生；③从烟气中去除二噁英。

(1) 焚烧前控制二噁英产生措施

首先，对生活垃圾进行分类收集，然后对垃圾进行预处理，从源头最大限度地避免含二噁英、高氯物质以及 Cu、Fe 等能促进二噁英生成的物质入炉。

(2) 焚烧过程控制二噁英产生

① 烟气温度和停留时间的控制。在良好的燃烧工况下，炉内温度在 850℃以上，烟气停留时间大于 2s 时，二噁英分解率可超过 99%。所以，保证合适的燃烧工况可控制二噁英的产生。

② 过量空气系数和烟气 CO 浓度的控制。当过量空气系数 α 过大，即氧浓度增大时，可实现垃圾完全燃烧，并抑制二噁英的生成。国内实践表明，烟气含氧量应控制在 6%～12%，即 α 为 1.6～2.0。一般而言，控制烟气 CO 浓度在标准状态下低于 $100mg/m^3$，最好不高于 $62.5mg/m^3$。值得注意的是，烟气温度降低有利于二噁英的生成。所以，增加氧浓度的同时更应注意控制温度。

③ 投加抑制剂控制二噁英。在垃圾焚烧过程中，投加一些抑制剂，如含硫化合物（SO_2、Na_2S、SO_3、CS_2、$Na_2S_2O_3$ 等）、含氮化合物（尿素、氨、乙醇胺、乙二胺四乙酸、单乙醇胺等）、含硫氮化合物（硫脲等）和碱性化合物（CaO、KOH、$CaCO_3$ 等）等，可有效抑制二噁英的产生。研究发现，向焚烧炉中投加适量高硫煤可显著减少二噁英的排放，这是由于煤中的硫对二噁英的生成有抑制作用。抑制机理包括：产生的 SO_2 通过反应消耗活性氯，减少氯化反应；硫与金属形成硫酸盐，降低其催化活性；硫与前驱物形成磺化物，降低其形成二噁英的概率。

④ 通过后燃烧区温度和时间控制二噁英。在焚烧炉后燃烧区，由于温度降低，可能会产生二噁英。缩短烟气在后燃烧区的停留时间，或将后燃烧区的温度快速冷却到 260℃以下，可抑制二噁英的再生成。

(3) 烟气二噁英控制技术

① 活性炭吸附技术。目前，国内多采用在布袋除尘器前喷入活性炭粉的方法吸附烟气中的二噁英，活性炭多为褐煤或泥煤活性炭。鉴于二噁英分子的尺寸（≈1.8nm×1.0nm×0.4nm），活性炭须具备以下基本特性，即比表面积大于500m^2/g，平均孔径2～5nm，孔体积大于0.2mL/g。活性炭去除二噁英的效率一般比较高，但大量使用会增加成本。

② 去除二噁英的新方法。近年来，一些新方法用于去除烟气的二噁英，如催化降解技术和电子辐射技术，都能实现二噁英的有效分解。一些研究发现，用于选择性催化还原法去除 NO_x 的催化剂 $V_2O_5/WO_3/TiO_2$ 也可有效破坏二噁英，并且反应温度与脱硝温度是一致的。一些以 $V_2O_5/WO_3/TiO_2$ 为催化剂的研究结果表现出同时脱除 NO_x 和二噁英的效果。

7.5 烟气污染物估算

烟气污染物产生量的估算，可为烟气净化工艺的设计提供参考。根据垃圾的成分，可估算出飞灰和酸性气体的产生量等。

7.5.1 烟气成分及其浓度

垃圾焚烧炉排放的烟气量及污染物原始浓度，在标准状态、干烟气11%O_2状态下的参考值如表7-6所示。

表7-6 垃圾焚烧烟气污染物的原始浓度参考值

烟气		垃圾典型参考值		典型范围
		高水分	低水分	
烟气成分	烟气量(标准状态下)/(m^3/t垃圾)	4000		3500～4500
	空气(21%O_2 79%N_2)(体积分数)/%	32	38	—
	N_2(体积分数)/%	31	37	—
	CO_2(体积分数)/%	14	16	—
	水蒸气(H_2O)(体积分数)/%	23	9	3～35
烟气污染物	颗粒物(标准状态下)/(mg/m^3)	3000		1000～6000
	HCl(标准状态下)/(mg/m^3)	1150		200～1600
	HF(标准状态下)/(mg/m^3)	3		0.5～5
	SO_x(标准状态下)/(mg/m^3)	600		20～800
	NO_x(标准状态下)/(mg/m^3)	300		90～500
	CO(标准状态下)/(mg/m^3)	100		10～200
	Pb(标准状态下)/(mg/m^3)	10		1～50
	Hg(标准状态下)/(mg/m^3)	5		0.1～10
	Cd(标准状态下)/(mg/m^3)	1		0.05～2.5
	Cr+Cu+Mn+Ni(标准状态下)/(mg/m^3)	15		10～100

7.5.2 烟气颗粒物重量估算

飞灰产生量与垃圾的元素含量有定性关系，但不一定有定量关系。影响飞灰产生量的主要因素有：①垃圾灰分含量；②空气量；③燃烧速率；④炉温；⑤炉排搅拌效果；⑥燃烧室结构；⑦吸附剂及脱酸剂的添加量；⑧操作情况。

垃圾焚烧产生的灰渣总量，可按垃圾有机成分的灰分量与无机成分的灰分量之和确定，或按照垃圾处理量的15%～25%进行估算。炉排型焚烧炉的飞灰量可按灰渣总量的15%～20%进行估算，计算示例见表7-7。

表7-7 垃圾焚烧烟气飞灰重量的估算示例

垃圾类型	纸类	橡塑	竹木	织物	厨余	果皮	无机组分
垃圾焚烧量 $B/(t/h)$	41.66						
组分含量 $F/\%$	6.50	11.21	1.47	2.17	59.66	11.99	7.00
组分灰分 $A/\%$	13.97	10.42	4.86	4.67	19.59	10.08	100
组分灰渣量 $G_i/(t/h), G_i=B\cdot F\cdot A$	0.38	0.49	0.03	0.04	4.87	0.50	2.92
灰渣总量 $G/(mg/h), G=\sum G_i$	$(0.38+0.49+0.03+0.04+4.87+0.50+2.92)\times10^9=9.23\times10^9$						
烟气量 $Q/(m^3/h)$	186000						
飞灰量 $Q_f/(mg/m^3)$，$Q_f=0.15-0.2\times G/Q$	$0.15-0.2\times9.23\times10^9/186000=7444-9925$						

7.5.3 烟气酸性气体等估算

烟气中的氯化氢（HCl）、硫氧化物（以 SO_2 计）、二氧化碳（CO_2）、水蒸气（H_2O）和氮（N_2）、氧（O_2）等成分的浓度，可通过垃圾的元素组成和含水量估算。通过对垃圾的C、H、O、S、N、Cl等元素含量分析，进行以下估算（见表7-8）：

$$c_{HCl}=0.316\sim0.505\times W_{Cl}\times B \tag{7-51}$$

$$c_{SO_2}=0.349\sim0.559\times W_S\times B \tag{7-52}$$

$$c_{NO_x}=1320\times W_N\times B/V_y \tag{7-53}$$

$$c_{CO}=6.99\sim11.65\times W_C\times B/V_y \tag{7-54}$$

$$N_{H_2O}=2.7998\times W_H+0.311\times W_{H_2O}-0.079\times W_{Cl} \tag{7-55}$$

$$N_{O_2}=6\sim10(\text{设计值一般取上限}) \tag{7-56}$$

式中 B——焚烧垃圾量，kg/h；

$c_{HCl}, c_{SO_2}, c_{NO_x}, c_{CO}$——对应污染物的浓度（标准状态下），$mg/m^3$；

$W_{Cl}, W_S, W_N, W_C, W_H$——垃圾对应元素的含量，%；

W_{H_2O}——垃圾含水量，%；

N_{H_2O}, N_{O_2}——烟气中水和氧的含量，%；

V_y——理论烟气量（标准状态下），m^3/h。

表 7-8　垃圾焚烧烟气估算示例

已知及估算项目		数值及结果						
垃圾焚烧量 B/(kg/h)		16600						
烟气量(标准状态下)/(m^3/h)		55600						
垃圾元素(质量分数)/%		C	H	O	S	N	Cl	H_2O
		18.70	1.92	7.01	0.11	0.42	0.21	50.20
浓度估算(标准状态下)	HCl/(mg/m^3)	$0.316\times W_{Cl}\times B=0.316\times 0.21\times 16600=1102$						
	SO_2/(mg/m^3)	$0.349\times W_S\times B=0.349\times 0.11\times 16600=637$						
	NO_x/(mg/m^3)	$1320\times W_N\times B/V_y=1320\times 0.42\times 16600/55600=166$						
	CO/(mg/m^3)	$11.65\times W_C\times B/V_y=11.65\times 18.70\times 16600/55600=65$						
	O_2(体积分数)/%	10						
	H_2O(体积分数)/%	$2.7998\times W_H+0.311\times W_{H_2O}-0.079\times W_{Cl}=21$						

7.5.4　烟气排放指标参比状态参数

烟气排放指标的参比状态有 4 个指标，即温度、压力、基准成分和基准成分浓度。

温度和压力一般采用标准状态参数，即 1 标准大气压，273K（0℃）。基准成分多采用 O_2，有时也采用 CO_2，较少采用过量空气。基准成分浓度有 11%O_2、7%O_2、3%O_2、12%CO_2、7%CO_2 和 50%过剩空气量等。

（1）不同温度和压力下的污染物浓度 *C* 可按下式换算到标准状态

$$C_0=C\cdot\frac{T}{273}\cdot\frac{101.32}{P} \tag{7-57}$$

式中　C_0——污染物浓度（标准状态下），mg/m^3；

C——温度 T、压力 P 下污染物浓度（标准状态下），mg/m^3；

T——烟气温度，K；

P——烟气压力，Pa。

（2）基准成分相同浓度不同时的参比状态换算

① 在相同温度和压力的干态烟气状态下，以 CO_2 作为基准成分，修正为 12%CO_2 和 7%CO_2 参比状态时的污染物浓度换算公式如下：

$$C_{12}=C_M\cdot\frac{12}{(CO_2)_M} \tag{7-58}$$

$$C_7=C_M\cdot\frac{7}{(CO_2)_M} \tag{7-59}$$

式中　C_M——干烟气污染物浓度（标准状态下），mg/m^3；

C_{12}，C_7——分别表示修正为干烟气 12%CO_2 和 7%CO_2 参比状态的污染物浓度（标准状态下），mg/m^3；

$(CO_2)_M$——干烟气 CO_2 浓度，%。

② 在相同温度和压力的干态烟气状态下，以 O_2 为基准成分，修正为 11%O_2、7%O_2 和 3%O_2 参比状态时的污染物浓度换算公式为：

$$O_{11}=O_{\mathrm{M}}\cdot\frac{20.9-11}{20.9-(\mathrm{O}_2)_{\mathrm{M}}} \tag{7-60}$$

$$O_7=O_{\mathrm{M}}\times\frac{20.9-7}{20.9-(\mathrm{O}_2)_{\mathrm{M}}} \tag{7-61}$$

$$O_3=O_{\mathrm{M}}\times\frac{20.9-3}{20.9-(\mathrm{O}_2)_{\mathrm{M}}} \tag{7-62}$$

式中　O_{M}——干烟气污染物浓度（标准状态下），$\mathrm{mg/m^3}$；

$(\mathrm{O}_2)_{\mathrm{M}}$——干烟气 O_2 浓度，%；

O_{11}, O_7, O_3——分别表示修正为干烟气 11%O_2、7%O_2 和 3%O_2 参比状态时的污染物浓度（标准状态下），$\mathrm{mg/m^3}$。

③ 在相同温度和压力的干烟气状态下，以过剩空气量基准，修正为过量空气系数 $\alpha=1.5$ 参比状态时的污染物浓度的近似换算公式为：

$$A_{0.5}=A_{\mathrm{M}}\cdot\frac{\alpha}{1.5} \tag{7-63}$$

式中　A_{M}——干烟气污染物浓度（标准状态下），$\mathrm{mg/m^3}$；

α——干烟气过量空气系数；

$A_{0.5}$——修正为干烟气 50%过量空气参比状态的污染物浓度（标准状态下），$\mathrm{mg/m^3}$。

(3) 不同基准成分不同浓度的参比状态换算

根据完全燃烧的理论，空气氧含量为 20.9%，则：

$$C_{\mathrm{O}_2}=20.9-C_{\mathrm{CO}_2} \tag{7-64}$$

$$C_{\mathrm{CO}_2}=20.9-C_{\mathrm{O}_2} \tag{7-65}$$

$$\alpha=\frac{20.9}{20.9-C_{\mathrm{O}_2}} \tag{7-66}$$

式中　$C_{\mathrm{O}_2}, C_{\mathrm{CO}_2}$——分别表示干烟气的氧气和二氧化碳浓度，%；

α——过量空气系数。

7.6　典型烟气净化工艺

烟气净化工艺是根据烟气排放标准对烟气污染物进行净化的工艺。烟气净化工艺一般分两步净化。第一步是脱除酸性污染物，包括降低烟气温度过程。第二步是除尘等，主要用袋式除尘和静电除尘工艺。两步净化工艺结合形成基本组合工艺，包括干法＋除尘，半干法＋除尘以及湿法＋除尘等基本组合工艺。在前两种组合工艺中，袋式除尘器为除尘器的最佳选择。

在脱酸工艺中，对烟气温度的控制实际上是对烟气湿度的调节控制。当烟气相对湿度为40%左右时，消石灰的活性增强，与酸性污染物的反应更有效。烟气相对湿度的调控采用水与烟气混合的方法进行。烟气相对湿度调节，半干法工艺采用石灰浆液经雾化后喷入烟气，干法工艺采用水直接雾化后喷入烟气。

在干法或半干法＋除尘工艺中，有时会采取在除尘器前喷入活性炭的措施来控制二噁英等残余污染物。在循环流化工艺中，有时活性炭可随循环物料一起进入反应塔。

我国的 NO_x 排放标准（标准状态下）为 $400\mathrm{mg/m^3}$，现阶段使用的引进炉排型焚烧炉和国产流化床焚烧炉均不需要进行专门的脱硝。不过，有些城市的排放标准比较严格，如北京的 NO_x 排放标准（标准状态下）为 200mg/m^3，则需采取 SNCR 进行脱硝。

7.6.1 干式净化工艺

(1) 干式净化工艺概述

干式净化工艺是指干法脱酸和袋式除尘器构成的组合工艺（图 7-4），是垃圾焚烧厂典型的烟气净化工艺之一。该工艺过程是，将石灰粉或消石灰喷入袋式除尘器前的烟气管道内，与酸性气体反应生成固态化合物，之后再由除尘器将其与飞灰一起捕集下来。《生活垃圾焚烧处理工程技术规范》（CJJ 90—2009）规定，干式净化工艺的碱性吸收剂宜采用 $Ca(OH)_2$。

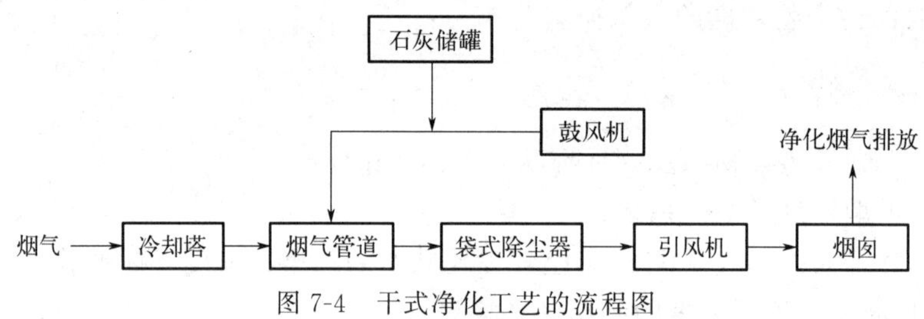

图 7-4 干式净化工艺的流程图

干式净化工艺的优点在于操作简单、维护方便、投资小、石灰输送管道不易阻塞、无废水处理问题等。缺点主要是药剂消耗量大、脱硫效率低于半干法和湿法，残留反应物量较多，飞灰量增加。因此，有时为了提高污染物去除效率，还会在该工艺中设置专门的“干法吸收反应器”，如移动床、固定床等。

石灰粉与 SO_2 和 HCl 发生的反应为：

$$2HCl + CaO \longrightarrow CaCl_2 + H_2O \tag{7-67}$$

$$SO_2 + CaO \longrightarrow CaSO_3 \tag{7-68}$$

消石灰与酸性气体发生的反应为：

$$Ca(OH)_2 + SO_2 + 0.5O_2 \longrightarrow CaSO_4 + H_2O \tag{7-69}$$

$$2HCl + Ca(OH)_2 \longrightarrow CaCl_2 + 2H_2O \tag{7-70}$$

酸性污染物的去除效率与烟气温度、吸收剂及其用量等因素有关，低温有利于污染物去除率的提高。为了提高酸性污染物和重金属的去除率，在烟气进入干式净化工艺前通常会设置冷却塔来降低烟气温度。在石灰粉喷入口的上游设置喷水冷却塔，控制烟温在 150℃～200℃，可使 HCl 去除率达 95%～98%，SO_x 去除率达 80%左右。

(2) 干式净化工艺冷却塔

干式净化工艺中以冷却塔为核心的冷却过程包括三个阶段：①冷却水经雾化增加其比表面积；②雾滴与烟气接触，迅速吸热汽化，完成传热传质过程；③降温后的烟气从冷却塔通过输送管道进入袋式除尘器。

1) 雾化器

在干式净化工艺中，冷却水通常要求雾化成初始直径小于 70μm 的细微雾滴。雾化过程取决于雾化器的结构形式，它是冷却塔的关键部件。雾化器有多种形式，有气流式、压力

式、压力-气流混合式以及旋转式等。

2）冷却塔

在进行烟气冷却时，烟气和冷却水均从冷却塔顶部进入冷却塔。冷却水雾化后，与180～260℃烟气在塔顶高温区接触，进行传热传质过程。高温区分布在冷却塔顶部区域。随着水分蒸发，烟温降低，烟气进行自上而下运动。水分蒸干时间在 5s 以上时，烟气出口温度可控制在 140℃左右。通过调节喷水量，使烟温保持在酸露点以上，此时冷却塔出口烟气的含水量通常在 20%～25%。

雾滴与烟气在塔内的运动方式包括旋转、错流和并流等。细微雾滴在塔内的运动状态完全受烟气流的影响，而较大雾滴的运动不易受烟气流的影响。值得注意的是，塔内烟气分布器的周围和塔壁上形成的涡流容易导致局部雾滴与烟气的逆流运动。

7.6.2　半干式净化工艺

(1) 半干式净化工艺

半干式净化工艺是将半干法脱酸与袋式除尘器组合的烟气净化技术。我国 2000 年颁布的《城市生活垃圾处理及污染防治技术政策》规定，烟气净化宜采用半干法＋袋式除尘工艺。国内垃圾焚烧厂较多采用这种工艺净化烟气（图 7-5）。

半干式净化工艺是利用喷雾干燥的原理，利用旋转雾化器把石灰浆雾化成平均直径为 30～40μm 的雾滴后喷入反应塔内。烟气从反应塔上方的导流装置进入反应塔。在反应塔内，酸性污染物（HCl、SO_2 等）向石灰液滴扩散，在液滴表面被吸收并发生化学反应，生成 $CaCl_2$、$CaSO_3$ 及其氧化物等。同时，烟气与雾滴之间通过对流传热，使雾滴在下降到塔底前充分蒸发，形成固态反应产物。

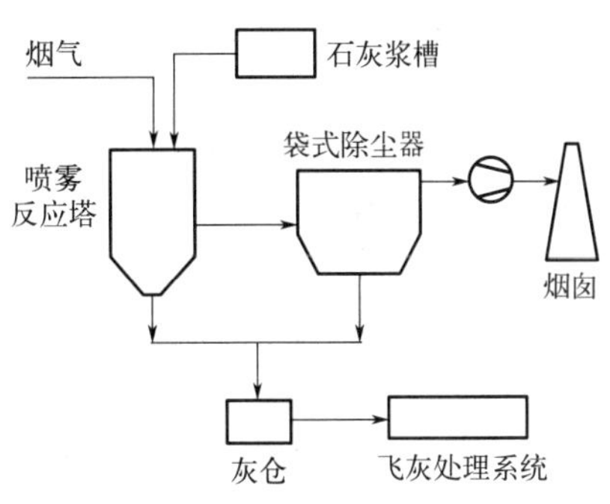

图 7-5　半干式净化工艺的流程图

固态反应产物的一部分由塔底排出，另一部分随烟气从塔下部进入袋式除尘器。未完全反应的 $Ca(OH)_2$ 粉进入除尘器后会黏附在布袋迎风面上，继续与烟气中的酸性气体反应。烟气经除尘器过滤净化后，由引风机经烟囱排出。半干式净化工艺进行烟气脱酸的反应机理如下。

石灰熟化：
$$CaO + H_2O \longrightarrow Ca(OH)_2 \tag{7-71}$$

与酸性气体反应：
$$Ca(OH)_2 + 2HCl \longrightarrow CaCl_2 + 2H_2O \tag{7-72}$$

$$Ca(OH)_2 + SO_2 \longrightarrow CaSO_3 + H_2O \tag{7-73}$$

$$Ca(OH)_2 + SO_2 + 0.5O_2 \longrightarrow CaSO_4 + H_2O \tag{7-74}$$

$$Ca(OH)_2 + 2HF \longrightarrow CaF_2 + 2H_2O \tag{7-75}$$

半干式净化工艺具有投资和运行费用低、流程简单、不产生废水等优点，但对操作水平和喷嘴的要求也较高。脱酸效果优于干法，石灰用量约为理论量的 2 倍，净化效率达 95%～99%。但是，反应物对重金属和二噁英等的吸附能力有限，因此需要在系统中投加活性炭以增强对重金属和二噁英等的去除效果。

(2) 半干式净化工艺的工艺条件

半干式净化工艺的工艺条件为：①钙硫比 1.5∶1，石灰浆浓度 8%～12%，石灰过量系数 1.2～1.3；②烟气温度，反应塔入口为 180～240℃，反应塔出口为 140～160℃，除尘器入口为 160～180℃；③烟气塔内停留时间为 10～15s；④反应塔阻力不大于 520Pa，除尘器阻力不大于 1800Pa；⑤1t 垃圾消耗 8～12kgCaO（纯度 85%～90%）；⑥除尘器反吹压缩气压力为 0.6MPa；⑦反应塔高位稳压罐保持不低于额定工况 15min 的供料量；⑧除设备冷却和密封需用软化水外，其他可采用中水。

(3) 半干式净化工艺的组成部分及其特征

半干式净化工艺主要由喷雾反应塔、旋转雾化器、石灰浆制备和喷入系统、活性炭喷射系统、除尘系统以及控制、电气等辅助系统等组成。

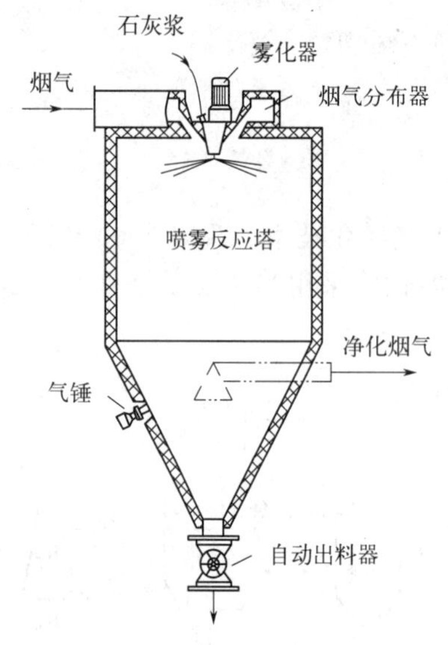

图 7-6 喷雾反应塔示意图

① 喷雾反应塔。喷雾反应塔是进行脱酸反应的场所。根据烟气和吸收剂在塔内的流动方向，分为并流式、逆流式和混流式，其中并流式喷雾反应塔最为常见。喷雾反应塔（图 7-6），主要由烟气分布器、圆柱形反应室和底部锥体组成。蜗壳式烟气分布器的工作机理为，热烟气沿蜗壳通道进入分布器，在导向叶片的作用下，烟气被均匀分布，并绕雾化器向下旋转运动。分布器的主要作用是将烟气等干燥介质引入反应塔并产生良好的紊流，使酸性气体与 $Ca(OH)_2$ 充分接触，同时最大限度地减少或避免物料黏壁、黏顶或结垢现象的发生。

高温烟气进入反应塔后，与石灰浆雾滴接触并迅速与石灰进行反应。雾滴水分在瞬间蒸发，从而形成固态反应产物，同时烟温下降。较大颗粒物（占比为 5%～15%）下落，从锥体出口排出，小颗粒物随烟气进入袋式除尘器。石灰浆用量根据烟囱入口的 HCl、SO_x 等酸性气体浓度来调节。反应塔底部一般配有两套伴热系统（一套备用），控制反应塔出口烟气温度为 140～160℃。

② 旋转雾化器。旋转雾化器是将石灰浆雾化的装置，位于反应塔顶部的中央位置。它的工作原理是通过旋转盘的高速转动，使石灰浆在离心力的作用下，伸展为薄膜并向盘边缘运动，离开盘边时形成雾滴。雾滴的大小和均匀性，主要取决于盘周速度和液膜厚度，而液膜厚度与进料量、转速和盘的润湿周边密切相关。雾滴越小，传质效率越高，酸性气体的吸收效率越高，雾滴干燥越快，但雾滴过小，则可能在吸收剂完全反应之前已经干燥，会降低污染物的去除效率，因此需保持合适的雾滴滴径。雾滴平均直径一般控制在 30～40μm，最大不超过 60μm。美国 JohnWiley&Sons 提出的雾滴平均滴径与雾化盘圆周速度的关系见表 7-9。

表 7-9 雾滴平均滴径与雾化盘圆周速度的关系

雾化盘圆周速度/(m/s)	75～125	125～150	150～180	>180
雾滴平均滴径/μm	150～275	75～125	30～75	20～30

圆周速度，小于 50m/s 时会产生不均匀的雾滴，增加到 60m/s 时则不会出现不均匀现象，故工程上取最小圆周速度为 60m/s，通常采用 90～160m/s，或 5000～25000r/min。半

干式净化工艺的喷雾反应塔的基本技术参数见表7-10。

表7-10　喷雾反应塔的基本技术参数

参数	范围
烟气与雾化液的质量比	46∶1
平均雾滴直径/μm	30～40
平均雾滴直径	根据旋转雾化器厂家给出的公式估算
蒸发时间/s	≥15
空塔流速/(m/s)	0.7～1.2
进塔烟气流速/(m/s)	16
筒体高度与直径比	1∶(0.8～1.0)

③ 石灰浆制备与喷入系统。石灰浆制备系统主要由石灰仓、石灰卸料阀、计量螺旋、熟化槽与稀释槽、石灰浆泵、高位槽、清洗装置、控制装置等组成。石灰仓容积应保证3～7d的用量。仓顶之上设有小型袋式除尘器，以防石灰粉外溢。

石灰粉通过卸料阀排出，经变频控制的计量螺旋进入熟化槽，然后加水使CaO转化为$Ca(OH)_2$，控制石灰浆浓度在10%～15%。石灰浆从熟化槽经控制阀间歇溢流到稀释槽中，加水把$Ca(OH)_2$稀释为重量比8%～10%。一般情况下，稀释槽的容积与熟化槽相同。

喷雾反应塔对$Ca(OH)_2$质量有一定要求，如粒度微米级，杂质不大于3%。若石灰的杂质含量偏高，则在熟化槽与稀释槽之间设过滤装置。对石灰特性基本要求见表7-11。

表7-11　喷雾反应塔对石灰的要求

参数		范围
CaO纯度		>85%
密度		900～1100kg/m^3
比表面积		15m^2/g
粒度	0.090mm	≥98%
	0.063mm	≥95%
	0.032mm	≥83%
	0.010mm	≥62%

稀释槽的石灰浆通过石灰浆泵输送到反应塔处的高位槽，与冷却水混合后进入雾化反应器。为防止石灰浆在循环管道里堵塞，每台石灰浆泵的输送能力应为额定需要量的5～8倍。因此，高位槽应设回流管，将过量石灰浆回流到稀释槽。通常，设置3台石灰浆泵和2套石灰浆制备系统。

④ 活性炭喷射系统。为了有效去除烟气中的重金属和二噁英等，通常在半干式净化工艺中设置活性炭喷射系统，主要包括活性炭仓、计量螺旋给料装置、文丘里喷射器、专用风机和喷嘴。活性炭在喷射器的负压抽吸作用下通过喷嘴进入除尘器入口前的管道内。活性炭在管道内的混合时间应不小于0.35s。活性炭的喷入量与垃圾特性、烟气量、重金属和二噁英等含量、活性炭性质以及运行工况有关，按我国的垃圾特性等情况，估算为260～460g/t

垃圾。

⑤ 除尘系统。除尘系统主要由袋式除尘器、风机及配套设施组成。进入除尘器的烟气，颗粒物浓度（标准状态下）为 2000～6000mg/m^3，温度为 140～160℃。颗粒物会附着在滤袋的迎风面，与烟气中残余的酸性气体进行最后的脱酸反应。净化后的烟气由引风机送入烟囱排放。飞灰送往飞灰处理系统进行处理。

7.6.3 湿式净化工艺

湿式净化工艺（图 7-7）一般是指将烟气先经冷却塔降温，通过除尘器除尘后，再用湿法脱酸的工艺。烟气经冷却塔降温后进入除尘器，除尘后从洗烟塔下部进入洗烟塔，依次向上通过冷却部、吸收部与除雾部，去除酸性污染物。为防止气体酸性腐蚀作用，净化后的烟气加热后由引风机通过烟囱排放。

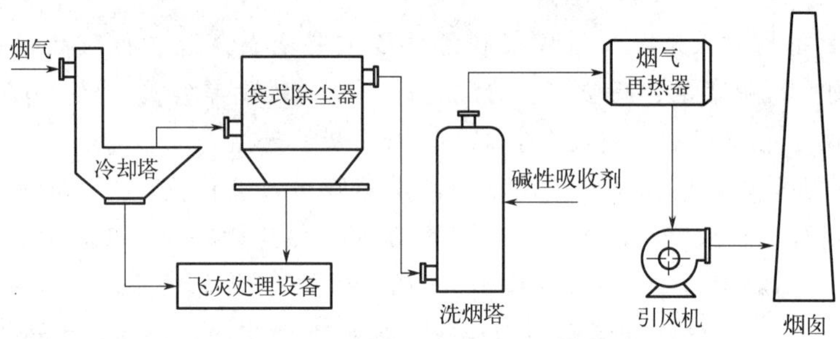

图 7-7　湿式净化工艺流程图

在湿式净化工艺中，碱性吸收剂包括 $Ca(OH)_2$ 和 NaOH 等。采用 $Ca(OH)_2$ 时，亚硫酸盐被氧化生成石膏并从洗涤液中析出。石膏相对饱和度大于 1.0 时会发生石膏沉淀，超过 1.35 时石膏晶体会自发成核，导致在洗烟塔内表面形成石膏晶体，造成堵塞。因此，设计必须考虑足够高的液/气比，以确保石膏的相对饱和度低于 1.35。采用 $Ca(OH)_2$ 作为吸收剂，费用较低，浓度为 10%～30%。鉴于生成的石膏容易导致填料及管道的堵塞和结垢，湿式净化工艺多采用 NaOH 作吸收剂，浓度为 10%～20%。NaOH 的价格较高，但与酸性气体的反应速率快，脱酸效果好且用量小。酸性污染物与 NaOH 溶液发生的主要反应过程为：

$$NaOH + HCl \longrightarrow NaCl + H_2O \tag{7-76}$$

$$2NaOH + SO_2 \longrightarrow Na_2SO_3 + H_2O \tag{7-77}$$

$$Na_2SO_3 + 0.5O_2 \longrightarrow Na_2SO_4 \tag{7-78}$$

填料式洗涤塔技术的脱酸效率，HCl 可达 99%以上，SO_2 可达 90%以上，并且部分重金属能以氢氧化物形式沉淀出来。湿式净化工艺可满足当前最严格的排放标准，但流程复杂、投资大、设备多、运行费用高、废水处理、污泥量大等。

7.6.4 组合净化工艺

为了满足日益严格的污染物排放标准，垃圾焚烧发电厂开始采用组合净化工艺对烟气进行净化，主要有“SNCR＋半干法＋干法＋活性炭喷射＋袋式除尘”和“SNCR＋半干法＋干法＋活性炭喷射＋袋式除尘＋SCR”。

"SNCR＋半干法＋干法＋活性炭喷射＋袋式除尘"工艺的流程图如图 7-8 所示。首先，向炉膛喷入脱硝剂去除烟气中的 NO_x。烟气进入半干法喷雾反应塔，在石灰浆液的作用下去除酸性气体等。之后，烟气由反应塔进入管道与喷入的生石灰或消石灰等进一步去除酸性气体，接着二噁英和重金属被喷入的活性炭吸附去除。最后，烟气进入袋式除尘器，将碱性吸收剂、活性炭和其他颗粒物捕集后排放。某大型垃圾焚烧厂利用该组合净化工艺净化烟气，排烟稳定达标，该工艺各个组成部分对污染物去除的贡献如表 7-12 所示。

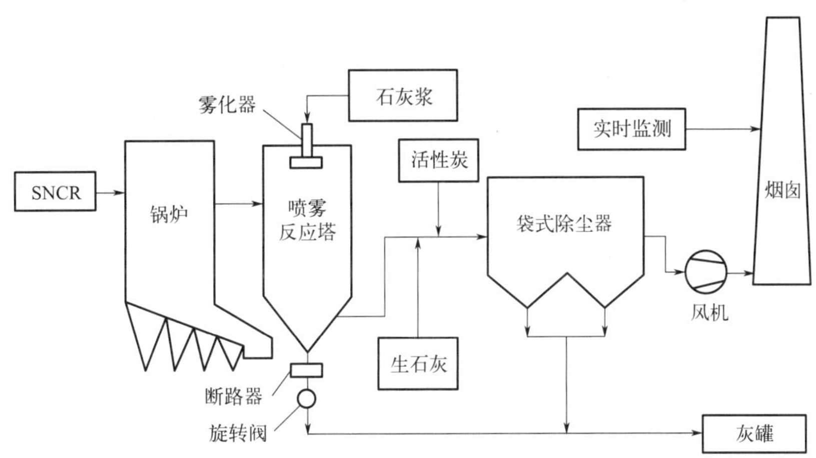

图 7-8　"SNCR＋半干法＋干法＋活性炭喷射＋袋式除尘"组合工艺流程图

表 7-12　烟气净化工艺各部分的脱除效率

污染物	各工艺环节设计脱除效率/%			总去除率/%
	SNCR	半干法＋干法	活性炭＋袋式除尘	
粉尘	—	—	≥99.9	≥99.9
SO_2	—	≥75	≥40	≥85
NO_x	≥60	—	—	≥60
HCl	—	≥95	≥50	≥97.5
Hg 及其化合物	—	—	≥95	≥95
Cd、Tl 及其化合物	—	—	≥96	≥96
Sb、As、Pb、Cr、Co、Cu、Mn、Ni、V 及其化合物	—	—	≥90	≥90
二噁英	—	—	≥99	≥99

北京某垃圾焚烧发电厂采用"SNCR＋半干法＋干法＋活性炭喷射＋袋式除尘＋SCR"组合净化工艺（图 7-9）。首先，炉内燃烧工况满足 3T 燃烧控制条件。炉内烟气经炉内 SNCR 脱硝后进入余热锅炉换热，锅炉出口烟气温度为 190～210℃。烟气进入半干法喷雾反应塔，与石灰浆液反应脱除酸性气体。烟气进入烟道后再由喷入的 $NaHCO_3$ 进一步脱酸，接着由喷入的活性炭吸附二噁英和重金属。之后，烟气进入袋式除尘器去除颗粒物，再经 SCR 脱硝后通过引风机排入烟囱。

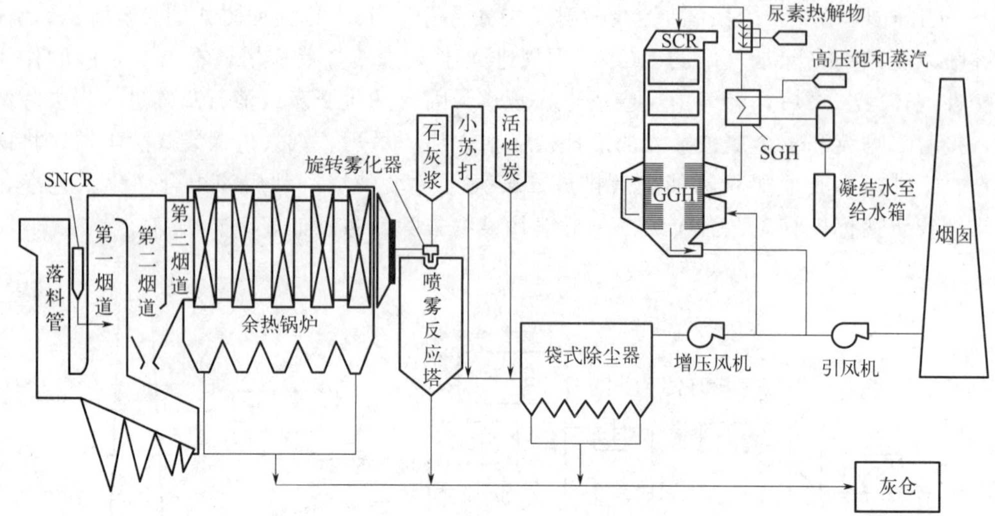

图 7-9 “SNCR＋半干法＋干法＋活性炭喷射＋袋式除尘＋SCR”组合工艺流程图

SCR 系统，不但能去除 NO_x，同时还可部分氧化二噁英。在该工艺中，SCR 系统包括 GGH（烟气-烟气换热器）、SGH（蒸气-烟气换热器）、尿素制氨设备（分解室）、氨喷射装置和 SCR 反应塔。

SCR 的催化反应与温度有关，最佳温度设为 230℃。袋式除尘器后的增压风机出口烟气温度约为 140℃，因此需采用两个串接换热器，把烟气加热到适合 SCR 脱硝反应的温度。第一阶段，烟气通过 GGH（烟气-烟气换热器）与热烟气进行热交换，烟气升温。第二阶段，烟气通过 SGH（蒸汽-烟气换热器）汽包内的高压蒸汽进一步加热到反应温度。

“SNCR＋半干法＋干法＋活性炭喷射＋袋式除尘＋SCR”组合净化工艺将 SNCR 和 SCR 脱硝工艺进行组合，具有以下优点：①脱硝效率高，SNCR＋SCR 最高可达 90％，而 SNCR 一般为 40％～60％；②催化剂用量少。与 SCR 工艺相比，SNCR＋SCR 的催化剂用量大大减少，可缩小 SCR 反应器的体积；③方便使用尿素作为脱硝还原剂；④N_2O 生成减少。在 SCR 工艺中，NO_x 在催化剂的作用下被脱除的同时，N_2O 也会增加，但 SNCR＋SCR 工艺因催化剂用量小，所以 N_2O 生成量较 SCR 工艺少。

7.6.5 循环流化净化工艺

循环流化法烟气净化技术是一种新兴的烟气脱酸技术，是以循环流化反应器为主体的脱酸系统与袋式除尘器的组合，并配置活性炭喷射装置。

焚烧炉排烟从循环流化反应器底部进入，使反应器内的颗粒物处于流化状态，同时喷入消石灰与酸性污染物进行化学反应，并利用反应物和颗粒物对重金属、二噁英等进行吸附。高压水系统将水雾化喷入反应器，通过颗粒表面湿润效应调节反应器内的烟温。烟气经脱酸后进入袋式除尘器，分离下来的颗粒物大部分作为回流物料重新进入反应器，剩余颗粒物排放。循环流化净化工艺脱酸过程中发生的反应过程如下。

石灰熟化：
$$CaO+H_2O \longrightarrow Ca(OH)_2 \tag{7-79}$$

与酸性物质反应：
$$Ca(OH)_2+2HCl \longrightarrow CaCl_2+2H_2O \tag{7-80}$$

$$Ca(OH)_2+2HF \longrightarrow CaF_2+2H_2O \tag{7-81}$$

$$SO_2 + H_2O \longrightarrow H_2SO_3 \tag{7-82}$$

$$Ca(OH)_2 + H_2SO_3 \longrightarrow CaSO_3 + 2H_2O \tag{7-83}$$

$$CaSO_3 + 0.5O_2 \longrightarrow CaSO_4 \tag{7-84}$$

循环流化净化工艺有以下特点：①反应物在接触反应区的浓度很高，相当于一般反应器的50～100倍，脱硫效率可达90%～97%；②颗粒之间发生激烈碰撞，反应效率较高；③消石灰及其副产物能循环100多次，废物排放量也相应减少；④强烈的紊流状态可减少结露、腐蚀等情况；⑤气固相间传热传质理想；⑥喷水增湿有利于去除酸性气体；⑦活性炭可吸附脱除重金属和二噁英等污染物。

循环流化净化工艺包括CFB（循环流化床）、NID（循环半干法）等多种类型。CFB和NID工艺系统的区别在于，CFB工艺系统是循环物料和消石灰分别进入反应器，NID工艺系统则是循环物料与消石灰在混合/增湿器内混合并喷入水雾增湿后再进入反应器。

循环流化工艺流程如图7-10所示。烟气从反应器底部进入，与从反应器底部喷入的消石灰顺流运动。在浓相区，石灰浆液在蒸发干燥的过程中，活化的$Ca(OH)_2$颗粒与烟气污染物及循环物料发生强烈的撞击摩擦和化学反应。生成的$CaSO_4$、$CaSO_3$以及$CaCl_2$等干态反应产物，少部分从塔底排灰口排出，绝大部分随烟气进入袋式除尘器。除尘器捕集的颗粒物，90%以上回流至反应器，剩余颗粒物则通过排放口排出。净化后的烟气经引风机通过烟囱排入大气。

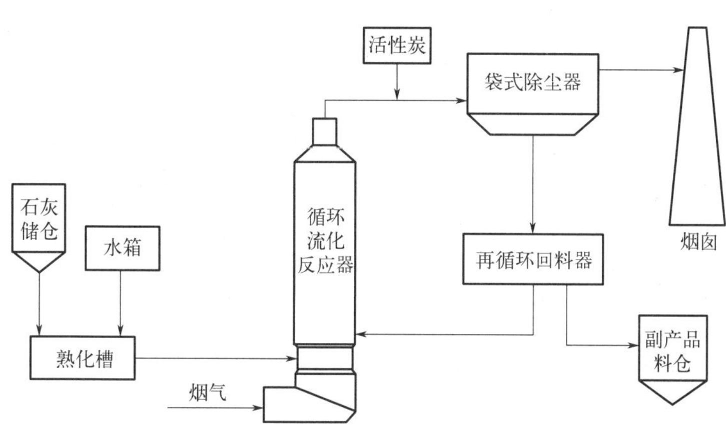

图7-10　循环流化工艺流程图

CFB工艺系统的设备，包括石灰浆制备系统，冷却水系统，由循环流化反应器、返料器、袋式除尘器等组成的净化系统，活性炭储存与输送系统，以及控制系统等。自控的基本参数有：物料循环倍率、酸性气体浓度、烟气及循环物料的停留时间、反应器内温度、脱酸效率，以及烟气量、石灰浆量、冷却水量和回流物料量等。

7.6.6　工艺比较

半干式净化工艺、干式净化工艺、湿式净化工艺和循环流化净化工艺均可用于垃圾焚烧厂烟气的净化，但净化效果和能耗有所不同。表7-13为几种工艺在脱酸效率、水耗、投资等方面的比较。

表 7-13　几种工艺性能及效果比较（高低 1～4 排序）

项目	湿式	半干式	干式	循环流化
脱酸效率	1	2	4	3
水耗	1	2	4	3
原料消耗(消石灰计)	4	2	1	3
电耗	1	2	3	4
投资	1	2	4	3
维护费	1	2	3	4

7.7　飞灰收储系统

飞灰主要来自除尘器捕集下来的颗粒物和半干法喷雾反应器或干法降温塔的沉降颗粒物。这些颗粒物通过输送系统储存于飞灰储仓内，再一并进行稳定化处理。飞灰输送与储存系统由卸灰装置、输灰装置、储存装置等组成。其中，输灰装置多采用机械输灰或气力输灰方式，它们一般同除尘器配套使用。

7.7.1　飞灰收集储运

飞灰收集、输送及储存系统主要由卸灰阀、螺旋或埋刮板输送机、斗式提升机、飞灰储仓等组成。

除尘器与喷雾反应器或降温塔捕集的颗粒物分别经各自排灰口卸灰阀排到数台水平螺旋或刮板输送机上，再集中输送到一台主输送机上。主输送机把颗粒物卸到斗式提升机下部入口，颗粒物被提升到设计高度后，通过一台水平螺旋或埋刮板输送机卸至飞灰储仓，经稳定化处理后送到飞灰处置场处置。

(1) 卸灰阀

垃圾焚烧厂常用的卸灰装置主要有双层卸灰阀和回转式卸灰阀，工作方式有连续或间歇操作。阀出口与螺旋输送机或气力输送装置连接，设计上常采用电加热装置和控制器。袋式除尘器配置连续操作或间歇操作的干法卸灰阀。喷雾反应器和降温塔可选用回转式卸灰阀。

卸灰阀的关键是避免出灰口阻塞和密封。整机设备不积灰，阀体和传动部分采用全封闭结构。卸灰阀结构应满足最大荷载和变化荷载的工况要求，壳体厚度一般不小于 10mm。并且，设有电气和机械保护装置及设备间的运行连锁，设置就地控制和远传控制接口，并保证故障时能自动停机，并发出报警信号。

(2) 螺旋输送机

袋式除尘器多采用螺旋输送机与卸灰阀连接。螺旋输送机的关键是叶片角度，以及接口密封问题。其优点是锁气性好，缺点是有轻微磨损。

螺旋输送机的技术要求如下：①满足连续或间断运行、频繁启停和在满载情况下启动运行等工况要求；②主体和传动部分均采用全封闭结构，整机设备在 10～20kPa 下运行具有良好密封性能，壳体厚度一般不小于 10mm；③不易积灰；机体设置有密封式检查孔，机头和机尾设置检查门，进料口处加装柔性管膨胀补偿器连接和密封。

(3) 斗式提升机

斗式提升机有 D 型、HL 型、PL 型、ZL 型等，均为垂直布置。垃圾焚烧厂适用的形式为 D 型、HL 型，其基本特性见表 7-14。

表 7-14　D 型、HL 型斗式提升机特性

形式	D 型	HL 型
结构特征	橡胶带为牵引构件	锻造制环形链条为牵引构件
卸载特征	间断布置料斗，快速离心卸料	同左
适用范围	无磨蚀性或半磨蚀性的粉状、颗粒状、小块状散状物料	同左
适用温度	≤60℃，采用耐温橡胶带时≤150℃	输送温度较高物料时需订货时确定
主要型号	D160/D250/D350/D450	HL300/HL400
提升高度	4～30m	4.5～30m
输送能力	3.1～66m^3/h	16～47.2m^3/h

(4) 埋刮板输送机

埋刮板输送机是刮板全部埋在物料中输送物料的设备。埋刮板输送机可水平、倾斜及垂直输送。水平输送时，物料在刮板推力作用下，顺刮板链条运动方向水平移动；垂直输送时，物料在刮板推力作用下，顺着刮板链条运动方向垂直向上移动。

埋刮板输送机的基本技术要求如下：①输送机负荷能力与卸灰阀最大出力相匹配，满足最大荷载和变化荷载的工况要求；②输送机采用全封闭结构，壳体厚度一般不小于 6mm。应保证在最高温度 350℃下正常运行；③电动机、减速机使用寿命不少于 5000h。输送机的底部衬防磨板，防磨板需平整耐磨；④输送机头轮处设刮料装置，上方设防脱链装置。主体设有密封式检查孔，机头设置清料门；⑤输送机设有电气和机械保护装置及设备间的运行连锁，设置就地控制和远传控制接口并保证故障时能自动停机，同时发出报警。

7.7.2　飞灰储仓性能结构

飞灰储仓为上部呈圆柱形，下部为 60°锥形，由碳钢板焊接而成，钢板厚度不小于 8mm。储仓容积根据飞灰额定产生量与厂内处理条件或外运条件确定，一般按不少于 5～7d 额定飞灰量确定。

储仓运行中应防止飞灰收集过程中的扬尘，防止物料板结起拱。为此，仓顶应设有袋式除尘器、压力/真空释放阀和人孔门。锥斗上设振打装置和捅灰孔，振打力大于 5kN，卸料口处设振动排灰装置。另外，仓体需安装料显示报警装置。

(1) 飞灰储仓技术要求

飞灰储仓和辅助设备的主体、钢结构及支座设计保证结构上的完整性，结构设计满足最大载荷和变化载荷的工况要求。设备具有良好的防锈腐、防磨损、耐高温性能（不低于 200℃）和运行可靠性；本体密封严密，无泄漏与冒灰现象。

设置平台、走道及扶梯时，平台尺寸应满足现场工作需要，走道、扶梯的宽度不小于 800mm。平台的活荷载不小于 4kN/m^2，走道、扶梯的活荷载不小于 2kN/m^2。

(2) 仓顶除尘器技术要求

采用脉冲袋式除尘器（配有排气风机），过滤风速不大于 0.8m/min，除尘效率不低于

99%，出口含尘浓度（标准状态下）不大于 30mg/m^3，布袋寿命不小于 2000h。在主控室设有声光报警装置，除尘器出现故障时，能自动切换或停运。除尘器设有压差计，检测滤袋的效果。

7.8 烟气在线连续监测

在线连续监测是指对固定污染源排放的污染物浓度和排放率进行连续实时跟踪测定。其中，连续实时被定义为每个污染源的测定时间不小于总运行时间的 75%，每小时测定时间不少于 45min。

在线连续监测系统（CEMS）于 20 世纪 70 年代应用到垃圾焚烧厂，2000 年开始国产 CEMS 逐步进入市场。CEMS 技术多种多样，原理和方法各不相同。为了从技术上规范 CEMS，2002 年国家环保总局发布了《火电厂烟气排放连续监测技术规范》（HJ/T 75—2001）和《固定污染物排放烟气连续监测系统技术要求及检测方法》（HJ/T 76—2001），此后各地也根据当地情况相继发布 CEMS 的安装、主要技术指标、检测项目、验收方法和质量保证措施等技术规定。2003 年 7 月开始执行的《排污费征收使用管理条例》规定，应安装固定污染源烟气 CEMS 并以其检测数据作为执法依据。2005 年 11 月实施的《污染源自动监控管理办法》（国家环保总局令第 28 号）确定，污染源自动监控设备是污染防治设施的组成部分，验收合格的 CEMS 数据可作为排污申报核定、排污许可证发放、总量控制、环境统计、排污费征收和现场环境执法等环境监管的依据。

7.8.1 检测内容与检测系统

(1) CEMS 监测内容

CEMS 监测内容包括四类，即固态污染物（颗粒物）、气态污染物（HCl、SO_2、NO_x、CO、HF 等）、过程参数（烟气湿度、压力、温度、流速等）以及其他（烟气黑度、O_2、CO_2 等）。

HF 与 HCl 为同族物质。由于 HF 浓度很低，一般只监测 HCl，有特殊要求时也可监测 HF。O_2 和 CO_2 不属于污染物，从燃烧控制角度看只监测其中之一即可，常监测 O_2、CO_2 作可选项。重金属、二噁英等仍采用实验室检测的方法。

(2) CEMS 的基本组成

CEMS 由采样系统、测试系统、数据采集与处理系统组成。系统包括连续检测烟气污染物浓度和排放率所需的全部设备。CEMS 根据监测内容分为烟气过程参数检测、颗粒物浓度监测和气态污染物浓度监测。

在数据采集和处理系统中，数据采集器汇集各个智能化仪器的测量数据和系统工作状态并上报给监控中心，同时控制整套监测仪器的运行流程。监控中心 PC 机系统负责收集、存储监测仪器传送的数据，对上报的信息进行分析处理，实现故障定位、故障警告、报表统计、报表打印等功能，定时向管理部门发送排放数据报告，并随时响应管理部门的远程数据查询。

7.8.2 CEMS 的安装与点位

(1) 颗粒物监测系统的安装和点位

颗粒物监测系统在安装过程中应注意以下几点：①安装在颗粒物控制设备下游有代表性

的位置；②光学原理的颗粒物监测系统所在测定位置应无水滴和水雾；③便于日常检查维护、性能检测和部件更换等；④弯头和断面急剧变化的部位，设置在距弯头、阀门、变径管下游方向不小于 4 倍直径或上游方向不小于 2 倍直径处。当安装位置不能满足要求时，应尽可能选择气流稳定的断面，但安装位置前的直管段长度必须大于安装位置后的直管段长度；⑤测量点位离烟道或管道壁的距离不小于烟道或管道直径的 30%；⑥安装位置位于或接近烟道或管道断面的矩心区，对于线测量还必须满足测量线长度不小于烟道或管道断面直径，或不小于矩形烟道或管道的边长。

(2) 气态污染物监测系统的安装和点位

气态污染物监测系统在安装过程中应注意以下几点：①位于气态污染物混合均匀且能代表固定污染源的排放位置；②安装在距最近的控制装置、产生污染物和污染物浓度或排放率可能发生变化的部位下游不小于 2 倍烟道和管道直径的位置；③距烟气排口或控制装置上游不小于半倍烟道或管道直径的位置；④距烟道或管道壁应不小于 1m；⑤位于或接近烟道或管道矩心区；⑥测量线长度不小于烟道或管道断面直径，或矩形烟道或管道的边长。

(3) 流速连续测量系统的安装和点位

测点应距烟道或管道壁不小于 1m，也可位于或接近烟道或管道的矩心区。或按照满足测量线长度不小于烟道或管道断面直径或矩形烟道或管道的边长来确定。

(4) 安装基本技术要求

原则上，一个固定污染源安装一套 CEMS，并尽可能安装在总排气管上，且便于用参比方法校准颗粒物和烟气流速。不能用与气态污染物监测原理相同的参比方法进行检测、复检和校验 CEMS。

7.8.3 CEMS 的技术要求

CEMS 应是技术先进、长期稳定运行的产品，其测量、计算方法得到我国计量主管部门和制造商所在国相关部门的认可。CEMS 的设计条件包括出口的烟气流量、烟气污染物浓度、烟气含氧量（干态）、温度、负压、含水量，以及烟道形状与断面尺寸等，并且以上设计条件的数值包括额定值与变化范围。CEMS 的主要技术指标如下。

(1) 设备正常工作的环境条件

① 环境温度－20～45℃，相对湿度＜90%，大气压 86～106kPa；烟气温度＜260℃。

② 供电要求：电压 AC 220V＋10%，频率 50Hz。

(2) 颗粒物监测系统的主要技术指标

① 测定范围：当仪器只设置 1 个测量档时，测量上限高于排放源最大浓度的 1～2 倍；仪器设置多个测量档时，最低档测定上限应不超过 500mg/m^3。

② 零点漂移：24h 零点漂移不超过满量程的±2%。

③ 量程漂移：24h 量程漂移不超过满量程的±5%。

(3) 气态污染物监测系统（含 O_2 或 CO_2）的主要技术指标

① 线性误差：不超过±5%。

② 响应时间：不大于 180s。

③ 零点漂移：24h 零点漂移不超过满量程的±2.5%。

④ 量程漂移：24h 量程漂移不超过满量程的±2.5%。

⑤ 当参比方法测定烟气二氧化硫、氮氧化物浓度平均值低于 2.5×10^{-4} 时，参比方法

和 CEMS 测定结果平均值之差的绝对值不大于 2×10^{-5}。

(4) 流速连续测量系统主要技术指标

① 测量范围：上限不低于 30m/s。

② 速度场系数精密度：优于 5%。

③ 速度场系数相对误差：不超过±10%。

7.9 烟气排放标准

我国颁布了《生活垃圾焚烧污染控制标准》(GB 18485—2014)(表 7-15)，表格规定的排放限值，均已换算为 0℃、101.3kPa、11% O_2 的干烟气条件下的值。

表 7-15 我国垃圾焚烧烟气污染物排放限值比较

污染物(标准状态下)	中国	
	限值	取值时间
颗粒物/(mg/m^3)	30	1h 均值
	20	24h 均值
NO_x/(mg/m^3)	300	1h 均值
	250	24h 均值
SO_2/(mg/m^3)	100	1h 均值
	80	24h 均值
HCl/(mg/m^3)	60	1h 均值
	50	24h 均值
汞及其化合物(以 Hg 计)/(mg/m^3)	0.05	测定均值
镉、铊及其化合物(以 Cd+Tl 计)/(mg/m^3)	0.1	测定均值
锑、砷、铅、铬、钴、铜、锰、镍、钒及其化合物(以 Sb+As+Pb+Cr+Co+Cu+Mn+Ni+V 计)/(mg/m^3)	1.0	测定均值
CO/(mg/m^3)	100	1h 均值
	80	24h 均值
二噁英/(ngTEQ/m^3)	0.1	测定均值

我国标准规定了颗粒物，氮氧化物，二氧化硫，氯化氢，汞及其化合物，镉、铊及其化合物，锑、砷、铅、铬、钴、铜、锰、镍、钒及其化合物，二噁英类，一氧化碳在内的 9 类污染物的排放限值。随着烟气净化工艺的不断发展，我国的垃圾焚烧烟气排放限值日趋严格。

思考题

1. 简述垃圾焚烧烟气污染的特性。
2. 简述垃圾焚烧烟气污染物的形成机制。
3. 用于焚烧的垃圾含水率为 50%，将其烘干后进行元素分析，发现烘干后垃圾中 C、

H、O、N、S 的含量分别为 36%、3.8%、14%、1.5%和 0.8%，计算 1t 垃圾焚烧的理论空气量和理论烟气量。

4. 已知 1 个袋式除尘器的有效过滤面积为 $1120m^2$，烟气流量为 $1280m^3/min$，烟气含尘浓度为 $10g/m^3$，除尘效率为 99%。已知清洁滤料的阻力系数为 $4\times10^7 m^{-1}$，压力损失为 72Pa。当过滤 30min 时，集尘层的平均阻力系数为 $2\times10^9 m/kg$，求此时袋式除尘器的压力损失。

5. 某厂拟选玻纤覆膜作为滤料，采用脉冲清灰袋式除尘器净化含尘烟气。处理烟气量（标准状态下）为 $103000m^3/h$，烟气进口含尘浓度为 $11g/m^3$，除尘器的工作温度为 433K。试确定：(1) 袋式除尘器的有效过滤面积；(2) 需要滤袋的数目。

6. 垃圾焚烧二噁英的控制措施有哪些？焚烧炉的烟气温度为 463K，压力为 103kPa，含氧为 8%，此时烟气中某一污染物浓度为 $37mg/m^3$，求换算成标准状态下 11%含氧量的该污染物浓度。

7. 采用半干式净化工艺对垃圾焚烧烟气进行处理，石灰纯度为 93%，经估算烟气中 HCl 和 SO_2 的浓度（标准状态下）分别为 $1100mg/m^3$ 和 $500mg/m^3$，烟气流量（标准状态下）为 $54000m^3/h$。要使烟气能达标排放，假设石灰除杂质外能完全参与反应，每小时消耗多少石灰？

8. 请画出几种典型烟气净化工艺。

第8章 废水处理系统

垃圾焚烧厂在运行中会产生垃圾渗滤液，还会产生场地冲洗水、出渣废水、锅炉废水等生产废水和生活污水。其中，渗滤液是较难处理的部分，备受关注。渗滤液的成分复杂，难降解有机物和重金属较多，对处理工艺要求特殊。

本章主要介绍渗滤液和其他废水的处理工艺，包括预处理、好氧生物处理、厌氧生物处理、脱氮处理和深度处理工艺。

8.1 废水的来源和性质

垃圾焚烧厂中，垃圾在垃圾池内堆放过程中会产生渗滤液，卸料场地冲洗、垃圾运输车清洗、灰渣冷却等过程中都会产生废水。这些废水的来源不同，性质存在较大差异。

8.1.1 垃圾渗滤液

(1) 渗滤液的来源

生活垃圾从收集到焚烧前都有渗滤液的产生。垃圾在焚烧前会经历以下过程，即各家投放的垃圾由垃圾站统一收集，定期运送至垃圾中转站进行压缩处理，然后将垃圾送至焚烧厂。垃圾在垃圾池内进行发酵熟化，沥出水分，提高热值后再行焚烧。

在垃圾站，垃圾不做处理且停留时间较短，渗滤液产生量较少甚至不产生。垃圾在中转站进行压缩处理，通过挤压作用，垃圾的液体会渗出，此时会产生部分渗滤液，该类渗滤液属于“新鲜渗滤液”。由于此处的渗滤液量较少，浓度较低，因此一般不进行处理就直接排入市政污水管网。或者，垃圾不经中转站而直接用集装箱式垃圾车连同渗滤液一起送至焚烧厂。垃圾在倒入垃圾池后堆放过程中垃圾，水分在挤压作用下会形成渗滤液，并且垃圾的有机组分经厌氧发酵也会产生渗滤液。此外，垃圾在运输过程中有时会被雨水淋湿，运输车将垃圾倒入垃圾池的同时会带入一些雨水，也构成渗滤液的一个来源。一般来说，焚烧厂垃圾产生的渗滤液主要指焚烧厂垃圾池的渗滤液。

渗滤液的收集方法通常是，使垃圾池底部向卸料间方向倾斜，在池壁底部设置若干孔洞并装设过滤网。在池外侧设一条渗滤液沟，渗滤液通过过滤网从渗滤液沟自流到渗滤液收集池。

(2) 渗滤液的特点

由于居住环境、地理位置、垃圾源头、垃圾管理方式和渗滤液形成机制的差异，渗滤液的成分和特征不尽相同，但一般都有以下特点。

① 水质复杂，危害性大。垃圾渗滤液含有很多种有机化合物，其中22种被列入美国EPA环境优先控制污染物的黑名单。渗滤液的成分十分复杂，含有较高浓度的氨氮和含氮有机物，还有多种重金属以及大量的病原微生物和病毒。

② 有机物浓度高。渗滤液的有机物浓度非常高。COD_{Cr}一般为60000mg/L，有时可达100000mg/L，BOD_5为20000～40000mg/L，BOD_5/COD_{Cr}值可高达0.6以上，生化性良好。一般而言，渗滤液的有机成分可分为低分子脂肪酸类、腐殖质类高分子碳水化合物和中分子量的灰黄霉酸类物质。

③ 氨氮含量高。生活垃圾中的蛋白质等含氮有机物容易溶出，或在微生物作用下水解，生成氨基酸等小分子物质，它们在氨化菌的作用下分解，释放出氨气。渗滤液的氨氮浓度较高，可达1500～2500mg/L。氮多以氨氮形式存在，约占总氮的75%～90%。

④ 水质水量变化大。渗滤液受季节、降水、垃圾成分、储存时间等因素的影响，水质和水量的变化较大。因此，渗滤液处理工艺须具备抗冲击负荷的能力。

⑤ 营养元素比例失调。采用生物处理技术处理渗滤液时，微生物的生长繁殖需要适宜的元素比例，好氧处理时需要C∶N∶P为100∶5∶1。相对于渗滤液高的COD_{Cr}和BOD_5值，渗滤液总是缺乏磷元素。

⑥ 重金属含量较高。在堆放过程中，垃圾本身含有的重金属会析出至渗滤液中。由于重金属的微溶出率和垃圾本身的吸附作用，渗滤液的重金属只占垃圾重金属总量的0.5%～6.5%。

⑦ 色度深，有恶臭。渗滤液一般为黑褐色，十分黏稠，具有强烈恶臭气味。

⑧ 含盐量高。渗滤液具有盐量高和硬度高的特性，盐浓度（TDS）一般高达10000m/L，硬度通常在1000mg/L以上（以碳酸钙计）。盐类包括钠、钙、钾、镁等盐，多以氯化物和硫酸盐的形式存在。

⑨ pH值较低。渗滤液含有大量有机酸，呈酸性，pH值一般在4～7之间。

(3) 影响渗滤液水质变化的因素

① 垃圾成分的影响。垃圾的组成会直接影响渗滤液的水质。厨余含量高时，会增加渗滤液的有机质含量，COD_{Cr}和BOD_5都较高。反之，COD_{Cr}和BOD_5都较低。渗滤液的氨氮主要来源于有机质的降解，因此当厨余含量高时渗滤液的氨氮浓度也会升高。

当废旧家用电器、电子产品、电池、电气仪表线路板、设备零配件等重金属含量的占比高时，渗滤液的重金属含量也会相应升高。

② 燃料结构的影响。冬季供暖以燃煤为主的地区，生活垃圾的炉灰含量高。炉灰等对渗滤液有机物具有吸附和过滤作用，对渗滤液的含水率、重金属和有机物的含量具有明显影响。当垃圾中炉灰含量高时，渗滤液的含水率、重金属和有机物含量都有所降低。

③ 垃圾堆放时间的影响。垃圾在垃圾池内堆放过程中会发生厌氧发酵反应。随着垃圾堆放时间的延长，有机质的溶出和分解更多，渗滤液的氨氮浓度会升高。

④ 季节和降水的影响。降水量会影响渗滤液污染物的浓度。冬季的降水量较少，渗滤液的含水率减少，渗滤液浓度较高；夏季降水多，渗滤液的浓度较低。

(4) 渗滤液水质预测

焚烧厂内的渗滤液主要由垃圾本身所含的水分形成。渗滤液的成分十分复杂，影响渗滤液水质的因素有很多。结合国内一些工程实例，渗滤液的污染物浓度范围如表8-1所示：

表 8-1　渗滤液的污染物浓度范围

项目	水质	项目	水质
COD_{Cr}	40000～70000mg/L	SS	10000～15000mg/L
BOD_5	20000～35000mg/L	pH	5～7
NH_3-N	1000～1500mg/L		

(5) 渗滤液产生量

根据国内焚烧厂的运行经验，垃圾渗滤液的产生量一般不大于垃圾量的 20%。当垃圾含水量在 50%左右时，渗滤液量通常不大于垃圾量的 10%。自 2019 年，上海、北京等地开始实施垃圾分类，这些城市的垃圾渗滤液产生量有较大变化。

(6) 影响渗滤液产生量的因素

① 季节和降水。渗滤液的产生量受季节降雨的影响波动很大。一般来说，夏季或降水多时，渗滤液的产生量较多；冬季或降水少时，渗滤液的产生量较少。

② 地域差异。我国各地垃圾成分和含水率差别较大，渗滤液的产生量也不相同。南方地区渗滤液的产生量平均为垃圾量的 12%，在瓜果收获季节可达垃圾量的 15%，而北方地区因气候干旱，一般为垃圾量的 8%～10%。

③ 垃圾堆放时间。垃圾堆放时间会影响渗滤液的产生量。堆放时间越长，渗滤液的产生量越高。在采用循环流化床焚烧工艺的垃圾焚烧厂，垃圾在焚烧前的堆放时间较短，一般为 1 天，渗滤液产生量较少，大约为垃圾量的 10%。采用炉排型焚烧炉的垃圾焚烧厂，通常需要提高垃圾的热值，因此垃圾需在垃圾池内停留 4～6 天，渗滤液的产生量也会相应增多。

④ 垃圾成分。垃圾的成分也会影响渗滤液的产生量。含水量多的垃圾占比较大时，会增加渗滤液的产生量。例如，厨余和果皮类的含量高时，渗滤液的产生量会增大。

⑤ 垃圾运输系统。我国垃圾运输系统主要有两种：一种是从居民区收集垃圾，然后用集装箱式垃圾车直接将垃圾及其渗滤液送入焚烧厂的垃圾池中，这种运输系统不会减少渗滤液的产生量；另一种是将居民区垃圾收集送至垃圾中转站，然后从垃圾中转站运至焚烧厂。中转站的垃圾处理方式，会影响焚烧厂垃圾池渗滤液的产生量。有些中转站会对垃圾进行压缩处理，将产生的渗滤液排入市政污水处理厂，这样会减少焚烧厂垃圾池渗滤液的产生量。有些中转站只是简单对垃圾进行放置中转，然后将渗滤液和地面冲洗水进行处理，也能减少焚烧厂垃圾池渗滤液的产生量，但减少量不及设有压缩处理的中转站。

⑥ 垃圾分类。垃圾的渗滤液主要来源于厨余的水量和居民日常使用瓶、罐、袋等容器中的液体水等。对于厨余占比较多的城镇，渗滤液来源主要以厨余的水量为主。目前，我国上海、北京等地开始施行垃圾分类政策，将生活垃圾在源头进行分类，将厨余分离出去，渗滤液产生量大幅减少。

8.1.2 生产废水

垃圾焚烧厂的生产废水主要来自垃圾卸料平台冲洗水、出渣废水、灰储槽废水、锅炉废水、洗烟废水、实验室废水、烟气冷却废水、洗车废水等，焚烧厂生产废水的来源和产生量如表 8-2 所示，焚烧厂生产废水的物理化学性质见表 8-3。

表 8-2　焚烧厂生产废水的来源及产生量

生产废水	来源	产生量
卸料平台冲洗水	运输车倾倒平台冲洗时产生的废水	33L/t 垃圾
出渣废水	灰渣消火、冷却时产生的废水	5～10m^3/(h·炉)
灰储槽废水	喷水冷却灰储槽产生的废水	连续焚烧需 0.1～0.15m^3/t
锅炉废水	调整锅炉水质、去除锅炉结垢而产生的废水	锅炉给水量的 10%
洗烟废水	去除烟气有害气体时产生的废水	洗烟用水量的 15%，一般为 0.5～1.3m^3/t 垃圾
实验室废水	分析监测时产生的废水	与测定项目和分析频率有关
烟气冷却废水	喷水冷却时产生的废水	间歇焚烧需 1.2m^3/t，半连续焚烧需 0.5m^3/t，连续焚烧需 0.12～0.19m^3/t
洗车废水	垃圾运输车冲洗时产生的废水	10～500L/辆

表 8-3　焚烧厂生产废水的物理化学性质

生产废水	物理化学性质
卸料平台冲洗水	pH＝6～8，BOD_5≤200mg/L，COD≤200mg/L，SS≤300mg/L
出渣废水	pH＝9～12，COD＝150～300mg/L，SS＝300～1100mg/L，重金属：Cd＝0.13～0.27mg/L，Pb＝3.8～15.6mg/L，Zn＝5.8～15.6mg/L
灰储槽废水	pH＝6～13，BOD_5＝20～5000mg/L，COD＝80～1800mg/L，SS＝200～300mg/L，盐浓度高，一般可达 0.5%～3.5%，重金属：Cd＝0.004～1mg/L，Fe≤100mg/L，Mn≤20mg/L，Zn≤60mg/L，Hg≤0.16mg/L，Pb＝0.1～30mg/L
锅炉废水	pH＝10～11，BOD_5＝30mg/L，SS＝50mg/L，锅底废水含较多 Fe，可达 100mg/L
洗烟废水	采用氢氧化钠溶液洗烟后，废水含盐量较高，可达 1%～20%，BOD_5＝15～400mg/L，COD＝20～500mg/L，重金属：Cd＝0.1～20mg/L，Pb＝1.5～200mg/L，Fe≤3600mg/L，Zn＝30～1050mg/L，Hg＝0.002～30mg/L
实验室废水	取决于实验项目
烟气冷却废水	pH＝1～3，BOD_5＝23～500mg/L，COD<550mg/L，SS＝54～7800mg/L
洗车废水	pH＝5.1～8，BOD_5≤1200mg/L，COD 1300mg/L，SS＝95～1000mg/L，油分 10～60mg/L

生产废水必须进行处理，处理后的水优先考虑循环再利用，必须排放时应满足《污水综合排放标准》(GB 8978—2017)。

8.1.3　生活污水

垃圾焚烧厂的生活污水一般是指宿舍区员工生活产生的污水，产生量按 85～95L/(人·班)计。生活污水的 pH 值呈中性，COD 为 300～500mg/L，BOD_5 为 100～200mg/L。

8.1.4　天然降水

天然降水是大气中的水汽凝结后以液态水或固态水降落到地面的现象，是雨、雪、露、霜、霰、雹等现象的统称。天然降水对焚烧厂的运行具有一定的影响。在降水量高的地区，渗滤液的产生量会有所增加。因此，在焚烧厂内应采取雨污分流措施，减少或避免雨水进入垃圾池。厂区内的雨水，一般经雨水管网收集后排至厂区外的自然冲沟内。当管理不善时，焚烧厂的初期雨水会被污染，与厂房卸料大厅地面冲洗废水、垃圾车冲洗废水一样，BOD_5

和 COD 的含量较高，需处理后排放。

为了节约水资源，焚烧厂应注意开发利用厂区雨水，注意被污染雨水的收集和处理。《生活垃圾焚烧处理工程技术规范》（CJJ 90—2009）规定，在缺水或严重缺水的地区，焚烧厂内应设置雨水利用系统。

8.2 废水处理

渗滤液和生产废水，须处理达标后才能排放。下面，介绍垃圾焚烧厂废水的处理原则和处理工艺，其中重点介绍渗滤液的处理工艺。

8.2.1 废水处理原则

垃圾焚烧厂的废水，由于性质和排放要求的不同，处理原则也相应不同，最终处理目标一般有三个：排入市政污水管网、直接排入自然水体和中水回用。

在建有城市生活污水处理厂的地区，渗滤液经处理达到《污水排入城镇下水道水质标准》（GB/T 31962—2015）后可排入市政污水管网。对于其他的生产生活废水，除出渣废水、灰储槽废水和洗烟废水可能需要进行混凝沉淀处理去除超标的重金属离子以外，其他的废水基本可直接排入市政污水管网。

当处理后的废水需直接排入自然水体时，水质标准应符合《污水综合排放标准》（GB 8978—1996）的规定。当废水处理后需要回用于烟气净化、灰渣处理、冲洗和绿化等场合时，需要增加处理设施，使回用水水质达到《城市污水再生利用　城市杂用水水质》（GB/T 18920—2020）的要求。

《生活垃圾焚烧处理工程项目建设标准》（建标 142—2010）规定，焚烧厂应根据技术经济性选用渗滤液和其他生产废水、生活污水的处理工艺，并优先考虑利用当地已建或在建的污水处理设施。当不能满足上述条件时，应单独建设污水处理设施，排水应优先考虑循环再利用，排放按国家有关标准执行。

8.2.2 废水处理工艺

1）废水处理工艺

渗滤液的污染物浓度高，成分复杂。在垃圾焚烧厂的废水处理中，根据渗滤液和其他废水是否合并处理分为以下几种。

第一种是将渗滤液与其他生产废水进行混合后处理。利用生产废水稀释渗滤液，降低渗滤液的污染物浓度。混合处理需要在焚烧厂内建造废水处理系统，在运行过程中控制渗滤液和生产废水的体积比。生产废水具有水量大、污染物浓度低的特点，且污染物主要以无机物为主，适合采用物化法和膜法处理，处理费用较低。渗滤液的水质复杂、浓度高，以有机物为主，适合采用生化法处理。渗滤液和生产废水的混合处理比分质处理的成本更高。

第二种是根据渗滤液和生产废水的水质特征，分别进行预处理，然后再合并处理。对于出渣废水、灰储槽废水和洗烟废水，有时会预先采用混凝沉淀去除重金属等对微生物有害的物质，再与其他废水一起进行生物处理。对于渗滤液，有时会先进行生物处理降低污染物浓度后，再与其他废水合并处理。图 8-1 是某垃圾焚烧厂废水处理工艺，渗滤液进行预处理后再与其他废水合并处理。

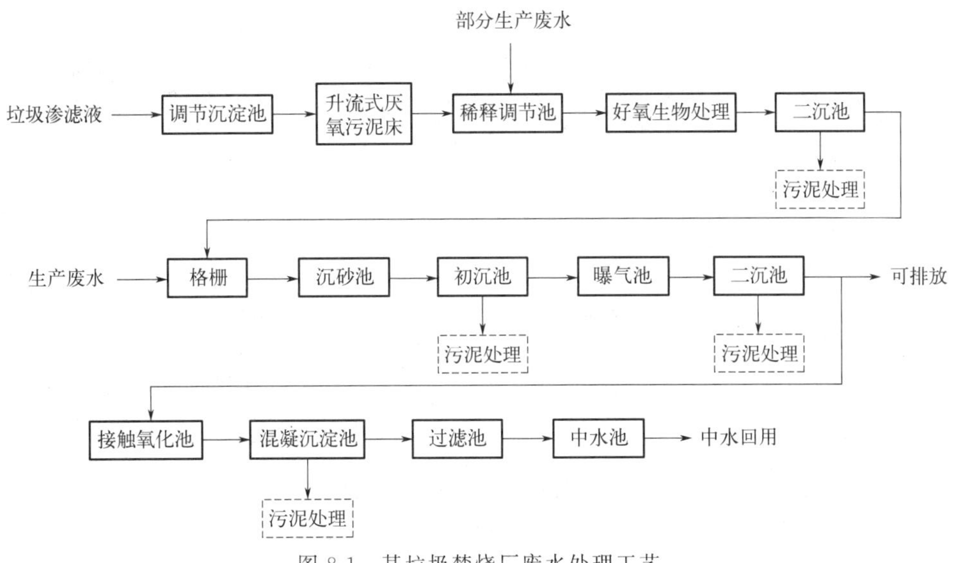

图 8-1 某垃圾焚烧厂废水处理工艺

第三种是在焚烧厂内建造专门的垃圾渗滤液处理系统，而其他生产废水经简单处理后直接排放至城市污水处理厂。当渗滤液产生量较低时，可将渗滤液进行回喷焚烧处理。

渗滤液先经预处理去除粗大颗粒物和部分有机物，然后经生物处理分解大部分有机物，并进行脱氮和除磷，最后对生化出水进行深度处理，满足排放标准后排放。国外和国内焚烧厂渗滤液的典型处理工艺如图 8-2 和图 8-3 所示。

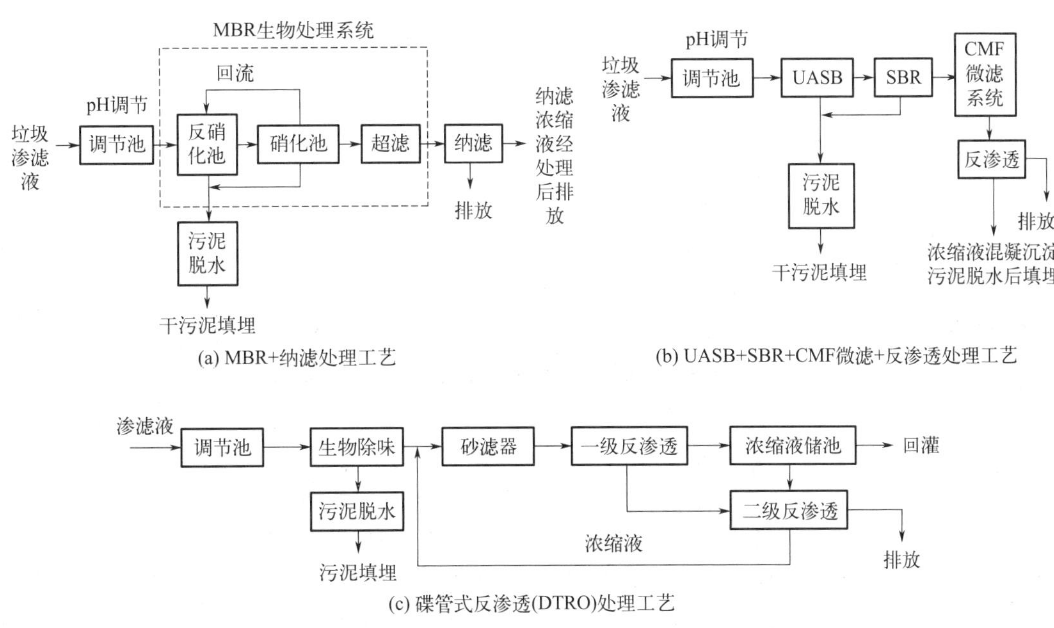

图 8-2 国外垃圾焚烧厂渗滤液的典型处理工艺

2）废水预处理

焚烧厂的废水预处理一般包括过滤、调节、沉淀和混凝等。废水预处理主要是为了去除

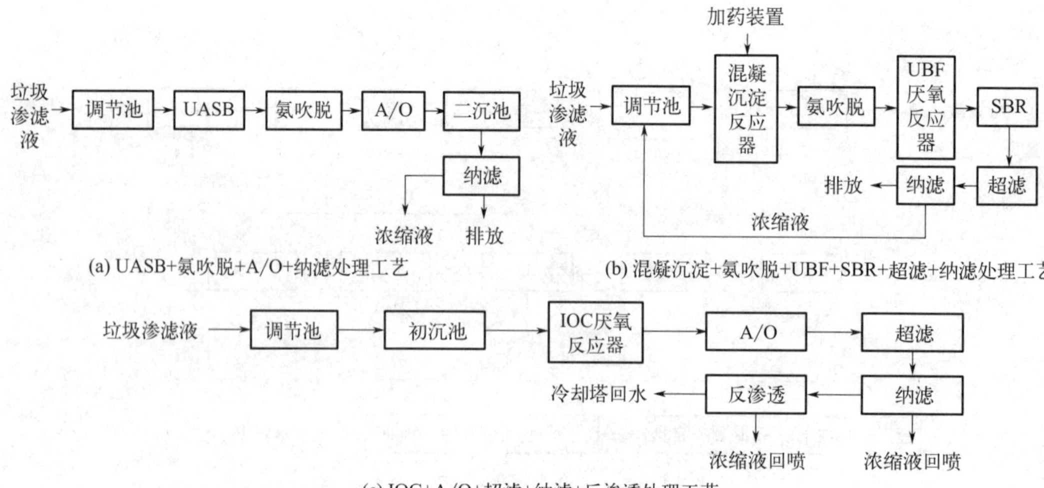

图 8-3　国内垃圾焚烧厂渗滤液的典型处理工艺

废水中的较大颗粒，减轻后续处理单元的压力，防止管道和设备的堵塞，减小仪表设备的损坏。

（1）过滤或拦截

垃圾焚烧厂废水处理的过滤拦截设施主要是格栅和篮式过滤器。

① 格栅。格栅是由一组或多组平行的栅条与框架构成的装置，一般倾斜地设置在废水流经的渠道或集水池的进口处（图 8-4）。当废水流经格栅时，较大的悬浮物和漂浮物被拦截下来，从而达到保护后续处理设施尤其是泵的目的。

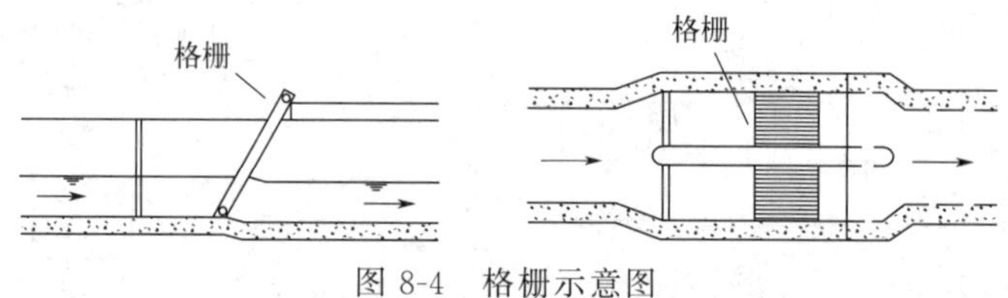

图 8-4　格栅示意图

根据栅条的间距，格栅分为粗格栅（间距 50～100mm）、中格栅（间距 10～40mm）和细格栅（间距 3～10mm）。在废水处理系统，一般设置中、细两道格栅，且同一类型格栅不少于 2 台（一用一备）。在运行过程中，废水过栅流速为 0.6～1.0m/s，格栅倾角采用 45°～75°，格栅水头损失一般为 0.08～0.15m。

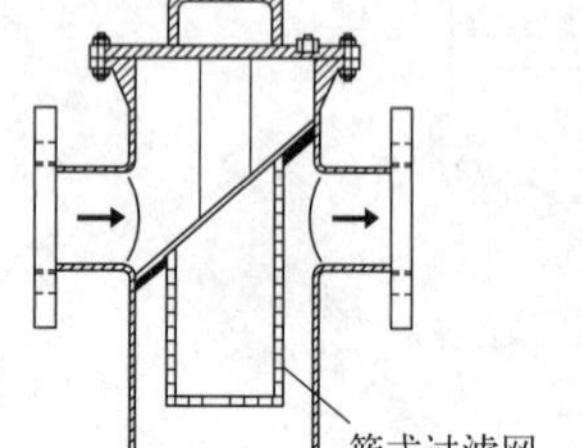

图 8-5　篮式过滤器示意图

② 篮式过滤器。篮式过滤器（图 8-5）是焚烧厂废水处理中常用的一种过滤器，其工作原理是：当废水通过筒体滤网时，颗粒被拦截在滤网内，滤液则通过滤网从过滤器的出口排出。主要用于在废水输送管道上拦截较大颗粒，使用简单，维护方便。清洗过滤器时，将滤筒取出清洗后重新装入。

（2）水质调节

焚烧厂废水的水量和水质常常不稳定，尤其是渗滤液具有水质和水量变化大的特点，因此设置调节池以保证处理系统的正常运行。

调节池设计主要是确定它的容积，容积设计应尽可能大一些，以应对渗滤液水量的变化。调节池既有良好的均质均量作用，又可承担事故池的作用，水力停留时间为 7～8d。

调节池采用钢筋混凝土结构，并采取防腐防渗措施，防止渗滤液等高浓度废水渗漏污染土壤。调节池上部一般会设顶板和人孔盖板进行密封，同时安装除臭装置抽取调节池产生的臭气，送入焚烧炉进行焚烧除臭。

（3）沉淀

焚烧厂废水处理前，可采用沉淀池进行预处理。沉淀池是利用重力沉降作用去除废水中悬浮物的设施。

沉淀池分为初沉池和二沉池。初沉池是预处理设施，能够去除废水中部分颗粒物和 COD，降低后续生物处理系统的容积负荷。二沉池用于生物处理混合液的固液分离。沉淀池根据池内水流方向分为平流式沉淀池、竖流式沉淀池和辐流式沉淀池。

平流式沉淀池一般呈长方形，水从池的一端流入，以水平方向流过池子，悬浮物沉淀留在池底，水从池的另一端流出。进口处底部设置贮泥斗，池底设有坡度，坡向贮泥斗，在刮泥机的作用下沉积物沿坡度进入贮泥斗。平流式沉淀池示意图如图 8-6 所示。平流式沉淀池沉淀效果好，对负荷和温度变化适应力强，施工简单，造价低，但配水不易均匀，刮泥机因浸于水中容易腐蚀。

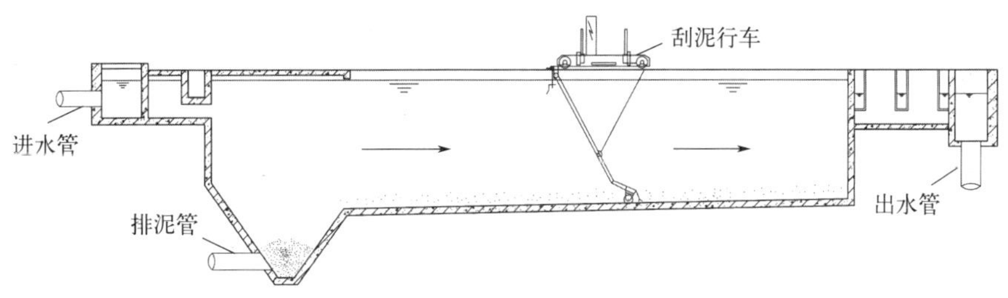

图 8-6　平流式沉淀池示意图

竖流式沉淀池多为圆形（图 8-7），水从池中央的中心管下端进入，经反射板均匀地分布在池的横断面上，出水口一般设置在池面或池壁四周。水流一般是由下而上，颗粒物沉入池底部的污泥斗中。竖流式沉淀池排泥方便，占地面积小，但池子深，施工困难，造价高，对负荷和温度变化适应性差。

辐流式沉淀池多为圆形，是一种较大型的沉淀池，分为周边进水中心出水、中心进水周边出水和周边进水周边出水三种形式。其中，最常用的是中心进水周边出水，如图 8-8 所示。进水经池中心管的孔口进入池内，在穿孔挡板的作用下，水流沿径向呈辐射状向四周流动。由于水流的过水断面逐渐增大，因此废水流速逐渐减小，悬浮物呈下弯曲线沉降下来。上清液经出水堰溢流到出水槽中，再由出水管排出。辐流式沉淀池一般采用机械排泥，将污泥收集到池底中心的污泥斗后排出。辐流式沉淀池的管理较简单，但施工质量要求较高。

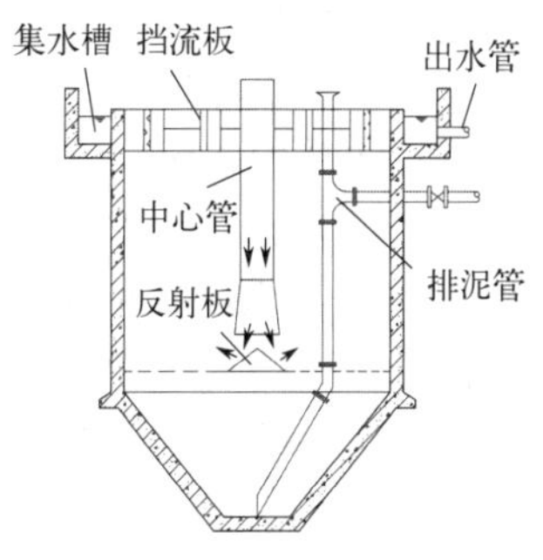

图 8-7　竖流式沉淀池示意图

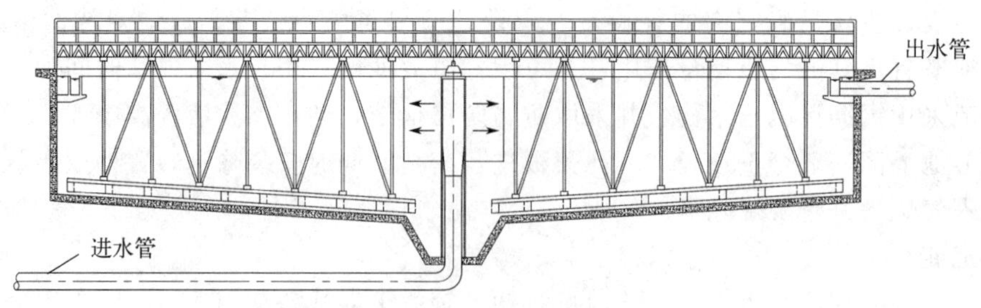

图 8-8　辐流式沉淀示意图

(4) 混凝

混凝是指向水中投加混凝剂，破坏悬浮微粒和胶体之间形成的稳定分散体系，使其聚集成较大的絮凝体，然后通过重力沉降作用与水分离。混凝包括凝聚和絮凝两步，凝聚是胶体脱稳聚集为微絮体，絮凝是絮体生长为更大絮体的过程。

常用的混凝剂包括无机铁盐（氯化铁、硫酸铁、硫酸亚铁）、无机铝盐（硫酸铝、明矾）、无机高分子混凝剂（聚合氯化铝、聚合硫酸铁）、有机高分子混凝剂（聚丙烯酰胺）。这些混凝剂都具有良好的混凝效果，但在实际应用过程中，很多因素会影响混凝效果（表 8-4）。

表 8-4　各种因素对混凝效果的影响

影响因素	影响
pH 值	铁盐和铝盐的混凝效果受 pH 的影响较大，硫酸铝的最佳 pH 是 6.5～7.5，三价铁盐的最佳 pH 是 6.0～8.4，而有机高分子混凝剂的混凝效果受 pH 的影响较小
水温	低温不利于混凝反应的进行。无机盐类混凝剂的水解是吸热反应，水温低时水解困难，尤其是硫酸铝，当水温低于 5℃时水解速率非常缓慢。并且，水温低时黏度大，不利于脱稳胶粒的相互絮凝，阻碍更大絮体的形成
搅拌力度	混凝过程分为混合和反应两步。混合阶段的搅拌时间短（<2min），搅拌强度大。反应阶段的搅拌强度小，时间长
杂质成分和浓度	杂质成分及其含量对混凝剂用量和混凝效果具有较大影响。废水含有大量有机物时，需要投入较大剂量的混凝剂才有混凝效果

3）好氧生物处理

好氧生物处理是指好氧微生物在溶解氧存在的条件下利用有机物作为营养源，分解有机物，使废水得到净化的过程。好氧生物处理具有反应速率快，反应时间短，处理效果好，基本无臭气产生的优点。好氧生物处理方法主要包括活性污泥法和生物膜法。

(1) 活性污泥法

活性污泥法是用活性污泥处理废水的方法。活性污泥是指废水维持足够的溶解氧浓度时好氧微生物形成的絮凝体，它由微生物、微生物自身氧化残留物、吸附的有机物和无机悬浮固体构成。

活性污泥法分解有机物的过程主要包括三个阶段：①吸附阶段。活性污泥的比表面积很大，活性污泥与废水接触后一些悬浮和胶体物质吸附在活性污泥上，有机物浓度迅速降低。②氧化阶段。有机物被好氧微生物分解，一部分用于提供微生物生命活动所需的能量，一部分用于微生物的生长和繁殖。③絮凝体形成和沉淀阶段。氧化阶段形成的菌体有机体絮凝成絮凝体，然后通过沉淀与水分离，废水得到净化。

活性污泥法工艺流程如图 8-9 所示。废水进入曝气池，鼓风机向曝气池中充分入空气，使活性污泥与废水进行充分混合，有机物被好氧微生物分解。混合液进入二沉池进行泥水分离，净化后的废水溢流排放，而污泥一部分回流至曝气池，一部分作为剩余污泥直接排出。活性污泥法中各部分的作用如表 8-5 所示。

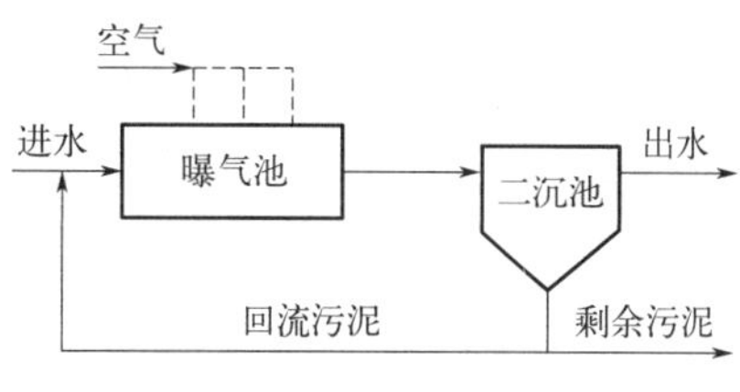

图 8-9　活性污泥法工艺流程

表 8-5　活性污泥法中各部分的作用

组成部分	作用
曝气池	生物反应场所，有机物被降解
曝气设备	为好氧微生物提供溶解氧，且起搅拌作用，使有机物、氧气与微生物进行充分传质和反应
二沉池	固液分离，保证出水水质，同时污泥浓缩，保证回流污泥浓度
污泥回流系统	维持曝气池中足够的活性污泥量；可通过改变污泥回流比改变曝气池运行工况
剩余污泥排出系统	维持系统正常运行，是系统去除污染物的途径之一

活性污泥法的净化效果受溶解氧（DO）、营养物、pH 值和温度等因素的影响。DO 是好氧微生物生存的必要条件之一。DO 含量低时会影响好氧微生物的生长和繁殖，导致丝状菌大量繁殖，使活性污泥不易沉淀，造成污泥膨胀的现象。曝气池出口的 DO 浓度一般在 2mg/L 左右。好氧微生物的生长繁殖需要足够的营养物质，BOD_5 ∶ N ∶ P 一般为 100 ∶ 5 ∶ 1，此外还需 S、K、Mg、Ca、Fe 等微量元素。曝气池混合液的 pH 值一般控制在 6.5～9.0，温度最好在 20～30℃。

活性污泥法处理垃圾焚烧厂废水时，泥龄大约为城市污水处理厂污泥龄的 2 倍，并将 BOD_5 污泥负荷减半。BOD_5 污泥负荷约为 0.2～0.4kg(BOD_5)/[kg(MLSS)·d]，泥龄在 2～4d，水力停留时间为 6～8h，污泥回流比一般为 20%～30%。值得注意的是，焚烧厂渗滤液的成分复杂，重金属等对微生物有毒害或生长抑制的作用。当重金属含量高时，应先进行预处理，降低其浓度。

(2) 膜生物反应器工艺（MBR）

MBR 是活性污泥法与膜分离技术相结合的污水处理工艺。活性污泥中的微生物分解有机物，微滤膜或超滤膜将混合液中的活性污泥截留下来，废水净化后排出，无须设置二沉池。这种工艺的出水水质较好，相当于二沉池出水采用微滤或超滤进行深度处理后的出水。

MBR 反应器分为外置式和浸没式两类（图 8-10）。外置式是将管式膜组件与生物反应器分开放置。废水在生物反应器中处理后，由水泵送入膜组件中进行泥水分离，净化后的废水排出，浓水回流至生物反应器中。这种反应器具有便于清洗、检修和更换膜组件的优点，但运行费用高，能耗高，占地面积大。浸没式是将膜组件置于生物反应器内，多采用帘式膜（或平板膜）。废水进入反应器时，大部分有机物被活性污泥分解，用抽吸泵在膜组件中制造负压环境，废水穿过膜组件净化后排放，而活性污泥被截留在膜外。这种反应器的耗能较少，占地面积小，但易结垢，易堵塞。

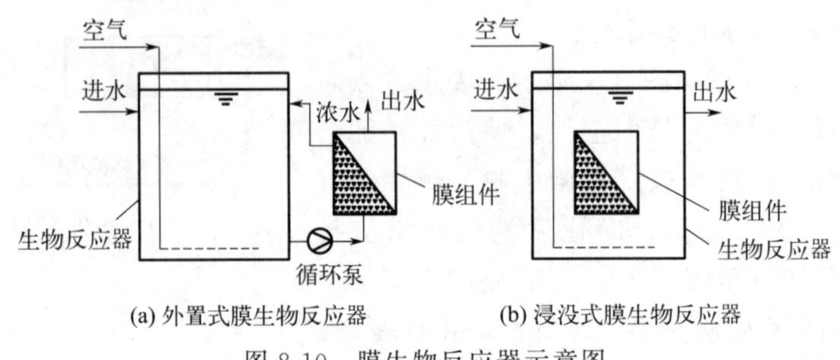

(a) 外置式膜生物反应器　(b) 浸没式膜生物反应器

图 8-10　膜生物反应器示意图

MBR 能在一个处理构筑物内完成废水净化和固液分离，无须二沉池，可避免污泥浓度过高导致二沉池固液分离效果的下降，因此污泥浓度和污泥龄可比传统的活性污泥法高几倍，且容积负荷和耐冲击负荷也高于活性污泥法。

MBR 还具有水力停留时间短、排泥量少、脱氮效果好、占地面积小、处理效果好等优点，但也存在造价高、膜组件易受污染、运行费用高、控制要求高、管理复杂等缺点。在垃圾焚烧厂渗滤液的处理中，MBR 的应用广泛。

(3) 生物膜法

生物膜法是指微生物附着在载体上进行生长繁殖，胞外多聚物使好氧微生物形成纤维状的缠结结构，即生物膜。当废水与生物膜接触时，有机物被生物摄取并分解，废水得到净化。

生物膜是高度亲水的物质，其外表面存在一层附着水层。附着水层中的有机物被生物分解，有机物浓度低于流动水层。因而，流动水层中的有机物会扩散转移到附着水层，进入生物膜被分解。流动水层中的溶解氧，通过附着水层传递给生物膜，供微生物呼吸，而有机物分解产物则沿相反方向从生物膜经附着水层进入流动水层，气态产物从水中逸出进入空气。

随着微生物的增殖，生物膜厚度不断增加，在氧不能进入的内侧会形成厌氧层。当厌氧层厚度增加到一定程度时，靠近载体表面的微生物因无法获取足够的有机物，生长进入内源呼吸期，附着能力逐渐减弱，在水流的作用下脱落下来。旧的生物膜脱落，新的生物膜不断产生，这就使生物膜一直保持良好的活性。生物膜外侧的好氧层厚约 2mm，有机物的降解主要在好氧层内完成。生物膜法工艺流程如图 8-11 所示，各部分的作用见表 8-6。生物膜反应器有生物滤池、生物转盘和生物接触氧化池等。

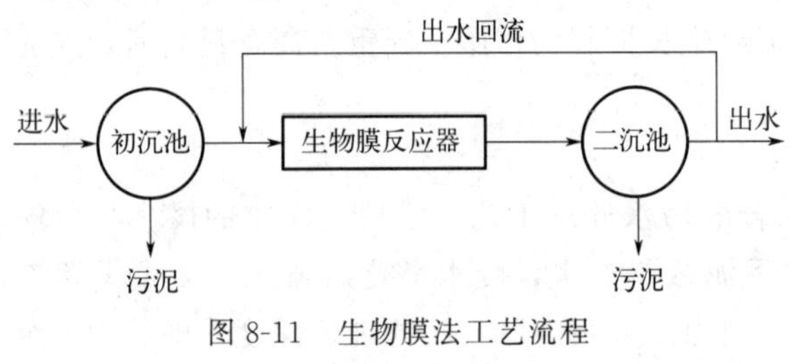

图 8-11　生物膜法工艺流程

4) 厌氧生物处理

厌氧生物处理是指在无氧的条件下，利用厌氧菌和兼性菌分解有机物，使废水得到净化的处理方法。这种方法分解有机物的最终产物甲烷可作为能源回收，并且剩余污泥量少，能耗低。

表 8-6　生物膜法各组成部分的功能

组成部分	作用
初沉池	去除大部分 SS,防止反应器堵塞
反应器	发生生物反应,净化废水的主要场所
二沉池	去除脱落的生物膜,提高出水水质
回流系统	提高反应器的水力负荷,加大水流对生物膜的冲刷作用,促进生物膜更新,避免生物膜过量积累

厌氧生物处理过程主要包括三个阶段：水解发酵阶段、产氢产乙酸阶段和产甲烷阶段。在水解发酵阶段，有机物在厌氧菌胞外酶的作用下，被分解为水溶性小分子有机物，如纤维素和淀粉转化为糖类，蛋白质转化成肽和氨基酸，脂类转化成脂肪酸和甘油等。然后，水解产物进入细胞，在胞内酶的作用下转化成乙酸、丙酸、丁酸等挥发性脂肪酸、醇类、氨、二氧化碳等和能量。在产氢产乙酸阶段，产氢产乙酸菌把除乙酸、甲烷、甲醇以外的产物（如丙酸、丁酸等脂肪酸和醇类）转化为氢、乙酸以及二氧化碳。在产甲烷阶段，产甲烷菌将乙酸和氢等转化为甲烷和二氧化碳等气体。

厌氧生物处理效果受温度、pH、营养元素含量和比例、搅拌混合程度和有毒物质等的影响，具体影响情况如表 8-7 所示。

表 8-7　各种因素对厌氧生物处理的影响

影响因素	影响效果
温度	产甲烷菌对温度十分敏感,温度是最主要的影响因素;厌氧生物处理可在中温(35～38℃)和高温(52～55℃)条件下进行
pH	适宜产甲烷菌生长的最佳 pH 为 6.8～7.2。当 pH 小于 6 或高于 8 时,厌氧生物处理过程会遭到破坏
营养元素含量和比例	厌氧生物处理一般 C/N 比为(10～20)∶1。C/N 比过高时,组成厌氧菌细胞的氮量不足,pH 容易下降;C/N 比过低时,氮量过多,pH 可能会上升,脂肪酸铵盐易积累,对产甲烷菌产生毒害作用
搅拌混合强度	厌氧生物处理需使厌氧菌胞内酶和胞外酶与水中有机物进行充分接触,但搅拌混合过强可能破坏产氢乙酸菌和产甲烷菌的共生关系
有毒物质	重金属等会影响厌氧菌的正常活动,应严格控制有毒物质浓度

厌氧生物处理包括厌氧接触、升流式厌氧污泥床和厌氧生物滤池等形式。

(1) 厌氧接触

厌氧接触法实质上是厌氧活性污泥法，与活性污泥法很相似，只不过无须进行曝气而需要脱气，其工艺流程如图 8-12 所示。废水进入厌氧消化池，在搅拌器的作用下，厌氧菌以悬浮絮体的形式与废水进行充分接触，降解有机物，产生的气体经真空脱气器气水分离后进入贮气罐。消化池流出的混合液进入二沉池进行泥水分离，上清液排出，污泥一部分回流至消化池，一部分直接排出。为了维持消化池中较高的污泥浓度（6～12g/L），厌氧接触法的污泥回流量较大，一般为废水处理量的 2～3 倍。

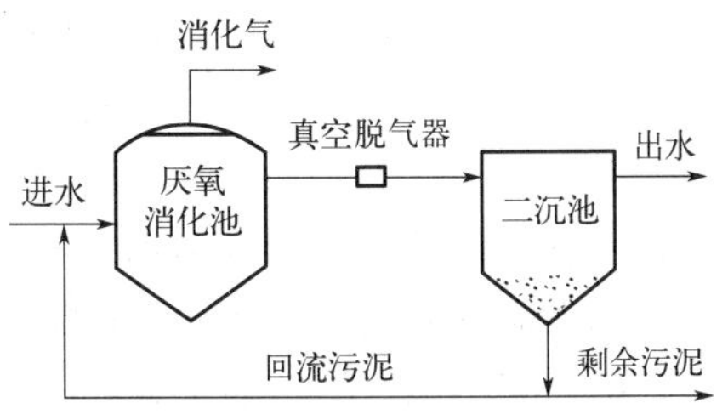

图 8-12　厌氧接触法工艺流程

厌氧接触法适合处理悬浮固体含量高的有机污水，具有良好的处理效果，因为悬浮颗粒可成为厌氧微生物的载体，且容易在二沉池沉淀。通过加大污泥回流量，可增加消化池的污泥浓度和产甲烷菌在池中的停留时间，大大提高处理效率，消化时间可缩短为 6～12h，并使消化池具有较大的耐冲击负荷能力。

但是，二沉池的沉淀效果不好，主要是因为：①消化池排出的污泥附着一些气泡，在二沉池中容易浮到水面被出水带走；②进入二沉池的污泥依然含有产甲烷菌，会继续发生厌氧生物反应产生沼气，使沉淀的污泥上浮。二沉池的固液分离效果不佳，会导致回流污泥的浓度降低，进而难以维持消化池较高的污泥浓度。

(2) 升流式厌氧污泥床

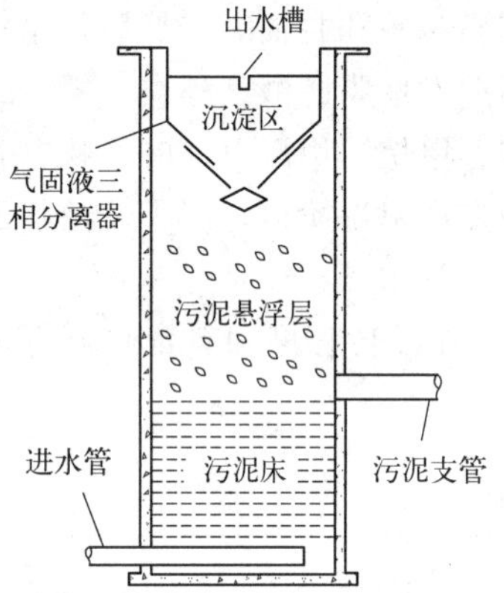

图 8-13　升流式厌氧污泥床示意图

升流式厌氧污泥床（UASB）示意图如图 8-13 所示。废水从污泥床的底部进入，先经过高浓度的颗粒污泥床（SS 为 60～80g/L），有机物被污泥中的微生物厌氧分解，产生甲烷和二氧化碳等气体。气体上升时会夹带污泥上浮，在颗粒污泥床的上面形成一个污泥悬浮层。由于气体的搅动作用，有机物与厌氧微生物充分接触而进一步被分解。最后，气体、污泥和水的混合液通过污泥床顶部的三相分离装置进行分离。混合液碰撞分离装置的挡板后，气体从混合液中逸出，然后由管道引出污泥床反应器。脱气后的混合液穿过分离装置的空隙上升，进入沉淀区。污泥沉淀下来通过空隙返回污泥床内，净化后的水以溢流方式排出。

UASB 是目前应用最为广泛的一种厌氧生物反应器，具有很高的负荷。水温在 30℃左右时，有机负荷可达 10～20kgCOD/(m^3・d)。UASB 成功运行的关键在于培养和形成活性高、沉淀性好的颗粒污泥。进水 COD 一般控制在 4000～5000mg/L，SS 不宜高于 2000mg/L。碱度在 1000～5000mg/L，需要控制进水有毒物质的浓度，如氨氮小于 1000mg/L。值得注意的是，水中的硫酸盐含量对产甲烷菌的影响较大，一般 COD/SO_4^{2-} 大于 10 时，污泥床运行较好。

(3) 厌氧生物滤池

厌氧生物滤池根据池内水流的方向分为升流式和降流式。升流式厌氧生物滤池示意图如图 8-14 所示，它是利用厌氧微生物在填料上形成的生物膜来降解有机物的反应器。

废水从滤池的下部进入，通过填料时有机物被生物膜中的厌氧微生物分解，产生甲烷和二氧化碳，净化后的水从滤池上部排出，气体也在上部被收集。在生物滤池运行过程中，填料上的生物膜不断更新，老化的生物膜在水流作用下剥落并随水流出，新的生物膜不断形成。填料性能是厌氧生物滤池成功运行的关键，填料应具有质地坚固、耐腐蚀、比表面积大的特点，并且具有一定的空隙率保证废水的流动和均匀扩散。

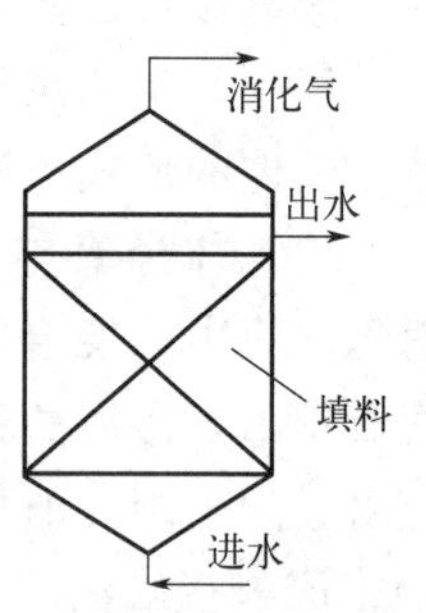

图 8-14　升流式厌氧生物滤池示意图

厌氧生物滤池内填料上生物膜的数量较高（可达 10～20g/L），泥龄较长，有机负荷远高于普通的厌氧消化池，耐冲击负荷的能力较强，且无须专设固液分离和污泥回流设施，运行管理较为方便。但厌氧滤池容易堵塞，尤其是在滤池的下部，填料的生物膜很厚，堵塞后清洗较为复杂。因此，厌氧生物滤池主要适用于悬浮物浓度较低的中等或低浓度有机废水。垃圾焚烧厂渗滤液的 SS、COD 和硬度等指标较高，使用生物滤池容易堵塞填料，需要频繁清洗，因此厌氧生物滤池在垃圾焚烧厂废水处理中应用较少。

(4) 厌氧复合反应器

厌氧复合反应器（UBF）是由几种厌氧反应器复合而成的反应器，多由升流式厌氧污泥床（UASB）和厌氧生物滤池复合而成。UBF 与 UASB 反应器的构造类似，只是在 UASB 反应器上部用填料层取代三相分离器，填料层对悬浮污泥具有很好的捕集截留作用，且不影响气体分离，只需设溢流出水槽和集气室，构造比 UASB 简单。UBF 具有生物量大、生物相对丰富的特点，可承受较高的有机负荷，并且填料上附着的生物膜也能有效降解有机物，处理效果良好。

5）废水脱氮处理

(1) 生物脱氮

生物脱氮主要经历氨化、硝化和反硝化三个过程。首先，氨化菌分解有机氮化物，生成氨氮；然后在有氧条件下，硝化菌将氨氮转化为亚硝酸盐和硝酸盐；最后在厌氧或缺氧条件下，反硝化菌将硝酸盐和亚硝酸盐转化为氮气释放。常见的生物脱氮工艺有 A/O 工艺、O/A 工艺和 SBR 工艺等。

A/O 工艺（图 8-15）是缺氧-好氧生物处理工艺的简称，是由常规的活性污泥法衍变而来的脱氮工艺。该工艺将进行反硝化反应的缺氧池设在好氧池的前面，因此又称为前置反硝化生物脱氮工艺，近年来在垃圾焚烧厂废水处理中应用较多。

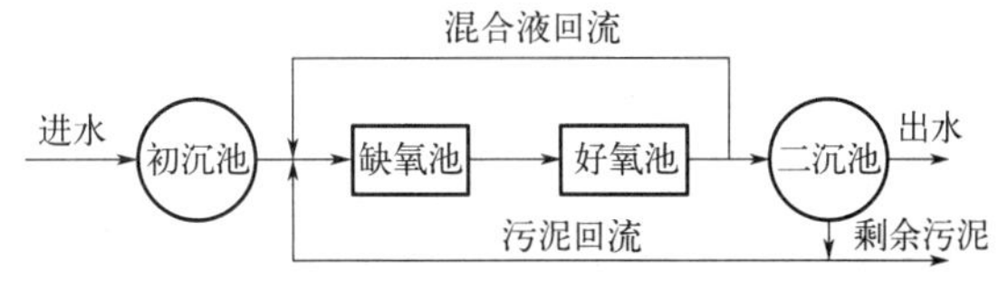

图 8-15　A/O 工艺流程

废水经初沉池去除悬浮固体后进入缺氧池，在缺氧池内进行反硝化反应，将从好氧池回流的混合液硝酸盐转化为氮气。在好氧池中发生硝化反应，使氨氮转化为硝酸盐。脱氮后的混合液进入二沉池中进行泥水分离，上清液排放，污泥一部分回流至缺氧池，一部分作为剩余污泥排放。A/O 工艺具有以下特点：

① 缺氧池前置，反硝化菌可直接利用废水中的有机物作为碳源进行反硝化反应，无须外加碳源。这样，既能减轻好氧池的容积负荷，又能改善污泥的沉降性能，有效控制污泥膨胀。

② 缺氧池前置，可利用反硝化产生的碱度补充好氧池硝化反应对碱度的消耗，约可补偿硝化反应碱度消耗的 50%。

③ 具有良好的脱氮效果和有机物去除效果，出水水质较好。

④ 工艺流程简单，运行稳定可靠，基建和运行费用较低。

⑤ 好氧池出水仍有一定浓度的硝酸盐，在二沉池中可能进行反硝化反应，造成污泥上浮，影响出水水质。

SBR 法是序批式活性污泥法的简称，利用一座构筑物在不同时间段完成不同的操作，基本操作过程如图 8-16 所示。SBR 工艺的操作顺序依次为进水、反应、沉淀、出水和待机，所有工序均在设有曝气或搅拌的同一构筑物中进行。

在 SBR 法中，曝气池和沉淀池合二为一，在单一反应池内完成生物处理和固液分离，无须设置初沉池、二沉池、回流污泥泵房等设施，因此占地面积比常规的活性污泥法少

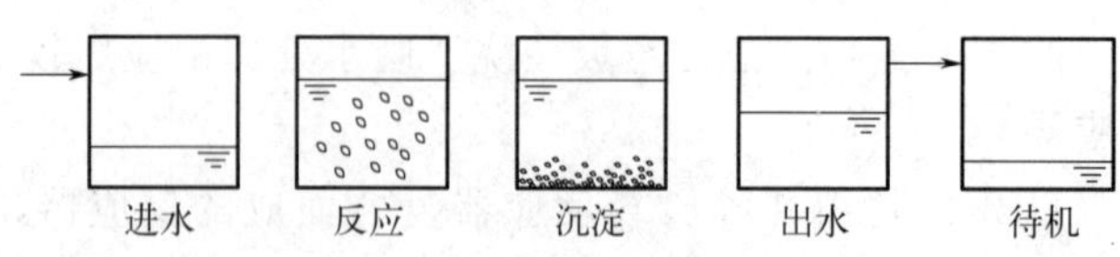

图 8-16　SBR 基本操作过程

30%～50%，并且运行稳定，耐冲击负荷，操作灵活，管理方便，有机物去除率高，具有一定的脱氮除磷功能，同时能有效防止污泥膨胀，特别适合中小水量的废水处理。

垃圾焚烧厂废水在好氧生物处理工艺后，一般会增加纳滤和反渗透等深度处理工艺，而SBR工艺的沉淀功能不能满足深度处理的要求，因此还需设置超滤膜，造成SBR工艺沉淀功能的重复设置。另外，SBR工艺的出水会携带大量的泡沫，可能会影响出水水质和后续深度处理工艺的正常运行。

（2）氨吹脱

氨吹脱法是指在碱性条件下用空气对废水中的氨进行吹脱而实现脱除。这一过程的推动力来源于空气的氨分压与废水氨浓度对应的平衡分压之差。氨吹脱法可用于垃圾焚烧厂废水的脱氮处理。

常用的氨吹脱装置有吹脱塔和吹脱池两种形式。吹脱池是使池面液体与空气自然接触或进行曝气脱除氨氮的方法，主要适用于水温高、风速大、场地开阔且不会造成周边空气污染的区域，但氨氮直接排入大气可能造成二次污染，并且吹脱效率较低。

吹脱塔包括冷却通风塔、填料塔和板式塔等。填料塔在塔内设置填料，废水从塔顶喷下，沿填料向下流动，空气由塔底鼓入，气水进行逆流接触脱氮。板式塔是在塔内设置一定数量的塔板，废水从塔上方向下喷淋，空气从下向上流动，气体穿过塔板上的液层时，通过互相接触进行传质。

吹脱塔可提高吹脱效率，回收有用气体，克服吹脱池存在的二次污染问题，并且具有占地面积小、易于操作等特点。氨吹脱法使用的各种吹脱装置的特征列于表8-8中。

表 8-8　各种吹脱装置的特征

装置	运行方式	技术特点	适用条件	问题
吹脱池	供气方式多样，间歇运行	效率低，能耗高，费用高；装置简单，运行管理方便	废水量小，氨氮浓度低	占地面积大，尾气无法回收
填料塔	同上	效率高，压降小，持液量少，操作弹性大，运行管理较方便，费用和能耗较低；装置结构较复杂	废水量大，氨氮浓度高	投资较大，填料易堵塞
板式塔	离心风机供气，连续运行	处理能力较大，效率高且稳定，操作弹性大，造价低，装置结构简单，检修和清洗方便	同上	不耐冲击负荷，塔阻较高，能耗高
冷却通风塔	轴流风机供气，连续运行	效率低；装置结构简单，运行管理方便，能耗和费用低	氨氮浓度低	效率低，尾气不易回收

氨吹脱法的实质是氨的解吸过程，氨氮脱除效果的影响因素见表8-9。吹脱法对氨氮的去除率可达60%～95%，工艺流程简单，处理效果稳定，吹脱出的氨气可用盐酸吸收生成

氯化铵，再作为母液回用于纯碱生产，也可用水吸收氨气生产氨水，或用硫酸吸收生产硫酸铵，而尾气可返回吹脱塔中继续参与吹脱。

表 8-9　氨氮脱除效果的影响因素

影响因素	影响
pH	pH 值越高，游离氨越多，氨氮越易被吹脱。pH≥10 时，大部分氨氮以游离氨形式存在，向水中充气便可使氨释放到大气中去。但 pH 值过高时又会增加水垢生成量，因此 pH 值一般控制在 10.5 左右
水温	气体的溶解度一般随温度升高而降低，因此适当升温可提高吹脱效率。水温低时吹脱效率低，不适合在寒冷冬季使用
气液比	空气过少时，气液两相的接触不充分。气量过多时，不仅增加成本，还会导致废水被空气流带走，即液泛现象，破坏操作。因此，工程上通常采用液泛时极限气液比的 80% 来设计气液比
吹脱时间	长时间吹脱会导致 pH 值下降，缩短吹脱时间有利于保持 pH 值的稳定

6）废水深度处理

(1) 膜分离法

膜分离法是通过膜对水中不同组分的选择透过性差异，以外界能量或化学位差作为推动力对废水进行净化的方法。膜分离法分为电渗析、反渗透、微滤、超滤和纳滤。

电渗析装置是由设于正负电极之间的阴、阳离子相间交换膜组成。阴、阳离子交换膜对水中的阴、阳离子具有选择透过性，阳膜只允许阳离子通过，阴膜只允许阴离子通过。在直流电场的作用下，水中的阴阳离子都做定向运动，阴离子向正极运动，遇到阴膜就能透过，阳离子向负极运动，遇到阳膜也能透过。因此，在正负电极之间能间隔形成浓室和淡室，使废水中的杂质与水分离。

反渗透是利用压力和半透膜进行废水净化的工艺。半透膜只允许水分子通过，不允许溶质通过。采用半透膜将淡水和盐水隔开。淡水水分子的化学位比盐水水分子的化学位高，所以淡水中的水分子会自发地透过膜渗流入盐水中。在盐水侧施加一定压力，盐水中的水分子流向淡水，使盐水增浓，污染物得到浓缩，废水得到净化。微滤、超滤和纳滤的净化原理与反渗透相似，但膜的特征不同。表 8-10 为各种膜分离法的技术特点。

表 8-10　各种膜分离法的技术特点

膜分离法	推动力	膜孔径/nm	操作压力/MPa	主要去除对象
电渗析	电位差	<2	—	无机盐和重金属离子
反渗透	压力差	<2	2.0～6.0	溶解性无机物
微滤	压力差	100～10000	0.07～0.10	SS、浊度、原生动物和细菌
超滤	压力差	2～50	0.1～0.7	生物大分子(蛋白质、核酸、脂类等)、胶体、细菌、SS
纳滤	压力差	<2	0.35～1.60	胶体、有机物、重金属

微滤法在垃圾焚烧厂废水的处理中主要与化学软化系统联合使用。首先，向废水中加入软化药剂，升高废水的 pH 值和悬浮物含量，然后再用微滤法有效分离悬浮物。废水软化后再用微滤法，微滤膜不易堵塞和破损，使用寿命可达 5 年以上。出水水质优良，可满足反渗透进水的需求。

纳滤法对垃圾焚烧厂废水的胶体、有机物和微生物有较高的去除率，并且对 Cr^{3+}、Ni^{2+}、Zn^{2+}、Cu^{2+} 和 Cd^{2+} 等的去除率高达 90%以上，对 Ca^{2+} 和 Mg^{2+} 的去除率达 40%～60%，对硫酸根的去除率达 80%以上，因此在垃圾焚烧厂的废水处理中应用非常广泛。纳滤法不但常用于生化处理后的深度处理，也用于反渗透法的预处理。纳滤能去除大部分有机物、重金属和二价离子，大大减少后续反渗透系统污染和结垢的风险，有效降低反渗透运行压力，使整个系统稳定运行。

电渗析法具有不需要化学药品，设备简单，操作方便等特点，目前在垃圾焚烧厂的废水处理中多用于从废水中分离和浓缩重金属离子。反渗透法在垃圾焚烧厂废水的处理中，主要用于去除溶解性无机物，降低 TDS，满足回用要求。

超滤法主要用于截留大分子物质，其产生的渗透压较小，一般采用 $2\times10^5\sim5\times10^5$Pa 的低压。在超滤使用中，沉积在膜上的大分子和胶体难以扩散回液体，只能依靠水对膜的冲刷作用，这样就需要水的大量循环，能耗较高。

(2) 吸附法

吸附法处理垃圾焚烧厂废水是利用一种或几种多孔固体与废水接触，使难降解有机物、悬浮物、有色物质、重金属等污染物富集在固体的表面或微孔中，达到去除污染物的目的。

根据吸附质（污染物）在吸附剂表面的吸附力，吸附可分为物理吸附和化学吸附。物理吸附指吸附剂和吸附质之间通过分子间作用力（范德华力）产生的吸附，吸附热较小，在低温下就能进行，并且一种吸附剂可吸附多种吸附质。物理吸附可形成单分子吸附层或多分子吸附层，容易发生解吸现象，具有较快的吸附和解吸速率。化学吸附指吸附剂和吸附质之间发生化学作用而产生的吸附，由化学键力引起，只能形成单分子吸附层。当化学键力较大时，吸附过程是不可逆的。化学吸附的吸附热较大，一般在较高温度下进行，并且一种吸附剂只能对一种或几种吸附质发生化学吸附，具有选择性。在废水的吸附处理过程中，一般同时存在物理吸附和化学吸附。

吸附操作分间歇式和连续式两种。间歇式是将吸附剂投入水中，不断搅拌，然后进行固液分离，这种操作的应用较少。连续式操作根据吸附装置的不同，又分为固定床吸附、移动床吸附和流化床吸附。固定床吸附是把颗粒状吸附剂装填在吸附装置（柱、塔）中，废水流过吸附装置时进行吸附，是废水处理中最常用的一种方式。移动床吸附是指废水从吸附柱底部进入，处理后由柱顶排出，在吸附过程中定期将饱和的吸附剂从塔底排出，并将新的吸附剂由柱顶加入。移动床吸附较固定床吸附能更充分地利用吸附剂的吸附能力，水头损失小，但塔内上下层吸附剂不能相混，对操作管理的要求较为严格。流化床吸附是指吸附剂在塔内处于膨胀状态，悬浮于由下而上的水流中，这种吸附方法能使吸附剂与吸附质充分接触，吸附效率较高。

在垃圾焚烧厂的废水处理中，一般将吸附处理置于生化处理之后进行深度处理。常用的吸附剂有活性炭、粉煤灰、硅藻土、树脂和活性氧化铝等，其中活性炭是最常用的吸附剂。吸附法由于具有处理效果好、操作简单、成本低等特点而被用于垃圾焚烧厂废水的深度处理中。

(3) 高级氧化法

高级氧化法是利用反应中产生的活性极强的自由基（如·OH）与有机化合物发生一系列加成、取代、电子转移、断键反应等，使大分子难降解有机物转化为低毒或无毒的小分子物质，甚至完全矿化为 CO_2 和 H_2O。该法对垃圾渗滤液的难降解有机物具有良好的降解效果。高级氧化法包括臭氧氧化法、Fenton 法、类 Fenton 法、电催化氧化法、光化学氧化法和过硫酸盐氧化法等。

臭氧氧化法是利用臭氧降解水中有机物的方法。臭氧可与有机物直接作用，也可生成氧化性更强的羟基自由基（·OH），使有机物发生断链和开环，转化成小分子化合物。臭氧的氧化能力强，不仅可去除有机污染物，对色度和异味的去除效果也较明显，并能提高废水的可生化性。但是，臭氧的制备费用高，在使用中臭氧的溢出会造成环境污染。在垃圾焚烧厂废水的臭氧氧化处理前，有时会先向废水中加入混凝剂预先去除部分污染物，这样可以减少臭氧的用量。

电催化氧化法通过电极阳极高电位和电极本身具有的催化性直接降解废水中的有机物，或利用在电解过程中阳极上产生的自由基（如·OH）间接降解有机物。电催化氧化法具有效率高、易操作、对环境友好的特点。Ding 等采用电催化氧化法实现了垃圾渗滤液残留污染物的有效降解，在 1.5Ah/L 时有机污染物、氨和磷的去除率分别为 65%、100%和 91%。

Fenton 法是利用 Fe^{2+} 催化 H_2O_2 分解产生·OH，利用·OH 的强氧化性降解废水中的有机物。H_2O_2 和 Fe^{2+} 分别作为氧化剂和催化剂，对难降解有机物具有较高的去除效率。Mahmud 等采用 Fenton 法处理垃圾渗滤液，当 pH 值为 5.0，H_2O_2/Fe^{2+} 物质的量的比为 1.3 时，COD 和色度的去除率分别可达 68%和 87%。Fenton 的去除效果稳定，在垃圾焚烧厂废水的处理中出水水质符合排放标准，但流程相对复杂，化学试剂消耗大，产生的污泥需要二次处理。将微波、光电效应和超声波等引入系统中构成类 Fenton 系统，可节约 H_2O_2 用量，提高氧化能力，降低处理成本，如电-Fenton、光-Fenton、超声波-Fenton 和微波-Fenton 系统。

光化学氧化法是在光的辐射下使氧化剂产生自由基来降解有机物。目前，UV 与 O_3、H_2O_2 等氧化剂的联用已应用于垃圾渗滤液的深度处理。光化学氧化法具有氧化能力强、反应条件温和、适用范围广等优点。有研究者将 UV 与 O_3 联用对垃圾渗滤液二级出水进行深度处理，COD、氨氮和色度的去除率分别达 80.61%、64.47%和 91.70%。另外，在光化学氧化系统中添加一些光催化剂（如 TiO_2）可提高系统的氧化能力。

过硫酸盐氧化法是指采用过渡金属活化、热活化或 UV 活化等方式将过硫酸盐活化产生硫酸根自由基等自由基降解水中的有机物，已应用于垃圾渗滤液的深度处理。过硫酸根自由基与羟基自由基的氧化还原电位相近，但比羟基自由基稳定，因此该方法可代替传统的羟基自由基高级氧化技术。

8.2.3 排水的利用

由于垃圾焚烧厂的选址离城区越来越远，焚烧厂的废水经处理后要排入市政污水管网需要铺设很长的管路。利用车辆运输，在运输过程中又可能存在泄漏问题。因此，垃圾焚烧厂的废水有时无法排入市政污水管网。废水回用不但可大幅度降低焚烧厂“上水”（自来水）的消耗量，而且在一定程度上可减少“下水”（废水）的排放量。焚烧厂废水的资源化利用已成为垃圾焚烧行业的发展趋势。

垃圾焚烧厂的废水应按照清污分流原则分类收集，处理后尽可能重复利用。排水重复利用的方式包括：循环使用、梯次使用、回用等。不同的废水具有不同的特性，在回用时会带来不同的影响。比如，烟气脱酸废水经过简单的混凝沉淀处理后，含有大量的盐类物质和氯离子，回用至炉渣冷却系统和半干法脱酸系统配制石灰浆液时，应注意设备的腐蚀和旋转雾化器喷嘴的堵塞问题，并且盐分会降低半干法的脱酸效率。另外，废水在回用中还普遍存在一些问题，如回用于冷却塔用水时，氯化物容易超标，回喷锅炉时容易结垢，回用于飞灰固化时可能会增加飞灰的黏度等。在垃圾焚烧厂今后的发展中，应该尝试解决废水回用带来的问题，增加废水的回用比例，逐步实现一水多用、梯级开发和近零排放。

思考题

1. 垃圾焚烧厂的渗滤液具有哪些特点？
2. 垃圾焚烧厂渗滤液产生量的影响因素有哪些？
3. 请给出垃圾焚烧厂渗滤液产生量及其水质的一般范围。
4. 垃圾焚烧厂的废水经处理后的出路有哪些？分别需要满足什么标准？
5. 垃圾焚烧厂废水的厌氧和好氧生物处理工艺有哪些？
6. 垃圾焚烧厂废水的深度处理工艺有哪些？
7. 画出垃圾焚烧厂渗滤液的几种典型处理工艺。

第9章 噪声与恶臭防治系统

在垃圾焚烧厂的运行过程中，余热锅炉蒸汽排空管、垃圾破碎机、汽轮发电机组、送风机、引风机、空压机、振动筛、水泵以及垃圾运输车等设备都会产生噪声。另外，生活垃圾在垃圾池中发酵会产生恶臭气体，渗滤液也会释放恶臭气体。这些噪声和恶臭如果不进行防控，就会污染大气环境，影响员工和周围居民的生活和健康。

本章主要介绍垃圾焚烧厂噪声和恶臭的产生源、各种控制措施和排放标准。

9.1 噪声控制

从物理学的观点来看，噪声是发声体做无规则振动时发出的声音，声波的频率和强弱变化没有规律。从环境保护角度而论，凡是妨碍人们正常休息、学习和工作的声音，以及对人们要听的声音产生干扰的声音，都属于噪声。从生理学观点来看，凡是干扰人们休息、学习和工作以及人们所要听的声音产生干扰的声音，即不需要的声音，统称为噪声。当噪声对人类及其周围环境造成不良影响时，就形成噪声污染。人们长时间处于噪声污染的环境中，会对人体造成伤害。噪声污染属于感觉公害，它与人们的主观意愿有关，与人们的生活状态有关，因而它具有与其他公害不同的特点。

分贝（dB）是噪声的标准计量单位，是一种表示能量的声压级单位，用于表示声音的大小。资料显示，长期工作在85dB中的人员有10%会产生职业性耳聋，长期工作在90dB条件下的人员有20%会产生职业性耳聋；当人们暴露在140～160dB的高强度噪声中时，听觉器官会受到急性伤害，引起鼓膜破裂、出血，甚至耳聋。另外，噪声还会干扰人们的睡眠和工作，使人多梦、失眠、烦躁、易疲劳、记忆力减退、注意力不集中等。研究发现，连续噪声可使人熟睡的时间缩短，一般连续噪声使10%的人受影响，70dB的持续噪声使50%的人受影响，突然噪声可使人惊醒，如突然噪声达40dB时会使10%的人惊醒，达60dB时会惊醒70%的人。当人们长期处于强噪声环境中时，还会引起头晕、头痛、神经衰弱、高血压和消化不良等疾病。

9.1.1 噪声产生源

根据噪声产生的原因，噪声可分为空气动力性噪声、机械振动噪声和电磁噪声。空气动力性噪声是气体的流动或物体在气体中的运动引起空气振动而产生的，也被认为是气流噪声。空气动力性噪声的来源包括离心风机、空气压缩机、轴流风机和各种高速气流排放装置等。空气动力性噪声一般高于机械振动噪声，具有影响范围广、危害大的特点。机械振动噪声是在撞击、摩擦、交变机械应力等作用下，因机械发生碰撞、冲击、振动而产生的噪声。电磁噪声是电磁场交替变化引起某些机械部件或空间容积振动而产生的噪声。

垃圾焚烧厂的主要噪声源包括蒸汽排空管、发电机组、送风机、引风机、空压机、管路系统、水泵和运输车辆。次要噪声源包括吊车、垃圾破碎机、烟气净化器、振动筛以及给排水处理设备等。焚烧厂的运行过程是连续的，因而大多数噪声为固定式稳态噪声，但也有间歇噪声，如排气放空噪声、管道定期清洗的高压吹管噪声和运输车辆的噪声。垃圾焚烧厂的噪声，频谱一般在125～4000Hz范围内，表9-1所示为主要噪声源的噪声特征。由此可知，焚烧厂的噪声主要是空气动力性噪声，其次是机械振动噪声。

表 9-1 垃圾焚烧厂主要噪声源的噪声特征

噪声源	声级/dB(A)	噪声类别	频谱特性
锅炉蒸汽排空管	100～150	空气动力	高
风机	85～120	空气动力、机械	低、中、高
备用柴油发电机	110～115	空气动力、机械、电磁	低、中、高
汽轮机发电机组	90～100	空气动力、机械、电磁	低、中、高
空压机	90～100	空气动力、机械	低
水泵	85～100	机械、电磁	中
管道、阀门	85～95	空气动力	低、高
垃圾运输车	85～90	空气动力、机械	低、中

对某垃圾焚烧发电厂的汽轮机发电单元21个监测点噪声监测的结果表明，噪声强度在75.5～91.7dB（A）之间，其中有16个监测点低于国家职业接触限值，有5个监测点噪声超标，合格率为76.2%。而且发现，噪声对工人健康造成危害，在78名噪声作业人员中有9名患有疑似职业病。因此，需要重视垃圾焚烧厂产生的噪声问题，并且进行有效的噪声控制。

9.1.2 噪声控制原则

垃圾焚烧厂的噪声经过控制后，应满足《工作场所有害因素职业接触限值》（GBZ 2.2—2007）的噪声职业接触限值和《工业企业厂界环境噪声排放标准》（GB 12348—2008）的排放限值，这是噪声控制最基本的原则。此外，垃圾焚烧厂的噪声控制还应遵循以下原则。

① 合理规划厂区总平面布置，尽量把高噪声设备集中布置，以缩小噪声的干扰范围，并方便集中治理。

② 选用符合国家噪声标准规定的设备，从声源上控制噪声。

③ 对于从声源上无法根治的生产噪声，根据情况采取消声、隔声、隔振、吸声等措施，重点控制声强高的噪声源。

④ 合理布置通气、排烟、通风和通水管道，减少振动和噪声的产生。

⑤ 充分利用厂内植被的降噪作用，如在生产区与辅助区之间种植6～20m的混合林带（由乔灌木草类组成），可起到降噪的效果。

⑥ 减少交通噪声。运输车进出厂区时，降低车速，少鸣或不鸣笛。

⑦ 生产区一般布置在生产辅助区的上风向，尽量远离厂前区。生产辅助区一般设置在厂前区，并与高噪声的焚烧车间保持一定的距离。

⑧ 焚烧厂选址尽量选择人口密度小、远离居民区，且处于当地全年主导风向下风向。

⑨ 条件允许时，可利用焚烧厂址的自然坡度、山丘、土堤等天然屏障的隔声作用，将焚烧车间布置在地势较低的地段，利用天然屏障降低噪声带来的影响。

9.1.3 噪声源降噪控制技术

噪声从声源产生后，通过一定的传播途径到达接受者，才能产生危害。因此，从噪声产生到引起危害的过程中都可控制噪声污染，比如从噪声源控制噪声的产生，阻断噪声的传播途径，对噪声接受者进行听力保护等。其中，控源是最积极、最有效、最彻底的噪声控制措施，垃圾焚烧厂主要从噪声源控制噪声。

从噪声源控制噪声主要通过以下几个方面：减少机器和设备零件间碰撞的冲击力；降低机器和机械系统运动部件的速度；降低流体循环系统的压力和流速；降低机械系统运动部件之间的摩擦；减少噪声辐射的有效表面积；减少噪声的泄漏；安装消声器。

(1) 锅炉安全阀排汽系统噪声

为了确保锅炉运行的安全，在锅炉系统的各个部位都装有旁通保护装置（安全阀）。在锅炉故障、点火和停炉过程中，需要通过安全阀将蒸汽在极短时间内排空。排汽管出口处的蒸汽压力一般都大于临界压力，排汽的流速可达到声速，排出的蒸汽与空间大气湍流混合会产生强烈噪声。这种排汽噪声的声级高达160dB（A），频带宽，持续时间长，有时达数小时，并且波及范围广，可达数公里之外。

在排气管口安装消声器是控制锅炉安全阀排汽系统噪声最有效的方法，常用的消声器有节流降压-小孔喷注复合式消声器和节流降压-引射掺冷消声器等。

节流降压-小孔喷注复合式消声器是将节流降压和小孔喷注消声结合起来的消声器，具有扩容降压和变频作用，降噪效果明显。节流降压消声是将高压降分散为多个小压降，以达到降低高压排汽放空噪声的目的。小孔喷注消声是将一个大孔喷注改变为大量小孔喷注，来降低高速汽流排放产生的噪声，即通过改变喷注孔径将噪声频率移至可闻频率之外。消声量取决于小孔的孔径，孔径越小，消声量越大。节流降压-小孔喷注复合式消声器能达到30dB（A）以上的消声量。

节流降压-引射掺冷消声器也由两部分组成，第一部分主要是通过降压消声，第二部分是掺冷消声装置，它的通道周围设有微穿孔板吸声结构，底部设置成收缩喷口，消声器外壳开孔与大气相通，排汽时会在缩口附近形成负压，进而导致消声装置通道内形成中间热、四周冷的温度梯度，使声波弯曲到微穿孔板吸声结构上，恰好把声能吸收。有研究者利用节流降压-引射掺冷消声器对锅炉排汽进行消声，可达39.5dB（A）的消声量。

安装消声器时应注意以下几点：①锅炉安全阀排汽系统的安全阀很多，作用和排汽量有所不同，应根据不同部位的噪声特点来设计消声器；②设计消声器时应考虑阻力情况和安全性。锅炉安全阀起着保护锅炉安全的重要作用，必须保证排汽畅通，消声器安装绝不能堵塞蒸汽的排泄路径；③消声器是一种泄压容器，排汽时也需承受一定压力，设计时必须参照压力容器的要求。

(2) 风机噪声控制

引风机和送风机产生的噪声是垃圾焚烧厂的主要噪声。风机的种类和型号不同，噪声的强度也有所不同，一般在 85～120dB。风机产生的噪声包括：①进气口和出气口辐射的空气动力性噪声，送风机的主要辐射部位在进气口，引风机的主要辐射部位在出气口；②机壳及电动机、轴承等辐射的机械性噪声；③基础振动辐射的固体声。其中，空气动力性噪声最强，比其他部位的噪声高出 10～20dB (A)，因此对风机采取噪声控制措施时，首先应考虑这部分噪声的控制。

控制风机的噪声时，可根据风机噪声的大小、现场条件和降噪要求，选用适用的控制措施，常用的控制措施如下：①在风机的进、出气口管道上安装消声器，常用的消声器有阻性消声器、抗性消声器及穿孔板消声器等。垃圾焚烧厂的鼓风机多采用阻性或阻抗复合性消声器；②风机机组加装隔声罩。隔声罩具有隔声和吸声双重降噪效果，可大大减弱噪声的传递。隔声罩包括隔声层阻尼材料、吸声层和护面层等结构，主要用来降低机壳和电机的辐射噪声；③对风机房进行改造，比如设置专门的风机房并做成隔声间，可大大减少机房外的噪声；④通过减振降低噪声。在风机与基础之间安装减振器，并在风机进出口和管道之间加一段柔性接管，这样能有效减少风机振动产生的噪声。

(3) 汽轮发电机组噪声控制

汽轮发电机组产生的噪声主要来自：①汽轮机的噪声。汽轮机的调节阀由于安装、质量问题或被腐蚀等原因，阀球的严密性受到破坏，一部分高温高压蒸汽被泄漏出来，这种泄漏多呈临界状态，泄漏出来的蒸汽速度达到声速，从而产生强烈的噪声；②发电机的噪声。主要包括电磁噪声（电磁力的径向分量使定子机壳产生电磁振动从而辐射噪声）、空气动力噪声（大型发电机转子旋转时引起的气流变化，产生涡流噪声和空气脉动噪声）、机械噪声（电刷滑环、轴承等摩擦噪声或其他机械噪声）；③励磁机的噪声。励磁机内的风扇叶片会产生空气动力性噪声，滑环与碳刷之间产生摩擦声，碳刷刷架会产生振动噪声。汽轮发电机组的噪声频谱范围较宽，声强较高，合成噪声可达 100dB (A) 以上。

考虑到发电机组噪声的发声机理、传播特性，基于噪声控制的基本原则，可将发电机组的噪声控制分为投运前和投运后两个阶段。

投运前，首先在设计阶段采用大块式钢筋混凝土结构作为发电机组的基础，并做减振处理；其次在设备选型时将噪声作为重要的考量因素；最后在机组四周安装隔声罩，对设备隔声罩壳提出具体要求，如罩壳吸声层不能太薄，通风口需安装消声器等。设置隔声罩至少可达到 20dB (A) 的降噪量。

投运后若发现采取上述措施后，汽轮发电机组仍不能满足降噪要求，那么应考虑增加其他的噪声控制措施，主要包括：在已有墙体结构基础上，结合保温层设计在厂房内侧增加一层吸隔声结构；窗户采用双层隔声窗；在厂房顶部屋架吊设吸声体；在运行过程中及时检修，修复泄漏的阀门，保证其严密性。

(4) 空压机噪声控制

空压机噪声主要包括进、排气口辐射的空气动力性噪声、机械部件往复运动产生的机械噪声和驱动机噪声等。其中，噪声的主要辐射位置是进气口，比其他位置高出 5～10dB (A)。总体上说，空压机产生的噪声在 90～100dB (A)，以低频噪声为主。

空压机的降噪措施主要有以下几种：①在进气口装设消声器。空压机进气噪声基本呈低频，一般选用带插入管的扩张室与微孔板复合式消声器；②机组加设隔声罩，最好为可拆卸式，以便安装和检修，并设置进排气消声器进行散热；③安装变截面排气管，减少空压机排气口至气罐的管段振动而产生的噪声；④避开共振管长度，并在管道中架设孔板，进行防振降噪；⑤在贮气罐内的适当位置悬挂吸声锥体，扰乱驻波，降低噪声；⑥在机座底部安装减振器。

(5) 水泵噪声控制

水泵噪声即水泵在运转过程中发出的间歇性或无规律的噪声，它随水泵扬程和叶轮转速的增高而增高，其形成原因较复杂，主要包括：压力脉动引起的噪声、基础或轴承滑动的声音、汽蚀引发的噪声、泵壳和水摩擦产生的噪声、冲击发出的噪声等。

水泵噪声的主要控制措施有：①优化水泵设计，减少压力脉动产生的噪声；②避免汽蚀现象的产生；③在安装水泵和电机时选择大型基础，并在泵体与基础之间安装减振器；④选择低噪声电机；⑤在可能出现噪声的管道上安装蓄能罐、管式消声器或者旁侧支管；⑥安装隔声罩。

(6) 管路系统噪声控制

垃圾焚烧厂的管路系统较为复杂，包含很多管道和阀门，在运行过程中会有噪声产生，这就形成线噪声源。管路系统噪声包括管道噪声和阀门噪声，其中主要是阀门噪声。阀门噪声包括低、高频的机械噪声，以中、高频为主的流体动力学噪声和气穴噪声。管道噪声包括风机和泵的传播声，以及湍流冲刷管壁产生的振动噪声。

管路系统的噪声控制措施有：①选用低噪声阀门，如多级降压阀、迷宫流道阀、分散流通阀和组合型阀门等；②在阀门后设置节流孔板，可使管路噪声降低 10～15dB；③在阀门后设置消声器；④合理设计和布置管线，管道尽量选用较大管径以降低流体的流速，减少管道交叉、拐弯和变径，弯头曲率半径至少为管径的 5 倍，管线支承架设牢固，在靠近振源的管线处设置波纹膨胀节或其他软接头，隔绝固体声传播，穿墙管线宜采用弹性连接；⑤在管道外壁敷设阻尼隔声层，提高隔声能力，也可与保温措施结合起来，形成降噪的隔声保温层。

(7) 垃圾运输车辆噪声控制

垃圾运输车辆产生的噪声包括排气噪声、发动机噪声、轮胎噪声和鸣笛噪声，音频以低、中频为主。可以通过选用低噪声的垃圾运输车辆，保持低速平稳行驶和减少鸣笛等措施来降噪。

(8) 其他次要噪声的控制

焚烧车间的给水处理设备、空气预热器、烟气冷却装置、烟气净化器、振动筛等设备也会产生 80～90dB 的噪声。为此，主要通过选用低噪声的设备和设置车间的隔声与吸声装置来减少这些噪声。

9.1.4　噪声厂界等标准

垃圾焚烧厂的噪声应满足《工作场所有害因素职业接触限值》（GBZ 2.1—2019）的噪声职业接触限值（表 9-2）和《工业企业厂界环境噪声排放标准》（GB 12348—2008）的排放限值（表 9-3）。

对于周工作 5d，日工作 8h 时，稳态噪声限值为 85dB（A），非稳态噪声等效声级的限值为 85dB（A）；对于周工作 5d，日工作时间不等于 8h 时，需计算 8h 等效声级，限值为 85dB（A）；对于周工作不足 5d 时，需计算 40h 等效声级，限值为 85dB（A）。

表 9-2 工作场所噪声职业接触限值　　单位：dB（A）

接触时间	接触限值	备注
5d/W，=8h/d	85	非稳态噪声计算 8h 等效声级
5d/W，≠8h/d	85	8h 等效声级
≠5d/W	85	40h 等效声级

表 9-3 工业企业厂界环境噪声排放限值　　单位：dB（A）

厂界外声环境功能区	时段	
	昼间	夜间
0	50	40
1	55	45
2	60	50
3	65	55

关于工业企业厂界环境噪声排放限值（表 9-3），0 类区是指康复疗养区等特别需要安静的区域；1 类区是指以居民住宅、医疗卫生、文化教育、科研设计、行政办公为主要功能，需要保持安静的区域；2 类区是指以商业金融、集市贸易为主要功能，或居住、商业、工业混杂，需维护住宅安静的区域；3 类区是指以工业生产、仓储物流为主要功能，需要防止工业噪声对周围环境产生严重影响的区域。并且，夜间频发噪声的最大声级超限幅度不得高于 10dB（A），夜间偶发噪声的最大声级超限幅度不得高于 15dB（A）。

9.2 恶臭防治

9.2.1 恶臭概念

恶臭污染物是指一切刺激嗅觉器官引起人们不愉快及损害生活环境的气体物质，它们的污染称为恶臭污染。恶臭污染也属于感觉性公害，对人嗅觉造成危害。

恶臭污染物由于其高挥发性、亲水性及亲脂性的特征，能通过气体介质作用于人的嗅觉细胞，并经嗅觉神经向大脑神经传递信息，对气味鉴别，完成人的嗅觉过程。恶臭污染物的主要特征如下。

① 易挥发性。蒸气压大的物质大多具有强烈的气味，少数如香猫酮和混合二甲苯麝香在 0.01～0.1Pa 下也具有强烈气味。

② 易溶解性。气味大的物质一般都溶于水和脂肪。

③ 低嗅阈值，大多数恶臭物质嗅阈值的数量级在 $10^{-9}mg/m^3$。

④ 多组分混杂。臭味常为多种恶臭物质的复合体，复合浓度是抵消、叠加、促进等多种作用的结果，并非单一气味的简单叠加。

⑤ 强感知性。人对恶臭的感觉与恶臭浓度的对数成正比。

⑥ 区域性与时段性强。受大气扩散影响，恶臭浓度快速衰减。另外，大多恶臭物质为有机物不完全氧化分解的中间体，有些在扩散过程中会继续氧化分解。

⑦ 可降解性。多数恶臭物质可通过氧化法、燃烧法、吸附法和生物法等被分解。

⑧ 强吸收红外线能力。与物质对可见光谱的吸收波段决定其颜色类似，气味物质对红外线吸收的波段决定其气味。石蜡油及二硫化碳属例外，它们有气味，但对红外线基本不吸收。

⑨ 丁达尔效应（当一束光线透过胶体，从垂直入射光方向可以观察到胶体里出现的一条光亮的“通路”）。测定气味物质（如丁香酯，黄樟脑等）在甘油、石蜡油或水中的溶解度时，当一束紫外线通过溶液时，由于溶质微粒的散射作用，呈现乳白色。

⑩ 拉曼效应（也称拉曼散射），当一束单色光通过一种纯物质发生散射时，散射光波长大于或小于原单色光波长，这种效应即拉曼效应，波长变化量称为拉曼位移（注：波长不变时称瑞利散射，又称分子散射）。恶臭比较强烈的甲基硫醇、乙基硫醇、丙基硫醇和戊基硫醇的光谱，都具有 $2567 \sim 2580 cm^{-1}$ 的拉曼位移。

地球上存在 40 多万种具有气味的化合物，其中约有 1 万种为重要恶臭物质，4000 多种恶臭物质可为人的嗅觉感知。按化学组成，除硫化氢、氨等少数恶臭物质为无机物外，大都是低沸点、强挥发性的有机化合物及其衍生物（简称 VOCs）。这些恶臭物质可分为五类：①硫化氢、二氧化硫、硫醇、硫醚类等含硫化合物；②氨、胺、酸胺、吲哚类等含氮化合物；③卤代烃类等卤族及其衍生物；④醇类、酚类、醛类、酮类、酸类、酯类等含氧的有机物；⑤烷、烯、炔烃和芳香烃等烃类。对人体危害较大的主要恶臭物质有：还原性硫化物（包括硫化氢、甲硫醇、甲硫醚、二甲基二硫等简称 TRS）、氨、三甲胺、苯乙烯、正丁酸（酪酸）及乙醛等。

垃圾焚烧厂产生的恶臭，一般包括以下特征：①复杂性。恶臭气体具有合成作用，即气体混合产生的恶臭，并非只是有气味气体的恶臭总浓度，一些非恶臭气体，在合成作用下也可能产生恶臭。并且，恶臭的浓度是诸多气体协同、抑制、合成与分解后的浓度，具有复杂性；②季节性。焚烧厂的恶臭种类和含量，会随季节的变化而变化。一般夏季的温度和湿度较高，会加速垃圾中有机物质的生物降解，从而产生大量的恶臭气体，尤其是芳香族恶臭气体，严重受季节温度的影响；③气象差异性。恶臭浓度会随着气压的变化而变化，一般气压升高时会导致恶臭浓度降低。并且，恶臭气体的扩散受气象条件的影响，比如逆温效应、大气温度、风力和降雨等会影响恶臭污染物的扩散、稀释与积累。遇到下雨时，恶臭污染气体的强度会增加。H_2S 和 NH_3 的浓度一般早上高，然后随着温度升高而下降，晚上受逆温效应的影响，浓度又会增加，在 22 点到次日 8 点之间，浓度较为稳定。

9.2.2 恶臭评价指标

(1) 臭气浓度

臭气浓度（ODC）是用无臭空气对臭气样品稀释至嗅觉阈值时的稀释倍数。ODC 与仪器分析浓度、嗅觉阈浓度的关系表示为：

$$臭气浓度=仪器分析浓度/嗅觉阈浓度 \tag{9-1}$$

其中，嗅觉阈值为嗅觉感知到气味的含量，即恶臭最低嗅觉含量。恶臭物质的嗅觉阈值（表 9-4）多在 $10^{-9} mg/m^3$ 以下，而仪器最低检测含量在 $10^{-6} \sim 10^{-9} mg/m^3$ 范围内。为标准化需要，使用恶臭指数（OI）表示恶臭浓度（ODC）：

$$恶臭指数(OI)=10\lg(ODC) \tag{9-2}$$

表 9-4　空气中臭气阈值（根据静态调查法）

物质	阈值 10^{-6}	臭气种类	物质	阈值 10^{-6}	臭气种类
乙醛	0.21	木腥味	三氯乙烯	21.4	溶剂味
醋酸	1.0	酸臭味	二甲胺	0.047	腐烂鱼臭味
丙酮	100.0	刺激性化学甘臭味	三甲胺	0.00021	刺激性烂鱼味
丙烯醛	0.21	刺激性焦臭味	氨	46.8	刺激性臭味
丙烯腈	21.4	洋葱、大蒜臭味	苯胺	1.0	刺激性臭味
丙烷氯化物	0.47	洋葱、大蒜臭味	苯	4.68	溶剂味
苄基氯化物	0.047	溶剂味	甲基氯化物	>10	—
苄基亚硫酸盐	0.0021	硫黄味	亚甲基氯化物	214.0	—
溴	0.047	似漂白粉刺激味	甲乙基酮	10.0	香甜气味
正丁酸	0.001	酸臭味	甲基异丁基酮	0.47	香甜气味
二硫化碳	0.21	蔬菜硫黄味	甲基硫醇	0.0021	刺激性硫黄味
四氯化碳（二氯化碳氯化）	21.4	刺激性甘臭	三烯酸甲酯	0.21	刺激性硫黄味
			单氯基苯	0.21	氯气、卫生球味
四氯化碳（甲烷氯化）	100.0	—	硝基苯	0.0047	刺激性鞋油味
			对甲酚	0.001	刺激性焦油臭
氯醛	0.47	甘臭	对二甲苯	0.47	香甜气味
氯	0.314	似漂白粉刺激臭	对氯乙烯	4.68	氯化物溶剂臭
二甲基乙酰胺	46.8	焦臭、油臭	酚	0.047	特殊气味
二甲基亚硫酸盐	0.001	蔬菜硫黄臭	光气	1.0	干草味
二苯亚硫酸盐	0.0047	橡胶的焦臭	磷化氯	0.021	洋葱、芥末味
乙基硫醇	0.001	泥土、硫黄味	吡啶	0.021	刺激性焦油味
乙醇(合成产品)	10.0	香甜气味	抗反应性苯乙烯	0.1	橡胶味
丙烯酸乙酯	0.00047	塑料烧焦臭味	非抗反应性苯乙烯	0.047	橡胶、塑料味
甲醛	1.0	刺激性麦秸秆味	二氯化硫	0.001	硫黄味
氯化铵气体	10.0	刺激性气味	亚硫酸气体	0.47	—
硫化物制备的硫化氢	0.0047	腐蛋臭味	焦炭制备甲苯	4.68	似花的刺激性气味
硫化氢气体	0.00047	腐蛋臭味	石油制备甲苯	2.14	卫生球味、橡胶味
甲醇	100.0	香甜气味	异氰酸盐	2.14	刺激性医用绷带味
一甲胺	0.021	刺激性烂鱼味			

(2) 恶臭散发率

恶臭散发率（OER）是臭气浓度和臭气排放量（m^3/min）的乘积，是污染源排放强度评价的尺度。OER 与污染关系如表 9-5 所示。

表 9-5　OER 与污染关系

恶臭散发率	恶臭污染情况	受害范围
小于 10^4	基本不引起环境污染	—
10^5～10^6	污染厂区或引起小范围环境污染	0.5km，最大距离 1km
10^7～10^8	引起中小型环境污染	1km，最大距离 2～4km
10^9～10^{10}	引起大型环境污染	2～3km，最大距离达 10km
10^{11}～10^{12}	可引起大规模环境污染	4～5km，最大距离可达几十千米

9.2.3　恶臭检测方法

恶臭的检测方法主要有两种：嗅觉测量法和仪器分析法。

嗅觉测量法是根据人的嗅觉，通过感知对恶臭气体进行测定和评价，主要用于检测恶臭气体的浓度和强度，最常见的嗅觉测量法是三点比较式臭袋法。这种方法，是将三只无臭袋中的二只充入无臭空气，另一只按一定稀释比例充入无臭空气和被测恶臭气体样品供嗅辨员嗅辨。当嗅辨员正确识别有臭气袋后，再逐级进行稀释、嗅辨，直至稀释样品臭气浓度低于嗅辨员的嗅觉阈值时停止实验。每个样品由若干名嗅辨员同时测定，最后根据嗅辨员的个人阈值和嗅辨小组成员的平均阈值，求得臭气浓度。具体操作方法参照《空气质量 恶臭的测定 三点比较式臭袋法》(GB/T 14675—93) 中的规定。

嗅觉测量法具有操作简单便捷、实用性强的优点，能够对恶臭气体进行全面、综合的检测和评定。但是，由于嗅觉测量法是以人的嗅觉为鉴别载体，不同人之间存在较大差异，主观性较强，难以将恶臭气体组分进行量化分析。另外，一些恶臭气体的毒性较强，会对嗅辨员的身体造成伤害，因此该方法不适用于有毒有害气体的测定。

仪器分析法主要采用 GC-MS、HPLC、离子色谱、分光光度计等精密仪器进行分析，可用于恶臭气体各组分浓度的精确定量，一般费用较高，需时较长。仪器分析法主要用于小分子的有机酸类、醛类、酮类、脂类、胺类、硫化氢、甲苯、苯乙烯等恶臭物质的分析。

恶臭气体的成分复杂，浓度低，影响因素众多，其检测分析需借助多种分析方法和仪器。目前，我国针对部分恶臭气体制定了国家标准分析方法，如表 9-6 所示。

表 9-6　恶臭气体现有标准及已有分析方法

检测物质	检测分析方法	标准
硫化氢、甲硫醇、甲硫醚、二甲二硫	气相色谱法	GB/T 14678—93
甲苯、二甲苯、苯乙烯	气相色谱法	GB/T 14677—93
三甲胺	气相色谱法	GB/T 14676—93
醇类	气相色谱法	GBZ/T 30084—2017
醛酮类	液相色谱法	HJ 683—2014
酚类	液相色谱法	HJ 638—2012
氨	次氯酸钠-水杨酸分光光度法	GB/T 14679—93
二硫化碳	二乙胺分光光度法	GB/T 14680—93

9.2.4 恶臭产生源

生活垃圾在垃圾池中发酵会产生恶臭气体，这是垃圾焚烧厂恶臭的主要产生源。垃圾在入炉之前，一般需要在垃圾池内停留 5～10d。垃圾在厌氧微生物和兼性厌氧微生物的作用下发生降解，产生硫化氢、氨、甲硫醇等多种窒息性气味的恶臭气体。

垃圾在发酵过程中产生的渗滤液积渗到垃圾池的底部，并汇集至渗滤液收集沟道内，这一过程也会产生恶臭气体。垃圾池和渗滤液收集沟是焚烧厂主要的恶臭源区。

9.2.5 恶臭污染控制措施

垃圾焚烧厂多采用以下管理和控制措施对恶臭污染进行控制，主要包括：①使用封闭式垃圾运输车；②卸料平台进出口设置风幕门；③设置自动开闭式卸料门；④垃圾池内维持负压；⑤定期清理垃圾池内的陈腐垃圾；⑥密封渗滤液厌氧单元；⑦喷洒生物除臭剂；⑧设置绿化隔离带。

9.2.6 恶臭治理技术

治理恶臭污染物的基本方法有物理法、化学法和生物法等三类。物理法是将恶臭物质掺混缓和、稀释缓和或物态转移，不改变恶臭物质化学性质的方法，常见方法有掩蔽法、稀释法、吸附法和冷凝法。物理法的灵活性大，费用低，适用于需要暂时消除低浓度恶臭影响的环境。化学法是通过化学反应，改变恶臭物质的化学结构，从而达到消除或降低臭味的目的，常见方法有酸碱中和法、氧化法、燃烧法等。化学法的净化效率高，但处理成本高，且可能形成二次污染，适用于中高浓度恶臭物质的处理。生物法是利用微生物的代谢过程降解恶臭物质，使之达到无臭化目的。生物法可处理成分复杂的恶臭物质，净化效率较高，无二次污染，但微生物对温度和湿度有要求，适用于处理中低浓度的恶臭气体。当采用一种除臭方法难以满足要求或不经济时，可采用几种方法联合的综合处理法。

1）密封法

密封法是指采用固体、无臭气体或液体来隔断恶臭物质的扩散来源，使恶臭物质不能进入空气中。设备维修时应采取强制通风措施，保证维修人员的安全。这种方法适用于低浓度恶臭气味的控制。

2）掩蔽法

当不能明确恶臭气体的化学成分而无法确定脱臭系统方案，或需要在短时间内降低恶臭，实现恶臭的缓和作用时，可采用掩蔽法。即，以一定浓度、一定比例的令人愉快的气味与臭气配对混合，降低单独存在时各自的气味。掩蔽法因每人的感受程度不同而效果不同。恶臭物质常用的配对抵消剂如表 9-7 所示。

表 9-7 恶臭物质常用的配对抵消剂

恶臭物质	抵消剂	恶臭物质	抵消剂
丁酸(肉类腐臭味)	桧油	樟脑	科伦香水
氯	香草醛	粪臭素(3-甲基吲哚)	茉莉

3）稀释法

稀释法包括通过烟囱实现高空扩散排放，或通过无臭空气将臭气稀释，或两种方法结合使用，以保证烟囱下风向和臭气发生源附近的人们不受恶臭影响。采用稀释法时，应注意准确掌握当地的气象条件，合理设计烟囱高度。

4）吸附法

吸附法是利用吸附剂使恶臭物质从气相转移到固相的方法，适于处理低浓度、多组分、臭气湿度和含尘量较低、净化要求高的臭气。该法具有动力消耗小、设备简单、运行管理容易等优点，但吸附剂价格昂贵，还需对吸附剂进行后处理，对于高浓度臭气需进行预处理后再进行吸附处理。常用的吸附剂有活性炭、硅胶、氧化镁、氧化铁、硅酸铝分子筛、活性氧化铝、漂白土、骨炭等（表 9-8）。

表 9-8　吸附剂的物理性质

活性炭					
原料	碘值	分子量	CCl_4 值	丁烷体积/(mL/g)	测试方法
褐煤	550	490	34	0.23	液相
生煤	900/1000	200/250	60	0.45	气/液相
石油酸性泥煤	1150	180	59	0.46	气相
椰壳	1350	185	63	0.49	气相
无烟煤	1050	230	67	0.48	气相
木材	1230	470	76	0.57	气/液相

其他吸附剂				
名称	内部空隙率/%	表面空隙率/%	堆积密度/(kg/m^3)	比表面积/(m^2/g)
酸处理黏土	30	40	560～880	100～300
活性氧化铝/活性铁钒土	30～40	40～50	720～880	200～300
硅酸铝分子筛	45～55	35	660～700	600～700
骨炭	50～55	18～20	640	100
炭	55～75	35～40	160～480	600～1400
漂白土	50～55	40	480～640	130～250
氧化铁	22	37	1440	200
氧化镁	75	45	400	200
硅胶	70	40	400	320

目前，活性炭吸附工艺的应用较多，有固定床、流动床、旋流浓缩床等工艺形式，工艺过程通常包括预处理、吸附、吸附剂再生与溶剂回收等。以固定床活性炭吸附工艺为例，其流程见图 9-1。

5）酸碱中和法

对富含有机硫或有机胺类的臭气物质，可采用酸碱中和法。如果臭气的浓度较低，可采用氧化法将其氧化成臭味较轻或溶解度较高的化合物，再通过酸碱中和，使臭气快速消除或缓解。常用的吸收液见表 9-9，吸收装置多为湿式洗涤器，三种常用的湿式洗涤器的比较见

表 9-10。

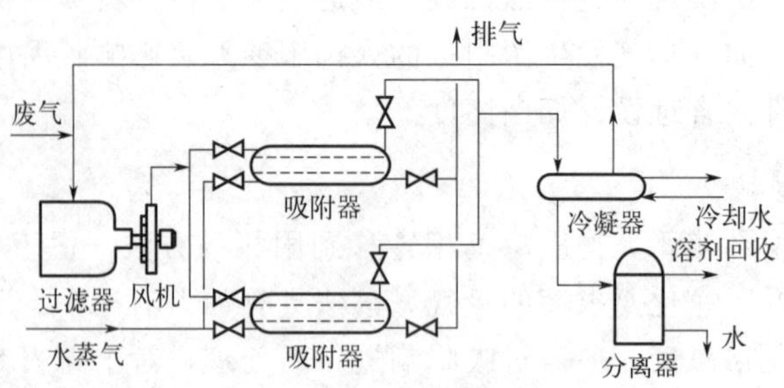

图 9-1 固定床活性炭吸附除臭工艺流程

表 9-9 酸碱中和法常用吸收液

气体	吸收液	气体	吸收液
NH_3	乙醛溶液	甲硫醇	氢氧化钠或次氯酸钠混合液
NO_2	氢氧化钠或氨水	酚	碱液或水
胺类	乙醛溶液或水	丙烯醛	氢氧化钠或次氯酸钠混合液
甲醇	水	氯磺胺	碳酸钠溶液
H_2S	氢氧化钠或次氯酸钠混合液	甲醛	亚硫酸钠溶液
氯	氢氧化钠溶液		

表 9-10 三种常用的湿式洗涤器的比较

类型	逆流循环填充塔	薄雾洗涤器	错流循环填充塔
尺寸	圆柱形桶，占用空间适中	占用空间最大，高度可调节	横截面为矩形，占用空间最小
动力消耗	小于薄雾洗涤器，与错流循环填充塔相同	压缩空气动力消耗高	小于薄雾洗涤器，与逆流循环填充塔相同
所用试剂	去除硫化氢时需较多试剂	去除硫化氢时需较少试剂	去除硫化氢时需较多试剂
维修要求	定期酸洗去除污垢	定期清洗或更换喷嘴，可在线进行	维修要求低于逆流循环填充塔
基本工作原理	吸收液自塔顶进，喷淋到填料上，自上而下与从塔底进入的臭气逆流接触反应	吸收液、水和空气混合物以约 5μm 液滴喷入开放容器，与臭气反应	与逆流循环填充塔相同
应用情况	最常用	在去除硫化氢等方面应用广泛	尚未在污水处理厂得到广泛应用

6）化学氧化法

化学氧化法是采用臭氧、高锰酸钾、次氯酸盐、氯气、二氧化氯、过氧化氢等与臭气发生氧化或催化氧化反应，氧化过程多在液相中进行，较少在气相中进行。其中，臭氧对甲硫醇的氧化反应方程式为：

$$CH_3SH + 3O_2 \longrightarrow SO_2 + CO_2 + 2H_2O \tag{9-3}$$

硫化氢在螯合铁离子溶液中的氧化方程式为：

$$H_2S+2[Fe^{3+}]\longrightarrow S+2[Fe^{2+}]+2H^+ \tag{9-4}$$

$$2H^+ +2[Fe^{2+}]+1/2O_2 \longrightarrow 2[Fe^{3+}]+H_2O \tag{9-5}$$

化学氧化法适于处理中低浓度的臭气，处理效率较高，但处理费用也较高。

7）燃烧法

燃烧法是指将臭气物质经高温处理，氧化为无臭无害的二氧化碳和水。燃烧法包括直接燃烧法、热力燃烧法和催化燃烧法。

直接燃烧法是在燃烧炉中用喷嘴加热恶臭气体，使温度达到着火点以上，将恶臭气体最终氧化分解为 CO_2 和水的方法。由于恶臭气体的热值一般不高，浓度较低，因此直接燃烧法脱臭的应用较少。

热力燃烧法是将臭气与油或其他燃料混合后，在高温下完全燃烧，达到脱臭的目的。该方法会产生大量的热能，可加以回收利用。缺点是设备较大，燃料费用较高，NO_x 生成量较大，已逐渐被催化燃烧法取代。

催化燃烧法是指将恶臭气体与燃料气混合，在 250～500℃ 和催化剂的作用下发生氧化反应进而脱臭的方法。目前，催化剂主要以金属及金属化合物为主，贵金属 Pt 和 Pd 催化剂最常用，稀土催化剂目前尚处于研究阶段。与热力燃烧法相比，催化燃烧法具有处理温度低、装置小、去除效率高和处理费用低等优点，但催化剂易中毒。

燃烧法适于处理高浓度臭气，分解效率高，但可能生成二次污染物。在高温反应过程中，通常需要臭气物质具有较为适宜焚烧的发热量，因此这种方法更多应用于石化工厂、油墨厂、制漆厂及熏烤食品厂等工业污染源。在垃圾焚烧厂中，一般是将垃圾臭气用作燃烧空气，同时起到调节炉温的作用。

8）生物除臭法

生物除臭是利用微生物的代谢作用分解恶臭物质的过程。根据荷兰 Ottengraf S P P 的生物膜理论，恶臭物质通过传质过程和扩散过程被生物膜中的微生物吸收，最终在微生物体内发生生化反应而被分解。用于除臭的微生物主要有分解含硫化合物的硫黄细菌和分解含氮化合物的硝化细菌等。生物除臭法包括土壤或堆肥除臭法、生物过滤法、生物滴滤法以及生物洗涤法等。

（1）土壤或堆肥除臭法

土壤或堆肥（统称填料）除臭法是利用填料中胶状颗粒的吸附作用吸附恶臭物质，再通过微生物的生物降解达到除臭目的。该法适用于中低浓度的臭气处理。对于填料，要求富含有机质、质地疏松、通气保水性强。为提高填料性能，降低压降，通常要求 60％填料的粒径大于 4mm，环境温度为 5～30℃，湿度为 50％～70％，pH 值为 7～8。土壤除臭装置通常采用床型过滤器，堆肥除臭装置则采用挖坑或筑池过滤装置。床型过滤器自上向下的结构见表 9-11，除臭池自上向下的结构见表 9-12。

表 9-11　床型过滤器自上而下的结构

分层	厚度	结构特点	风量	接触时间
土壤层	0.5～1.0m	黏土 1.2％，有机沃土 15.3％，细沙土 53.9％，粗沙土 29.6％混配	0.1～1.0 $m^3/(m^2 \cdot min)$	约 60s

续表

分层	厚度	结构特点	风量	接触时间
均匀层	0.4～0.5m	黄沙或细骨料薄层	—	—
分配扩散层		主风道与支风道构成通风管网组成送风系统;填充级配石	—	—

表 9-12　除臭池自上而下的结构

分层	厚度	结构特点	风速	接触时间
土壤层	0.5～0.6m	混配一定量泥炭、木屑、植物枝杈	0.01～0.1m/s	30s
气体分配层	0.05～0.1m	黄沙或细骨料薄层	—	—
池底层	—	池底沙层上敷设主管道与直径125mm多孔支管道组成通风管网,上部覆盖砂石料	—	—

土壤或堆肥除臭法的除臭能力强，维护管理简单，运行费用低，发生酸化后可加入石灰石进行调节。土壤除臭法还具有运行稳定的优点，但占地面积大。堆肥除臭法因堆肥种类和特性不同而导致运行效果不稳定，但占地面积相对于土壤除臭法小。

(2) 生物过滤法

生物过滤法除臭工艺主要由加湿器和生物滤池等组成（图 9-2）。恶臭气体被加压送入加湿器进行加湿和除尘，除尘的目的是防止填料层堵塞，提高净化效率。恶臭气体从加湿器上部被导入内部充填活性填料层的生物滤池，进气方式有升流式或降流式。恶臭气体通过填料层时，被生物膜吸收并分解为水、二氧化碳、硫氧化物和氮氧化物等小分子物质，净化后的气体从生物滤池排出。填料层的厚度为 1～2m，可分为单级或多级，面积根据处理量和处理效果确定。填料应是质地疏松、通气性好、适于微生物生长繁殖的物质，正常工作寿命为 3～5 年。常用的填料有锯末类，富含纤维质的草甸土类，吸附性强的草、叶、壳类等。生物过滤法多用于处理氨、硫化氢和挥发性或气态的无机污染物，苯、甲苯、乙苯、二甲苯、甲硫醇等气态有机污染物。

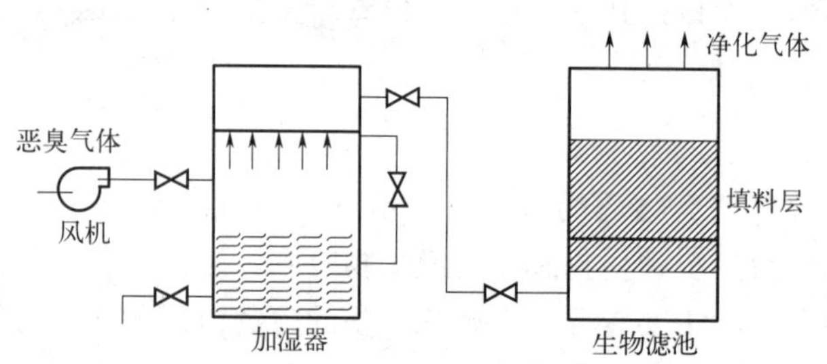

图 9-2　生物过滤法处理恶臭气体工艺

影响生物过滤法除臭效果的主要因素有：

① 恶臭物质的种类与浓度。恶臭物质中不含或少含抑制微生物的毒性物质及灰尘、油类物质。有机物浓度一般不大于 1000mg/m³，最大应不大于 5000mg/m³。

② 湿度。生物滤池的进气湿度应大于 98%。

③ 温度与 pH 值。嗜温菌的活跃温度为 20～45℃，高温菌群活跃的适宜温度为 45～65℃，微生物生长 pH 值一般为 5.5～7.5。

④ 填料。填料选择要素主要有比表面积、化学稳定性、机械强度、持水性以及价格等。

(3) 其他生物法

① 生物洗涤法。生物洗涤法是将恶臭物质与活性污泥混合液充分接触，通过悬浮生长的微生物降解恶臭物质的方法。在生物洗涤过程中，物理吸收过程较快，水力停留时间仅需要数秒钟，而水的再生过程需要停留数分钟到数小时。关键设备是由装有填料的传质洗涤器和装有活性污泥或生物膜的生物反应器组成生物洗涤池。影响恶臭去除效率的主要因素有气液比和气液接触方式、恶臭物质的溶解性和可生物降解性、污泥浓度以及 pH 值等。

② 生物滴滤法。生物滴滤法是指生物吸收和生物降解同时发生在一个反应装置内。主要技术特点是微生物既有附着于填料上的，也有悬浮于循环液中的，兼有生物过滤和生物洗涤的作用。常用填料有丝网、活性炭附着纤维（ACOF）、炉渣、浮石、沸石、拉西环、轻质陶粒、塑料填料、颗粒活性炭、碳素纤维等。影响恶臭去除效率的主要因素有填料的形式、规格，工作温度、湿度，pH 值，操作方式等。

9.2.7　恶臭厂界等标准

根据《恶臭污染物排放标准》（GB 14554—93）的规定，垃圾焚烧厂恶臭污染物的厂界标准值和排放标准值如表 9-13 和表 9-14 所示。其中，厂界标准值是对无组织排放源的限值，排放标准值是对集中处理的恶臭污染物的排放限值。

表 9-13　恶臭污染物厂界标准值

控制项目	一级	二级		三级	
		新增改建	现有	新增改建	现有
氨/(mg/m^3)	1.0	1.5	2.0	4.0	5.0
三甲胺/(mg/m^3)	0.05	0.08	0.15	0.45	0.80
硫化氢/(mg/m^3)	0.03	0.06	0.10	0.32	0.60
甲硫醇/(mg/m^3)	0.004	0.007	0.010	0.020	0.035
甲硫醚/(mg/m^3)	0.03	0.07	0.15	0.55	1.10
二甲二硫/(mg/m^3)	0.03	0.06	0.13	0.42	0.71
二硫化碳/(mg/m^3)	2.0	3.0	5.0	8.0	10
苯乙烯/(mg/m^3)	3.0	5.0	7.0	14	19
臭气浓度	10	20	30	60	70

表 9-14　恶臭污染物排放标准值

控制项目	排气筒高度/m									
	15	20	25	30	35	40	60	80	100	120
	排放量									
硫化氢/(kg/h)	0.33	0.58	0.9	1.3	1.8	2.3	5.2	9.3	14	21
甲硫醇/(kg/h)	0.04	0.08	0.12	0.17	0.24	0.31	0.69	—	—	—
甲硫醚/(kg/h)	0.33	0.58	0.9	1.3	1.8	2.3	5.2	—	—	—
二甲二硫醚/(kg/h)	0.43	0.77	1.2	1.7	2.4	3.1	7	—	—	—
二硫化碳/(kg/h)	1.5	2.7	4.2	6.1	8.3	11	24	43	68	97
氨/(kg/h)	4.9	8.7	14	20	27	35	75	—	—	—

续表

控制项目	排气筒高度/m									
	15	20	25	30	35	40	60	80	100	120
	排放量									
三甲胺/(kg/h)	0.54	0.97	1.5	2.2	3	3.9	8.7	15	24	35
苯乙烯/(kg/h)	6.5	12	18	26	35	46	104	—	—	—
臭气浓度标准值	2000	—	6000	15000	20000	40000	60000	60000	60000	60000

有组织排放源的采样点在臭气进入大气的排气口，也可在水平排气道或排气筒下部采样监测，把监测的臭气浓度换算成实际排放量。经过治理的污染源监测点设在治理装置排气口，并设置永久性标志。采样频率按生产周期确定，生产周期在8h以内每2h采集1次，生产周期大于8h每4h采集1次，取最大测定值。

无组织排放源的厂界监测采样点，设在厂界的下风向，或有臭气方位的边界线上。连续排放源采样频率为2h/次，共采集4次，取最大测定值。间歇排放源的采样频率选择在气味最大的时间内采样，次数不少于3次，取最大测定值。

思考题

1. 垃圾焚烧厂的噪声源有哪些？
2. 对这些噪声源采用哪些控噪声措施可减少焚烧厂噪声对周围环境的影响？
3. 什么是恶臭？恶臭污染物具有哪些特征？
4. 垃圾焚烧厂产生的恶臭具有哪些特点？典型的恶臭污染物有哪些？
5. 恶臭有哪些检测方法？分别有什么特点？
6. 控制垃圾焚烧厂恶臭污染的措施有哪些？

第10章 焚烧灰渣处理利用系统

垃圾焚烧灰渣是指从焚烧炉排下和余热锅炉、除尘器等收集的排出物，主要是不可燃无机物以及部分未燃尽的有机物，其主要成分为金属及非金属氧化物，重量占比一般为垃圾总重的 20%～30%。

灰渣包括飞灰和炉渣两部分。飞灰含有大量的重金属，必须经稳定化处理后才能进行最终处置。炉渣含有一定量的铁、铝等金属物质，具有回收利用和资源化利用的价值。

10.1 飞灰的特性

飞灰是垃圾焚烧必然产生的一种副产品，因其重金属浸出毒性较高，被《国家危险废物名录》明确规定为危险废物（HW18），不得在产生地长期贮存，不得进行简易处理和排放。

飞灰主要为不可燃及未燃尽的无机物和有机物。随着烟气净化技术的不断提高，排放的烟气越来越清洁，使得烟气净化系统截留捕集的飞灰成分越来越复杂，危害性越来越大。

在飞灰中，以 Na、Ca、K 等氯化物为主的可溶性盐占比约为 15%～25%，这些物质会增加其他污染物的溶解性，如 Zn 和 Pb 在高离子强度和高浓度氯化物的环境下溶解度会增加。此外，飞灰还含有 Cr、Cd、Hg、Cu、Zn、Pb 等重金属元素及二噁英等，它们极易在生物体内富集。

10.1.1 飞灰的物理特性

飞灰含水率很低，呈浅灰色细小粉末状，大小不均，表面粗糙，孔隙率较高，比表面积较大，结构复杂，多以无定型态和多晶聚合体结构形式存在。

通常，飞灰呈碱性，亲水性较强，吸水率达 20%。飞灰粒径为 1～1000μm，垃圾燃烧越彻底，颗粒粒径就越小。布袋除尘器中飞灰颗粒粒径小于 100μm 的约占 50%。飞灰比表面积较大，为 3～18m^2/g。飞灰的玻璃相含量高达 59%，这会增强飞灰活性。垃圾焚烧飞灰与炉渣的物理特性对比如表 10-1 所示。

表 10-1 垃圾焚烧飞灰与炉渣的物理特性对比

性质	飞灰	炉渣
比表面积/(m^2/g)	3～18	4～30
体积密度/(g/cm^3)	0.61～0.69	0.7～1.2

续表

性质	飞灰	炉渣
骨料密度/(g/cm^3)	0.89～2.83	1.74～2.48
总可侵入体积/(cm^3/g)	0.23～0.71	0.21～0.74
比表面积/(m^2/g)	0.06～0.28	1.41～19.56
平均孔径/m	9.0～15.5	0.07～2.11

10.1.2 飞灰的化学特性

飞灰中有机物含量很少，主要结晶态以氯盐、硫酸盐及硅铝酸盐为主（表 10-2），有 NaCl、KCl、$CaSO_4$、$Ca_2Al_2SiO_7$ 等。飞灰 2/3 以上的化学物质是硅酸盐和钙，其他化学物质主要是铝、钾和铁等。

表 10-2　飞灰的主要化合物成分

主要成分	主要结晶态
Na/K	NaCl,K_2ZnCl_4,$KClO_4$,K_2PbO_4,$K_2H_2P_2O_5$,KCl,$KAl(SO_4)_2$,Na_2SO_4,K_2SO_4
Ca	$CaAl_4O_7$，$Ca_2Al_2SiO_7$，$CaAl_6Si_2O_4$，$CaSO_4$，$CaSO_3$，CaO，SiO_2，$CaZnSi_2O_6$，$Ca_2ZnSi_2O_7$，$Ca_3Al_2O_6$，$CaAl_6O_{12}Cl$
Pb	$PbSi_3O_5$,$Pb_3O_2SO_4$,Pb_3SiO_4
Cd	$Cd_5(AsO_4)_3Cl$,$CdSO_4$
Zn	K_2ZnCl_4,$ZnCl_2$,$ZnSO_4$
Fe	Fe_3O_4,Fe_2O_3
其他	SiO_2,$CaSiO_3$,Al_2SiO_3,$Ca_3Si_3O_9$,$CaAl_2SiO_6$,$Ca_3Al_6Si_2O_{16}$,$KAlSi_3O_8$

10.1.3 飞灰的浸出特性

(1) 飞灰浸出的影响因素

影响飞灰浸出的因素主要包括物理因素和化学因素。物理因素包括液固比（L/S）、反应时间、飞灰粒度等。重金属 Pb、Ni、Cr、Zn、Cu、Cd 的浸出量随 L/S 增加而增加，Pb 的浸出随 L/S 的增加出现一个波峰值和波谷值；反应时间对重金属浸出浓度的影响不大；飞灰粒度主要影响飞灰暴露在浸取液中的表面积，包括颗粒大小和多孔结构等因素。

$$液固比(L/S)=浸取液容积/固体废物质量 \tag{10-1}$$

化学因素包括 pH 值、飞灰性质、浸取剂等。pH 值对飞灰浸出的影响较大，大多数重金属的浸出能力在酸性条件下增强，两性重金属在碱性或酸性条件下浸出效果都较好，中性条件下浸出能力最差，Na、K、Cl 等的浸出则不受 pH 值的影响。酸性较强的条件下，醋酸对重金属 Zn、Cr、Cd 的溶解能力最强，而 Pb 的浸出受浸取剂的影响不大。

(2) 飞灰浸出毒性的评价方法

国内外用于评价飞灰的浸出毒性，包括美国环境保护署（EPA）标准浸出测试方法 TCLP（Toxicity Characteristy Leaching Procedure），以及我国的《固体废物 浸出毒性浸出方法 水平振荡法》（HJ 557—2010）、《固体废物 浸出毒性浸出方法 醋酸缓冲溶液法》（HJ/

T 300—2007)、《固体废物 浸出毒性浸出方法 硫酸硝酸法》(HJ/T 299—2007) 等。

(3) 飞灰浸出特性分析

飞灰占垃圾的 3%~5%，重金属浸出毒性较高。为选择正确的螯合剂，对飞灰进行稳定化处理，需要了解原始飞灰的化学特性和重金属浸出毒性。

飞灰经浸取液处理后的浸出成分主要包括非金属元素、金属元素以及微量的二噁英等。Na、K、Cl 等元素的溶出不受理化条件的影响，金属元素主要包括 Zn、Cu、Ni、Pb 等，它们的浸出受理化条件的影响。飞灰的化学特性（包括微观形貌和矿物相组成）是飞灰重金属赋存形态的直观反映，与重金属在处置环境中的释放和迁移行为密切相关，直接影响飞灰重金属的固化/稳定化效果。

飞灰的重金属浸出行为与其比表面积密切相关。飞灰的比表面积越大，越有利于游离态重金属的吸附。飞灰比表面积的大小取决于其颗粒大小、内部孔径等因素。飞灰的粒径近似正态分布，小于 100μm 的颗粒占比达 70%，其中 10~50μm 颗粒占比约为 36%。飞灰微观结构极不规则，主要矿物相为氯化物和含钙矿物，主要化学组分为 CaO、Na_2O 和 K_2O，约占总量的 50%。

10.1.4 飞灰元素

飞灰的元素以 Ca、Si、Cl 的含量最高。虽然 Hg、Pb、Cd 等占比不高，但从生物毒性及人体耐受程度来讲，必须引起充分重视。不同来源的飞灰化学组分不尽相同，痕量元素含量可能相差几个数量级，但主要成分相差不多。

10.1.5 飞灰中的重金属

(1) 飞灰的重金属来源及成分

① 飞灰的重金属来源。飞灰的一些重金属含量高出土壤 100 多倍，在酸性或含盐量较高的环境中浸出明显。飞灰与雨水、地下水等接触后，固相中的重金属成分溶入液相中，会直接危害土壤和地下水的质量，进而通过食物链传递而影响人类的健康。飞灰的主要重金属的来源见表 10-3。

表 10-3 焚烧飞灰中重金属的主要来源

重金属	可能来源
Cd	电池、金属、塑料、涂料等
Cr	电镀、皮革、颜料、耐火材料等
Cu	金属制品、陶瓷、玻璃等
Hg	照明灯、真空泵、电池、电器、塑料、废纸等
Pb	电池、涂料、农药等
Zn	电池、涂料、防腐剂等

② 重金属的成分。飞灰含有 2%~3%的重金属元素，高于我国典型土壤和粉煤灰的重金属含量（表 10-4），包括 Ca、Na、K、Mg、Fe、Al、Ti、Ba、P、As、Ni、Mn、Pb、Cd、Cu、Cr、Zn、Hg、Sn、Cl、S 及其化合物等多种成分。其中，由于挥发性能的不同，重金属在飞灰和炉渣中的含量分布差异较大，Pb、Cd、Cu、Cr、Zn、Hg、Sb 等重金属在

飞灰中的含量较高。其中，Pb、Cd、Sn等金属因挥发性较强，含量相对较高。浸出毒性最容易超标的是Pb，其次为Cr、Zn、Hg等。

欧盟针对垃圾焚烧烟气污染物，将16种主要关注的重金属分为三类：Ⅰ类包括Hg、Cd、Ti，Ⅱ类包括As、Co、Ni、Se、Te，Ⅲ类包括Sb、Pb、Zn、Cr、Sn、Cu、Mn、V。

表10-4　垃圾焚烧飞灰的重金属含量　单位：mg/kg

样品	Ag	As	Cd	Cr	Cu	Hg	Mn	Ni	Pb	Sn	Zn
飞灰	11.75	82.43	72.02	318.43	976.74	N.D.①	2035	185.67	4770	5880	6090
粉煤灰	—	—	0.24	65.53	47.45	—	167	—	34.14	—	54.92
北京土壤	—	8.7	0.15	59.2	27.2	0.081	—	—	18.78	—	58.9

注：①N.D.为未检出。

我国生活垃圾的成分、热值以及含水率等性质与国外有较大差异，但飞灰中的大多数重金属的含量基本一致（表10-5和表10-6）。根据我国环境排放标准，应将Pb、Hg、Cd作为烟气净化控制的重点。

表10-5　飞灰与炉渣重金属元素分析对比　单位：mg/kg

元素	炉渣重金属	烟道灰重金属	飞灰重金属典型值	焚烧飞灰重金属实例				
				上海	宁波	东庄	临江	哈尔滨
As	148	N.D.	82	283	180	93	96	1.2
Cd	3	29	72	N.D.	85	114	N.D.	0.5
Cr	179	306	318	555	191	882	871	91
Cu	365	638	977	4368	1254	6707	639	1127
Mg	2885	6882	3854	—	—	—	—	—
Mn	1194	2011	2035	—	—	—	—	—
Ni	140	203	186	N.D.	101	529	181	51
Pb	439	2267	4770	1612	5126	1408	827	1613
Sn	1112	3125	5880	—	—	—	—	—
Zn	2035	5352	6090	4012	23504	41608	14521	3346
合计	8500	20813	24264	11390	11950	51341	17135	6829

表10-6　国内外焚烧飞灰重金属含量的比较　单位：mg/kg

项目	Ni	Cu	Zn	Pb	Cd	Hg	Cr
国内典型值	186	977	6090	4770	72	52	318
国内范围值	50～250	450～3500	900～10000	750～5000	10～120	—	100～900
国外典型值	100	1300	18000	6500	290	1.6	360
国外范围值	50～200	450～2500	900～3500	750～2500	10～40	2～7	100～450

(2) 重金属的存在形态

飞灰的重金属存在形态分为可交换态、碳酸盐结合态、铁锰氧化物结合态、有机结合态和残渣态。其中，可交换态和碳酸盐结合态比例较高的重金属元素在酸性条件下容易浸出，这类重金属元素有 Cd、Pb、Mg、Cu、Zn 等，Cr、Co、Mn、As、Ni 等溶出性次之。关于溶出率的研究结果表明，Cd 为 82%，Mg 为 85%，Pb 为 30%，Cu 为 20%。主要以残渣态形式存在的重金属，稳定性较好，不易溶出，这类重金属元素有 Ag、Sn 等（图 10-1）。

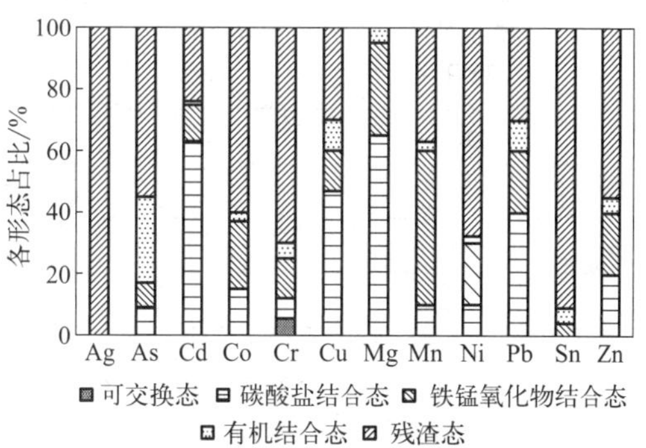

图 10-1　垃圾焚烧飞灰重金属存在形态

10.1.6　飞灰中的二噁英

二噁英主要是人类工业化活动的产物，是人类无意识合成的物质。二噁英是在环境中普遍存在的一种强毒性物质，在空气、土壤、水和食物中都有发现，是一种普遍的化学现象。二噁英是人类生产活动以及一些自然灾害的副产物，含铅汽油使用、农药生产过程、纸浆氯气漂白、含氯酚类（如木材防腐剂六氯酚、五氯酚等）生产、金属冶炼，以及垃圾焚烧等，都会产生二噁英。

生活垃圾焚烧飞灰中富含二噁英。我国一些垃圾焚烧厂对飞灰的二噁英检测值为 1～8ng TEQ/g。研究表明，当烟气净化系统加入活性炭时，排放烟气中的二噁英减少 54%。二噁英富集到焚烧飞灰中，导致飞灰中的二噁英由 254ng/g 增加到 460ng/g。

10.2　飞灰的处理处置

10.2.1　有关垃圾焚烧飞灰的标准及规定

2001 年 12 月 17 日发布的《危险废物污染防治技术政策》规定：生活垃圾焚烧产生的飞灰必须单独收集，不得与生活垃圾、焚烧残渣等其他废物混合，也不得与其他危险废物混合。飞灰不得在产生地长期储存，不得进行简易处置，不得排放，在产生地必须进行必要的固化和稳定化处理后方可运输。飞灰须进行安全填埋处置。

《生活垃圾焚烧污染控制标准》（GB 18485—2014）第 8.6 条规定：生活垃圾焚烧飞灰与焚烧炉渣应分别收集、贮存、运输和处置。飞灰应按危险废物进行管理，如进入生活垃圾填埋场处置，应满足《生活垃圾填埋场污染控制标准》（GB 16889—2008）的要求；如进入水泥窑处置，应满足《水泥窑协同处置固体废物污染控制标准》（GB 30485—2013）的要求。

《生活垃圾填埋场污染控制标准》（GB 16889—2008）第 6.3 条规定：生活垃圾焚烧飞灰和医疗废物焚烧残渣（包括飞灰和炉渣）经处理后满足下列条件，可以进入生活垃圾填埋场填埋处置。①含水率小于 30%；②二噁英类含量低于 3μg TEQ/kg；③按照 HJ/T 300 制备的浸出液中危害成分浓度低于表 10-7 规定限值。第 6.5 条规定：经处理后满足第 6.3 条要求的生活垃圾焚烧飞灰和医疗废物焚烧残渣（包括飞灰和底渣）和满足第 6.4 条要求的一般工业固体废物在生活垃圾填埋场中应单独分区填埋。

《危险废物填埋污染控制标准》（GB 18598—2019）第 6.4 条规定，允许进入刚性填埋场处置的废物测定方法按表 10-8 执行。

表 10-7 浸出液中危害成分浓度限值（HJ/T 300）

序号	污染物项目	稳定化控制限制/(mg/L)	序号	污染物项目	稳定化控制限制/(mg/L)
1	汞	0.05	7	钡	25
2	铜	40	8	镍	0.5
3	锌	100	9	砷	0.3
4	铅	0.25	10	总铬	4.5
5	镉	0.15	11	六价铬	1.5
6	铍	0.02	12	硒	0.1

表 10-8 刚性填埋场处置的废物测定标准（GB 18598—2019）

序号	项目	稳定化控制限值/(mg/L)	检测方法
1	烷基汞	不得检出	GB/T 14204
2	汞(以总汞计)	0.12	GB/T 15555.1、HJ 702
3	铅(以总铅计)	1.2	HJ 766、HJ 781、HJ 786、HJ 787
4	镉(以总镉计)	0.6	HJ 766、HJ 781、HJ 786、HJ 787
5	总铬	15	GB/T 15555.1、HJ 749、HJ 750
6	六价铬	6	GB/T 15555.1、GB/T 15555.7、HJ 687
7	铜(以总铜计)	120	HJ 751、HJ 752、HJ 766、HJ 781
8	锌(以总锌计)	120	HJ 766、HJ 781、HJ 786
9	铍(以总铍计)	0.2	HJ 752、HJ 766、HJ 781
10	钡(以总钡计)	85	HJ 766、HJ 767、HJ 781
11	镍(以总镍计)	2	GB/T 15555.10、HJ 751、HJ 752、HJ 766、HJ 781
12	砷(以总砷计)	1.2	GB/T 15555.3、HJ 702、HJ 766
13	无机氟化物(不包括氟化钙)	120	GB/T 15555.11、HJ 999
14	氰化物(以 CN^- 计)	6	暂时按照 GB 5085.3 附录 G 方法执行，待国家固体废物氰化物监测方法标准发布实施后，应采用国家监测方法标准执行

10.2.2 飞灰稳定化处理标准

垃圾焚烧飞灰含有重金属，需按照危险废物进行管理。为此，我国对飞灰重金属的浸出标准有详细规定，见表 10-9。

表 10-9 我国垃圾焚烧飞灰重金属浸出标准（GB 5085.3—2007）

序号	危害成分项目	浸出液中危害成分浓度限值/(mg/L)
1	铜(以总铜计)	100
2	锌(以总锌计)	100
3	镉(以总镉计)	1

续表

序号	危害成分项目	浸出液中危害成分浓度限值/(mg/L)
4	铅(以总铅计)	5
5	总铬	15
6	铬(六价)	5
7	烷基汞	甲基汞<10,乙基汞<20
8	汞(以总汞计)	0.1
9	铍(以总铍计)	0.02
10	钡(以总钡计)	100
11	镍(以总镍计)	5
12	总银	5
13	砷(以总砷计)	5
14	硒(以总硒计)	1
15	无机氟化物(不包括氟化钙)	100
16	氰化物(以 CN^- 计)	5

10.2.3 飞灰稳定化方法

飞灰因含有大量的重金属，必须进行固化/稳定化处理后方可进行最终处置。飞灰稳定化处理方法如图 10-2 所示。

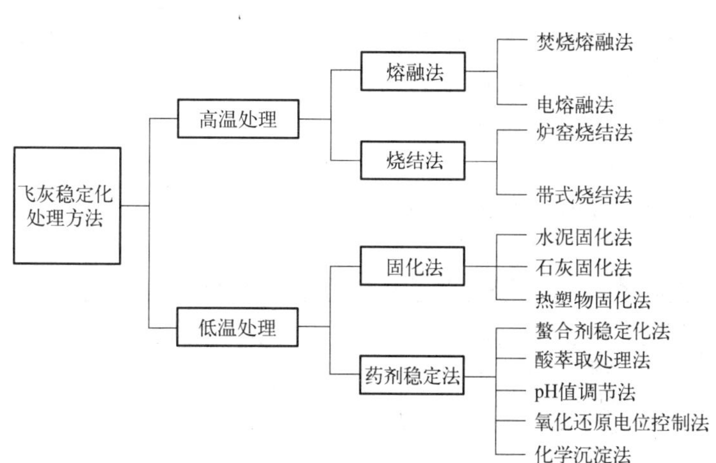

图 10-2　飞灰稳定化处理方法

(1) 熔融法

熔融固化技术是将飞灰与玻璃料混合加热到熔融温度，并严格控制还原气氛（以防重金属挥发），使其生成玻璃状硅酸盐形态，增加包容性，有效地对重金属进行固定，并保持长期稳定性。在熔融过程中，飞灰中的硅酸盐类淬火后形成玻璃态物。该类玻璃态物质主要是指 SiO_2 形成的 Si—O 网状结构物，网状结构将重金属及其化合物包覆在内，即重金属被固化在玻璃态中。

① 熔融稳定化机理及主要影响因素。飞灰熔融是包括干燥、多晶转变（500℃）和熔融相变（1130℃）在内的吸热过程。飞灰的熔点及流动温度同飞灰碱度关系较大。研究发现，碱度为0.9左右时，飞灰的熔点最低。焚烧碱度（K）指总碱性氧化物与总酸性氧化物质量分数比。

飞灰的主要成分为CaO、SiO_2、Cl、Al_2O_3，以及SO_3、K_2O、Fe_2O_3等，约占飞灰总重量的90%，是决定熔融温度、烧失量以及金属熔融效果的主要因素，对飞灰熔融技术选择、处理效果有着重要影响。

CaO：飞灰的CaO主要来源于干法或半干法烟气净化时喷入的消石灰。当飞灰碱度小于0.9时，增加CaO可使碱度升高，熔点降低；当飞灰碱度大于0.9时，增加CaO也会使碱度升高，但熔点则会升高。此外，CaO过量时将无法形成低熔点的共熔体。

SiO_2和Al_2O_3：飞灰的SiO_2含量为10%～40%，Al_2O_3含量在15%以下。在飞灰熔融过程中，SiO_2和Al_2O_3基本上都以硅酸盐矿物群的形式存在于熔渣中，形成低熔点共熔体而降低飞灰的熔点，有利于实现飞灰熔融和玻璃化，有效抑制易挥发性金属的挥发，并显示出良好的物理性能和金属固化性能。

Cl：飞灰的Cl元素含量一般为5%～25%。在采用干法或半干法去除焚烧烟气中的酸性气体时，Cl主要以$CaCl_2$的形式聚集在飞灰中。在熔融渣中几乎检测不出Cl，但熔融飞灰的主要成分有Ca、K、Na和Cl，说明$CaCl_2$多以低熔点共熔体形式存在于飞灰中，且本身熔点仅772℃，因此在飞灰熔融过程中，其会挥发到烟气中，并与金属氧化物发生置换反应生成金属氯化物和氧化钙，从而使重金属熔出。因此，KCl、NaCl等氯盐不利于重金属在玻璃体的稳定存在。

② 飞灰熔融处理的特点。熔融法可有效解决重金属和二噁英等的污染问题，但大量的能量消耗和高昂的尾气处理费用阻碍着熔融技术的推广应用。近年来，诸多学者致力于研究降低飞灰熔融温度和抑制重金属挥发的方法，以减少飞灰熔融处理的能量消耗和降低烟气的处理费用。

熔融法主要包括焚烧熔融法和电熔融法。但由于飞灰和炉渣具有不同的理化性质，不同的飞灰适用于不同的熔融方法，具体方法的适应性情况如表10-10所示。

表10-10 不同熔融方法的适应性

熔融方法		炉渣+飞灰处理	飞灰处理
焚烧熔融	飞灰单独熔融		较少应用
	胶片状熔融	√	√
	内部熔融	√	
	焦炭床熔融	√	
	旋回流熔融		√
电熔融	电解炉	√	
	电阻炉	√	√
	熔融炉	√	
	电气加热熔融炉		√
	低周波诱导熔融炉	√	

③ 熔融灰渣的物理特性。灰渣在熔融处理后的物理特性表现：熔融玻璃体密度约为 $2.65t/m^3$；熔融玻璃体稳定性为 99%。熔融玻璃体吸收率：空气冷却时为 0.12，水冷却时为 0.75。熔融玻璃体磨损率：空气冷却时为 30%～35%；水冷却时为 50%～60%。

(2) 固化法

固化是将飞灰与固化剂进行混合，然后加入适量的碱或水混合，使重金属与固化剂发生皂化反应或吸附化学、吸收沉降、离子交换、钝化等水化反应，最终使重金属达到稳定化并停留在固化体中。目前，较为认同的固化机理是将飞灰稳定在固化剂晶格中的化学过程和将固化剂直接包容飞灰的物理过程。

对固化处理的基本要求包括：①固化体具有良好的抗渗透性、抗浸出性、抗干湿性、抗冻融性以及机械强度等；②固化剂和能量消耗少，增容比低；③工艺过程简单，便于操作；④固化剂来源丰富，低廉易得；⑤处理费用低。

固化技术按照固化剂可分为水泥固化、沥青固化、塑料固化、玻璃固化和石灰固化等。

① 水泥固化法。水泥固化法是目前应用最为广泛的飞灰处理技术。该技术是把飞灰和水泥混合，经水化反应后形成坚硬的水泥固化体，同时将重金属包覆在固化体中。水泥固化的基本原理在于通过固化包容以减少有害废物的表面积并降低其可渗透性，达到稳定化和无害化的目的。

水泥固化工艺过程包括：飞灰和水泥通过各自的给料器送入搅拌成型机（或通过预混螺旋输送机后再送入搅拌成型机），加入适当水分，形成固化体。

可以用作固化剂的水泥品种很多，通常有普通硅酸盐水泥、矿渣硅酸盐水泥、火山灰质硅酸盐水泥、矾土水泥和沸石水泥，具体根据固化处理废物的种类、性质、对固化剂的性能要求选择水泥品种。具体工艺流程如图 10-3 所示。

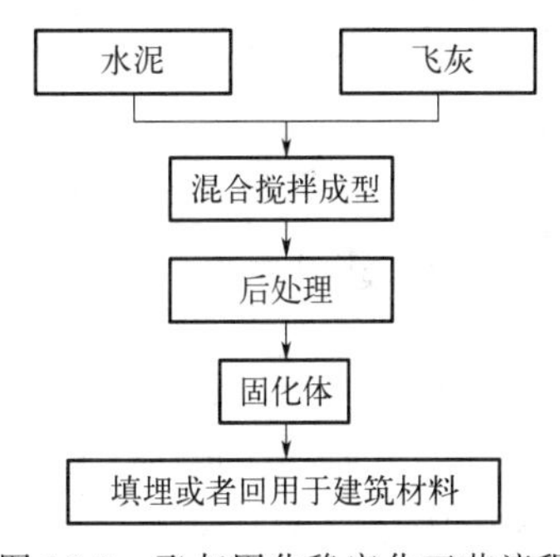

图 10-3　飞灰固化稳定化工艺流程

由于废物组成的特殊性，水泥固化过程常会遇到混合不均匀、凝固过早或过迟、有害成分浸出率高、固化体强度较低等问题。为提高固化体的质量，需要掺入适量的添加剂，如吸附剂（如活性氧化铝、黏土、蛭石等）、缓凝剂（如酒石酸、柠檬酸、硼酸盐等）、促凝剂（如水玻璃、铝酸钠、碳酸钠等）以及减水剂（表面活性剂）等。

根据最终处置或使用要求，固化产物的性能可通过调节废物-水泥-添加剂-水的配比来控制。对于最终进行安全填埋或装桶储存的固化体，抗压强度要求较低，一般控制在 980～4900kPa；对于做建筑基材的固化物，抗压强度要求较高，一般控制在 9.8MPa 以上。水泥固化防止重金属溶出的机理有两种：重金属在碱性钙中形成溶解度极小的氢氧化物；生成水泥矿物，即飞灰与钙和铝等进行转换反应，重金属被固定在矿物中。

水泥固化法，固化材料廉价易得，成本低，能耗少，装置简单，操作方便，是飞灰固化应用最广泛的一种工艺。但固化体具有较大孔隙率，对某些重金属的固定效果不理想，较易浸出，导致固化物难以满足直接填埋的要求。主要问题表现在：以处理重金属为主，不能解决二噁英问题，飞灰最好是热分解后采用水泥固化；飞灰 pH>12 时，单靠水泥固化难以解决 Pb 的析出问题；重金属含量过高时，易出现不溶性问题；Ca^+ 和盐类易析出，同时把固化体氧化成屑片状，造成碱性灾害；固化剂的添加导致废物最终处理量增加。

② 沥青固化法。沥青固化法是在飞灰中掺杂沥青，使飞灰颗粒表面形成一层表面膜，再压缩成型，减少颗粒间的孔隙。表面膜可切断重金属与环境水接触途径，从而避免重金属的析出。

沥青主要来源于天然沥青矿和原油炼制行业。我国使用的沥青大部分为石油蒸馏残渣，化学成分复杂，以脂肪烃和芳香烃为主，包括沥青质、油分、游离碳、胶质、沥青酸和石蜡等。根据固化的要求，理想的沥青应含有较高的沥青质、胶质以及较少的石蜡性物质。如果石蜡质组分含量过高，则固化体在环境应力作用下容易开裂。

沥青固化工艺主要包括废物与沥青的混合，以及二次蒸汽的净化处理。将飞灰加入熔化的沥青中，在150～230℃下搅拌混合，待水分和其他挥发组分排出后，将混合物排出，形成固化产物。固化过程会产生大量的废气，须经冷凝、过滤等净化处理后方可排放。

沥青具有良好的黏结性和化学稳定性，固化体的孔隙率及其污染物的浸出率均大大降低，而且对大多数酸和碱都具有较高的耐腐蚀性。固化过程中，废物与固化剂之间的质量比通常为1∶1～2∶1，因而固化体的增容量较小，但固化过程会产生废气，造成二次污染。由于沥青不具备水化作用和吸水性，所以有时需预先对废物进行脱水或浓缩处理。固化工艺流程和装置往往较为复杂，一次性投资与运行费用较高，一般用于处理中、低放射性的蒸发残渣、化学污泥、飞灰、电镀污泥、砷渣等。

③ 石灰固化法。石灰固化法是以石灰为固化剂，以粉煤灰或水泥窑灰为填料，固化含有硫酸盐或亚硫酸盐类飞灰的方法。其原理是基于水泥窑灰和粉煤灰中的活性氧化铝和二氧化硅，与石灰和含硫酸盐、亚硫酸盐废渣中的水反应，经凝结硬化后形成具有一定强度的固化体。

石灰固化法的优点是原料丰富，价廉易得；操作简单，不需特殊设备，处理费用低；飞灰不要求脱水和干燥，可在常温下操作等。缺点主要是固化体的增容比较大，易受酸性介质侵蚀，需对固化体表面进行涂覆。

固化法具有明显的经济性和可操作性等优势，已得到广泛应用，但飞灰对水泥的硬化、抗压强度等方面存在负面影响。因受飞灰中的Cl离子影响，重金属容易浸出导致对Hg、两性金属的固化效果不理想，故需要添加螯合剂。另外，当飞灰pH＞12时，重金属Pb容易析出。解决方法是添加酸性药剂或pH调节剂，把pH降到10～11，再进行水泥固化，也可直接用重金属析出防止剂与水泥结合办法解决Pb析出的问题。

(3) 药剂稳定法

药剂稳定法是根据飞灰重金属性质，通过化学试剂将易浸出重金属转变为低溶解性、低迁移性、低毒性的无机矿物质或有机高分子络合物，从而实现重金属稳定化处理的技术。药剂稳定法根据重金属特性来选择稳定化药剂，可实现对重金属的高效稳定，且不容易出现增容现象，稳定化体不易受环境变化的侵蚀。

药剂稳定化是目前应用最为广泛的飞灰处理技术。稳定化药剂主要分为无机药剂和有机螯合剂，无机药剂有磷酸、磷酸盐、硫化物等，有机螯合剂有有机磷酸盐HEDP、含二硫代羧基等基团的二硫代氨基甲酸盐等。

无机药剂通过与游离重金属离子反应生成不溶或难溶的无机矿物质，同时与SiO_2、$CaCO_3$、$CaSO_4$、KCl、NaCl等形成固液相，减少无定形物及网状物，增加独立颗粒，降低飞灰颗粒与外部环境直接接触的面积，从而减少重金属渗滤的可能。无机药剂稳定化主要以磷酸根离子（PO_4^{3-}）为代表，PO_4^{3-} 可和 30 多种元素结合，形成 300 多种在自然界长期存在的矿物相。方铅矿（PbS）在自然的风化作用下会与环境中的磷酸盐作用转化为磷酸铅；磷酸常用来做金属表面防锈防腐蚀处理药剂，其中 Zn、Cr、Mn 等的磷酸盐是良好的金属表面保护材料。

磷酸盐矿物具有长期稳定性。磷酸盐稳定化技术，处理效果好、增容小、费用低廉、操作简单以及磷酸盐对生物的无害性，被广泛应用于土壤修复、废水处理、飞灰处理等领域。无机药剂对飞灰重金属的稳定效果见表 10-11。

表 10-11　无机药剂对飞灰重金属的稳定效果（GB 5085.3—2007）

<table>
<tr><th>飞灰来源</th><th>无机药剂</th><th>水灰比(L/S)/%</th><th>药剂添加量与重金属稳定化情况</th></tr>
<tr><td>国内</td><td>磷酸盐</td><td>30</td><td>3%投加量下 Pb、Zn、Cu 均满足危废填埋标准，7%投加量下 Cd 达标</td></tr>
<tr><td>上海</td><td>磷酸</td><td>30</td><td>8%添加量下去除率：Pb 为 99.93%、Zn 为 75.00%、Cr 为 43.8%</td></tr>
<tr><td>深圳</td><td>磷灰石</td><td>30</td><td>3%磷灰石投加量下 Pb、Zn 浸出低于危废入场控制标准，但 7%投加量下 Cd 仍未达标</td></tr>
<tr><td>湖北</td><td rowspan="2">某品牌无机稳定剂</td><td rowspan="2">适量少于 30%的水</td><td>15%添加量下除 Cd 外均达标</td></tr>
<tr><td>四川</td><td>15%添加量下均达标</td></tr>
<tr><td>青岛</td><td>7%水泥+2%磷酸</td><td>33.3</td><td>除 Cd 外均满足生活垃圾填埋场入场控制标准(GB 16889—2008)</td></tr>
<tr><td rowspan="2">重庆飞灰</td><td>Na_2S</td><td rowspan="2">适量去离子水</td><td>5%添加量下去除率：Cd 为 89.1%、Pb 为 85.7%、Cu 为 73.8%、Zn 为 56.1%</td></tr>
<tr><td>NaH_2PO_4</td><td>5%添加量下去除率：Cd 为 86.8%、Pb 为 90.7%、Cu 为 71.2%、Zn 为 59.1%</td></tr>
</table>

有机螯合剂，常用的有二硫代氨基甲酸盐、EDTA 连接聚体、有机多聚磷酸及其盐类、壳聚糖衍生物等。这些有机物通过配位基团与重金属离子结合生成稳定的环状重金属螯合物，失去氢（或钠）的配位体与重金属离子以离子键和共价键的形式结合形成新的螯合环，重金属离子被捕集后钝化，生成的重金属络合物牢固地嵌在稳定后的结构体中，对重金属具有高效稳定性。因此，螯合剂的飞灰稳定效果主要受有机物与重金属离子结合化学键强弱的影响，在适宜 pH 值范围内能螯合沉淀几乎所有游离态重金属，可称为理想的飞灰稳定剂。有机螯合剂稳定焚烧飞灰中重金属效果见表 10-12。

表 10-12　有机螯合剂稳定焚烧飞灰中重金属效果

<table>
<tr><th>飞灰来源</th><th>无机药剂</th><th>水灰比(L/S)/(L/kg)</th><th>药剂添加量与重金属稳定化情况</th></tr>
<tr><td rowspan="2">浙江</td><td>15%TMT-15 水溶液</td><td rowspan="2">30</td><td>2%添加，重金属均达标(GB 16889—2008)</td></tr>
<tr><td>康恒环境 DTCR 有机硫稳定剂</td><td>3%添加，重金属均达标(GB 16889—2008)</td></tr>
<tr><td rowspan="3">浙江</td><td>二乙基二硫代氨基甲酸钠</td><td rowspan="3">1.6</td><td>Cu 接近 100%稳定，Cd、Cr 为 50%，Pb、Zn 效果较差，仅为 20%～25%</td></tr>
<tr><td>乙基黄原酸钾</td><td>Cu 稳定化较好，其余均较低</td></tr>
<tr><td>二丁基二硫代磷酸铵</td><td>除 Cu 稳定化效果较好外，Pb 稳定可达 70%，其余效果较差</td></tr>
</table>

续表

飞灰来源	无机药剂	水灰比(L/S)/(L/kg)	药剂添加量与重金属稳定化情况
苏州光大	液状氨基二硫代甲酸型螯合树脂	适量	3%添加,重金属均可达标
厦门	某二硫代羧酸螯合剂	适量	20μmol/g 添加,均达标
上海	有机磷酸羟基亚乙基二磷酸(HEDP)	35	0.03mL/g 添加,重金属浸出均低于 GB 5086—1995 规定限值
重庆	有机磷酸盐 KOP	适量 去离子水	2%添加,去除率:Cd 为 95.9%、Pb 为 97.2%、Cu 为 78.6%、Zn 为 69.3%
	有机硫药剂 DTC-1		2%添加,去除率:Cd 为 96.9%、Pb 为 97.1%、Cu 为 80.9%、Zn 为 72.1%
	有机硫药剂 DTC-2		2%添加,去除率:Cd 为 98.0%、Pb 为 98.8%、Cu 为 84.7%、Zn 为 76.0%
	有机硫药剂 TMT		2%添加,去除率:Cd 为 97.5%、Pb 为 97.6%、Cu 为 81.8%、Zn 为 70.1%

在日本，80%的垃圾焚烧厂采用有机螯合剂处理飞灰，有机螯合剂主要包括二硫代氨基甲酸盐螯合剂和哌嗪螯合剂。其中，后者（$C_6H_8N_2S_4K_2$）是一种杂环化合物，在六元环1,4 位置有两个氮原子，具有成本低廉、制备简单、处理效果好等优点。

然而，有机螯合剂的大量投加会导致飞灰填埋场渗滤液的螯合剂浓度增大，加大渗滤液的处理负担，这也是日本在生活垃圾处理中面临的主要问题。

无机或有机药剂对飞灰重金属的稳定能力不同。对重金属的稳定化，无机药剂大多具有选择性，有机螯合剂同样具有选择性，但后者费用相对高昂，要达到生活垃圾填埋场污染控制标准规定的所有重金属的限制，则经济效益偏低。因此，无机和有机药剂的联用，成为保证稳定化效果，同时降低应用成本的重要技术方向。目前，复合药剂稳定在焚烧飞灰重金属的效果如表 10-13 所示。

表 10-13 复合药剂稳定化焚烧飞灰重金属的效果

飞灰来源	复合药剂种类	水灰比(L/S)/(L/kg)	药剂添加量及重金属稳定化情况
重庆飞灰	DTC+NaH_2PO_4	适量	3%添加,去除率:Cd 为 98.3%、Pb 为 99.1%、Cu 为 83.6%、Zn 为 75.1%
	DTC+Na_2S		3%添加,去除率:Cd 为 98.9%、Pb 为 98.9%、Cu 为 84.8%、Zn 为 73.2%
	DTC+NaH_2PO_4+Na_2S		3%添加,去除率:Cd 为 98.7%、Pb 为 99.0%、Cu 为 84.8%、Zn 为 74.9%
深圳飞灰	Na_2S+EDTA 二钠+NaH_2PO_4(2∶1∶2)	适量	0.4%添加,Pb、Zn 达标(GB 5085.3—2007)
华中地区飞灰	8%磷酸钠+1%二乙基磺酸锌	20	重金属均达标(GB 16889—2008)

化学药剂处理不会有增容现象，可减少二次处理的经济损耗。但飞灰中的重金属种类和存在形态不尽相同，因此同一种化学药剂很难普遍适用于所有飞灰的处理。另外，药剂联用

法在规模化处理飞灰重金属的实际应用中受到限制。药剂联用作为一种飞灰重金属稳定化技术的新方向，尚处于实验室研究阶段，药剂间的协同或拮抗作用以及药剂本身对稳定化环境的影响尚不明确，对药剂的组合、比例、添加顺序等问题的研究结论尚少。可以明确的是，药剂联用对飞灰重金属的稳定化效果优于单独一种药剂。

(4) 化学稳定法

化学稳定化技术种类很多，常用的有 pH 控制技术、氧化/还原技术、沉淀技术等。

① pH 控制技术。这是一种最普遍、最简单的方法。其原理是通过加入碱性药剂，将 pH 值调至重金属离子最小溶解度的范围，从而实现其稳定化。常用的 pH 调节剂有 CaO、$Ca(OH)_2$、Na_2CO_3、$NaOH$ 等。此外，石灰和一些黏土也可作为 pH 缓冲材料。

② 氧化/还原技术。为降低某些重金属的毒性，常将其氧化或还原为低毒或无毒价态。常用的还原剂有硫酸亚铁、硫代硫酸钠和二氧化硫等，常用的氧化剂有臭氧、过氧化氢和二氧化锰等。最典型的例子是把 Cr（Ⅵ）还原为 Cr（Ⅲ）、As（Ⅲ）氧化为 As（Ⅴ）。

③ 沉淀技术。沉淀技术是通过把有害物质转化成沉淀物，将其分离出来的方法。常用的沉淀技术包括氢氧化物沉淀、硫化物沉淀、硅酸盐沉淀、磷酸盐沉淀、无机和有机络合物沉淀等。

(5) 其他方法

① 酸析出处理法。酸析出处理法是指向飞灰中加入盐酸或硫酸等，使其混溶于水溶液中，实现重金属向溶液相析出，之后再加入药剂生成氢氧化物或硫化物等不溶性物质，也可向溶液中直接加入重金属捕集剂。

该方法与水泥固化法和药剂处理法相比，装置略复杂些，但飞灰稳定性好，并具有盐类析出和可回收的特点。

② 排气中和处理法。排气中和处理法是把飞灰悬浮于水中或污水中，重金属类物质向溶液相析出后，往悬浮液里吹入一部分焚烧废气，CO_2 与之作用生成不溶性盐。为去除废气中的 HCl、SO_2 等有害气体，适当过量使用消石灰等药剂，捕集到的飞灰呈碱性。

本法在浸有烟尘的水中，用一部分烟气进行曝气中和，使其碳酸盐化。由于切断飞灰中重金属与环境水的接触，可避免重金属析出的问题，但此法需要处理排放的废水，而且设计上要充分注意管道堵塞及装置内水分的问题。

③ 飞灰烧结法。烧结法是采用钢铁行业烧结精炼原料的技术及原理，往飞灰中加入黏土和少许煤粉，造粒后在运送带上烧结。该方法的特点包括：烧结温度较高，一般在 900～1000℃，能源消耗较熔融技术低；对重金属类物质和二噁英类物质分解颇为有效；烧结物可作为骨架材料进行综合利用。

10.2.4　飞灰填埋处置

国内飞灰的处理通常有资源化利用和填埋处置两种方式，但均需对飞灰进行适当的预处理。飞灰经稳定化处理后的产物，如满足浸出毒性标准，可进入危废填埋场或卫生填埋场（需单独分区）进行填埋处置。飞灰最终处置的目的是使飞灰最大限度地与生物圈隔离，阻断废物与生态环境相联系的通道，以保证有害物质不对人类及环境造成危害。

资源化是近些年发展起来的处理方式。虽然综合利用法处理飞灰，具有资源化效果、废物再利用、占地面积少等优点，但需要提取重金属后才能利用，且受安全性指标的限制较多。综合利用是飞灰处置的发展方向。

目前，我国飞灰处理处置仍以固化稳定化后填埋为主。填埋法消纳的飞灰量大，技术成熟，运行可靠，投资相对较少，运行费用较低。根据我国大部分地区现阶段的实际情况，采用填埋法处置飞灰行之有效，切实可行。

根据《生活垃圾填埋场污染控制标准》(GB 16889—2008) 规范要求，稳定化的飞灰在满足 6.3 条款限定条件后可进行填埋处置。表 10-14 为 GB 16889—2008 对稳定化后飞灰浸出液污染物浓度限值要求，同时也是飞灰进场需满足的要求。

表 10-14 浸出液污染物浓度限值要求

序号	污染物项目	GB 16889—2008 表 1	序号	污染物项目	GB 16889—2008 表 1
1	含水率/%	<30	8	钡/(mg/L)	25
2	汞/(mg/L)	0.05	9	镍/(mg/L)	0.5
3	铜/(mg/L)	40	10	砷/(mg/L)	0.3
4	锌/(mg/L)	100	11	总铬/(mg/L)	4.5
5	铅/(mg/L)	0.25	12	六价铬/(mg/L)	1.5
6	镉/(mg/L)	0.15	13	硒/(mg/L)	0.1
7	铍/(mg/L)	0.02	14	二噁英/(μg TEQ/kg)	3

10.2.5 飞灰资源化利用

由硅酸盐水泥熟料和飞灰、石膏制成的水硬性凝胶材料称为飞灰硅酸盐水泥（简称飞灰水泥，代号 PF)。飞灰掺杂量为 20%～40%，氧化镁含量不超过 5.0%，SiO_2 含量不超过 3.5%。飞灰水泥的生产原料有主要原料和辅助材料两大类。主要原料为石灰质原料和飞灰，占总料的 92%～95%，辅助材料有铁粉、石膏、萤石等，占总料的 5%～8%。

北京金隅琉水环保科技有限公司 2012 年建成了国内首条示范线。工艺过程是先对飞灰进行水洗，除去大量氯离子及可溶性金属离子，烘干后输送到水泥窑尾 1000℃高温段煅烧，二噁英高温分解，重金属被固化在水泥熟料晶格中，从而实现飞灰的无害化处置。飞灰水泥对硫酸盐侵蚀的抵抗力及抗水性较好，水化热低，干缩性较好，耐热性好，适用于一般民用和工业建筑工程、用蒸汽养护的构件、混凝土和钢筋混凝土的地下及水下结构。由于飞灰水泥的抗冻性和抗炭化性能较差，不适用于受冻工程和有水位升降的混凝土工程，以及气候干燥和气温较高地区、抗炭化工程等。

近年来，在水泥窑协同处置飞灰方面也出台了一系列国家相关政策：环办函 2014 (122)《关于城市垃圾焚烧飞灰处置有关问题的复函》提到，飞灰在没有相关综合利用标准情况下，不得采用送建材公司加水泥、河沙做标砖等方式进行综合利用，只能按照《水泥窑协同处置固体废物污染控制标准》(GB 30485—2013) 要求，利用水泥窑协同处置等方式进行综合利用；《危险废物豁免管理清单》指出，飞灰处置满足《水泥窑协同处置固体废物污染控制标准》(GB 30485—2013)，进入水泥窑协同处置，协同处置过程按危险废物管理；《关于促进生产过程协同资源化处理城市及产业废弃物工作的意见》(发改环资〔2014〕884 号）指出，加大支持推进利用现有水泥窑协同处理垃圾焚烧飞灰等危废；《绿色制造工程实施指南（2016—2020 年）》指出，鼓励推进水泥窑协同处理生活垃圾飞灰等，促进产城融合。2016 版《国家危险废物名录》对满足《水泥窑协同处置固体废物污染控制标准》(GB

30485—2013）进入水泥窑协同处置的飞灰给予危险废物豁免管理。

10.3　炉渣的特性

生活垃圾焚烧后，炉渣占生活垃圾重量的 20%～30%，包括炉排间掉落灰和炉排底灰等。

10.3.1　炉渣的物理化学特性

生活垃圾焚烧炉渣一般呈灰黑色，干燥后呈灰白色，有轻微异味。炉渣大小不一，多呈不规则角状和多空海绵状，且表面较为粗糙、孔隙多。炉渣的主要成分为熔渣、金属、陶瓷、玻璃以及其他不燃物质，此外还有 2%～4% 的有机物。在炉渣的组分中，玻璃相占 40%，为主要物相，晶相种类多，主要有硅酸盐、氧化物、碳酸盐和盐类。炉渣的主要元素（表 10-15）为 O、Si、Fe、Ca、Al、Na、K、C，此外还有一定量的 Ag、B、Ba 等，这些元素大多以氧化物等形式存在。炉渣粒径分布主要集中在 2～50mm（占 60%～80%），5mm 以下颗粒主要是熔渣，而 5mm 以上颗粒组分比较复杂，主要为熔渣、陶瓷（包括砖头）和玻璃。

表 10-15　垃圾焚烧厂炉渣的组成成分

成分	炉渣	成分	炉渣
SiO_2/%	42～57	As/(mg/kg)	144
Al_2O_3/%	12～15	Cd/(mg/kg)	17
Fe_2O_3/%	5～12	Cr/(mg/kg)	115
CaO/%	11～18	Cu/(mg/kg)	2415
MgO/%	1.5～1.9	Pb/(mg/kg)	6496
Cl^-/%	—	Zn/(mg/kg)	4296
Hg/(mg/kg)	N.D.	其他/%	20～3

炉渣的铁含量为 5%～8%，主要为铁罐和少量的铁丝、铁钉和瓶盖等。去除铁后的炉渣主要含熔渣、陶瓷、砖石和玻璃，较适合做材料利用。由于炉渣含铁及有色金属（主要为铝），与酸性液体接触时，会产生氢气，所以在炉渣资源化利用时可能会造成膨胀等不利影响。

炉渣（和飞灰）一般为无机物质，主要是金属的氧化物、氢氧化物和碳酸盐以及硅酸盐。焚烧 1t 垃圾一般会产生 100～150kg 炉渣、除尘器飞灰 10kg 左右。表 10-16 为炉渣、飞灰的产生机理及特性。

表 10-16　炉渣、飞灰的产生机理和特性

项目	产生机理与性状	产生量(干重)	重金属含量	溶出特性
炉渣	Cd、Hg 等低沸点金属多成为粉尘，其他金属、碱性成分有一部分气化，冷却凝结成炉渣。炉渣由不燃物、可燃物灰分和未燃分组成	混合收集时湿垃圾量的 10%～15%；不可燃物分类收集时湿垃圾量的 5%～10%	除尘器飞灰的 1%～50%	分类收集或燃烧不充分时，Pb、Cr 可能溶出

续表

项目	产生机理与性状	产生量(干重)	重金属含量	溶出特性
除尘器飞灰	以 Na 盐、K 盐、硫酸盐、重金属为多	湿垃圾量的0.5%～1%	Pb、Zn：0.3%～3%；Cd：20～40mg/kg；Cr：200～500mg/kg；Hg：110mg/kg	Pb、Zn、Cd 挥发性重金属含量高。pH 高时 Pb 溶出，中性时 Cd 溶出

10.3.2 炉渣浸出特性

炉渣主要由 Si 和 Fe 元素组成，含量分别占42.5%和24.3%，其次是 Al 和 Ca，分别占18.8%和7.4%，此外还有微量的 Zn、Pb、Ni 和 Cr 等重金属。如表10-17所示为炉渣浸出实验结果，与飞灰不同的是，炉渣的挥发性重金属（Cd、Hg 和 Pb）含量较低，其他重金属含量（Ag、Co 和 Ni）与飞灰相似或高于飞灰（如 As、Cu、Cr 和 Mn）。炉渣中的高毒重金属，如 Cr、Cd、As、Zn、Pb 等，基本以残渣态形态为主，而不稳定形态如可交换态、弱酸提取态、铁锰氧化物结合态等含量均较低，这与飞灰相差较大。因此，一般炉渣属于无毒无害废物，可直接送至垃圾填埋场填埋，或用于路基和建筑材料。

表 10-17　炉渣浸出实验结果

项目	鉴别标准/(mg/kg)	样品浓度		平均	
		浓度范围/(mg/L)	超标率/%	浓度值/(mg/L)	超标倍数
总 Cd	0.3	0.011～0.024	0	0.021	
总 Pb	3.0	0.13～0.27	0	0.20	
总 Zn	50	0.519～0.982	0	0.751	
氰化物	1.0	(Y)～0.002	0	0.002	
总 Hg	0.05	0.0002～0.0005	0	0.000125	
Cr(Ⅵ)	1.5	0.006～0.009	0	0.008	

炉渣的金属主要包括 Si、Al、Ca、Na、Fe、K、Mg，主要化学成分为 SiO_2、CaO、Al_2O_3、Fe_2O_3 和 Na_2O 等。其中，SiO_2 含量最高，占35%～45%，其次为 CaO（20%）和 Al_2O_3（10%），还含有 Fe_2O_3（5%）和 MgO（4%）。这些成分与普通硅酸盐水泥的主要成分相近。炉渣的主要物质含量也会发生变化，但化学成分仍然属于 CaO-SiO_2-Al_2O_3 体系，与传统水泥的化学成分十分接近。此外，炉渣含水率一般为10%～20%，pH 值为8～13，热灼减率为1.4%～3.5%。含水炉渣为黑褐色，风干后为灰色。炉渣自然堆积密度约为1.2t/m^3，压实堆积密度约为1.5t/m^3。

炉渣资源化利用的环境风险主要是重金属污染。炉渣中的重金属经高温处理后，一定程度上可对其产生稳定化的作用。依据我国标准浸出测试实验结果，炉渣的重金属浸出毒性远低于危险废物标准限值（GB 5085.3—2007），这是因为炉渣中的重金属形态比较稳定。《生活垃圾填埋场污染控制标准》（GB 16889—2008）规定，炉渣可以直接进入卫生填埋场填埋处置。

除重金属外，二噁英也是炉渣中的有害物质。二噁英在炉渣中的存在也成为炉渣资源化利用的潜在风险，是近年来研究的热点之一。炉渣中的二噁英的含量远远低于飞灰，其毒性较低。

盐分也是炉渣中潜在的有害物质之一。在炉渣资源化利用过程中，溶解性盐分含量会有所影响。研究表明，炉渣的溶解性盐分含量较低，仅为总含盐量的 0.8%～1.0%。由此可见，炉渣资源化利用（有时预先脱盐）时因溶解性盐而造成的二次污染行为的风险较低。

10.4　炉渣的处理及利用

10.4.1　炉渣处理处置概述

炉渣作为一般固体废物，若将其送入一般工业固废或生活垃圾填埋场处置，将大大增加填埋场库容紧张的压力。因此，实现炉渣的资源化利用意义非凡。

作为垃圾焚烧炉渣资源化的例子，筛分后炉渣经烧结处理后，可用于筑路，也可经磁分选回收铁粉。随着填埋场的设置越来越难，炉渣减量化备受关注。其中，熔融技术得到一定的应用。熔融处理是将炉渣置于燃烧室中，利用燃料或电力加热到熔融温度，使炉渣中高含量无机物变成熔渣。熔融处理的好处是：既可避免重金属溶出，又可减量至原来体积的一半，实现炉渣的稳定化和减量化。

10.4.2　炉渣资源化前分选处理

炉渣含有玻璃、陶瓷和铁、铜、铅等重金属物质，这些物质可作为资源再利用，同时炉渣还含有一些有毒有害的物质，必须进行处理。为了更好地利用和处理炉渣，有必要对炉渣进行分选。

分选是利用固体混合物各组分的物理性能差异（如粒度、密度、磁性、光电性和润湿性等），采用相应手段将其分离的过程。炉渣的分选方式主要有筛分、重力筛选、磁选以及人工分选等，还可采用浮选、光选、静电分离等方法。

需要特别指出的是，人工分选是一种最经济、最有效的分选方式。直至今日，在日本、德国等最新设计的垃圾处理生产线中，仍然保留着人工分选段。特别是在我国，炉渣的组分复杂，劳动力资源相对丰富，采用以机械为主人工为辅的分选方式是合理且有效的。

(1) 筛分

筛分是使固体颗粒在筛网上运动，利用混合物料的粒度不同，把大颗粒和小颗粒分开的过程。筛分效率受多种因素影响，主要有筛子的振动方式、振动频率、振幅、筛子角度、粒子反弹力差异、筛孔目数以及固体颗粒尺寸等。

固定筛由一组平行排列的钢条或钢棒与横板连接组成，位置固定不动，主要用于粗碎作业。振动筛是通过筛筐振动实现物料筛分。振动筛根据筛筐的运动轨迹不同，分为圆周运动和直线运动两类。滚筒筛又称转动筛，筛面为多孔圆柱形筒体，物料从倾斜滚筒的一端进入，随滚筒的转动而翻滚，并向另一端移动，在移动中按筛面网眼大小进行分级，不能通过筛网的物料从出口端排出。共振筛是利用连杆上装有弹簧的曲柄连杆机构驱动，使筛子在共振状态下进行筛分。

(2) 重力分选

重力分选是根据固体物料不同物质的颗粒密度差异以及在运动介质中受到重力、介质动力和其他机械力的作用不同，使颗粒产生松散分层和迁移分层，从而得到不同密度产品的分选过程，分选介质有空气、水、重液和悬浮液等。根据分选介质和作用原理，重力分选分为风力分选、重介质分选、跳汰分选、摇床分选和惯性分选等。

① 风力分选（风选）。风选是以空气为介质，固体物料在风力作用下，大密度颗粒因沉降末速度大而运动距离较近，小密度颗粒因沉降末速度小而运动距离较远的原理，从而使不同密度的物料分开的过程。风选按照气流吹入方向的不同，分为水平气流分选机（卧式分选机）和上升气流分选机（立式分选机）。

② 重介质分选。重介质分选是将密度不同的两种颗粒物用一种密度介于两者之间的重介质作为分选介质，使轻颗粒上浮，重颗粒下沉，从而实现分离的方法。重介质包括重液和悬浮液，重液是可渗性高密度盐溶液（如氯化锌）或高密度有机液体（如四氯化碳、三溴甲烷等），重液配制密度一般为 $1.25\sim3.4g/cm^3$。重液分离方法在国外用于从废金属混合物中回收铝，已达到实用化程度。

③ 跳汰分选。跳汰分选是使磨细的混合废物在垂直脉动的介质中密度分层，大密度颗粒（重质组分）位于下层，小密度颗粒位于上层，从而实现物料分离的方法。在分选过程中，原料不断地送进跳汰装置，轻、重物质不断分离，形成连续不断的跳汰过程。跳汰介质可以是水或空气，目前应用废物分选的介质都是水。

④ 摇床分选。摇床分选是在一个倾斜的床面上借助床层的不对称往复运动和薄层斜面水流的综合作用，使颗粒物（炉渣）按密度差异在床面上呈扇形分布而进行分选的方法。

⑤ 惯性分选。惯性分选是基于炉渣各组分的密度和硬度差异进行分离的方法。目前，主要用于从废物中分选回收金属、玻璃、陶瓷等密度和硬度较大的组分。惯性分选机主要有弹道分选机、反弹滚筒分选机和斜板输送分选机等。

(3) 磁选

磁选是利用固体废物中各种物质的磁性差异，在不均匀的磁场中进行分选的方法。常用的磁选机有辊筒式和悬挂带式两种。

① 辊筒式磁选机。辊筒式磁选机主要由磁滚筒和输送皮带组成，磁辊筒作为皮带输送机的驱动滚筒。当皮带上的混合物通过磁辊筒时，非磁性物料在重力及惯性力的作用下，被抛落到辊筒前方，而铁磁物质则在磁力作用下吸附到皮带上，并随皮带一起前行。当铁磁物质转到辊筒下方逐渐远离辊筒时，磁力也随之减小，较大铁块脱离皮带落下；如果皮带上无阻滞条或隔板，较小铁磁物则可能在辊筒下面相对皮带作往复运动，辊筒下部会积存一些铁磁物质。此时，可切断激磁线圈电流，去磁后使铁磁物落下，或在皮带上加阻滞条或隔板使铁磁物顺利落入预定收集区。

② 悬挂带式磁选机。在物料输送带的上方（通常小于 500mm）悬挂一个大型固定磁铁（永磁铁或电磁铁）并配有传送带。当物料通过固定磁铁下方时，磁性物就吸附到传送带上，并随传送带一起运动。当磁性物送到低磁性区时自动脱落，实现铁磁物的回收。

(4) 磁流体分选

磁流体分选是重选和磁选原理联合作用的过程。物料在重介质中按密度差分离，与重选相似；在磁场中按物料磁性分离，则与磁选相似。磁流体分选不仅可将磁性和非磁性物料分离，还可将非磁性物料按密度差分离。

磁流体是指某种能够在磁场或磁场与电场联合作用下磁化，呈现似加重的现象。对颗粒具有磁选浮力作用的稳定分散液，通常采用强电解质溶液、顺磁性溶液和磁性胶体悬浮液。似加重后的磁流体仍具有流体的物理性质，如密度、流动性、黏滞性等。似加重后的密度称为视在密度，可通过改变外磁场强度、磁场梯度或电场强度来调节。视在密度高于流体密度数倍，流体真密度一般为 1400～1600kg/m^3，而视在密度可高达 21500kg/m^3。因此，磁流体分选可分离密度范围较宽的炉渣。

10.4.3 炉渣的资源化

炉渣含有大量的可回收资源，直接填埋不仅造成资源浪费，而且占用大量填埋库容。炉渣的产生量巨大，再加上其无害性，很多国家都有针对自己国情的炉渣处理处置及再利用的技术政策。鉴于我国炉渣的基本特性和处理现状，实现炉渣的资源化利用意义深远。目前，已从防止二次公害逐渐向再资源化的方向转变，各种处理及资源化技术也快速发展。我国《生活垃圾焚烧污染控制标准》（GB 18485—2014）明确规定，焚烧炉渣按一般固体废物处理。

(1) 建材利用

《生活垃圾焚烧炉渣集料》（GB/T 25032—2010）规定，炉渣在满足粒径、含杂量、含水率以及筒压强度等要求后可作为混凝土骨料在建筑行业使用，同时也可作为混凝土实心砖或压块应用在相关领域。

炉渣可用作道路柔性路面基层和底基层材料。与传统碎石相比，炉渣是优异的高致密替代碎石材料。炉渣代替原始材料作为基层材料，不会有额外的能量消耗或物料消耗。据市场调研，大粒径炉渣（15mm 以上）可作为路基骨料直接应用于市政道路工程；以 2～15mm 炉渣为骨料，2mm 以下为粉料并以水泥为黏合剂，可制备混凝土实心免烧砖。此外，炉渣可进行深加工使其粒径更细，在粒径、强度、金属及泥土含量达到相关标准后，可用于生产商用混凝土，也可替代粉煤灰作为生产水泥的原材料。利用炉渣制备免烧砖，具有一定的抗压强度和硬度，有机质组分含量少，坚固性好，符合《墙体材料术语》（GB/T 18968—2019）中硅酸盐砖原材料的要求。

① 炉渣制砖。垃圾焚烧炉渣的主要化学成分为 SiO_2、CaO 和 Al_2O_3 等，其中 SiO_2、Al_2O_3 能与水泥水化产生的 $Ca(OH)_2$ 发生二次水化反应，反应过程如式(10-2) 和式(10-3) 所示：

$$SiO_2 + xCa(OH)_2 + (n-x)H_2O = xCaO \cdot SiO_2 \cdot nH_2O \tag{10-2}$$

$$Al_2O_3 + xCa(OH)_2 + (n-x)H_2O = xCaO \cdot Al_2O_3 \cdot nH_2O \tag{10-3}$$

石灰的主要作用是促进有效成分氧化钙与硅质材料反应，生成含水硅酸盐凝胶剂结晶连生体，胶结未反应完全的炉渣，提高早期强度。石膏属于一种硫酸盐激发剂，用来激发炉渣的活性，以免反应时间过长导致早期强度低。在激发剂（Na_2SiO_3、Na_2SO_4、NaOH）的作用下，激发炉渣的活性，而非活性的 SiO_2、Al_2O_3 在碱性条件下可反应生成水化硅酸钙和水化铝酸钙。整个水化过程就是炉渣在硫酸盐激发剂和碱激发剂的作用下，与水泥、石灰的水化产物进行一系列复杂反应，生成水化硅酸钙和水化铝酸钙。氢氧化钙及水化铝酸钙等析出针状晶体，并深入硅酸钙凝胶体内使砖硬化而具有强度。

原材料及设备：炉渣先经破碎筛选，调整颗粒粗细分布。3～8mm 炉渣备用，3mm 以下炉渣加生石灰粉，水辊碾搅拌及陈化；水泥既是炉渣砖的胶结料，也是炉渣的活性激发剂。水泥质量要符合《通用硅酸盐水泥》（GB 175—2007）的规定。新鲜生石灰需确保高活性，有效氧化钙含量不低于 70%，过火灰小于 5%，欠火灰小于 7%，细磨过 0.08mm 筛；石膏、CaO 含量大于 32%，SO_3 含量大于 45%，含水量小于 20%，杂质含量小于 3%，采用硫酸盐激发剂和碱激发剂。

压制成型：使用液压制砖机，标准砖模具按配比方案压制。制备炉渣免烧砖既不烧结，也不蒸压，因此前期强度的形成主要依靠成型压力，后期强度主要依靠水泥的胶结和炉渣活性的激发。

养护制度：砖坯成型后具有一定强度（砖淋不坏）时即可开始洒水养护，成品隔 5h 洒水 1 次，3d 后每隔 8h 洒水 1 次，10d 后每隔 10h 洒水 1 次，15d 后自然干燥至 28d，外观完整、无裂纹、无明显变形。

② 炉渣制作生态水泥。生态水泥的生产工艺流程如图 10-4 所示，整个生产工艺与波特兰水泥（硅酸盐水泥）相同，包括生料制备、煅烧和制成。

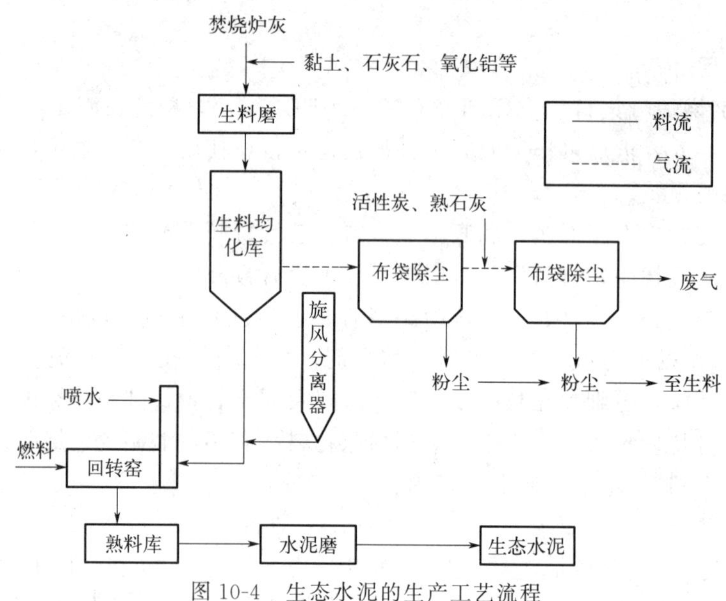

图 10-4 生态水泥的生产工艺流程

生料制备：由于生态水泥使用废物，与使用天然原料生产波特兰水泥相比，应特别注意两点：①炉渣来源不同，化学成分波动较大，因此要设混料仓使炉渣成分波动在允许范围内；②由于煅烧过程中碱和金属以氯化物形式挥发，因此设计生料中的碱和氯时，要考虑这个因素。对波特兰水泥类而言，生料的氯含量要与碱和金属含量平衡，如果生料的碱含量相对氯不足，可加入 Na_2CO_3 使过量的氯挥发。对快硬水泥而言，为使熟料中的 $C_{11}A_7 \cdot CaCl_2$ 含量稳定，生料的 Al_2O_3 必须保持稳定，而且氯相对于碱过量的程度也要稳定，如果氯含量不足，可加入 $CaCl_2$。

煅烧：由于生料含有重金属和氯，氯化物冷凝可能导致堵塞，因而不宜用悬浮预热器。由于氯的矿化作用，生态水泥的煅烧温度低于普通波特兰水泥的 1450℃。炉渣带入的二噁英，高于 800℃时完全分解，窑尾废气用冷却塔快速冷却至 250℃以下，以防在 250～350℃时二噁英重新生成。废气中的氯化物经冷却塔和分离器冷却，由袋式除尘器收集后送往金属回收工艺流程。

制成：对波特兰类生态水泥，熟料加石膏粉磨至 $4000cm^2/g$，石膏在粉磨过程中脱水成半水石膏，以控制水泥的凝结时间。由于水泥的 $C_3A(3CaO \cdot Al_2O_3)$ 含量较高，因而控制

水泥的 SO_3 含量为 3.5%～4.0%，比波特兰水泥稍高。对快硬类生态水泥，熟料掺加 1% 的 Na_2SO_4 而不掺石膏，粉磨至 $4500cm^2/g$，然后与 $7000cm^2/g$ 的无水石膏混合，使 Al_2O_3/SO_3 物质的量的比为 1.0～1.2。Na_2SO_4 控制快硬水泥的凝结时间，而硬石膏用于 $C_{11}A_7 \cdot CaCl_2$ 快速生成钙矾石，并保持强度稳定提高。

(2) 吸附剂制备

炉渣的吸附容量相对较高，并且具有较强的阳离子交换能力，可吸附水中的重金属，因此炉渣制备吸附剂备受关注。炉渣与天然沸石的成分相似，炉渣转化为沸石型材料已被证明是一个有前景的方案。炉渣在强碱条件下通过水热转化转换为沸石型吸附材料，表现出的性能优于天然沸石型吸附材料。

(3) 路基填充料制备

炉渣的稳定性好，物理性质和工程性质与轻质天然骨料相似，且容易进行粒径分配，加工成商业化产品，因此成为一种适宜的建筑填料。欧洲多年的工程实践表明，炉渣作为建筑填料的资源化利用方式是可行的，在环境协调性和材料使用性能方面均符合相关要求。把炉渣用作停车场、道路等的建筑填土材料已成为欧洲炉渣资源化利用的重要途径之一，经处理后的炉渣可与沥青、水泥等材料一同铺设路面。

针对此类混合料的金属元素渗出情况检测可知，镉、铅与锌的释放量相对较低。通过对环境、人类健康、生命周期等因素的评价，发现管理技术与风险之间存在紧密联系，如若管理技术科学合理，可有效降低风险发生概率，避免对环境产生不良干扰。

(4) 炉渣用作填埋场覆盖材料

填埋场的覆盖层由五部分组成，从上到下依次是植被层、营养层、排水层、阻隔层和基础层。其中，基础层对整个覆盖系统起着支撑、稳定的作用，材料为土壤、砂砾，甚至可以是一些坚固的垃圾（建筑垃圾）等。炉渣用作填埋场基础层材料，可不必进行筛选、磁选、粒径分配等预处理工艺。由于填埋场自身存在有利的卫生条件（如防渗层及渗滤液回收系统等），能够很好地控制炉渣中的重金属或水溶性盐分对环境的不利影响。另外，炉渣作为垃圾填埋场的临时覆盖材料，在一定程度上可阻止填埋场的臭气逸出，改善卫生情况。这种方式正在国内逐渐被采用。

思考题

1. 焚烧灰渣的定义是什么，主要组成部分有哪些？

2. 焚烧飞灰为什么属于危险废物，如何处理使其满足安全处置的要求？

3. 简述各种飞灰稳定化/固化处理方法的原理。

4. 国内焚烧飞灰最终处理处置通常采用什么方式？

5. 焚烧炉渣中含量最多的两种元素组成是什么？

6. 请简述炉渣与飞灰在性质的联系和区别。

7. 焚烧飞灰能否与焚烧炉渣混合以降低重金属的浸出毒性而达到安全填埋的入场控制标准，为什么？

8. 请提出几种焚烧灰渣资源化利用的技术途径，并做简单介绍。

第11章
热能利用与发电系统

焚烧余热属于二次能源，它是一次能源和可燃物料转换过程后的产物，是燃料燃烧过程中所发出的热量在完成某一工艺过程后所剩余的热量。焚烧余热一般分为下列八大类：高温烟气余热、高温蒸汽余热、高温炉渣余热、高温产品余热（包括中间产品）、冷却介质余热、可燃废气余热、化学反应及残炭余热、冷凝水余热等。

从垃圾焚烧的角度来看，建造垃圾焚烧厂的主要目的是焚烧垃圾。在垃圾焚烧过程中会产生大量废热，以垃圾发热量 5860kJ/kg（1400kcal/kg）为例，焚烧 1t 垃圾会产生 1628kW 的热能，直接排放会对周边环境造成严重的热污染。因此，《城市生活垃圾处理及污染防治技术政策》中明确规定，垃圾焚烧产生的热能应尽可能回收利用。从工程角度分析，垃圾热能可回收利用 70%左右。如果全部用于直接供热，按热利用率 0.5～0.6 计，则 1t 垃圾可供 $8000m^2$ 的居民采暖用热；如果全部用于供应低压饱和蒸汽，按热利用率 0.7 计，1t 垃圾可产生约 1.1t 蒸汽；如果全部用于发电，按全厂发电效率 20%计，则可发出 230kW 的电能。由此可见，垃圾焚烧热能的有效利用不仅可防止对大气环境的热污染，而且可通过利用废热获取附带效益，对提高焚烧厂运营的经济性、减少政府对焚烧处理的补贴起到重要作用。

一般来说，余热热源往往有以下特点。

① 热负荷不稳定。不稳定是由工艺生产过程造成的。例如，有些企业生产是周期性的，或高温产品和炉渣的排放是间断性的。即使生产连续稳定，但热源提供的热量也会随着生产的波动而波动。

② 烟气含尘量大。氧气顶吹转炉烟气的含尘量达 $80\sim150g/cm^3$、沸腾焙烧炉为 $150\sim350g/cm^3$、闪速炉为 $80\sim130g/cm^3$、烟气炉为 $80\sim160g/cm^3$，含尘量远远超过一般的锅炉。此外，烟气温度高、含尘量大时，更容易黏结、积灰，对余热回收设备有可能产生严重磨损和堵塞。

③ 热源有腐蚀性。余热烟气常含有二氧化硫等腐蚀性气体，在烟尘或炉渣中含有许多金属和非金属元素，这些物质都有可能对余热回收设备造成受热面的高温腐蚀或低温腐蚀。

④ 受空间条件限制。有的对前后工艺设备的连接有一定的要求，有的对排烟温度要求保持在一定的范围内等，这些要求与余热回收设备常发生一定的矛盾，需要统筹解决。

垃圾焚烧热能转换形式与利用途径如表 11-1 所示。目前，一般通过能量转换等形式加以回收利用，这样不仅能满足焚烧厂设备运转的需要，降低运行成本，而且还能向外界提供热能和动力，获得较为可观的经济效益。垃圾焚烧的热利用包括回收热量（如热气体、蒸汽、热水）、余热发电以及热电联产等三大类型。其中，小型焚烧设施的热利用形式以热交换产生热水为主，大型焚烧设施则以直接发电或直接利用蒸汽为主，具体流程如图 11-1 所示。

表 11-1　垃圾焚烧热能转换形式与利用途径

设备名称		能量转化形式	能量利用
焚烧炉		焚烧热能	—
余热锅炉		蒸汽	—
热能利用形式	凝汽式汽轮发电机组	电能	厂用电、有限用热和对外供电
	抽汽式汽轮发电机组	电能＋蒸汽	厂用电、用热和对外热电连供
	背压式汽轮发电机组	电能＋蒸汽	厂用电、用热和对外热电连供
	换热站	热水	区域供热、温室
	蒸汽管网	蒸汽	直接对外供蒸汽

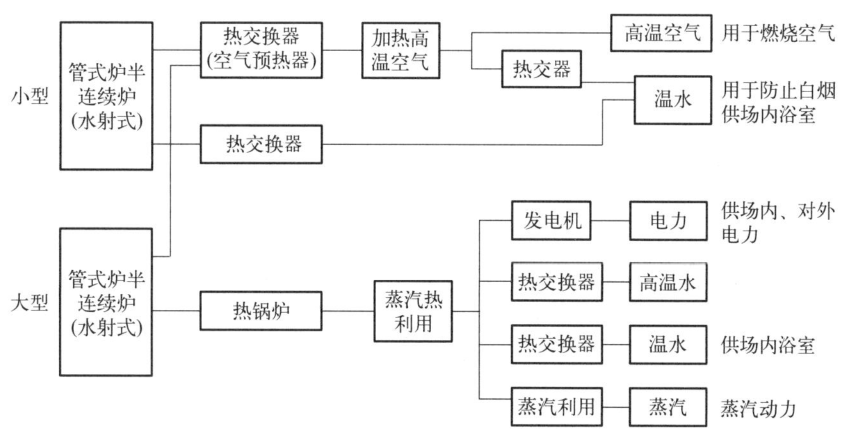

图 11-1　余热利用典型工艺

11.1　热能直接利用

垃圾焚烧余热如果有合适的热用户直接利用，则最为经济、方便。热用户主要有：①预热空气；②预热或干燥物料；③生产蒸汽或热水。

11.1.1　供热

典型的直接热能利用形式是将烟气余热转换为蒸汽、热水和热空气。将焚烧炉产生的烟气热量通过余热锅炉转换为一定压力和温度的热水、蒸汽，助燃空气预热则由预热器（换热器）完成。

通常，预热器的换热过程包括导热、对流、辐射三种传热方式。对绝大多数预热器来说，主要是对流换热。气体和换热壁之间的对流换热与气体的物理性质、速度、温度和流动空间大小有关，又与壁面温度、形状、大小和放置情况有关。这种形式的热利用率高，设备投资低，尤其适合小规模（日处理量<100t/d）垃圾焚烧设备和垃圾热值较低的小型垃圾焚烧厂。一方面，足够高温度的助燃热空气可有效地改善垃圾在炉内的着火条件；另一方面，热空气带入炉内的热量还可提高焚烧炉对热量的有效利用，从而相应提高燃烧绝热温度。热水和蒸汽除提供焚烧厂生产和生活的需要外，还可利用蒸汽供热工艺为周围用户供热等。

但是，这种余热利用形式受焚烧厂自身热量需求和焚烧厂与居民之间距离的影响，在建厂规划期需要做好综合利用的规划，否则很难实现供需关系的平衡。

11.1.2 烟气加热系统

自20世纪60年代末湿法烟气脱硫技术出现以来，经过不断改进和发展，石灰石-石膏法脱硫工艺已成为烟气脱硫技术中最成熟、应用最广泛的脱硫技术，目前占全球脱硫装机总容量的85%。该工艺采用石灰石做脱硫吸收剂，通过向吸收塔内喷入吸收剂浆液与烟气均匀混合，在吸收塔内完成烟气的脱硫过程。

为了顺利实现烟气脱硫，进入吸收塔前的烟气温度只有在低于水的沸点温度100℃时才能进入吸收塔进行脱硫。一般情况下，来自空气预热器出口的烟气温度在150℃左右，所以烟气在进入吸收塔之前，需要对其进行冷却降温。

从吸收塔排出的烟气温度在45～50℃，为湿饱和状态，如果将其直接排入大气，烟气因扩散能力低而容易在烟囱出口外附近形成水雾，对环境造成污染，因此，需要将净烟气加热升温达到80℃以上再通过烟囱排放。

由此可见，在脱硫系统中，进入系统前的烟气需要降温，而排出前的烟气需要升温。为此，需要设置相应的换热器对烟气进行冷凝和升温作用。烟气的这一降温和升温过程中，可形成一个余热回收和利用的链条。

对于垃圾焚烧厂可选择的烟气加热热源有余热锅炉产生的蒸汽、锅炉点火及辅助燃烧用轻柴油或天然气。加热系统可采用以下3种换热器：①SGH（蒸汽-烟气换热器），即蒸汽和烟气换热的热交换器；②DGH（直接烟气加热器），燃料燃烧直接与烟气混合加热；③GGH（烟气-烟气换热器），烟气和烟气之间的热交换器。下面，主要介绍SGH和GGH换热器。

(1) SGH (steam gas heater)

SGH，使蒸汽和烟气进行热交换，可将烟气温度升到85℃左右，远高于烟气的水露点温度，从而使烟囱出口的烟气远离饱和态，基本看不到白雾现象。尽管烟气温度升高对污染物浓度和排放量没有影响，但可增加烟气抬升高度和有效源高，一定程度上改善烟气的扩散条件。

烟气经SGH加热后排入烟囱，蒸汽在换热后排入除氧器进行收集。DCS控制系统设置换热器出口烟气温度（TIC103）的目标值（如80℃，夏天可调低），通过PID控制器调节电动调节阀（LV）的开度调节流量（FIQRC）的变化，使该温度趋近于目标值。SGH采用列管式结构，蒸汽走管程，烟气走壳程，两种介质分开流动，蒸汽与烟气通过管壁进行传热。

① SGH的使用场合。在烟气脱硫系统中，脱硫后的烟气加热最好用烟气脱硫前的热量，即采用GGH，这样运行的经济性好，但在技术改造的场合，由于场地的限制，可采用SGH。SGH是烟道式加热器，不需要更大的场地，对于80℃的排烟温度要求，SGH的设备价格一般不到GGH的1/3，但运行成本高，能量利用效率较低。

② SGH 换热材料。换热器设施和脱硫出口烟道长期在烟气酸露点温度以下运行，面临低温腐蚀和结垢等问题，因此需注意换热器出口烟气换热材料的选择。目前，已投运机组的脱硫出口烟气换热器一般采用 ND 钢（耐硫酸低温露点腐蚀用钢）、316L（316 的耐腐蚀性更好些，比 304 在高温环境下更耐腐蚀）等金属管材。

吸收塔出口烟气为饱和态，主要成分为水蒸气，还包含 SO_4^{2-}、SO_3^{2-}、Cl^-、F^- 等以及石膏、石灰石等颗粒，使吸收塔出口的环境较为复杂。烟气对金属的腐蚀主要有：a. 酸露点腐蚀。烟气经吸收塔脱硫后，变成 50℃左右的饱和湿烟气，温度略高于水露点温度，但远低于酸露点。此时，H_2O 和 SO_3 反应生成 H_2SO_4，在管式烟气加热器表面凝结形成硫酸溶液，对金属材料产生低温腐蚀，吸收塔出口至管式烟气加热区域的腐蚀主要为酸露点腐蚀；b. Cl^- 腐蚀。烟气夹带少量的 Cl^-，Cl^- 可引起金属的电化学腐蚀，破坏金属表面的钝化膜，从而造成金属的点蚀和缝隙腐蚀。c. 冲刷腐蚀。脱硫后的烟气夹带有石灰石、石膏等颗粒，随着高速流动的烟气对金属表面造成侵蚀，导致换热面的冲刷磨损。

因此，对于 SGH 换热器的设计、选材等均有较高的要求。考虑到烟气腐蚀性以及经济性，烟气接触侧材质可采用聚四氟乙烯（氟管）、双相不锈钢等耐腐蚀材料。

③ SGH 的主要问题。由于脱硫后的烟气温度低且含灰较多，所以 SGH 一般容易发生结露、积灰、腐蚀、泄漏四大问题。a. 结露，烟气中的水蒸气和硫酸蒸汽在 SGH 传热管束外表面凝结；b. 积灰，灰分颗粒黏附到 SGH 传热管束外表面，结露会加剧积灰；c. 腐蚀，水蒸气和酸蒸汽结露引起 SGH 传热管束外表面和烟道发生腐蚀；d. 泄漏，热胀冷缩处理不当，导致传热管束与联箱之间的焊缝撕裂，造成汽水工质泄漏，导致加热器不能正常工作。

以重庆某电厂进口英国的脱硫系统 SGH 为例，传热管采用光管套光管式结构，2001 年投入运行，其间汽水工质泄漏严重，也达不到预期的出口烟温要求。国内某厂家制造的 SGH 采用高效传热管，运行时间不长，传热管与蒸汽联箱焊缝几乎全部脱落，导致设备无法运行。鉴于这些问题，SGH 制造厂家在设备性能设计技术、结构设计、加工工艺、焊接技术等方面都需提高水平，否则设备运行中会增加维护工作量，缩短设备寿命。

（2）GGH（gas gas heater）

GGH（气-气换热器）是利用焚烧炉高温烟气将脱硫后烟气进行加热，使排烟温度达到露点之上，减轻对烟道和烟囱的腐蚀，提高污染物的扩散度。同时，降低进入吸收塔的烟气温度，降低塔内对防腐的工艺技术要求。

GGH 工艺系统如图 11-2 所示。此外，在脱硫系统之前，脱硝系统已设置大型除尘器。为了克服烟气侧增加的流动阻力，在烟气进入 GGH 之前需设置高压鼓风机。此外，传热面处于露点温度以下，需采用防腐材质；对净烟气换热侧，因烟气处于饱和或过饱和状态，烟气会含有水滴，因而净烟气换热侧应设置一定的排水管道。

① GGH 的类型。GGH 一般有回转式和热管式两种形式。某大型发电厂的一台 600MW 机组的脱硫装置选用回转式 GGH，换热器形式为回转再生式，布置方式采用主轴立式，设计参数见表 11-2。

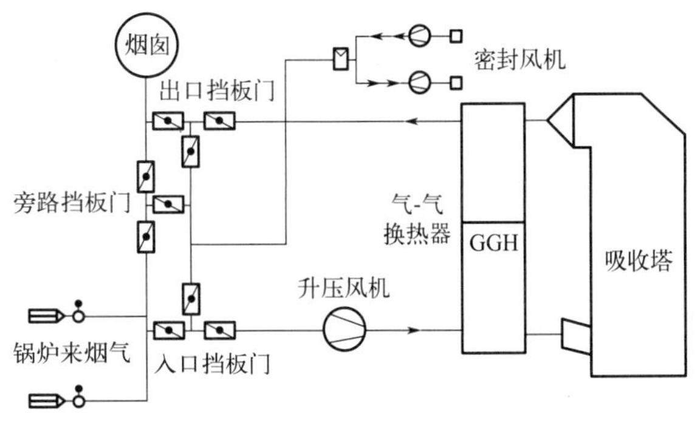

图 11-2　GGH 工艺系统

表 11-2　某 600MW 机组脱硫装置回转式 GGH 技术参数

项目内容	技术参数	项目内容	技术参数
泄漏量(原→净)	<1%	气流方向	原烟气向上,净烟气向下
吹扫介质	压缩空气,水	吹扫空气流量(标准状态下)	$1470m^3/h$
原烟气入口流量(标准状态下)	$2187611m^3/h$(湿态)	净烟气入口流量(标准状态下)	$2307237m^3/h$(湿态)
原烟气入口温度	125.1℃	净烟气入口温度	45.3℃
原烟气出口温度	87.5℃	净烟气出口温度	>80℃
原烟气入口压力	3600Pa(表压)	净烟气入口压力	800Pa(表压)
原烟气侧压降	<500Pa	净烟气侧压降	<500Pa
原烟气管口尺寸	15748mm×6109mm	净烟气管口尺寸	15748mm×6109mm
转速	1.25r/m	换热表面积	$28863m^2$
热传量	29930kW	换热器质量	298t
换热原件	碳钢片镀搪瓷,仓格式	壳体材料	碳钢涂玻璃鳞片树脂

需要指出的是，回转式换热器的漏气性和漏气量是难以控制的，尤其是在脱硫系统中，原烟气的运行压力大大高于净烟气的运行压力，会使部分尚未脱硫的原烟气漏入净烟气中，使整体的脱硫效果下降。此外，由于原烟气和净烟气与换热元件之间的换热都是低温下的非稳态换热，温差小，换热效果差，会大大增加传热面积和成本。

② GGH 的作用。GGH 的应用对 SO_2 的排放速率和地面散落浓度的达标影响不大，但会增加系统阻力和障碍点，使脱硫系统运行的可靠性降低，维护和检修工作量也会增加。然而，即便取消 GGH，仍会带来以下几点问题：

a. 湿烟囱的安全性。脱硫系统在不设置 GGH 的情况下，烟气在烟囱中的凝结水量会比较大。脱硫后烟囱属于“湿烟囱”，进行“湿烟囱”设计时需要考虑到这一点。由于旁路的存在，防腐后的烟囱运行在 50～150℃（甚至更高）的两个温度工况下，压力运行在“正压”与“负压”工况下，烟气水分运行在过饱和（干态）与饱和（湿态，大量物理水析出）工况下。目前，主流的烟囱防腐工艺很难在上述工况下保证机组安全运行。例如，发泡玻璃砖在 50℃和 180℃的温度试验中均会开裂；聚脲材料无法在 130℃以上的工况运行；耐酸胶泥无法解决水溶性问题；玻璃鳞片防腐材料不适应干、湿两种工况，很容易起泡脱落。在实际工程中，很多电厂的湿烟囱在运行一段时间后，在酸液腐蚀烟囱的内壁出现酸液渗漏沿烟囱壁流下的现象，形成所谓的“烟囱雨”，影响烟囱的安全性。

b. 脱硫系统水耗。脱硫系统在不设置 GGH 的情况下，进入脱硫系统的烟气温度由 GGH 换热后的 85～90℃提高到无 GGH 换热的 120～130℃，致使脱硫水耗大幅度增加。以常规 600MW 机组为例，脱硫系统水耗在设置 GGH 时为 45t/h（单台机组），不设置 GGH 时为 70t/h（单台机组），按年运行 5500h 计，则年增加水耗约为 13.75 万 t。在我国水资源紧缺的大形势下，水耗问题很可能成为湿法脱硫系统的发展瓶颈。因此，有必要进一步降低脱硫系统前的烟气温度，降低脱硫系统的水耗。

c. 引风机与脱硫增压风机合并。如果不设 GGH，脱硫系统的烟道阻力仅约 600Pa（含烟囱自拔力补偿），吸收塔常规阻力为 1000Pa 左右，则需设脱硫增压风机。脱硫增压风机属于大流量、低扬程风机，多数增压风机存在选型偏高的问题，增压风机无法运行在效率最高点。在低负荷情况下，增压风机效率更低，不利于节能。

d. NO_x 的落地浓度。由于脱硫系统不能有效去除氮氧化物，所以必须对取消 GGH 后的氮氧化物的落地浓度和最大落地浓度点离烟囱的距离进行核算，并取得有关环保部门的批准。近年来，新建电厂一般都安装有脱硝系统，NO_x 落地浓度远低于环境允许值，因此是否安装 GGH 对环境的影响不明显。

目前，国内外烟气脱硫处理工艺采用的换热器主要有 GGH 和中间热媒体烟气换热器（mitsubishi recirculated nonleak type gas-gas heater，MGGH）。GGH 由于本身的诸多缺点，所以运行成本居高不下，系统的安全和可靠性降低。MGGH 是一种基于中间热媒体的气-气换热装置，具有烟气余热回收和脱硫后冷烟气再加热相互独立完成的特点，可去除绝大部分的 SO_3，解决湿法脱硫工艺 SO_3 腐蚀的难题，不存在冷热烟气短路造成 SO_2 泄漏等问题，具有更加良好的环保、节能效果。典型的 MGGH 工艺流程如图 11-3 所示。

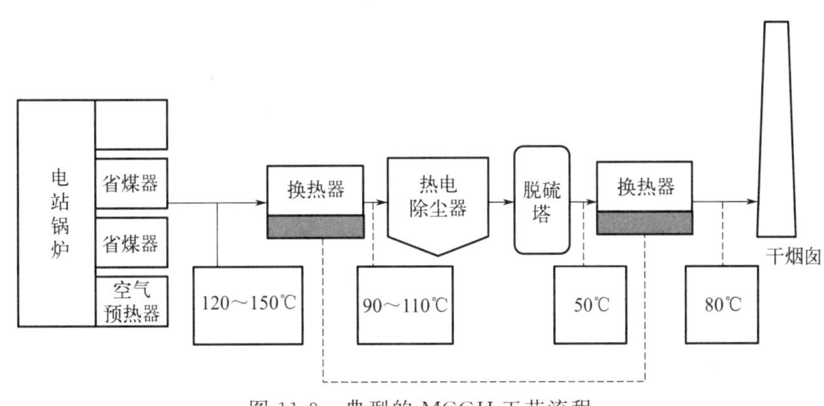

图 11-3　典型的 MGGH 工艺流程

③ 安装 GGH 带来的问题。现行低温余热利用方案大多靠安装 GGH 来实现。实践经验表明，GGH 能够实现一定程度的低温余热利用，但也会带来其他问题。

a. 易积灰结垢，造成换热差，阻力大，影响经济性。在 GGH 中，烟气温度由约 130℃ 降低到酸露点以下的 80℃，因此在 GGH 的热侧会产生大量黏稠的浓酸液。这些酸液不仅对 GGH 的换热元件和壳体有很强的腐蚀作用，而且会黏附大量的烟气飞灰。另外，穿过除雾器的微小浆液液滴在换热元件的表面蒸发后也会形成固体结垢物。实际运行时，大多数 GGH 换热面都会出现不同程度的积灰结垢，从而影响换热效果。随着结垢厚度的增加，热阻不断增大，高温烟气的热量不能被换热元件充分吸收，使进入吸收塔的烟气温度升高，不利于石灰石浆液对 SO_2 的吸收，影响脱硫效率。

另外，增压风机总压头是根据正常工作状态对应的各项阻力值确定的，并且其工作点一般处于风机的高效区。GGH 的结垢使其流通面积减小、阻力增大，运行工况点偏移，造成增压风机电耗增加。

b. 投资和运行费用增加。如果包括因安装 GGH 而增加的间接设备费用及相应的建筑安装费用等，其投资约占脱硫系统总投资的 15%。GGH 的安装和运行会引起烟道压降增大。为了克服这些阻力，必须增加增压风机的压头，这会使脱硫系统的运行费用大大增加。

c. 脱硫系统运行故障增加，影响安全性。积灰、结垢会堵塞换热元件的通道，进一步增加 GGH 的压降，严重时会导致增压风机喘振或振动超标以及锅炉炉膛压力波动，危及增压风机以及机组的安全运行。喘振会引起增压风机跳闸，脱硫系统退出运行。GGH 是脱硫系统事故停机的主要原因。

d. 脱硫系统投用率降低，影响环保性。GGH 换热面结垢严重、阻力过大时，为保证系统的安全运行，旁路烟气挡板门要长期处于开启状态，这样就导致只能对部分烟气进行脱硫，SO_2 的排放浓度偏高，排放量增大。要排除 GGH 堵塞严重问题时，脱硫系统必须停运清洗，脱硫系统投运率下降，SO_2 排量总量将很难控制。

e. 增加冲洗的能耗水耗。GGH 在运行中和停机后需用压缩空气、蒸汽和高压水进行冲洗，以去除换热元件上的积灰和酸沉积物，因此会增加相应的能耗水耗。GGH 的冲洗废水含有很强的腐蚀性，必须进行处理。

f. 烟气不能达到设计排放温度，易对下游设施造成腐蚀。在湿法脱硫（flue gas desulfurization，FGD）系统中，脱硫后的净烟气尽管经过 GGH 加热，但也不会完全降低对下游设备的腐蚀倾向。实践证明，烟气经 GGH 加热后，温度仍低于其酸露点，在尾部烟道和烟囱中仍会产生新的酸凝结。特别是积灰、结垢使得 GGH 的换热元件没有蓄积足够的热量，不能释放出足够的热量被净烟气吸收，还会对下游设备造成低温腐蚀。因此，无论是否安装 GGH，烟气脱硫湿法工艺的烟囱都必须采取防腐措施，并按湿烟囱进行设计。

11.2 余热锅炉与发电

余热锅炉是利用垃圾焚烧释放的热量（热载体通常为烟气），将工质（一般为水）加热到一定参数（温度和压力）的换热设备。余热锅炉主要有三种用途：产生蒸汽，直接用于生产工艺，即仅提供生产用蒸汽；用于发电，将蒸汽的热能转换为电能；实现热电联产，即部分发电、部分供热。余热锅炉产生的蒸汽属于高品质、多用途的能源。

余热锅炉和普通锅炉不同。普通锅炉是燃烧燃料产生蒸汽的设备，其工作过程由燃烧过程和换热过程组成，锅炉设备也主要由两部分组成：燃烧设备和换热设备。余热锅炉没有燃烧过程和燃烧设备，仅由换热过程和换热设备所组成。余热锅炉和普通锅炉的不同之处还在于，普通锅炉的燃烧设备可向受热面提供稳定的燃烧产物——高温烟气，而余热锅炉就不具备这样的换热条件。

余热锅炉面对的是各种各样的余热载体（固体、气体和含尘的气/固混合流体），温度水平也各不相同，范围是 300～1000℃，其中余热大部分是 500～600℃。而且，热载体的温度和供应数量经常是周期性的，随时间而变化。此外，余热载体（烟气）的流动方向和管道设施是因用能设备而变化的，导致余热锅炉的总体结构形式也随之变化，所以这些因素都给余热锅炉的设计和运行带来困难。

按余热锅炉和垃圾焚烧炉的设计结构和布置情况，余热锅炉可分为烟道式余热锅炉和与焚烧炉组合为一体的、具有较高大炉膛的余热锅炉（简称一体式余热锅炉）。

11.2.1 烟道式余热锅炉

烟道式余热锅炉与大多数的余热锅炉基本相同，通常具有以下特点和类别。

① 焚烧炉本身设置炉膛或二燃室，由烟道引出热载体烟气，在烟气进入烟道式余热锅炉前，已完成全部的焚烧放热过程，烟气温度在 850℃以上并在炉膛或二燃室或在烟道内已停留（行程时间）2s 以上。烟气进入余热锅炉仅进行热交换，降低烟气温度，从而实现余

热利用。

采用烟道传输烟气的垃圾焚烧设备一般容量较小，可利用的余热也较少，多用于小型垃圾焚烧厂，烟气余热多用于加热焚烧炉助燃空气或将工质加热为一定压力的热水、饱和蒸汽或微过热蒸汽，回收余热主要用于生活、环境和小型工业生产，如取暖或制冷、食堂或浴室、暖棚以及工业用气等。

② 在烟道内布置由直管或蛇形管组成的对流管束（图 11-4），主要热交换方式为对流和热传导。

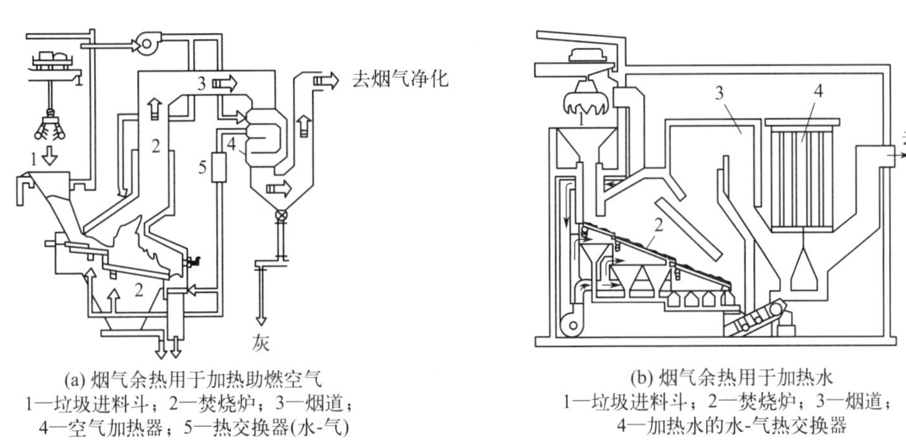

(a) 烟气余热用于加热助燃空气
1—垃圾进料斗；2—焚烧炉；3—烟道；
4—空气加热器；5—热交换器(水-气)

(b) 烟气余热用于加热水
1—垃圾进料斗；2—焚烧炉；3—烟道；
4—加热水的水-气热交换器

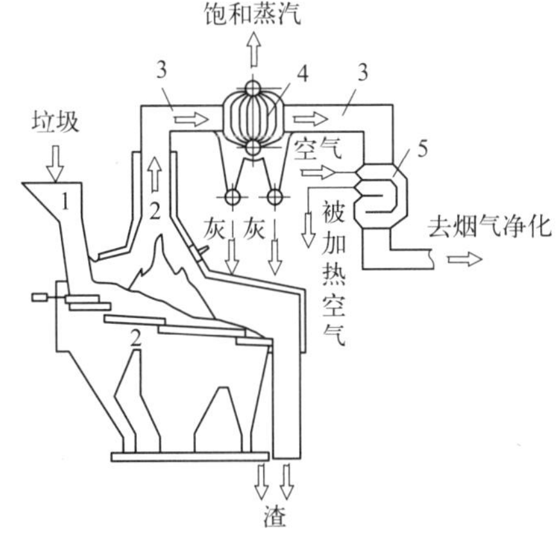

(c) 烟气余热用于生产饱和蒸汽和加热助燃空气
1—垃圾进料斗；2—焚烧炉；3—烟道；
4—对流受热面；5—空气预热器

图 11-4　典型的烟道式余热锅炉的布置形式

③ 焚烧炉自成一体，但由于焚烧炉本身的设计结构特点，焚烧炉出口直接或通过烟道与余热锅炉相连，这种情况多见于中、小型容量的采用流化床或二燃室焚烧技术的换热设备，或置于炉上方，或置于炉后部的余热锅炉。这类余热锅炉自成一组合体，由锅筒、水冷壁组成第一烟道，由对流管束和蛇形管束组成多个换热群，有的还布置加热助燃空气的换热器。这类余热锅炉主要热交换方式为对流和辐射的组合，以及对流和热传导。

在采用“CAO”缺氧汽化技术和采用回转炉窑垃圾焚烧技术设备中，也同样以烟道形式将烟气引入上述独立的余热锅炉组合体进行热交换。

11.2.2 一体式余热锅炉

随着生活垃圾量的增长，大容量垃圾焚烧设备的优势显现出来，如比较容易利用设备能力来控制燃烧、控制垃圾的原始有害物质排放量以及比较经济地设置烟气净化设备等。在这种情况下，焚烧炉和余热锅炉自然地连接在一起，余热锅炉的水冷壁往往构成焚烧炉燃烧室和炉膛的全部或部分外壁，甚至某些焚烧炉炉排还直接吊挂在余热锅炉的水冷壁上；有的设计采用水冷壁构筑焚烧炉的前拱和后拱，并且在前后水冷壁的燃烧室段或炉膛段布设多次二排风；余热锅炉的炉膛成为完成二次风强烈搅动、保持燃烧烟气 850℃以上、烟气行程大于 2s，以及喷射垃圾渗滤液、脱硫脱硝的工艺体现部件之一。这种焚烧炉和余热锅炉的组合体普遍被简称为一体式余热锅炉。目前，一体式余热锅炉的布置形式主要如图 11-5 所示。

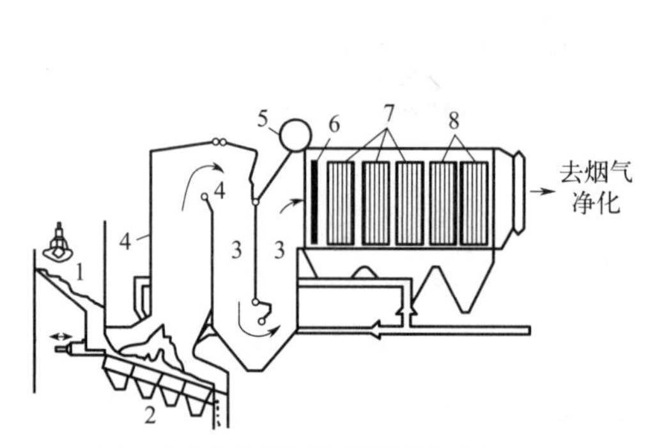

(a) 一体式余热锅炉(机械炉排)(卧式)

1—垃圾进料斗；2—焚烧炉；3—炉膛与烟道；4—膜式壁；5—锅筒；6—蒸发受热面；7—过热器；8—省煤器

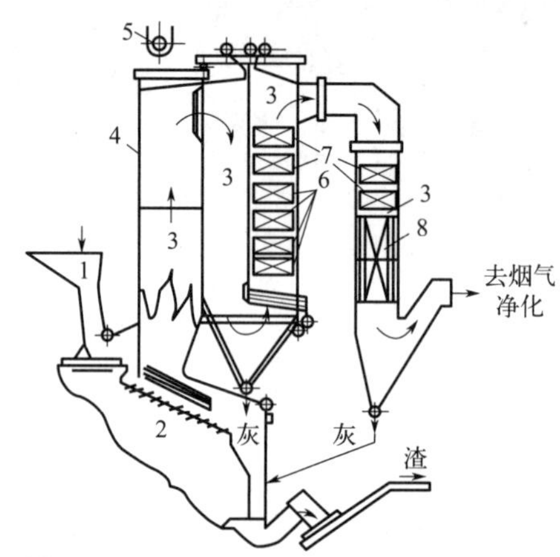

(b) 一体式余热锅炉(机械炉排)(立式)

1—垃圾进料斗；2—焚烧炉；3—炉膛与烟道；4—膜式壁；5—锅筒；6—过热器；7—省煤器；8—空气预热器

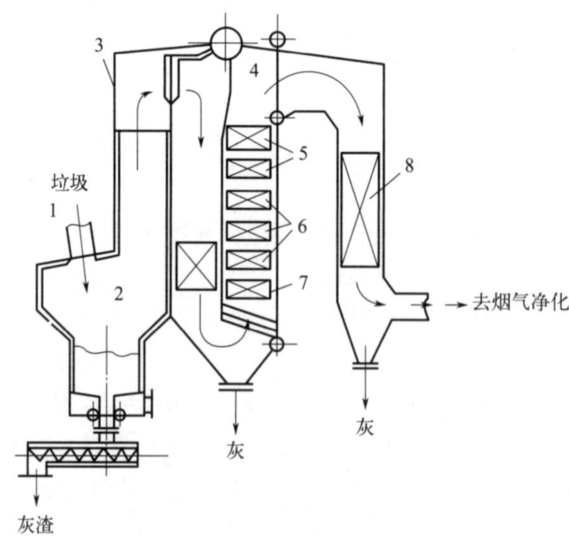

(c) 一体式余热锅炉(流化床)

1—垃圾进料斗；2—焚烧炉；3—膜式壁炉膛与烟道；4—锅筒；5—省煤器；6—过热器；7—蒸发受热面；8—空气预热器

图 11-5 典型的一体式余热锅炉的布置形式

(1) 一体式余热锅炉的特点

从整体上看，一体式余热锅炉与通常工业、发电用炉排锅炉相似，但具有以下特点：

① 专门设计了炉排以及炉排配风、燃烧控制系统和进料斗、推料系统。

② 专门设计了燃烧室，包括对燃烧室炉墙的特殊设计。

③ 与燃烧室密切配合的密闭式锅炉炉膛（也可称为第一烟道），除必须确保在垃圾热值较大范围波动下，全部烟气在 850℃ 以上停留 2s 以上的要求外，还可能有布设喷射垃圾渗滤液和清水、石灰以及氨水的要求。

④ 过量空气系数不能太低。借助于二次风的作用使燃烧尽可能充分，满足炉膛出口处 CO 含量不超过 $40\sim60mg/m^3$ 的要求。

⑤ 采用多烟道或在烟道内布置蒸发受热面等热交换设备，使进入过热器前的烟气温度不超过某一个规定值。

⑥ 当过热器采用碳钢或一般耐热合金钢时，任何布置情况下过热器管壁金属的温度应避开碱式硫酸盐和氯化铁对管壁金属的高温腐蚀活跃温度区。

⑦ 如果布设烟气空气预热器，除防止预热器被堵塞和出现共振外，还应使预热器管壁金属温度高于电化学腐蚀温度区。

⑧ 排烟温度必须低于最低的二噁英重新合成温度区。

⑨ 多检测点和自动控制相接合，严格控制有关工艺参数在许可偏差范围内，实现进料、送风、焚烧、配风、烟气净化等整个系统可靠优化的自动控制。

(2) 一体式余热锅炉的设计

① 热力计算。

一体式余热锅炉设计必须进行热力计算，并且在计算前首先获取热力计算基础数据，包括垃圾的低位热值、三组分析和元素分析等资料。

生活垃圾成分的波动范围较大，设计计算需要正确地选定一个计算点，绘制垃圾焚烧系统的燃烧图，确定垃圾焚烧系统的工作范围。在进行余热锅炉系统热力计算过程中，需要通过对处理区域的生活水平、经济发展状况等进行分析，对处理区域的垃圾特性进行预测，避免出现所设计的垃圾焚烧系统的处理能力不能达到垃圾特性要求和垃圾处理规模。此外，根据垃圾焚烧炉燃烧图的工况情况，必要时进行有关点的校核计算。

关于热力计算的具体方法和标准，每个国家或公司都有自己独特的计算规定。在我国小型电站炉排锅炉设计计算中，普遍采用的是苏联热力计算标准。值得注意的是，凡采用某种方法进行计算时，应同时采用与此种方法属同一体系的相关标准和方法，并且必须考虑一体式余热锅炉的特殊情况，即受热面因积灰对传热的影响。

② 炉膛。

炉膛（也称第一烟道）通常由密闭的膜式水冷壁组成，膜式壁的材料和结构与燃煤电厂锅炉所用的膜式壁基本相同，不同之处在于敷设在膜式壁上的绝热层厚度、面积、高度和材料、结构要适应焚烧垃圾的烟气具有腐蚀性的特征。炉膛和绝热层的高度取决于烟气在 2s 以上的行程时，烟气温度能稳定维持在 850℃ 及以上，以尽可能使二噁英完全分解。

为防止出现垃圾过低热值以及在点火阶段燃烧工况出现不稳定，造成烟气温度低于上述要求的状况，焚烧炉膛或炉室部分有必要布置 1～2 个辅助燃烧器。

炉膛上方可布置一些喷嘴，在必要时向炉内喷射垃圾渗滤水、石灰粉和 NH_3，以便在需要使用时及时投运。

③ 烟道。

烟气经炉膛后进入锅炉烟道。烟道通常由多个垂直烟道（也称为立式）或由一个或多个垂直烟道与水平烟道（也称为卧式）组合而成（图 11-6）。多数情况下，烟道由膜式壁构成，但也采用其他方式。在烟道内可布置一些随烟道温度梯度下降而不易被腐蚀的热交换面（如蒸发受热面等），但进入布置过热器的烟道前烟气温度无论是垂直还是水平都应降至600～650℃以下。

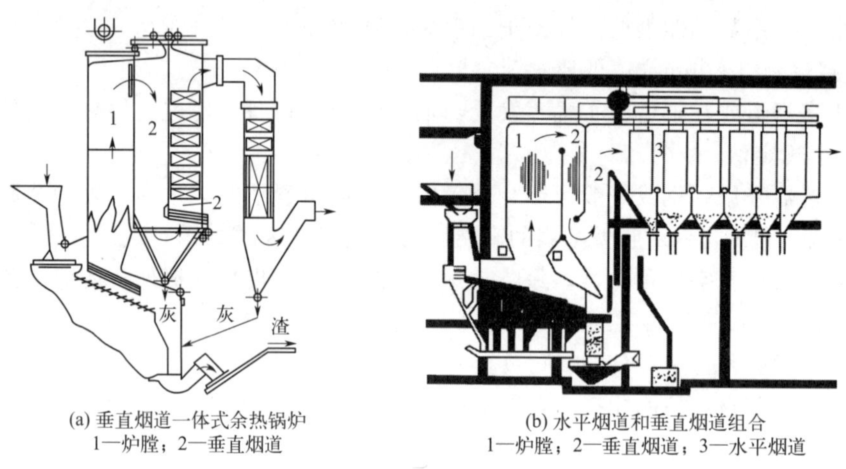

(a) 垂直烟道一体式余热锅炉
1—炉膛；2—垂直烟道

(b) 水平烟道和垂直烟道组合
1—炉膛；2—垂直烟道；3—水平烟道

图 11-6 一体式余热锅炉的烟道

受热面在两种烟道中布置的区别在于：立式烟道的锅炉具有一定高度，卧式占地面积较小；立式烟道内受热面的吊挂和更换难度比卧式高；采用卧式烟道的锅炉在长度方向上占地面积大，一次性投资较高；受热面的可靠性和使用年限，卧式烟道内布置一般比立式烟道内布置要高和长。

④ 过热器和减温器。

过热器是一组将饱和蒸汽加热到规定参数（压力和温度）的热交换受热面集群，通常由几组水平或垂直布置的蛇形管来实现对流换热。减温器布置在蛇形管组之间，用于及时调整因焚烧工况或其他因素造成的过热器换热量变动，以保证各段过热器出口蒸汽参数的波动在许可值之内，减温介质通常采用锅炉给水。

对垃圾焚烧的一体式余热锅炉过热器而言，烟气对过热器的腐蚀远高于一般燃煤锅炉过热器。实验证实，碳钢管壁在温度达到和超过 310℃时，腐蚀就已开始，当温度达到和超过 400℃时，高温腐蚀的速度会骤然加快。

一体式余热锅炉过热器除按一般燃煤锅炉设计外，还应注意以下几点：若无特殊的防腐措施，过热器进口的烟气温度应保持在 600～650℃；选择合适的主蒸汽参数，或采用抗高温腐蚀材料作为过热器高温段的管材；过热器管排采用顺排，并布置吹灰装置，及时清除管壁表面的飞灰；选择合适的烟气和工质流动速度，防止烟气侧磨损，并使工质尽快带走管壁传来的热量；为适应垃圾热值和焚烧容量的波动以及积灰影响传热效果的特性，过热器受热面应有足够大的余量，而且要进行多工况校核计算，以确保过热器在工况变化时能满足参数要求。

一体式余热锅炉过热器的设计特点决定与其匹配的减温器应具有以下性能：减温效果较灵敏，能适应因垃圾成分和工况变化时的温度变化频率；减温器本身具备一定的减温幅度，满足过热器的设计裕度。为达到上述要求，一体式余热锅炉通常采用二级喷水减温器。减温器结构和热力计算同燃煤锅炉。

⑤ 其他受热面。

在一体式余热锅炉尾部烟道中，除了过热器，还可按不同要求布置蒸发受热面、省煤器和对流管束等，它们的设计特点、结构要求与一般燃煤锅炉没有根本性的区别，其主要用途如下：

蒸发受热面常用作降低烟气温度的一种手段而布置在过热器前部，使过热器入口的烟气温度低于某一温度，防止过热器管壁形成黏性碱金属氧化物和氯化物。用于此目的的蒸发受热面也称为保护性蒸发受热面；

一体式余热锅炉整体烟气温度水平较低，采用蒸发受热面也用于满足蒸发吸热量的份额；

省煤器和对流管束与燃煤锅炉相同，取决于余热锅炉所选定的压力。当采用低压或次中压锅炉参数时，只要结构许可，采用对流管束往往比采用省煤器更为合适。

⑥ 烟气空气预热器。

当焚烧高水分、低热值生活垃圾时，提高入炉空气的温度是保证垃圾焚烧系统正常运行的有效措施之一。

一体式余热锅炉尾部设置的空气预热器，用于进一步加热已由蒸汽-空气预热器加热至一定温度的助燃空气（包括一次助燃空气和二次助燃空气），以利于焚烧炉内的垃圾干燥和满足着火条件。预热器的结构和设计与燃煤锅炉基本相同，但必须考虑垃圾焚烧烟气的水分含量较大和腐蚀性的问题，并且金属管壁温度在任何工况下应高于 155℃。

⑦ 排烟温度。

为防止二噁英的重新合成，一体式余热锅炉排烟温度应低于 250℃，而为了避免酸露点对受热面的低温腐蚀，排烟温度应高于 180～200℃。考虑到一体式余热锅炉的负荷、垃圾热值的波动以及烟气净化处理的工艺温度，余热锅炉排烟温度一般控制在 190～240℃。

⑧ 相关标准。

除上述主要内容外，一台完整的一体式余热锅炉在设计、制造和验收过程应执行有关蒸汽锅炉和电站锅炉（用于发电）的有关规定和标准，主要有《蒸汽锅炉安全技术监察规程》、《电力工业锅炉监察规程》（SD 167—85）、《电力工业锅炉压力容器安全监察规定》（电站〔1995〕36 号）、《水管锅炉 第 4 部分：受压元件强度计算》（GB/T 16507.4—2013）、《锅壳锅炉 第 3 部分：设计与强度计算》（GB/T 16508.3—2013）、《工业锅炉锅筒内部装置 设计导则》（JB/T 9618—1999）、《电站锅炉水动力计算方法》（JB/Z 201—83）、《锅炉钢构架设计导则》（JB/T 6736—1993）、《锅炉钢结构设计规范》（GB/T 22395—2008）、《电站锅炉性能试验规程》（GB 10184—2015）、《烟道式余热锅炉热工试验方法》（GB/T 10863—2011）、《工业锅炉热工性能试验规程》（GB/T 10180—2017）、《烟道式余热锅炉设计导则》（JB/T 7603—1994）、《锅炉水压试验技术条件》（JB/T 1612—94）、《锅炉受压元件焊接技术条件》（JB 1613—93）等。

（3）一体式余热锅炉的测量

一体式余热锅炉的热工测量和自动控制与一般燃煤水管锅炉基本相同，但由于垃圾燃烧的特殊性，一体式余热锅炉布置的测点比一般锅炉多，而且还有一些燃煤锅炉所没有的特殊测量和自控检测要求。

热工测量的项目主要包括以下几个方面：①炉膛进出口烟气温度；②炉膛出口或相应部位 CO 和 O_2 含量；③过热器进口烟气温度；④各有关段受热面进出口烟气和工质温度；

⑤锅炉出口排烟温度和 O_2 含量；⑥省煤器进口水温和烟气-空气预热器进出口空气温度；⑦必要情况下的受热面壁温。

(4) 一体式余热锅炉和烟道式余热锅炉效率

① 热平衡系统界限。

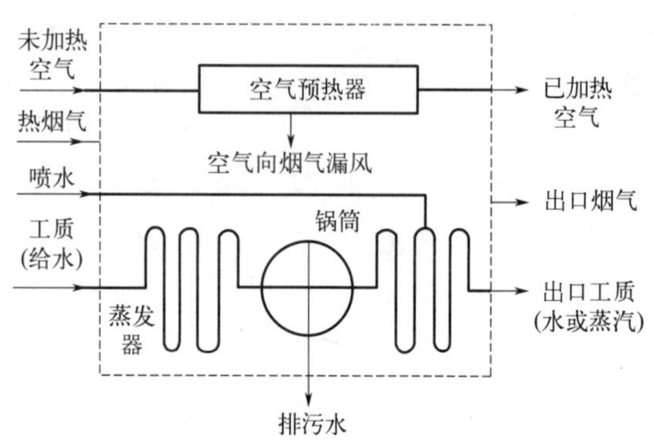

图 11-7　烟道式余热锅炉热平衡系统界限

烟道式余热锅炉热平衡系统界限如图 11-7 所示，一体化余热锅炉（含焚烧炉）热平衡界限如图 11-8 所示，一体化余热锅炉（含焚烧炉）热量平衡图如图 11-9 所示。在图 11-7 中，系统输入热量为热烟气和未加热空气带入的热量以及过热器喷水和给水热量之差。输出热量为已加热空气以及出口蒸汽参数和排污水与给水热量之差。

图 11-9 中的 Q_1、Q_2、Q_3、Q_4、Q_5、Q_6 的含义分别为：

Q_1 为有效利用热值，为主蒸汽、排污水、其他蒸汽热量以及过热器减温水热量之和与锅炉给水热量之差，kJ/kg；Q_2 为排烟带走的热量（损失），kJ/kg；Q_3 为可燃气体未完全燃烧热量（损失），kJ/kg；Q_4 为固体未完全燃烧热量（损失），kJ/kg；Q_5 为一体式余热锅炉表面散热量（损失），kJ/kg；Q_6 为灰渣物理热量（损失），kJ/kg。

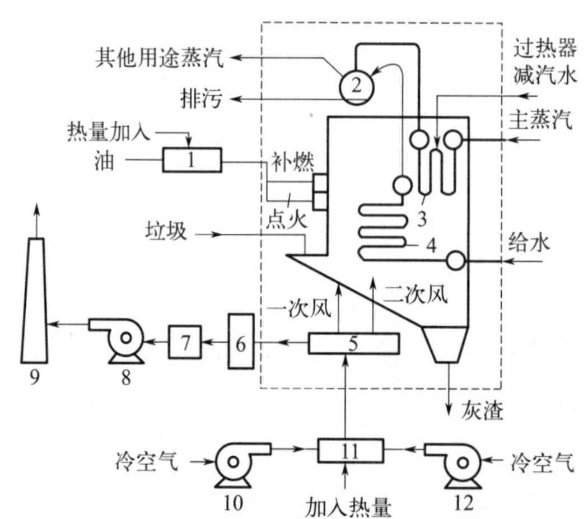

图 11-8　一体式余热锅炉（含焚烧炉）热平衡界限

1—油加热器；2—锅筒；3—过热器；4—省煤器；5—烟气空气预热器；6—脱酸器；7—除尘器；8—引风机；9—烟囱；10—一次风机；11—空气加热器；12—二次风机

② 余热锅炉热效率。

无论是烟道式余热锅炉还是一体式余热锅炉（含焚烧炉），均可用两种方法求解热效率。

输入、输出热量法求热效率（又称正平衡法）：

$$设备热效率=\frac{输出热量}{输入热量}\times 100\%$$

热损失法求热效率（又称反平衡法）：

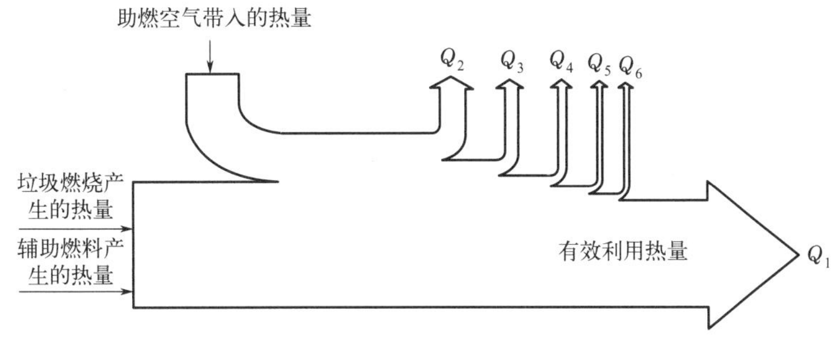

图 11-9　一体式余热锅炉（含焚烧炉）热量平衡图

$$\text{设备热效率}=\left(1-\frac{\text{各项热损失之和}}{\text{输入热量}}\right)\times100\%$$

对于蒸汽压力 3.82MPa 及以上的一体式余热锅炉，宜用反平衡法进行有关项目的测量和计算热效率。

11.2.3　余热锅炉的设计

余热发电系统的余热锅炉，由于热载体不同，在结构上会有很大差别，但共同的特点是产生的蒸汽都是过热蒸汽，都送入汽轮发电机组进行发电，因而在设计方面有共同的特点和要求。发电用余热锅炉的设计要点如下：

① 一般情况下，余热锅炉主体由省煤器、蒸发器和过热器 3 部分组成，此外还包括若干附属设备（图 11-10）。其中，蒸发器根据余热资源的温度水平选择合理的饱和蒸汽参数。为了提高余热资源的利用率，设置省煤器是完全必要的，这样可提高余热回收量和产汽量。为了提高蒸汽的质量，在余热的高温部位设置过热器也是完全必要的，在同样的蒸汽流量下它可使发电量得到明显提高。

图 11-10 所示的是强制循环余热锅炉，省煤器、蒸发器、过热器需分别进行设计。为了清除排气中的粉尘，可在排气入口处设置除灰室，在出口处设置旋风除尘器。

② 余热锅炉的放置形式根据载热体的流动方向和现场情况而定。如果载热体从上而下冲刷，或从下而上流动，则余热锅炉就立式安置；如果载热体在水平流道中流动，则余热锅炉的主体也水平放置。

③ 发电系统的余热锅炉面临的最大难题是载热体（烟气等）的积灰和磨损。主要的应对措施或技术方案有：在烟气或排气的入口段设置灰分沉降区；适当提高烟气或排气的流速，增大自吹灰能力；设置除灰设施，在烟气或排气的流动方向上安装除尘器。

④ 根据各段的换热特点，采用不同的换热表面和增强传热的措施。

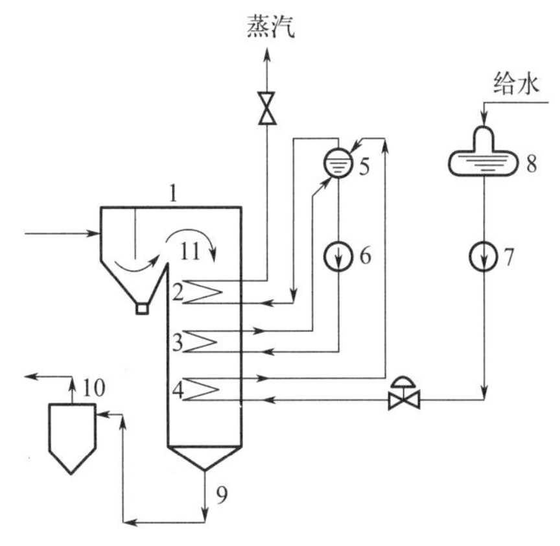

图 11-10　余热锅炉的组成

1—排气进口；2—过热器；3—蒸发器；4—省煤器；5—汽包；6—循环泵；7—给水泵；8—除氧器；9—废气出口；10—旋风除尘器；11—除灰室

省煤器：管内为单相流体水，管外为烟气或排气，宜采用扩展表面——翅片管；

蒸发器：管内是水的蒸发或沸腾，其换热系数远远大于管外气体侧的换热系数，故管外一般需要采用翅片管。翅片管的具体结构参数既要考虑增强传热的需要，又要尽量防止壁面的积灰。当传热的温差很大时，可采用光管，以防热流密度过高，管内产生膜态沸腾。为了便于蒸汽的排出和流动，采用蛇形管束时，管层数目不宜过多；

过热器：管内是蒸汽加热过程，管外是烟气或排气的对流换热，两侧的换热系数都较低，因而无须采用翅片管，光管即可。过热器的管束一般布置在烟气或排气的进口段，有时做成水冷壁的形式，有较大的传热温差，可使传热得到增强。需要特别注意的是，过热器在高温条件下的热流密度不宜过高，而且主要管材应具有高温腐蚀。

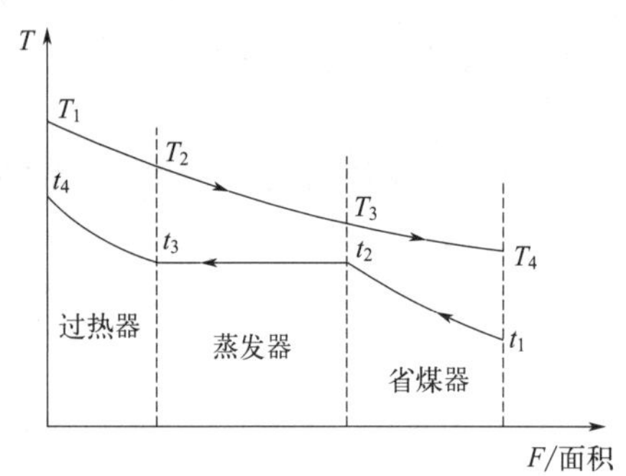

图 11-11　余热锅炉中冷/热流体的温度分布

⑤ 传热温差的确定。

余热锅炉中热流体和冷流体沿受热面的温度变化如图 11-11 所示。热流体（烟气或排气）的入口温度为 T_1，出口温度为 T_4，其中，(T_1-T_2) 为过热器的温降，(T_2-T_3) 为蒸发器中的温降，(T_3-T_4) 为省煤器中的温降。冷流体（水/汽）的入口温度为 t_1，出口温度为 t_4，其中，(t_2-t_1) 为省煤器中的温升，$t_2 \rightarrow t_3$（$t_2=t_3$）为工质在蒸发器中的相变吸热过程。(t_4-t_3) 为过热器中的温升。

为了分别设计余热锅炉中的省煤器、蒸发器和过热器，应首先确定各个换热器两侧的温度参数。每个温度参数对应一定的焓值。对于水和蒸汽侧，需要查取 t_1、t_2、t_3、t_4 各点温度下的焓值。其中，t_1 是给水温度，t_2 是饱和水温度，t_3 是饱和蒸汽温度，t_4 是过热蒸汽出口温度。

11.3　余热发电与热电联产

随着垃圾量和垃圾热值的提高，直接的热能利用受到设备本身和热用户需求量的限制。为了充分利用余热，将其转化为电能是最有效的途径之一。将热能转换为高品质的电能，不仅能远距离输送，而且供给量基本不受用户需求量的限制，垃圾焚烧厂建设也可相对集中，向大型化方向发展，从而有利于提高整个设备利用率，降低垃圾焚烧的投资费用。

11.3.1　余热发电

典型的垃圾焚烧余热发电系统如图 11-12 所示。采用这种热利用形式，垃圾焚烧炉和余热锅炉多为一个组合体。在余热锅炉中，主要燃料是生活垃圾，转换能量的中间介质为水。垃圾焚烧产生的热量被工质吸收，未饱和水吸收烟气热量成为具有一定压力和温度的过热蒸汽，过热蒸汽驱动汽轮发电机组，热能被转换为电能。在垃圾焚烧厂中，水、汽主要流程如图 11-13 所示，燃料（生活垃圾）-空气烟气流程如图 11-14 所示。

目前，世界上采用焚烧发电形式的生活垃圾焚烧厂，无论在数量和规模上都发展较快，而且随着垃圾热值的提高，越来越得到重视。

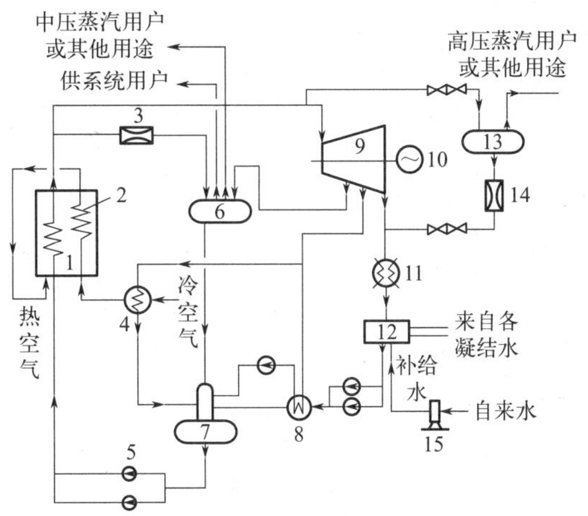

图 11-12　典型的垃圾焚烧余热发电系统

1—余热锅炉；2—烟气-空气预热器；3—减温减压器；4—空气加热器；5—给水泵；6—中压集汽箱；7—除氧器；8—低压给水加热器；9—汽轮机；10—发电机；11—凝汽器；12—冷凝水箱；13—高压集汽箱；14—减温减压装置；15—水处理站

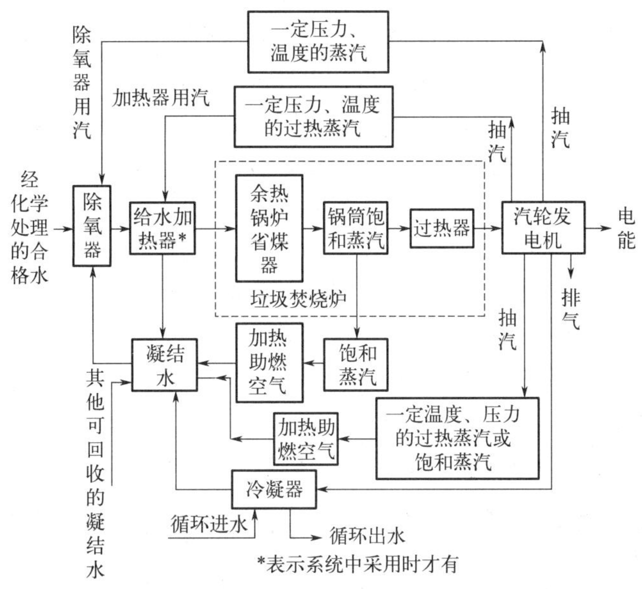

图 11-13　垃圾焚烧厂（纯冷凝式）水、汽主要流程

11.3.2　热电联产

在热能转变为电能的过程中，热能损失较大。热能利用效率，主要取决于垃圾热值、余热锅炉效率以及汽轮发电机组的热效率。垃圾焚烧厂的热效率较低，仅为 13%～22.5%，有时甚至更低。如果采用热电联供，将发电、供热等结合，则热能利用率会大幅度提高，一般在 50%左右，甚至可超过 70%。这主要是因为在蒸汽发电过程中，汽轮发电机的效率占比较大（62%～67%），而直接供热则相当于把热量全部供给热用户（当蒸汽不回收时）或只回收返回热电厂低温水的热量（当采用热交换供热时），故热能利用效率高。因此，垃圾

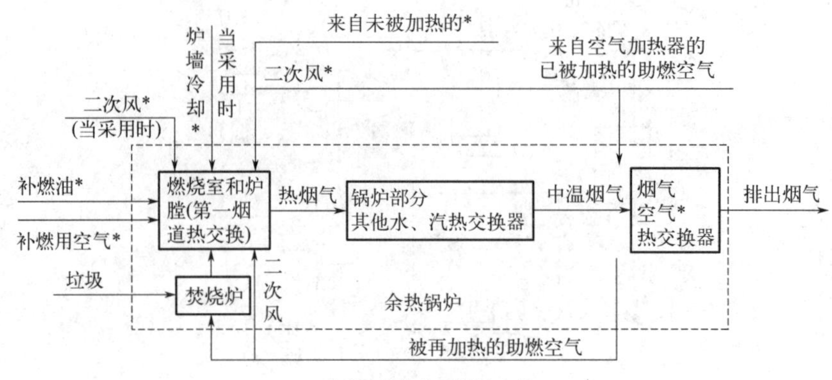

图 11-14　垃圾焚烧厂燃料（生活垃圾）-空气烟气流程

焚烧厂的供热占比越大，热能利用率越高。

常见的热电联产方式有三种：①发电＋区域性供热（或供冷）；②发电＋工农业供热；③发电和各种供热方式的组合。

① 发电＋区域性供热（供冷）。区域性供热（供冷）指经将垃圾焚烧产生的部分热能用于居民、机关、商店等进行集中供热或制冷，以及区域公用设施（如浴室、温水游泳池、暖房等）。这种供热方式的供热量受季节变化的影响较大，当供热量减少时则要求增加发电量以适应焚烧垃圾量的要求。因此，焚烧厂发电设备应满足最小供热量时的发电能力。

② 发电＋工农业供热。工农业供热指存在一定量的、变化不大的供热需求，如造纸、木柴加工、纺织、染织、食品、制药、化工、建材、园林苗圃暖房等工农业，在加工和生产过程中所需长期、较稳定的供热量。这种情况对于焚烧厂来说是最经济的，所配置的发电能力可以最小，以满足自身用电和最小供热量为基础来规划发电容量。

③ 发电和各种供热方式的组合。焚烧厂在规划和建设时很难做到有理想的稳定的需热用户，因此较为可行的方式就是发电和各种供热方式的组合，尽可能按需供热。焚烧厂以供热为主发电为辅，多余热量用于发电，使焚烧余热利用最大化，使焚烧厂获得最大的经济效益。

11.3.3　余热发电和热电联产系统的特点

根据用途的不同，余热锅炉送出的蒸汽主要采用以下几种方式送至发电机组（汽轮机）以及用户供汽站。

① 纯冷凝式发电（图 11-15）。余热锅炉送出的蒸汽全部用于发电。此时，汽轮机往往根据蒸汽压力不同而设 1～3 个定压、定量抽汽口，供助燃空气加热和给水加热，以提高整个焚烧厂的热效率。发电后冷凝器将蒸汽冷凝，再送往锅炉加热，焚烧厂采用这种方式，补给水量最小。

② 抽汽冷凝式发电（图 11-16）。在抽汽冷凝式汽轮机基础上，中间抽取一部分蒸汽供用户使用，这部分蒸汽（已做部分功）的温度和压力降至某设计点，抽汽量可调，但调节范围有限。当不需抽汽时，抽汽口阀门关闭，但汽轮发电机不会因关闭抽汽阀门而增大发电量，此时则需要减少供给汽轮机的蒸汽量（意味着减少垃圾焚烧量）。采用这种方式需要有一个相对较稳定的热用户。

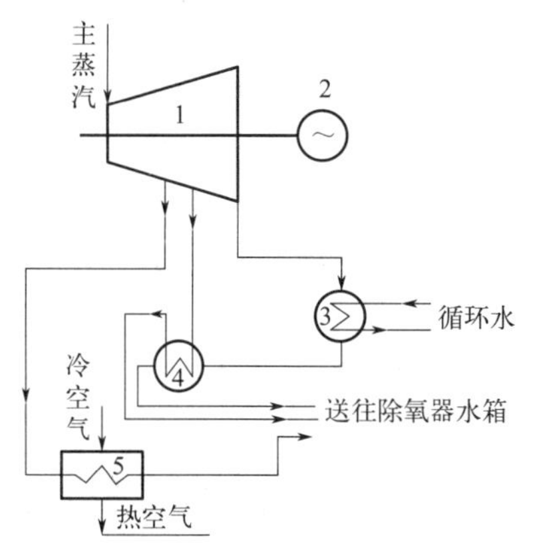

图 11-15　纯冷凝式发电

1—冷凝式汽轮机；2—发电机；3—冷凝器；4—给水加热机；5—蒸汽空气加热器

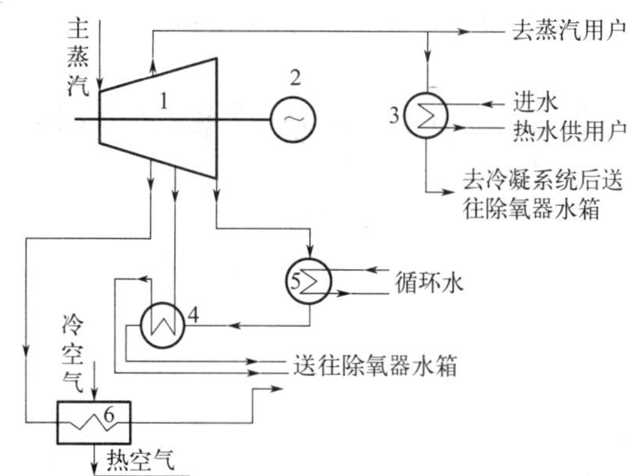

图 11-16　抽汽冷凝式发电

1—抽汽冷凝式汽轮机；2—发电机；3—汽水热交换器；4—给水加热器；5—冷凝器；6—蒸汽空气加热器

③ 背压式发电（图 11-17）。余热锅炉产生的蒸汽全部用于驱动汽轮机，发电后的汽轮机背压蒸汽（该蒸汽压力比纯冷凝式或抽汽冷凝式汽轮机排汽参数高）全部提供给用户使用，使用后全部或部分蒸汽冷凝回收。

采用背压式发电必须要有稳定的热用户。采用背压式汽轮发电机组规划余量可以最小，只需考虑垃圾量和热值的波动。

④ 抽汽背压式发电（图 11-18）。在背压式汽轮机基础上，中间抽出一部分蒸汽，供另一要求较高蒸汽参数的用户使用。与抽汽冷凝汽轮机一样，当不需要中间抽汽时要求减少送往汽轮机的蒸汽量。

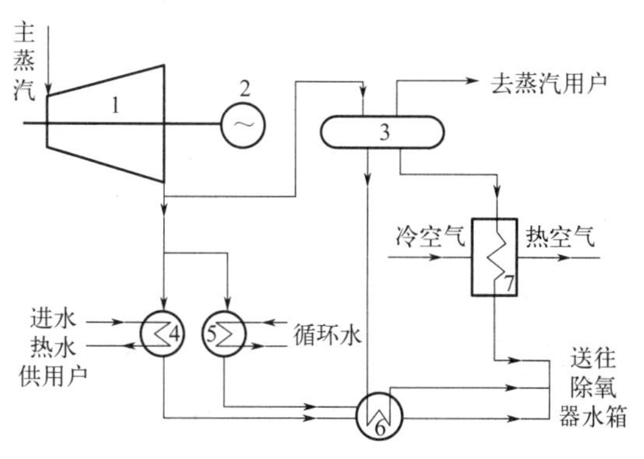

图 11-17　背压式发电

1—背压式汽轮机；2—发电机；3—集气箱；4—热交换器；5—冷凝器；6—给水加热器；7—蒸汽空气加热器

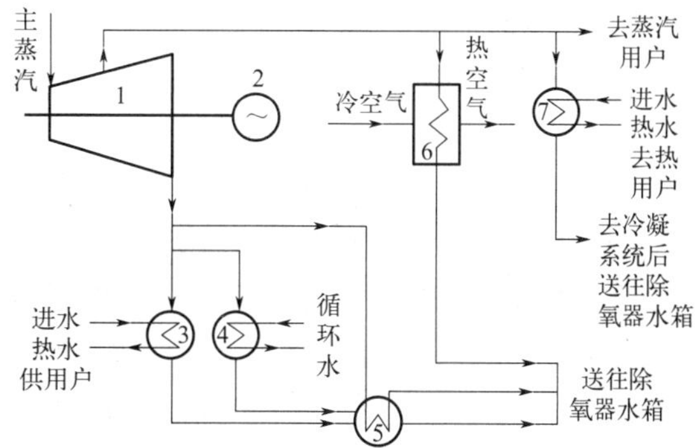

图 11-18　抽汽背压式发电

1—抽汽背压式汽轮机；2—发电机；3,7—热交换器；4—冷凝器；5—给水加热器；6—蒸汽空气加热器

一般燃煤（油）电站（或热电站）通常采用以上四种发电和供热形式。对于垃圾焚烧厂，纯冷凝式发电采用较多。

在进行热电联供供热设备和系统设计时，应尽可能考虑让高温蒸汽通过换热设备将热量传递给供热高温水或其他介质，蒸汽凝结水可经除氧后送入锅炉重新作为锅炉用水，这样可降低发电系统补给水量以及水处理系统的设备投资。

11.4 余热利用及其技术发展方向

垃圾焚烧处理的余热利用要适应社会经济发展。余热利用技术的发展方向为，通过各种方式利用余热，提高利用率，主要应进行以下工作。

① 形成供应网络系统。将多个焚烧设施所产生的蒸汽、电能等连接成网，形成一个互相补充的供应体系。

② 实现锅炉的高温、高压化。锅炉蒸汽的温度和压力越高，蒸汽透平的效率越高。目前，欧洲的锅炉蒸汽压达 $40kg/cm^2$，温度达 400℃，而日本的锅炉蒸汽压仅 $19\sim24kg/cm^2$，温度为 240～290℃。垃圾焚烧设施的发电率即使采用发电厂最高的冷凝水式透平机，也只有 10%～18%，而改变蒸汽条件如压力 $50kg/cm^2$ 和温度 500℃，则发电率可达到 30%左右。另外，随着锅炉的高温和高压化，相应附属设备的高温防腐问题需加以考虑。

③ 燃烧过程的稳定化。为保证热回收的稳定，就要使燃烧过程稳定。为此，需要采用 AI 技术等控制技术，以解决焚烧炉燃烧的自控问题。另外，在焚烧前，要保证垃圾的均质比。

④ 提高热回收率。为了提高热回收率，要尽量减少排气在降温过程中的热损失，为此可尽量使用废气预热器。此外，从汽轮机出来的排气经冷凝器处理，凝气以较多的能量排入大气时，可采用热泵对未利用的低温热气加以利用。

⑤ 提高热电联用系统的热回收率。根据回收的热能状态，分别促使高温、低温的余热利用以导入热电联用系统最有效，此外导入此系统时应事先调查并确定好需要热源的用户。

⑥ 加强小型焚烧设施的热回收。小型焚烧设施的余热利用与垃圾的质量等因素有关。如果燃烧控制适当则余热利用率高，如果设置余热锅炉取代水喷射式气体冷却装置可望较大幅度地提高热回收率。

⑦ 改善热贮存方式，开发新的贮热技术。目前，冷暖房的蓄热槽及蒸汽蓄压器等方式，从提高热利用角度出发，在经济上和技术上均有值得商讨的余地。此外，蓄热式、比热泵等化学蓄热，利用化学反应的方式比采用热催化剂贮存的方式更适用于长期、长距离蓄热，是今后技术发展的方向之一。

⑧ 合理规划余热利用。在确定采用焚烧技术处理垃圾的同时，要根据建厂场地、运输、水源和冷却水源、污水排放、发电上网和热用户用热量及用热量的变化情况，对供热方式做好统筹计划，在此基础上选择汽轮机的形式，做到垃圾焚烧设备利用率的最大化。

思考题

1. 请简要介绍垃圾焚烧余热利用的主要形式。
2. SGH 与 GGH 在工程应用中有哪些不同，主要作用是什么？
3. 请简要介绍热电联产的几种方式。
4. 余热锅炉主要有哪些类型，各自具备哪些特点？
5. 工厂有 80℃的余热热水 500t/h，拟利用它作余热发电。设环境温度为 30℃，能量转换的㶲效率为 50%。求实际最大发电效率和发电效率。
6. 请介绍下垃圾焚烧余热利用的发展前景和注意事项。

第4篇

建设与运行维护管理篇

第12章 垃圾焚烧厂建设

在生活垃圾焚烧厂的建设过程中，首先要明确焚烧厂建设的基本原则和条件，合理规划建设流程；结合当地城市建设总体规划和环境卫生专业规划，同时兼顾工程地质条件和水文地质条件，以及运输条件和其他实际情况，进行厂址选择；根据垃圾产生量及分布情况确定焚烧厂的处理规模和用地面积。焚烧技术路线与设备的选择，应符合建设规模、垃圾物理化学成分特点，采用先进成熟的技术，并适度加强机械化、自动化、智能化水平，在提高生产率的同时，保证劳动安全，并改善环境卫生和劳动条件。

12.1 总体规划

垃圾焚烧厂建设的总体规划是指从项目立项到工程设计，再到建设管理过程所制定的总体规划和全面策划。总体规划应具有预见性、可行性和战略性。在总体规划中，应根据厂址所在地区的自然条件，综合考虑厂内各项基础设施的设置，合理布置，不仅可降低造价，还可降低运营成本。

12.1.1 焚烧厂建设基本原则

焚烧厂建设需要符合现行国家标准《生活垃圾焚烧处理工程项目建设标准》（建标142—2010）的有关要求。作为城镇基础设施，生活垃圾焚烧厂建设的基本原则如下。

① 必须遵守国家有关的法律法规，执行国家环境保护、节约土地、节约能源、劳动保护、安全卫生、消防等有关方面的规定。

② 焚烧厂的建设水平应以本地区的经济水平为基础，并考虑城市经济建设和科学技术的发展，做到技术先进、经济合理、安全可靠、节能减排。

③ 焚烧厂的建设规模，应根据城镇总体规划和环境卫生专项规划，统筹考虑，近远期结合，以近期为主。新建项目应与垃圾收运和处理系统相协调，改、扩建工程应充分利用原有设施。

④ 采用成熟可靠的技术、工艺和设备，对于需要引进的先进技术和关键设备，应以提高项目的综合效益、推动技术进步为原则。

⑤ 坚持专业化协作和社会化服务的原则，合理确定配套工程项目，提高运营管理水平，降低运营成本。

⑥ 对热能加以有效利用，因地制宜考虑炉渣综合利用。

⑦ 落实工程建设资金和土地、道路、供电、给排水、交通、通信等建设条件，并采取有效措施确保工程建成后能及时正常运行。

⑧ 符合国家现行有关经济、参数标准和指标及定额的规定。

12.1.2 焚烧厂建设条件

在建设垃圾焚烧厂时，一定要将土地、供电、给排水、交通和通信等设施条件落实到位。此外，焚烧厂建设还应该符合如下条件。

(1) 建设规模适宜

焚烧厂适宜建设规模是指焚烧厂建设规模、评价指标按年均日焚烧处理率（焚烧量与处理规模的百分比）确定。

建设规模与垃圾产生量匹配。垃圾产生量现状一般以最近 5 年内的统计量为基准。我国经济发展和城市化进程较快，导致垃圾产生量预测的准确率较低。为避免建设规模不足，可按建设规模与当期垃圾产生量之比不低于 0.8 考虑。同时，应避免建设规模过大。

(2) 技术选择适宜

焚烧技术的选择，应充分考虑焚烧垃圾量的符合性、自然条件的适应性、长期运行的可靠性、停炉次数相对环境影响的有效性、能源效率与资源消耗的优良性、经济性等因素。

烟气净化技术的选择，应基于余热锅炉出口烟气情况和污染物排放标准。根据我国现行烟气污染物排放标准和国内外的实际运行效果，烟气净化技术广泛采用“选择性非催化还原法＋半干法＋干法＋活性炭喷射＋袋式除尘”组合技术。当环境总量或当地环境质量控制有更严格的要求时，可相应采取诸如选择性催化还原法、湿法技术等。

这里所说的焚烧厂技术适宜是指经过实际应用检验，质量控制程序与环境管理体系的应用保持一致，从中可预期性能指标的技术。余热回收首先是环境问题的解决方案，涉及的传热效率、可预期回收效率归结为适宜技术的特殊技术。需要特别说明的是，其他技术也可能达到或超过被定义为适宜技术的性能标准。

(3) 与社会经济发展水平相适宜

焚烧厂必须配备完善的烟气净化、污水处理和灰渣处理系统等。并且，焚烧炉规模不宜过小，否则将难以实现燃烧工况的稳定，焚烧炉出口烟气中二噁英等有害成分也将大大增加。

焚烧法是一种投资和运行成本相对较高的垃圾处理技术。根据西方国家的统计，要达到欧盟的污染物排放标准，焚烧厂的烟气净化设备投资占比会高于 70%。在运行方面，焚烧厂必须达到国家排放标准，运行成本很高。因此，为保证焚烧厂建设和运行，焚烧厂宜建在经济较为发达的城市。

12.2 焚烧厂主要设备

12.2.1 设备组成

垃圾焚烧厂设备主要由垃圾接收存储设备、焚烧炉、余热利用设备、烟气净化设备、助燃空气设备、灰渣输运与处理设备等组成。

1）垃圾接收存储设备

生活垃圾接收存储系统是指垃圾的接收和储存。垃圾运输车先由汽车衡称量并记录，然后在卸料平台经卸料门倒入垃圾池。

汽车衡规格按垃圾车满载重量的1.3～1.7倍配置，称量精度不大于20kg。焚烧厂汽车衡数量为：特大型设3台或以上，Ⅰ/Ⅱ类设2～3台，Ⅲ类设1～2台。

垃圾池容积以存储5～7天焚烧量为宜。垃圾池不宜过深，卸料平台一般高于地面。平台长度一般与垃圾池长度相等，宽度不宜小于18m。平台设置供车辆驶入和驶出的匝道。

卸料门平时关闭，倾卸垃圾时才开启。卸料门的数量不少于4个，宽度不小于最大车宽加1.2m，高度满足卸料作业要求；卸料口处设置车挡和事故报警设施。

抓斗起重机一般采用桥式起重机。对于连续运转式焚烧厂，应设置备用起重机。设施规模在300～600t/d时，设置常用和备用起重机各1台，超过600t/d时，宜设置常用起重机2台和备用起重机1台。

垃圾抓斗一般分为蚌式和莲花式，但后者应用较为广泛。抓斗的开闭动力分为机械式和液压式两种。机械式的构造简易，但对垃圾抓取效果较差，另外抓斗倾倒时缆绳及控制部分容易损耗。液压式则开闭动作迅速，抓力大，但保养要求高。

2）焚烧炉

焚烧炉是垃圾焚烧厂中最关键的设备，它为垃圾提供燃烧的场所。以炉排炉为例，焚烧炉的工作过程可描述为：料斗中的垃圾依靠自重滑入给料平台，由给料器将垃圾推至炉排预热段。炉排在驱动装置推动下动作，垃圾依次经过干燥段、燃烧段及燃尽段，之后炉渣经降温后被输送至炉渣收集系统。

3）余热利用设备

焚烧炉的炉膛烟气温度高达850～1000℃。为保护烟气净化装置免受高温腐蚀，同时为了充分回收余热，在焚烧炉后端设置余热利用设备。

大型焚烧炉一般在尾部烟道配备余热锅炉。锅炉产生的蒸汽送往汽轮发电机组发电，在满足焚烧厂自身用电的前提下还可并网送电，同时也可将蒸汽外送周围热用户，此为目前主流的余热利用方法。

4）烟气净化设备

烟气净化设备是净化烟气污染物的设备，应避免设备产生腐蚀或阻塞等不良现象。一般应用于焚烧厂的烟气净化设备分为除尘设备和酸性气体去除设备两大类。随着人们对环境质量要求的提高，在烟气净化工艺中增设脱硝和去除二噁英及重金属等的设备。

(1) 除尘设备

垃圾焚烧厂的除尘设备通常为旋风除尘器、布袋除尘器及静电除尘器三种，目前多采用布袋除尘器。

布袋除尘器是使烟气通过滤袋，让粒状污染物附着于过滤层上，定时以振动、气流反冲或脉冲式冲洗的方式，清除滤袋上的粒状污染物。除尘效果与烟气流量、温度、含水量、含尘量及滤材等有关，一般可达90%以上。布袋除尘器的优点是：净化效率高，受进气条件变化的影响不大，不受含尘气体电阻系数变化的影响；对1μm以下的细小尘粒去除效果佳，对重金属及二噁英的去除效果佳。缺点是：耐酸碱性、耐热性、耐湿性均较差；设备压力损失大，滤袋寿命有一定期限，滤袋如有破损，破损位置确定困难。近年来，随着滤袋材料性能上的改进，对温度、酸碱及磨损的抵抗力均大为改进。

（2）酸性气体去除设备

① SO_2 和 HCl 去除设备。

在垃圾焚烧厂，一般采用洗涤塔去除 HCl 气体，同时去除部分 SO_2。根据喷入洗涤塔药剂的形态（粉状、浆状、液体），分为干式洗涤塔、半干式洗涤塔与湿式洗涤塔三种。

干式洗涤塔去除酸性气体的过程为：将石灰 $Ca(OH)_2$ 或生石灰 CaO 粉末喷入洗涤塔中，与烟气中的 HCI 和 SO_2 反应分别生成 $CaCl_2$ 和 $CaSO_4$ 粉末，再与飞灰一并收集。干式洗涤塔设备简单，工程费用最少，但去除效率低（SO_2 仅为 30%，HCl 仅为 50%），为此可将未反应的石灰分离出来循环使用，以节省石灰的消耗量，并提高除酸效率（SO_2 可达 65%以上，HCl 可达 80%以上）。

半干式洗涤塔去除酸性气体的过程为：将消石灰加水混合成泥浆状，与喷嘴喷出来的压缩空气混合喷入洗涤塔中，烟气与石灰浆液滴成同向流或逆向流的方式充分混合。HCl、SO_2 与石灰浆反应生成 $CaCl_2$ 和 $CaSO_4$，靠烟气本身的温度将其蒸干为粉末状，连同飞灰一起沉积，通过洗涤塔底部漏斗排出。半干式洗涤塔对酸性气体的去除效率与其后续的除尘设备有关。去除效果，若接静电除尘器，HCl 可达 90%以上，SO_2 可达 70%以上；若接布袋除尘器，则 HCl 可达 95%以上，SO_2 可达 80%以上。

湿式洗涤塔去除酸性气体的过程为：先将烟气冷却至饱和温度（60～70℃），使酸性气体凝结而溶于喷入的溶液中，与碱性药剂发生中和作用。碱性溶液可循环使用。

② NO_x 去除设备。

垃圾燃烧产生的 NO_x 分为两大类：一类为空气中氮的氧化而产生的热力 NO_x，通常温度需 1200℃以上；另一类为燃料中氮的氧化而产生的燃料 NO_x。焚烧生活垃圾时，炉内高温区不足以达到形成热力 NO_x 的温度，故大部分 NO_x 是燃料 NO_x。烟气中的 NO_x 大多以 NO 形式存在，不溶于水，无法用洗涤塔加以去除，所以必须采用其他方式。降低烟气中 NO_x 的方法有燃烧控制法、干式法、湿式法。

燃烧控制法是通过调控垃圾燃烧条件，以降低 NO_x 产生量的方法，狭义上也称低氧燃烧法，而广义上的燃烧控制法则包括喷水法和烟气再循环法。以燃烧控制来降低 NO_x 的产生量，主要是考虑在炉内发生自身脱硝作用，即 NO_x 在炉内被还原成 N_2。

干式法又分为高温无触媒还原法和触媒还原法两种。前者（SNCR）是将氨等还原剂吹入炉内高温区，将 NO_x 分解为 N_2 和 O_2 的方法。后者（SCR）是在烟气温度 250～350℃区域设置触媒反应塔，以氨作为还原剂。

去除 NO_x 的湿式法与去除 HCl、SO_2 的湿式法相类似，但因 NO 不易被水或碱性溶液吸收，故需用臭氧或次氯酸钠、高锰酸钾等氧化剂将 NO 氧化成 NO_2 后，再以碱性溶液中和吸收。此法因氧化剂成本较高和废水处理均较困难，一般较少采用。

5）助燃空气设备

助燃空气包括由炉排下送入的一次风、喷入燃烧室的二次风、辅助燃油所需的空气以及炉墙密封冷却空气等。由于辅助燃油仅用于焚烧炉启动、停炉和进炉垃圾热值过低的情况，在焚烧炉的正常运行中不需要增加空气消耗量，在设计送风机风量时可不予考虑。

助燃空气系统的设备包括向炉内提供空气的送风机（一次风机、二次风机以及炉墙密封风机）、空气预热器（SGH、GGH）和各种管道、阀门等。其中，最主要的设备是送风机。

6）灰渣输运与处理设备

垃圾焚烧后，质量上仍有10%～20%的灰渣（包括炉渣和飞灰）。灰渣产生量，一般1t垃圾会产生炉渣100～150kg，除尘器飞灰约10kg，锅炉室飞灰约10kg。各种灰渣都含有重金属和未燃有机物成分，在处理中需要高度重视。炉渣按一般固体废物处理，飞灰按危险废物处理。

（1）炉渣输运与处理设备

为使炉渣顺利移出焚烧炉并得到后续处理，必须设置漏斗或滑槽、排出装置、冷却设备、输送装置、贮坑、抓斗起重机等设备。

漏斗或滑槽为炉渣排出设备中凭借自重将从炉排通风空隙漏下的炉渣排出的装置，其位置设在炉排的下部。漏斗通常为一次助燃空气风箱的一部分，其形状具有适当的断面，倾斜角度宜在40°以上。必要时也可设置振动装置，以防炉渣“架桥”的发生。

炉渣排出装置主要用于将炉渣从产生场所移送到冷却装置。炉渣排出装置应满足的条件主要有：防止外部空气漏进该设备；炉渣能顺利转移，无堵塞；能抵御磨损、腐蚀等。

冷却设备是炉渣处理系统中的关键设备，不仅可冷却炉渣，增加炉渣湿度，还具有将炉渣排出、密封焚烧炉的作用。一般1炉设1槽。冷却设备位于焚烧炉的出口处，故应将滑槽伸入水中，以达到密封效果。

输送装置是将冷却后的炉渣移送至炉渣贮坑的设备。当冷却设备靠近炉渣贮坑时，采用推灰器或滑槽，直接将炉渣送入贮坑内；当冷却设备远离炉渣贮坑时，一般使用输送带。在投入炉渣坑之前，还需设置滑槽与分散装置，以免贮坑内炉渣的局部堆积。

炉渣贮坑容积一般应有3天的容量。为方便收集炉渣渗出的污水，贮坑底部可设计成倾斜状，贮坑旁设置独立的集水设施，以免炉渣落入而影响排水。

将炉渣从贮坑中移出，须设抓斗起重机，同时也可进行贮坑内炉渣的翻推和整平作业。抓斗可采用双吊索平型抓斗，抓斗有漏水孔。抓斗容量从炉渣运输车的装载能力考虑，一般为$2m^3$。炉渣由运输车运出，运输车通常采用密闭方式。

（2）飞灰输运与处理设备

为使烟道、锅炉、除尘器所捕集的飞灰顺利移出，必须设置漏斗或滑槽、排出装置、输送装置、润湿装置、贮存斗等设备。

漏斗或滑槽为飞灰排出设备中仅借自重将飞灰排出的装置，设在相应设备的下部。漏斗或滑槽设置适当的断面，为防止“架桥”发生，倾角宜在50°以上，并施以适当保温。

锅炉飞灰多利用旋转阀自漏斗排出，以保持气密性。除尘器的飞灰，可借助其下部设置的漏斗或直接从输送带排出。此部分飞灰与锅炉飞灰性质相似，具有吸湿性，故应保持排出设施的气密性，以免温度下降而使飞灰附着在设备上。

输送装置有几种形式，主要包括螺旋式输送带［仅适于5m内短距离输送（如平底式静电除尘器的底部）］、刮板式输送带（注意飞灰对滚轮的磨损）、链条式输送带、空气式输送管（压缩空气式和真空吸引式，输送路线自由，但造价太高，易阻塞）、水流式输送管（输送路线自由，但会产生大量污水）。

单独收集除尘器等设备的飞灰时，应设飞灰润湿装置，以防飞灰在贮坑内飞散。一般常用双轴叶型混合器，并添加飞灰量10%左右的水分，均匀混合后排出。增湿后的飞灰，可暂存在贮存斗中，再由下部排出口直接排入运渣车内。贮存斗的形状，自投入口以60°以上的倾角逐渐收缩至排出口，容积为 10～12m^3。在决定贮存斗容量时，须考虑出灰车辆的作业时间，若仅在白天 8h 作业时，则必须具有 16h 以上的贮存量。飞灰经稳定化或固定化等特殊处理后外运处置。

12.2.2　焚烧炉选择

1）焚烧炉设备构造

垃圾焚烧炉主要由进料漏斗、推料器、炉排、炉体以及助燃设备等构成。

（1）进料漏斗

进料漏斗是将垃圾暂存并连续送入焚烧炉内的设备。它具有连接滑道的喇叭状漏斗，附有单向双瓣阀，防止在停机或漏斗未盛满垃圾时外部空气进入炉内或炉内火焰蹿出炉外。此外，为防止架桥现象，可附设架桥解除装置。进料斗开口部分的尺寸，比抓斗全开尺寸大 0.5m 以上。喇叭形部分与水面呈 45°以上的倾斜角，深 0.5m 以上。进料漏斗容量应满足 1h 的垃圾焚烧量。

（2）推料器

推料器的移动是水平往复的，通常采用液压驱动，冲程、速度及间隔时间都可调。推料器分为三种机型：①炉排并用式，将干燥炉排的上部延伸至料斗下方，通过炉排运动将漏斗内的垃圾送入。因进料设备与炉排合为一体，故无法单独调整加料量；②螺旋进料器，可维持较高的气密性，也起破袋和破碎的功能。进料量通常以螺旋转数来控制；③旋转进料器，一般设置在进料输送带的末端，输送带多采用螺旋式或裙式，进料量可与进料输送带一起调速。旋转进料器适用于具有前破碎处理的垃圾焚烧系统。

（3）焚烧炉体

焚烧炉体自内向外，由耐火层、绝热层、保温层和外壳构成。炉体的构造是在两侧架设钢柱，侧面设置横梁架，构成钢结构炉架，以支撑炉排和耐热保温材料。炉体具有充分的耐震强度和耐热应力强度，钢结构与钢板外壳为整体熔接构造，钢板厚度超过 3.2mm，外壳表面温度限制在高出室内温度 40℃以下为宜。耐火层和绝热层也非常重要，材质选择主要从以下几个方面考虑：炉内温度变化及分布的影响、耐腐蚀性、烟气的影响、垃圾中金属的损伤等。

（4）助燃设备

助燃设备的位置和数目根据炉型和操作特性决定。燃烧器容量根据启/停炉时的升降幅度，以及垃圾热值低于自燃界限时，在两者助燃所需的容量中取其大者。助燃设备所用的燃料，一般有重油、煤油、柴油等液体燃料，以及液化石油气、天然气等气体燃料。

2）焚烧炉分类

从不同的角度，垃圾焚烧炉有不同的分类方式。

（1）按焚烧室分类

① 单室焚烧炉。在一个燃烧室内完成以下全部过程：供气、热分解、表面燃烧，完成挥发分、固定碳、臭气、有害气体的完全燃烧等过程。当处理挥发分含量高、热分解速度快的物质时，单室焚烧炉常会出现不完全燃烧现象。因此，除用以处理少数工业垃圾外，在生活垃圾处理中应用极少。

② 多室焚烧炉。在一次燃烧过程中，不供应全部所需空气，而只供应能将固定碳燃烧

的空气，在二次或三次燃烧过程中将挥发气体等完全燃烧。在生活垃圾处理领域，多采用多室焚烧炉。

(2) 按炉型分类

按炉型可分为固定炉排炉、机械炉排炉、流化床炉、回转窑炉等。

① 固定炉排炉。炉内设有固定的炉排，垃圾在没有搅动的情况下完成燃烧。固定炉排炉造价低廉，但燃烧效果较差，易熔融结块，炉渣热灼减率较高。早期有使用固定炉排炉焚烧生活垃圾的实例，但近年来应用很少。

② 机械炉排炉。机械炉排炉大体可分为三段：干燥段、燃烧段、燃尽段。各段的供应空气量和运行速度均可调节。

干燥段是垃圾从入炉至达到着火温度的阶段。干燥段的作用包括：炉侧壁及炉顶的放射热干燥、高温一次空气的通气干燥、垃圾表面和高温燃烧气体的接触干燥、部分垃圾的燃烧干燥。垃圾在干燥段的滞留时间约为 30min。

燃烧段是燃烧的中心部分。垃圾中的有机质受热分解产生可燃性气体（挥发分），当达到着火温度后首先着火燃烧，释放热量，使炉内温度升高。挥发分的燃烧主要在二燃室内完成，燃烧速率非常快。焦炭被加热到较高温度后开始燃烧，这时碳粒表面往往会出现缺氧状态。燃烧段的关键是强化混合，使气流强烈扰动，以便向碳粒表面提供氧气，同时将碳粒表面的 CO_2 扩散出去。垃圾在燃烧段的滞留时间约为 30min。此段燃烧空气供应量的占比为 60%～80%。

燃尽段主要是将燃烧段未燃尽的碳烧尽。燃尽段的剩余碳量不多，但要完全燃尽却很困难，主要是因为少量的固定碳被灰包覆、氧气浓度较低、炉排上方的气流扰动和温度强度不高等。垃圾在燃尽段的滞留时间约为 1h。保证燃尽段上充分的滞留时间，可将炉渣的热灼减率降至 3%以下。

③ 流化床炉。流化床以前用于焚烧轻质木屑类物质，近年来开始用于焚烧污泥、煤和生活垃圾，其特点是适用于焚烧高水分的污泥类等。流化床炉的流动层十分重要，根据风速和垃圾颗粒的运动可分为固定层、沸腾流动层和循环流动层。固定层，气体速度较低，垃圾保持静态，气体从垃圾颗粒间通过；沸腾流动层，气体速度超过流动临界点的状态，垃圾颗粒被搅拌形成沸腾状态；循环流动层，气体速度超过极限速度，气体和颗粒激烈碰撞混合，颗粒被气体带着飞散（如燃煤发电锅炉）。流化床垃圾焚烧炉主要为沸腾流动层状态。

④ 回转窑炉。垃圾焚烧回转窑炉与水泥工业回转窑相类似，垃圾的干燥、燃烧、燃尽均在筒体内完成。回转窑的主体是一个倾斜的旋转滚筒，垃圾由滚筒一端送入，通过滚筒缓慢转动，垃圾在筒内翻滚时与空气和高温烟气充分混合，垃圾不断干燥和升温，达到着火温度后燃烧。随着筒体滚动，垃圾不断翻滚并向下移动，炉渣在筒体末端的出渣口排出。滚筒设有燃烧器，用于点火或助燃。回转窑直径为 3～6m，长度为 10～20m。

回转窑炉可处理的垃圾范围广，特别是在工业垃圾焚烧领域应用广泛。在生活垃圾焚烧领域，回转窑炉的应用最主要是为了提高炉渣的燃尽率，以达到炉渣再利用的要求。在这种情况下，回转窑炉一般安装在机械炉排炉后面。

3）焚烧炉比较

在垃圾焚烧技术发展早期，固定炉排炉得到一定的应用，但由于其焚烧效果的局限性，很快被机械炉排炉取代。机械炉排炉焚烧技术不断进步，应用实例也多，所以现今提到垃圾焚烧炉，不言而喻指机械炉排炉。

机械炉排炉的主要特点有：垃圾适应性较广，操作简便，不需预处理，可靠性和稳定性较高，通过 3T+E 控制可减少有害气体排放，运行成本较低，故障较少。

与机械炉排炉相比，流动床炉存在燃烧空气平衡较难、需要预处理、炉温控制较难、炉膛磨损较大、运行成本高、易产生 CO、飞灰量大等缺点。因此，目前新建的垃圾焚烧厂很少采用流化床炉。

回转窑炉的优点包括炉内垃圾搅拌和干燥性佳、炉渣热灼减率低、设备利用率高、有害气体排放量低等，缺点是垃圾种类受到限制、热值低且水分高的垃圾处理困难、耐火材料易损坏、运行成本较高等。回转窑炉很少用于处理生活垃圾，多用于处理成分复杂、有毒有害的工业废物和医疗垃圾。

随着环境保护要求的提高，热解气化炉逐渐发展起来。热解和气化燃烧技术有更好的环境效益，烟气和飞灰中二噁英排放量少，飞灰量低，可形成低排放的生产方式。该技术目前还存在一些局限性，如处理能力低、速度慢、经济效益差等。随着运行条件的改善和技术的突破，热解和气化技术将得到越来越多的关注，未来可能会有较好的应用前景。

12.2.3　余热利用设备选择

（1）余热利用主要形式

垃圾的可燃组分在焚烧处理过程中释放大量热量，被锅炉受热面吸收后转变为高温高压蒸汽蕴能，可供热力发电，或对外供热、供水利用，实现生活垃圾的资源化。

① 热能直接利用。将烟气余热转化为蒸汽、热水和热空气是典型的热能直接利用形式。通过余热锅炉或其他热交换器，利用烟气热能将水加热成热水或蒸汽，也可加热助燃空气。这种形式的热利用率高，设备投资少，尤其适合小规模（日处理量≤100t/d）垃圾焚烧设施。

但是，这种余热利用形式受焚烧厂自身需热量和热用户及其距离的影响，如果在建厂时没有综合利用规划，则难以实现良好的供需关系，容易造成热量浪费。直接热能利用系统所需设备，主要包括余热锅炉、空气预热器、除氧器、给水泵、减温减压器、集汽箱等。

② 余热发电和热电联产。随着垃圾量和垃圾热值的提高，热能直接利用形式受到热用户需求量的限制。为了充分利用余热，将其转化为电能是最有效的途径之一。将热能转换为电能，不仅可远距离传输，而且输送量几乎不受用户需求量的限制，垃圾焚烧厂建设也可向大型化方向发展。

在余热发电系统中，焚烧产生的热量被工质吸收，未饱和水吸收烟气热量变成具有一定压力和温度的过热蒸汽，蒸汽驱动汽轮发电机组，热能被转换为电能，同时仍能够正常供给设备自身用热以及加热助燃空气所需热量。余热发电需增加一套发电系统设备，投资有所增加，但可获得较大的经济效益。目前，利用余热发电的垃圾焚烧厂在数量和规模上都有不断发展的趋势。

但是，余热发电的热效率仅为 13%～22.5%，因为在热能转化为电能的过程中，热损失较大。如果采用热电联产的形式，焚烧厂的热效率会提高至 50%，甚至超过 70%。因此，垃圾焚烧厂采用热电联产并优先供热方式，有利于经济效益的最大化。在规划大型垃圾焚烧处理厂时，此模式宜为首选。

余热发电和热电联产系统所需设备，主要包括余热锅炉、汽轮机、发电机、空气预热器、减温减压器、给水泵、除氧器、低压给水加热器、凝汽器、高压集汽箱等。其中，余热锅炉和汽轮发电机组为该系统的关键设备。

(2) 余热锅炉

余热锅炉是利用垃圾焚烧释放的热量（载体为烟气），将工质（一般为水）加热到一定参数（温度和压力）的换热设备。根据管道内流体种类或炉水的循环方式，余热锅炉有两种分类方法。

① 以管道内流体分类。依据管道内流体的不同，余热锅炉分为烟道式和水管式两种。前者传热管内流动的是烟气，而后者传热管内流动的是水。小型焚烧厂，余热回收意义不大，设置余热锅炉的主要目的是降低烟气温度，避免烟气净化装置受到高温腐蚀的危害，故往往采用价格较低的烟道式锅炉。

考虑到锅炉效率、余热发电和热电联产的经济效益等因素，大中型垃圾焚烧厂一般采用水管式余热锅炉。烟道式和水管式余热锅炉性能及特点比较见表 12-1。

表 12-1 烟道式和水管式余热锅炉性能及特点比较

项目	余热锅炉	
	烟道式	水管式
构造	简单	复杂
价格	低	高
操作维护	容易	困难
负载波动	较小	较大
传热面积	较小	较大
工质参数	较低，蒸汽压力一般＜1.5MPa	较高
蒸发量	低	高
锅炉效率	低	较高
经济效益	低	与发电机组配合，经济效益可观

② 以炉内工质循环方式分类。按炉内工质循环方式分类，余热锅炉可分为自然循环式锅炉、强制循环式锅炉和贯流循环式锅炉。

在自然循环锅炉的管道内，炉水受热后成为汽水混合物，流体密度减小，形成上升管，而饱和水密度较大，在管内自上往下流动，形成下降管，上升管和下降管之间因密度差而自然产生循环流动，故称之为自然循环式锅炉。高压锅炉系统中饱和水与饱和蒸汽之间的密度差异因高压环境而变小，自然循环效果差，需依靠循环泵辅助水循环，故称为强制循环式锅炉。贯流循环式锅炉没有汽水包，内部仅为传热管，管内压力在临界压力以上，出口即形成蒸汽，一般用在超临界压力的大容量锅炉系统中。

由于垃圾焚烧的余热变化范围较大，在生产蒸汽时宜选用蓄热能力大的自然循环式余热锅炉。因此，自然循环式余热锅炉在大型垃圾焚烧厂中应用较为广泛。

(3) 汽轮发电机组

在余热发电和热电联产系统中，余热锅炉的蒸汽被送至汽轮发电机组。汽轮机的机型主要有纯冷凝式、抽汽冷凝式、背压式和抽汽背压式四种机型。鉴于汽轮发电机组的可靠性和可用性远高于焚烧锅炉，因此采用多炉一机方案。对于大型垃圾焚烧厂，为方便不同工况下的机组调度，多采用 2～4 炉配 2 机方案，但全厂汽轮发电机组数量不宜超过 2 套。

① 纯冷凝式汽轮机。余热锅炉的蒸汽全部用于发电或与发电系统有关的设备，此时采用的汽轮机为纯冷凝式汽轮机。汽轮机根据蒸汽压力的不同，设置 1～3 个定压定量抽汽口，供加热助燃空气和给水加热，以提高整个焚烧厂的热效率。发电后由冷凝器将蒸汽冷凝，再送到锅炉中加热。此外，采用纯冷凝式发电方式的补给水量最小。

② 抽汽冷凝式汽轮机。在纯冷凝式汽轮机基础上，中间抽取一部分蒸汽供用户使用，这部分蒸汽是做功后的蒸汽，温度和压力已降低至某设计点，以满足热用户需要为主要目的。抽汽量可调，但调节范围有限。当不需要抽汽时，关闭抽汽口阀门，但汽轮发电机组不会因抽汽阀门关闭而增大发电量，此时则需减少供给汽轮机的蒸汽量（意味着减少垃圾焚烧量）。采用抽汽冷凝式发电方式需要有一个相对稳定的热用户，抽汽量可根据热用户要求而设计。

③ 背压式汽轮机。余热锅炉产生的蒸汽首先全部用于驱动汽轮机，发电后的汽轮机背压蒸汽在供给用户使用后，全部或部分冷凝回收。采用背压式发电方式需要有稳定的热用户，否则排汽会造成热量浪费。背压式汽轮发电机组的规划余量可以取最小值（仅考虑垃圾量和热值波动）。

④ 抽汽背压式汽轮机。抽汽背压式汽轮机是在背压式汽轮机基础上，从中间抽出一部分蒸汽，供另一个蒸汽参数要求较高的用户使用。与抽汽冷凝式汽轮机一样，当不需要中间抽汽时，要求减少送往汽轮机的蒸汽量。

对于垃圾焚烧厂，比较广泛采用的是纯冷凝式汽轮机。垃圾焚烧厂与燃煤热电厂的根本区别为：燃煤热电厂可采用减少和增加燃料的方式来满足热用户用热量的变化；而对于垃圾焚烧厂，每天需要处理的垃圾量基本不变，如果没有相对稳定的热用户，则只能靠焚烧厂自身的发电富裕度来消化，或将多余热量浪费处理，即通过冷凝器回收冷凝水，这两种方式都将增大设备投资。

12.3　厂址选择与用地

工程选址和用地规划是垃圾焚烧厂设计和建设的基础，直接影响到焚烧厂的环境影响、运行管理、工程投资和运行费用等。工程选址的基本原则是：不影响自然生态环境和居民生活环境，投资少，运行费用低。在用地面积设计中，需综合考虑厂内建筑、绿化和公共设施总体布置等诸多因素。

12.3.1　选址要求

垃圾焚烧厂的规划选址是一项政策性、技术性、社会性很强的工作，是焚烧厂建设过程中非常重要的一环。焚烧厂的建设作为一项系统工程，选址应符合《生活垃圾焚烧处理工程项目建设标准》（建标 142—2010）第十五条对厂址选择的要求：①符合城镇总体规划、环境卫生专项规划，以及国家有关标准的规定。②满足工程建设的工程地质条件和水文地质条件。③不受洪水、潮水或内涝的威胁。当受条件限制，必须建在受威胁区时，应有可靠的防洪、排涝措施。④宜靠近服务区，运输距离应经济合理，交通运输条件良好。⑤充分考虑炉渣及飞灰的处理与处置。⑥具备可靠的电力供应和水源供应，有完善的污水接纳系统或适宜的排放环境。⑦对于利用余热发电的焚烧厂，应考虑易于接入地区电网；对于利用余热供热的焚烧厂，宜靠近热力用户。

（1）焚烧厂规划选址的法律性依据

① 焚烧厂规划选址与城镇总体发展规划。生活垃圾的处理与处置设施是城镇功能的重要组成部分，属于城镇基础设施之一。因此，需要根据其服务范围，按照城镇规划要求，在城乡规划区内选择恰当的位置进行建设。

《中华人民共和国城乡规划法》（以下简称《城乡规划法》）第三十五条明确规定："垃圾填埋场及焚烧厂等公共服务设施的用地是依法保护的用地，禁止擅自改变用途。"规划焚烧厂的指导思想应遵循《城乡规划法》第四条规定："遵循城乡统筹、合理布局、节约土地、集约发展和先规划后建设的原则，改善生态环境，促进资源、能源节约和综合利用，保护耕地等自然资源和历史文化遗产，保持地方特色、民族特色和传统风貌，防止污染和其他公害，并符合区域人口发展、国防建设、防灾减灾和公共卫生、公共安全的需要。"

各地市依据《城乡规划法》，与当地国民经济和社会发展规划、土地利用总体规划和详细规划相衔接，制定包括环卫设施建设的当地总体规划条例和详细规划条例，成为规划垃圾处理设施建设的法律依据。

② 焚烧厂规划选址与城镇环境卫生专业规划要求。城镇环境卫生专业规划是垃圾焚烧厂战略规划选址的基本依据，也是焚烧厂选址和建设的法律性依据之一。城镇环境卫生专业规划在对环境卫生现状，包括垃圾产生量、特性、收集、运输、中转、处理与处置、环境卫生管理与设施调查等的基础上，进行相关预测和环境卫生需求综合分析，并开展处理技术路线分析、处理设施布局规划，以及收集、运输、中转等系统规划。

③ 焚烧厂规划选址与环境影响评价。《中华人民共和国环境影响评价法》规定，规划中有关环境影响的篇章或者说明应当对规划实施后可能造成的环境影响做出分析、预测和评估，提出预防或者减轻不良环境影响的对策和措施，作为规划草案的组成部分一并报送规划审批部门。生活垃圾焚烧厂环境评价基本要素见表 12-2。

表 12-2　生活垃圾焚烧厂环境评价基本要素

序号	环境评价基本要素		序号	环境评价基本要素	
1	污染控制	空气污染	9	自然环境保护	气象
2		水质污染	10		地质地貌
3		土壤污染	11		水文
4		噪声	12		植物
5		恶臭	13		动物
6	生活环境保护	日照妨碍	14		旅游景观
7		电波妨碍	15		矿产资源
8		安全性	16		文化遗产

④ 焚烧厂规划选址与建设过程应遵守建设审批程序。垃圾焚烧厂的选址和建设过程应遵守国家和地方规定的建设审批程序，主要有规划（选址）意见书及许可、建设用地规划许可、建设工程许可、环境评价报告书及批复、地质灾害评估、水资源评估、劳动卫生评估、可行性研究报告及评审、初步设计审查、开工许可以及其他规定。

（2）焚烧厂规划选址的基本原则

垃圾焚烧厂规划选址的基本技术原则整理成表 12-3。

表 12-3　垃圾焚烧厂规划选址的基本技术原则

<table>
<tr><td rowspan="4">符合建设厂址的条件</td><td>土地利用信息</td><td>• 厂址选择符合城镇总体发展规划和环境卫生专业规划要求，并综合考虑焚烧厂的服务区域、收集能力、运输距离、转运能力等因素，同时满足相关法规要求
• 厂址选择根据污染物排放情况，明确防治距离要求，作为规划控制的依据，防止对周围环境敏感保护目标的不利影响。必须考虑风险事故情况下的环境影响，依法做好公众参与环境影响评价工作
• 厂址占地面积适宜
• 避开国家和省市规定的生态资源、风景区、森林、自然保护区、历史文物古迹保护区、文化遗址、基本农田保护区、水源保护区以及其他规定不得建设的特殊地区
• 不得在有开采价值的地下资源区建设
• 避开有爆破危险范围
• 建设在对飞机起落、电台通信、电视转播、雷达导航和重要的天文、气象、地震观察以及军事设施等规定无影响的范围内
• 不得任意占用江河湖泊蓄洪、行政区</td></tr>
<tr><td>施工</td><td>• 满足工程地质条件和水文地质条件
• 满足供排水、供电、交通等施工条件</td></tr>
<tr><td>安全</td><td>• 厂址满足工程地质条件和水文地质条件，不应建在发震断层、滑坡、泥石流、沼泽、流砂、采矿陷落等及危岩滚石直接危害地带
• 厂址不应建在受洪水、潮水或内涝威胁、水库坝下易受洪水直接危害地区；必须建在该地区时，应有可靠的防洪、排涝措施
• 应避开熔岩高发育程度地区及有土洞、地下采空区
• 应在设防烈度低于九度的地震区建设
• 不应建在Ⅳ级自重湿陷性黄土、厚度大的新近堆积黄土、高压缩性的饱和黄土和Ⅲ级膨胀土等工程地质恶劣地区</td></tr>
<tr><td>经济</td><td>• 建设费用可接受</td></tr>
<tr><td colspan="2">征地条件</td><td>• 土地所有权、土地性质符合政策规定的征用要求
• 征地费用可接受
• 得到周边公众理解和支持</td></tr>
<tr><td colspan="2">运行与维护</td><td>• 厂址选择应同时确定炉渣、飞灰处理与处置的场所
• 厂址应有满足生产、生活的供水水源，渗滤液及污水排放条件
• 厂址附近应有可靠的电力供应。对于发电的焚烧厂，落实电能上网条件
• 厂址与服务区之间应有良好的道路交通条件</td></tr>
</table>

(3) 焚烧厂规划选址的基本过程

《建设项目选址规划管理办法》（建规 1991 年 583 号）第五条规定：城市规划行政主管部门应参加建设项目设计任务书阶段的选址工作，对确定安排在城市规划区内的建设项目从城市规划方面提出选址意见书。设计任务书报请批准时，必须附有城市规划行政主管部门的选址意见书。

12.3.2 用地面积

垃圾焚烧厂建设用地面积应贯彻安全实用、经济合理、因地制宜、节约用地，满足生产与生活办公的需求并留有发展余地的原则，综合焚烧厂规模、场地情况、设施布局、绿化面积等因素，与周围环境相协调，适应城市发展的需要分析确定。其中，生产管理与生活服务设施在满足使用功能和安全的条件下宜集中布置。

建筑用地指标可参照《生活垃圾焚烧处理工程项目建设标准》（建标 142—2010）的规

定执行（表 12-4），焚烧与烟气净化间的建筑尺寸引用张乃斌的统计结果（表 12-5）。

表 12-4 焚烧处理工程建设指标

类型	额定处理量/(t/d)	焚烧线数量/条	建设用地指标/hm^2	附属建筑面积/m^2		建设期/月	投资估算指标/[万元/(t/d)]
				生产管理用房	生活服务用房		
特大类	≥2000	≥3	—	900～1300	1000～1500	30～36	主体设备和系统进口：≤50 全部国产：≤40
Ⅰ类	1200～2000	2～4	4.0～6.0	700～1100	900～1300	26～34	
Ⅱ类	600～1200	2～3	3.0～4.0	600～900	800～1200	20～28	
Ⅲ类	150～600	1～3	2.0～3.0	500～800	600～1000	18～24	

注：建设用地指标中，对于大于 2000t/d 特大型焚烧处理工程项目，其超出部分建设用地面积按 $30m^2/(t \cdot d)$ 递增计算。

表 12-5 焚烧锅炉规模、数量与主厂房建筑尺寸参考表

单条焚烧线规模/(t/d)		200	300	400	500	600
2条线	宽度/m	58	61	64	69	74
	长度/m	133	136	138	141	143
	面积/m^2	7714	8269	8832	9729	10582
3条线	宽度/m	73	77	82	89	97
	长度/m	133	136	138	141	143
	面积/m^2	9709	10472	11316	12549	13871
4条线	宽度/m	88	93	100	109	120
	长度/m	133	136	138	141	143
	面积/m^2	11704	12648	13800	15369	17160

12.3.3 焚烧厂总体布置原则

生活垃圾焚烧厂总体规划布置应按核准的规划容量，本期建设规模与二期（如有）最终规模统一规划布置，达到功能分区明确、合理紧凑，工艺流程顺畅、连续、短捷。焚烧厂总体规划布置包括总平面规划布置，建（构）筑物平面、竖向与外观布置，厂区综合管网布置，交通运输，绿化等。

(1) 焚烧厂总平面规划布置

生活垃圾焚烧厂总平面规划布置的基本原则如下。

① 构建厂内外的和谐关系。近 20 年来，具有高技术含量的垃圾焚烧处理方法在我国迅速发展起来，但公众对垃圾处理技术的认知尚需进一步提高。在这样的社会环境条件下，焚烧设施建设对周边居民的心理有一定的负面影响。因此，对于垃圾焚烧设施，应加大宣传力度，一方面在总平面规划布置中要满足垃圾焚烧功能的要求，另一方面要创造出与周边环境相协调的、舒适的城市景观环境，以及公众参与的一些必要设施，达到与周边环境的和谐。

焚烧厂的规划设计，应根据厂址所在地区的自然条件，结合生产、运输、环境保护、职业卫生与劳动安全、职工生活，和电力、通信、热力、给水、排水、污水处理、防洪、排涝等设施，以及垃圾热能利用的设施，进行多方案比选。

在焚烧厂的规划布置中，以焚烧厂房（以下简称主厂房）为中心，主立面及厂前区一般靠近厂外主干道，同时避免恶臭、噪声、振动及日照等不利影响，形成具有亲和力的景观式小环境。焚烧厂周边有住宅等公众活动场所时，应设置一些隔离绿地，与厂前区的绿化景观相呼应，使居民有一定的隔离感。

物流运输通道与人流通道分开设置，避免互相干扰；保证包括厂外公路与厂内运输通道的畅通；垃圾车辆一般要右拐、限速进厂；避免靠近厂内生活区并尽可能远离厂外居住区。主变压器和循环水泵的布置，应尽量缩短厂内外各类工程管线。

附属生产设施和生活服务等辅助设施，应根据社会化服务原则统筹考虑，避免重复建设。

② 节约建筑用地，因地制宜，远近结合规划布置。焚烧厂由若干系统组成，主要包括称量、储存与输送、焚烧、余热利用、烟气净化、灰渣处理、给水排水、控制、发电变压、厂用电、采暖通风空调等系统以及供油、压缩空气、化验、机修等其他辅助系统。其中，称量系统、供排水系统、油储存系统等必须独立设置，灰渣处理系统、综合办公楼可独立设置，也可集中设置在主厂房内。各系统布置应紧凑合理，疏密得当，在满足系统设备、运行管理、消防安全、劳动卫生等要求的前提下，尽可能缩小建筑物之间、管道之间以及建筑物与管道之间的间距。考虑我国烟气污染物排放标准修订的可能，并参照国外环境保护的发展情况，适度预留烟气净化设施的改扩建用地，做到近期合理、远期适度。

主厂房、冷却塔、烟囱及综合办公楼等荷重较大的设施宜布置在承载力较高的地段；垃圾池等地下较深的设施应考虑地下水位的影响；需要抗震设防的地区以及有风沙、积雪等影响的地区，需有应对措施。焚烧厂功能区划分见表 12-6。

表 12-6　焚烧厂功能区划分

序号	功能区	主要设施
1	主厂房区	主厂房（焚烧间、烟气净化间、汽轮机间、高架引桥、卸料与垃圾池、软化水处理、压缩空气、渗滤液收集间、换热站与集中空调间、机/电/仪修理间、高/低压配电间、中央控制室、办公室等）
2		冷却塔
3		烟囱
4	厂前区	综合办公楼（也有并入主厂房内）、厂前区绿化等
5	辅助设施区	油库及油泵房
6		综合水泵房与生产、消防水池
7		废水处理或预处理间
8		灰渣处理间（也可布置在主厂房内）
9		地磅房、停车位、围墙与大门等辅助设施

③ 符合消防规范要求。消防系统建设应贯彻“预防为主，防消结合”的方针，确保人身、生产及设备安全。防火重点部位包括中央控制室、油库、垃圾池及档案资料室等。对这些重点场所需设立明显标记，严格施行动火管理制度。根据建筑设计防火规范及其他有关设计规范，主厂房为综合厂房，生产类别为丁类，建筑耐火等级不低于二级。

设计遵循的主要标准和规范有：《建筑设计防火规范》（GB 50016—2014）、《小型火力发电厂设计规范》（GB 50049—2011）、《建筑灭火器配置设计规范》（GB 50140—2005）、

《汽车加油加气站设计与施工规范》（GB 50156—2002）、《火灾自动报警系统设计规范》（GB 50116—2013）、《火力发电厂与变电站设计防火标准》（GB 50229—2019）、《火力发电厂生活、消防给水和排水设计技术规定》（DLGJ 24—91）、《泡沫灭火系统技术标准》（GB 50151—2021）、《水喷雾灭火系统技术规范》（GB 50219—2014）、《固定消防炮灭火系统设计规范》（GB 50338—2003）、《消火栓箱》（GB/T 14561—2019）等。

汽轮发电机间与焚烧间合并布置时，采用防火墙分隔。采用轻柴油燃料启动点火及辅助燃烧时，日用油箱间、油库及油泵间为丙类生产厂房，建筑耐火等级不低于二级。布置在厂房内的日用油箱间，应设置防火墙与其他房间隔开。采用气体燃料启动点火及辅助燃料时，天然气主要成分是甲烷（CH_4），按《建筑设计防火规范》（GB 50016—2014）的规定，天然气调压间生产类别为甲类，建筑耐火等级不低于二级，其设置应符合《城镇燃气设计规范》（GB 50028—2006）（2020 年版）的有关要求。

垃圾池的垃圾储存时间一般不超过 5 天，且处于经常翻动状态，这有助于减少甲烷的产生量。而且，垃圾池的空气作为助燃空气被连续抽取，可有效控制甲烷浓度在 1%以下，不足以构成爆炸或火灾的危险。根据《建筑设计防火规范》（GB 50016—2014）的规定，垃圾池按生产类别丁类，建筑耐火等级不低于二级设防。为了防止火种进入垃圾池导致火灾发生，多采用在垃圾池周边适当位置设置消防水炮等灭火器材。

主厂房是集焚烧工艺、公用工程的设备以及其他辅助设备在内的综合厂房，建筑体量大，厂房内应按工艺要求及建筑功能分区分隔为多个防火分区，必要时还需布置室内消防通道。

考虑到焚烧、烟气净化与发电功能，可参照《火力发电厂与变电站设计防火标准》（GB 50229—2019）第 3.0.3 条规定，规范为焚烧厂房的地上部分，防火分区的建筑面积不应大于四条焚烧线的建筑面积，地下部分不应大于一条焚烧线的建筑面积。因此，焚烧厂房的防火分区一般可分层划分为：卸料大厅与垃圾池间、焚烧与烟气净化间、汽机间、生产辅助间等防火分区。其中，汽机间与生产辅助间可按多层考虑。

垃圾焚烧厂的消防系统主要有：常规水消防系统、探测报警系统、气体灭火系统、移动式灭火系统等。

④ 合理利用风向和朝向。在全厂总平面规划布置时，应从节能和避免火灾、西晒、寒风等不利因素影响，以及最大限度减少非正常运行期间的烟气、恶臭对周边环境影响等角度出发，合理利用厂址地区的风向和朝向。

我国大部分地区属于季风性气候，常年存在两个风频大体相同、风向相反的盛行风向，因此应按影响较大季节的盛行风向或最小频率风向确定规划布置方位。一般情况下，烟囱、冷却塔等对环境产生不利影响的设施，应布置在当地盛行风向的下风侧。此外，还应特别注意局部地区性风的效应，如山谷风、江河湖海附近的水陆风，以及盆地的静风频率等。

主厂房尽可能利用自然采光和自然通风的条件。当这两方面无法同时满足时，首先要考虑自然通风条件，同时尽可能利用采光条件，避免或减少西晒等不利因素的影响。

(2) 建（构）筑物平面和竖向布置

① 建（构）筑物平面布置。主厂房是实现垃圾焚烧、热能利用、烟气净化以及除臭等环境保护等功能的核心区域，将垃圾储存与输送系统、垃圾焚烧与余热利用系统、汽水系统、汽轮发电与发电-变压系统、厂用电系统、全厂仪表与控制系统、除盐水系统、污水处理系统、压缩空气系统、通风空调系统等以及机修、仪修等公用设施全部集中该厂房内。

根据工艺流程和全厂规划，垃圾卸料与垃圾间、焚烧间、烟气净化间、汽机间等建筑功能组合成一个综合厂房。以该厂房为中心，周围布置烟囱、地磅房、冷却塔、综合水泵房与生产用水池（含消防水池）、油库与油泵房、飞灰稳定化等辅助设施，综合楼（也有布置在主厂房内）以及其他等行政设施，通过厂内道路网连接起来，形成全厂有机整体。主厂房作为焚烧厂的中心建筑物，占地面积大，功能用房多，平面和立面限定性较强，建筑风格对厂区整体建筑风格起决定性作用。

主厂房根据其主要功能顺序布置有垃圾卸料与垃圾间、焚烧间、烟气净化间；与焚烧间并列布置的综合楼与汽轮发电机间。

垃圾卸料平台为钢筋混凝土结构，布有卸料门、电气、监控设施及卸料平台观察室等。卸料平台宽度根据焚烧间与汽轮发电机间的宽度之和确定，纵深尺寸根据垃圾运输车的车长或转弯半径确定。平台高度根据焚烧炉进料口的高度、垃圾池深度与抓斗起重机起吊高度，以及平台底层利用要求等因素综合确定。卸料平台多为二层高位布置，运行层高度为 6～7m。小型焚烧厂也可以布置在±0.00m 层。

垃圾间为钢筋混凝土结构，单层布置，垃圾池两侧可多层布置。区域内设置垃圾池、抓斗起重机控制室、焚烧炉进料口，进料口平台上布置除臭设备，在此高度还布置有垃圾抓斗检修场地等设施。垃圾间的宽度为垃圾池宽度与两侧检修平台宽度之和，深度应协调考虑。垃圾间的纵深尺寸按垃圾池与进料口纵深之和确定。

焚烧间基本布有焚烧炉和余热锅炉系统、燃烧空气系统、出灰渣系统、炉排冷却系统等，并留有检修通道。焚烧间为单层，局部多层布置，整体结构为钢结构，炉前为钢筋混凝土结构，与垃圾池连为一体。

烟气净化间与焚烧间尾部顺列布置，且为单层布置。烟气净化间布有脱酸装置、布袋除尘器、脱硝装置、引风机、烟气在线监测系统等，还布有石灰浆配制系统、活性炭喷射系统、灰渣输送系统，以及飞灰处理系统等设施。其中，引风机通过烟道与集束式烟囱连接。

综合生产与汽轮发电区由综合楼与汽机间组合而成，通常与焚烧间及烟气净化间并列布置。当与焚烧间毗邻布置时，应设置防火墙；如果脱开布置，其间距应符合消防规范要求。

② 构筑物竖向布置。构筑物竖向规划布置是根据地形地貌、场外道路及自流管沟标高、洪水位标高、工程地质与水文地质、气象和工艺的要求，以及建设费用等，综合规划厂区的场地与边坡、建（构）筑物、道路及地下管沟、管线等的标高。

主厂房内各连通的运行层应规划在同一标高上，避免台阶。主厂房与其他厂房同样要尽可能布置在同一平台上，并留有合理的场地，注意处理好主厂房与冷却塔、综合水泵房的高程关系。排水处理系统采用考虑自流排放的低位规划布置方式。汽轮发电机组多采用循环水泵低位布置的闭式循环冷却系统，考虑主厂房标高与循环水泵高差的控制，避免循环水泵产生侵蚀破坏。当采用直流循环冷却水系统时，按火力发电厂水工设计技术规定，处理好水源地最低水位与凝汽器顶面高度的竖向关系。

(3) 垃圾焚烧厂道路布置

焚烧厂道路包括厂外道路和厂内道路。厂外道路指厂区与城市道路、公路以及与其他企业连接的道路，其规划建设应满足交通运输、消防、绿化及各种管线的敷设要求。厂内道路指厂区内部道路，分主干道、次干道、支道及车间引道，应根据使用功能、防火与卫生要求规划布置。

① 厂外道路规划建设的基本原则。

a. 遵循节约用地，重视水土保持，环境保护，因地制宜，就地取材，通视良好，景观协调与节省投资等要求。

b. 遵守国家和当地征用土地相关规定。用地范围应为路堤坡角或路堑坡顶边缘以外1m，如有边沟、截水沟等，则从最外边至用地边界的距离不小于1m。

c. 路面应具有足够的强度和稳定性，平整、密实、粗糙度适当。

d. 如果厂外道路需跨越河道的高架坡道建设，一般采用多孔跨径（单孔跨径）分别不大于30m（20m）的小桥，或单孔跨径小于5m的涵洞。此时，高架坡道结构设计安全等级为三级，汽车荷载等级按公路-Ⅱ级；设计洪水频率应与厂外道路一致。具体规划建设应符合《公路桥涵设计通用规范》（JTGD 60—2015）和《公路工程抗震规范》（JTGB 02—2013）的规定。

e. 沿河及受水淹的路基路肩边缘标高应高出计算水位0.5m以上。

② 厂内道路规划建设的基本原则。

a. 厂内道路分为主干道、次干道、支道、厂房引道以及人行道。其中，主干道是指连接厂区人流进出口的道路，次干道是指垃圾车运输通道，以及灰渣、物料运输与垃圾车共用的道路；支道是指上述道路以外的道路以及灰渣、物料运输等专用道路；厂房引道是指厂房出入口的道路；人行道为行人通行的道路。

b. 合理分区，兼顾人流和物流，形成厂内便捷联通的路网，做到交通安全，人流方便，物流畅通。

c. 人流和物流的出入口最好分在不同区域位置，如布置在同一区域位置时，应通过中间分隔带使之互相隔离。分隔带最小宽度为1.5m。

d. 主、次干道及支道尽可能与主要厂房平行规划，以满足室外管线与绿化布置的要求，并使厂房引道联系方便。

e. 厂内道路符合消防要求，尽可能使运输道路与消防道路相结合，以便消防车辆能迅速到达各建（构）筑物及场地。沿主厂房布置环形通道，当不具备设置环行道路条件时，应在道路尽头设有回车场地。

f. 满足厂内道路主要技术标准和卫生、防震、防爆等规范的要求。在满足运输的条件下，尽量减少道路铺设面积，以节省投资和用地。

g. 主干道可采用城市型，其他道路可根据竖向布置要求采用城市型或公路型，道路荷载等级应符合《厂矿道路设计规范》（GBJ 22—87）的有关规定。

h. 尽可能使施工道路与永久道路相结合。

12.4 处理规模

12.4.1 生活垃圾产生量预测

生活垃圾产生量是确定焚烧厂处理规模的重要基础数据之一，垃圾产生量多以环卫部门清运量的统计为准。按照我国城镇建设行业标准《生活垃圾产生量计算及预测方法》（CJ/T 106—2016）的规定，可通过实吨位法和车吨位法计算调查区域的垃圾日产生量。其中，实吨位法为实测法，对于垃圾收运和处理环节已建立完善的计量系统且日产日清的地区，宜选用实吨位法进行统计；车吨位法为估算法，对于垃圾收运称重计量系统尚不完善的地区，可采用车吨位法进行统计。

根据垃圾的产生量现状，预测未来某一时间点的垃圾产生量与特性，这是确定焚烧厂建设规模的必要条件之一。目前，垃圾产生量预测方法主要有增长率预测法、一元线性回归预测法和多元线性回归预测法。其中，增长率预测法和一元线性回归预测法为两类必选方法，预测时必须采用一种或一种以上方法。多元线性回归预测法则考虑多种因素对垃圾产生量的影响，无须设定预测参数，能够减少主观因素对预测结果的影响，但所需数据较多、操作相对复杂，适用于基础数据较为翔实的地区，可作为备选预测方法或用于校核。

此外，还有皮尔曲线法、灰色系统预测法、BP 神经网络预测法等其他预测方法，也可根据实际情况和需要作为备选预测方法或用于校核。为提高预测的综合性和科学性，应至少选取两类方法分别进行预测。具体预测步骤和公式可参照我国城镇建设行业标准《生活垃圾产生量计算及预测方法》(CJ/T 106—2016)。

12.4.2　焚烧厂规模

垃圾焚烧厂的处理规模根据其服务区近年产生量和变化趋势确定。我国现阶段的生活垃圾产生量处于从高速增长向低速增长的过渡阶段，主要影响因素是人口结构变化和垃圾收运体系的完善。区县级焚烧厂的建设采取一次规划、分期实施、公用工程一次建成，或是按一次规划建设、预留场地的办法，以充分发挥设施的利用率，保证环境效益。

值得注意的是，在垃圾焚烧项目快速增长的状态下，需要结合当地影响垃圾产生量的因素分析，适度超前确定处理规模，以免焚烧厂刚建成就出现处理规模不足的现象。与此同时，也要注意避免处理规模过剩的教训。从垃圾处理设施的城市规划看，当有多座焚烧厂时，需要考虑垃圾的调配并建立调配机制。针对一座焚烧厂来说，一般在切实摸清焚烧厂服务区垃圾产生量的基础上，结合焚烧线的经济负荷和污染物控制的工程要求，可按实际处理量的 1.25 倍确定处理规模，或根据下列程序计算处理规模。

(1) 确定垃圾焚烧厂规模的基本程序

为确定垃圾的处理方式和规模，需要考虑当年垃圾产生量、近中期发展趋势，以及不同处理方式的承受能力。焚烧处理方式可分为全量焚烧方式与部分焚烧方式，其中部分焚烧方式用于同其他无害化处理方式联合使用。确定垃圾焚烧厂规模的基本程序如下。

① 根据当地城镇总体规划确定焚烧厂服务期间的服务人口；

② 以当年垃圾产生量、近期影响垃圾产生量的因素、垃圾减量化政策和措施等为基本条件，根据垃圾产生量预测方法，预测焚烧厂服务期间的人日均垃圾产生量。同时，还应考虑其他产生源的垃圾量；

③ 按下式确定服务区内月最大变动系数，即：

$$月最大变动系数=过去\ N\ 年(不少于 5 年)月最大变动系数/N$$

其中，月变动系数=服务区月均日垃圾产生量/服务区年均日垃圾产生量

④ 按下式计算焚烧厂服务期间的日垃圾处理量，即：

$$日垃圾处理量=(人日均垃圾产生量\times服务区规划人数+其他产生源的垃圾量)\times月最大变动系数$$

⑤ 服务区垃圾必须全量焚烧处理时，按最大日处理量核算焚烧处理规模，即：

$$最大日垃圾处理量=日垃圾处理量\times过去\ N\ 年内最大日垃圾处理量/该年均日处理量$$

⑥ 最终确定焚烧厂规模、单台垃圾焚烧炉规模与数量。

（2）焚烧厂规模的分类

垃圾焚烧厂的规模主要根据焚烧炉日工作时间或焚烧厂处理能力划分。根据焚烧炉日工作时间将焚烧厂分为每日24h运行的连续燃烧式焚烧厂、每日16h运行的准连续燃烧式焚烧厂和每日8h运行的间歇燃烧式焚烧厂。后两种方式的处理规模较小，每日需要热态或温态停炉和启动，烟气污染物难以有效控制，因此正在逐步被淘汰。

目前，我国基本是采用连续燃烧式焚烧厂，处理规模多在400t/d以上，单炉规模多在200～300t/d以上。从焚烧厂建设与运行的经济性因素分析，焚烧厂的经济规模不宜小于300t/d。

12.4.3 焚烧技术路线

垃圾的处理量、特性和焚烧厂规模等均会影响技术路线的选择。因此，在规划焚烧技术路线之前，首先需要规划焚烧处理规模。

（1）焚烧处理规模

① 焚烧厂的生命周期。影响焚烧厂生命周期的主要因素有焚烧设施的生命周期、建设投资规模、投资效益以及对垃圾处理量预测的准确性等。各类焚烧厂的生命周期一般以竣工验收后20～30年为基本原则，必要时可设中间服务期以方便调整总的生命周期。

② 年日均生活垃圾处理量。规划年日均垃圾处理量是确定焚烧厂建设规模的基础。日均垃圾处理量的规划一般依据过去5年以上的垃圾产生量、服务区域、焚烧厂生命周期，以及预测近期垃圾产生量的变化等确定。

③ 垃圾特性分析。目前，我国生活垃圾表现出向稳定阶段过渡的特点。一般而言，垃圾未分类投放前厨余占45%～60%，含水率为40%～65%，热值为4200～5000kJ/kg，入炉垃圾热值有所提高，因此正常焚烧处理垃圾时不需添加辅助燃料。生活垃圾成分受季节、地理、经济状况以及居民燃料结构等因素的影响较大，如气化率低、经济生活水平较低的地区垃圾热值低，煤灰等无机物成分相对较高，而气化率高、经济生活水平较高的大中城市垃圾热值相对较高，煤灰等无机物的含量较低。

垃圾特性是规划垃圾焚烧厂建设的最重要基础性资料之一，一般应有近3～5年逐月统计的资料，包括垃圾的物理成分、含水量、堆积密度、低位热值、碳/氢/氧/氮/硫/氯等元素含量，以及灰分和可燃分含量等。而我国的很多城市的垃圾特性资料严重缺乏，在此条件下规划垃圾焚烧厂建设时，应尽早进行垃圾物理成分的监测，至少应取得全年四季典型时期的垃圾特性资料。

（2）焚烧技术路线

垃圾焚烧厂是由若干系统等组成的系统工程（图12-1），其基本流程为：接收存储系统接收垃圾，垃圾入炉后与助燃空气在炉内混合燃烧，产生的热能被余热锅炉回收利用，降温后的烟气经烟气净化系统处理达标后由烟囱排入大气；炉渣经处理后送往填埋厂或作为他用，飞灰进行专门处理；废水送往废水处理系统，处理达标后排入河流等公共水域或加以再利用。现代化的垃圾焚烧厂全部处理过程都可由自动控制系统加以控制。

在规划焚烧技术路线时，焚烧、余热利用、烟气净化等系统的基本内容大体相同，但具体路线和区别需要结合当地情况、垃圾特性、焚烧规模等确定。

总而言之，垃圾焚烧处理应因地制宜地采取经济、合理的技术手段，实现垃圾的减量化、资源化和无害化。在具体规划垃圾焚烧技术路线过程中，应充分考虑热能利用和灰渣、

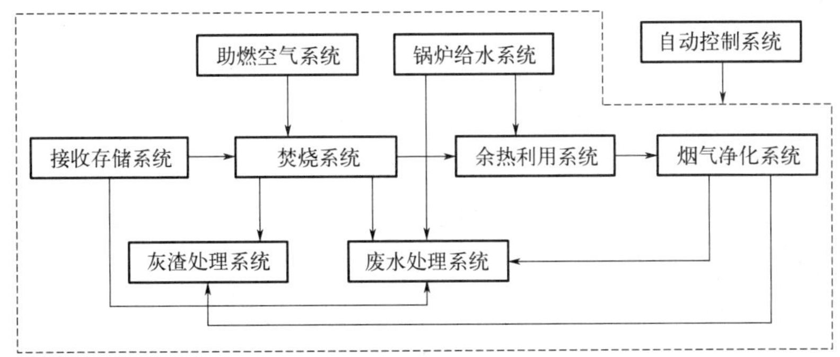

图 12-1　垃圾焚烧厂系统构成

废水循环利用的最大化，固态、液态、气态污染物排放最小化，将垃圾处理、资源化利用与循环经济结合起来，作为选择技术路线的基础。

垃圾焚烧典型技术路线示例图如图 12-2 所示。

12.4.4　焚烧炉和余热锅炉数量

焚烧炉是垃圾焚烧厂的核心设备之一。单炉规模根据焚烧厂处理量确定，而焚烧厂处理量则取决于焚烧厂服务区的垃圾产生量与环卫规划的垃圾处理方式。采用全量焚烧时，须预测该服务区若干年后的垃圾产生量。当焚烧炉的服务寿命在 25～30 年时，可按 8～10 年的垃圾增长趋势确定。

在焚烧厂处理量一定的条件下，焚烧炉数量的确定取决于焚烧技术的成熟性、焚烧炉的适用性和可靠性、辅助设备的标准化程度与故障率情况，以及运行调度的经济性和维护成本等。基于这些条件和建设运营经验，焚烧厂的焚烧炉配置多采用 2～4 台，据不完全统计的结果见表 12-7。此外，为便于运行管理和维修保养，焚烧厂宜采用规格和型号都相同的焚烧炉。

表 12-7　垃圾焚烧厂的焚烧炉数量配置

日处理生活垃圾/t	焚烧炉配置比例/%		
	2 台	3 台	4 台
600～700	70	23	7
701～1200	13	65	22
1201～1800	极少	约 100	很少

在焚烧厂处理规模确定的条件下，增大单炉规模可减少焚烧线数量，同时设备、运行人员数量及正常检修工作量也会相应减少，焚烧厂建设和运行会更加经济，如 2 条焚烧线比 3 条焚烧线的投资节省约 15%，运行费用节省 10%～15%。因此，在建设焚烧厂时，可考虑适当提高单炉的处理能力，从而减少焚烧炉台数，节省建设成本和运行成本。对于不同处理规模的垃圾焚烧厂，建议的单台焚烧炉最小容量和台数见表 12-8。

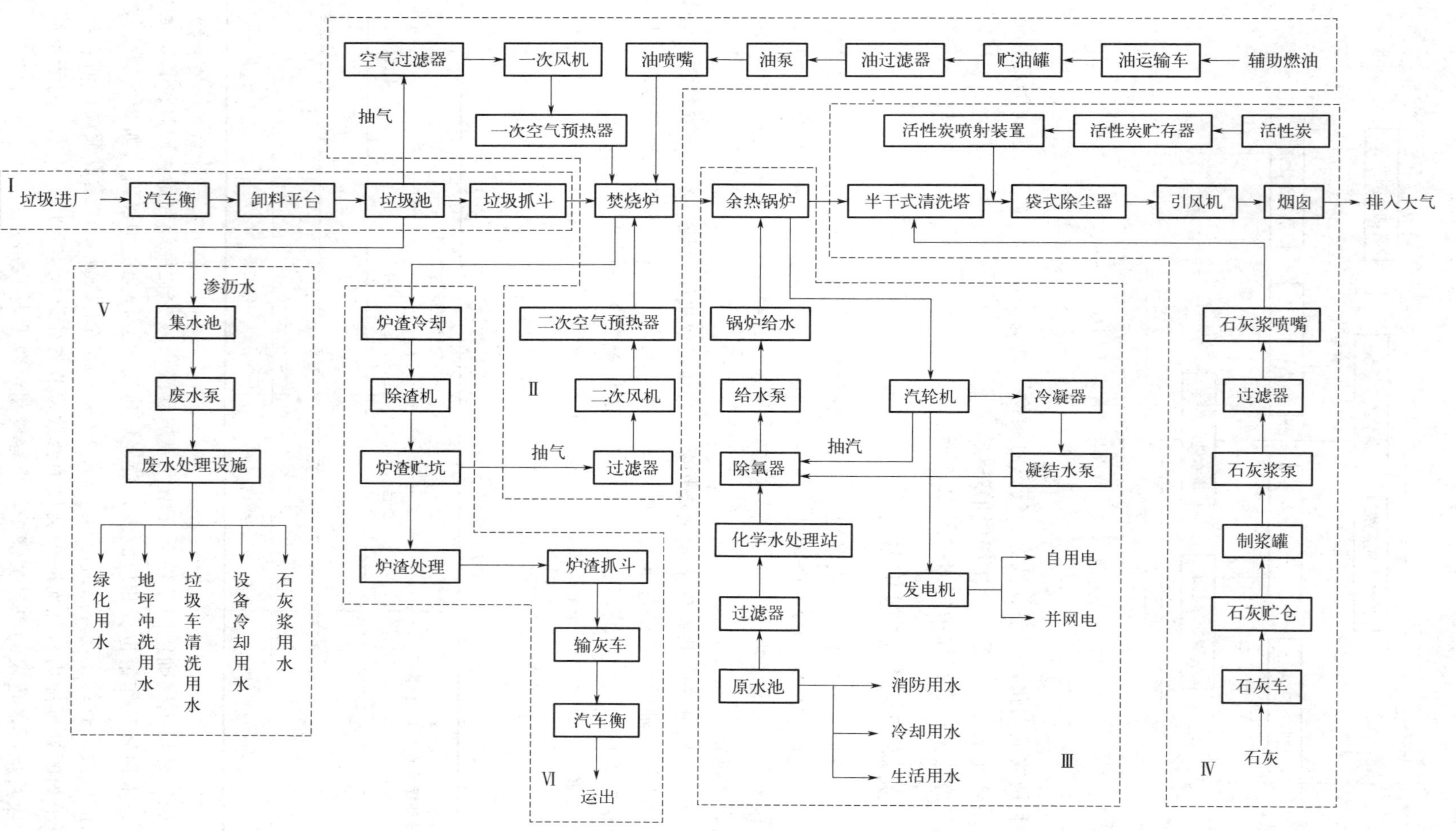

图 12-2　垃圾焚烧典型技术路线示例图

Ⅰ-接收存储系统；Ⅱ-焚烧系统；Ⅲ-余热利用系统；Ⅳ-烟气净化系统；Ⅴ-废水处理系统；Ⅵ-灰渣处理系统

表 12-8　建议的焚烧炉最小容量和台数

焚烧厂规模			理论上单炉最小容量/(t/d)	建议值	
类型	额定处理量/(t/d)	焚烧线数量/条		最小容量/(t/d)	台数/台
特大类	≥2000	≥3	500	660	≥3
Ⅰ类	1200～2000	2～4	300	400	2～3
Ⅱ类	600～1200	2～3	150	300	2～3
Ⅲ类	150～600	1～3	37.5	150	1～2

为提高焚烧厂的经济性，防止焚烧余热的热污染，应对焚烧过程中产生的余热进行回收利用。为便于烟气降温和余热回收，在焚烧厂的建设过程中，一般每台焚烧炉均需配备 1 台余热锅炉，或直接将焚烧炉与余热锅炉组合成一体，简称为一体式余热锅炉。在一体式余热锅炉中，余热锅炉的水冷壁构成焚烧炉燃烧炉室和炉膛的全部或部分外壁，甚至焚烧炉排直接吊挂在余热锅炉的水冷壁上；或者采用水冷壁构筑成焚烧炉的前拱和后拱，在前后水冷壁的燃烧室段或炉膛段布设多排二次风。

思考题

1. 垃圾焚烧厂建设条件是什么？
2. 垃圾焚烧厂的主要设备包括哪些？
3. 垃圾焚烧炉有哪些类型？分析常用焚烧炉的性能和特点。
4. 垃圾焚烧厂的选址要求是什么？
5. 简述垃圾焚烧厂规划选址的基本原则。
6. 如何规划垃圾焚烧技术路线？
7. 不同规模的垃圾焚烧厂，焚烧炉数量应如何设置？

第13章 运行维护与管理体系

生活垃圾焚烧厂运行维护与管理体系的目标，首先是保证焚烧炉安全、稳定、持续地运行，以及排放物满足相关标准的要求；其次是最大限度地利用焚烧余热。为此，需要健全运行管理体系，制定设备维护保养制度，同时建立劳动安全体系，重视安全设计、安全管理、环境保护和职业健康，达到专业化、规范化、标准化和精细化的水平。

13.1 运行维护管理要求

13.1.1 健全运行管理体系

健全运行管理体系，可保证设备或系统以可靠、有效、经济、安全及环保的方式运行，达到控制运行风险的目的。

焚烧厂的运行管理体系至少应包括运行规程管理、生产运营指标分析管理等管理制度，还包括例会管理，操作票管理，交接班管理，巡回检查管理，设备定期试验和轮换管理，台账、报表和日志管理，保护、联锁和报警系统投退管理等。

(1) 运行规程管理

运行规程管理的目的是规范运行规程工作，确保运行规程的内容随系统、设备异动而更新和定期审查；为运行规程的时效性提供保证，以便员工能够以此为标准，采用有效、合理的方法进行设备和系统操作的管理。焚烧厂可参考《生活垃圾焚烧厂运行维护与安全技术标准》(CJJ 128—2017)，并结合自身的设备情况，编制和修订运行规程。

运行规程应每年进行一次复查修订，每 3 年进行一次全面修订。出现下列情况之一时，应及时对运行规程进行补充和修订：①颁发新的规程和反事故技术措施。②设备系统变动。③企业事故防范措施需要。

(2) 生产运营指标分析管理

生产运营指标分析是指对一定时期内焚烧厂的全部或部分生产运营活动过程及结果进行分析，找出实际与计划、本期与上期、实际与设计、实际与先进的差距，剖析原因，挖掘潜力，改进运行工作。

这项工作是促进运行人员和生产管理人员掌握设备性能及其变化规律，保证设备安全、经济运行的重要措施。运行人员通过仪表、运行记录、设备巡查和操作情况等，及时分析和发现问题，制定对策，不断提高设备安全和经济运行水平。运营分析的内容包括专业分析、岗位分析、定期分析、事故和异常分析，以及在此基础上的专题分析等。

(3) 运行例会管理

制订运行例会管理制度是为了及时发现运行生产管理方面的问题和薄弱环节，找出主要设备的缺陷或隐患，并提出改进措施，从而不断提高安全、经济运行水平。运行例会参加人员包括生产副总经理、运行部门经理、维护部门经理、各专业专责工程师等。运行例会一般每月一次，包括运行部门月度例会和维护部门月度运行例会。

(4) 操作票管理

操作票是指进行设备（系统）操作时明确操作任务及步骤，指示运行人员按书面步骤及顺序进行操作，且执行时随时携带的书面命令。主要内容包括操作任务、操作步骤、操作和监督人员姓名，以及起止时间。操作票由操作人填写，交监督人审查，最后交主值和值长审查。

操作票填写和审查合格后，操作人、监督人应在符合现场实际的模拟图上进行模拟预演，以保证操作项目和顺序的正确。监督人按操作票项目顺序唱票，操作人复诵并改变模拟图设备指示位置。对于模拟图板上没有的系统设备，在操作前结合一次接线图进行模拟预演。

(5) 交接班管理

交接班管理是为了有效组织运行人员的劳动协作关系，使运行人员掌握设备的运行状态和运行方式，从而保障设备的安全、稳定、经济运行。

交接班的要求是：①按轮值表和时间进行交接班。②接班人员在接班后方可进行工作，交班人员未办理交接手续不得离开岗位。③在重要操作过程中发生事故时，不得进行交接班。④设备如有重大缺陷或异常运行情况时，交接班双方必须同到现场，待情况了解清楚后经交接班值长批准，方可进行交接。

(6) 巡回检查管理

巡查的目的是使生产人员能够了解设备和系统的运行状态，及时发现设备缺陷，从而迅速采取措施，保证设备安全运行。巡查分为定期巡查、不定期巡查和特殊检查（如雷雨、高温、寒流、大雪等特殊天气）。

巡查的要求是：①建立健全巡查标准，明确值班人员的检查范围、时间、路线、内容和方法。②重要设备和系统每 2h 检查 1 次，辅助设备和系统每 4h 检查 1 次。③特殊情况，除按规定检查外，有针对性地增加检查次数。④发现异常情况时，检查人员根据有关规程规定和具体情况予以处理，并及时汇报。

(7) 设备定期试验和轮换管理

定期轮换是指将在用设备与备用设备进行倒换运行的方式。做好定期轮换工作，可及时发现设备的故障和隐患，及时处理或制定防范措施，从而保证备用设备的正常和在用设备的长期安全、可靠运行。

定期试验是指对在用设备或备用设备进行动态或静态启动、传动，以检测设备的健康水平。测试前后，必须将受测设备对地放电，试验结束后，如无特殊要求，将受试设备及系统恢复到原状态。

(8) 运行台账、报表和日志管理

运行台账、报表和日志管理的目的是分析和掌握设备的运行数据及其变化规律，为设备运行维护提供依据，同时也为运行效益评估、事故调查提供依据。

运行台账是指对设备检修交代、设备运行状态等的记录台账。运行台账一般分为运行岗位常规工作台账、运行管理工作台账两种。前者设在控制室，主要以笔记形式或电子版形式保存，后者设在运行主管固定工作地点，以电子文本形式或书面形式保存。

运行报表是指对设备运行性能、经济性的相关参数做周期记录统计，以表格形式汇总上报的表单。

运行日志是指对设备运行状态、运行情况做真实反映的现场记录。设备、系统运行区域负责人以电子文本形式或书面形式对设备、系统运行的安全、健康、环保性能进行记录。

(9) 保护、联锁和报警系统投退管理

保护、联锁和报警系统投退管理的目的是规范保护、联锁和报警系统投退管理的程序，明确审批程序，加强管理，确保设备的稳定运行；加强关键设备保护系统的管理，使保护装置在关键设备出现故障或异常时及时准确地动作或报警，确保关键设备的安全。

保护、联锁和报警系统投入前，须经系统专责人提出保护投入申请，并与运行人员共同确认状态良好，由双方在申请单上签字后方可投入。

运行部门根据运行管理工作项目，需要组织相应的运行管理人员，定期进行检查并形成检查报告。定期运行管理工作主要内容见表13-1。

表13-1　定期运行管理工作主要内容

序号	主要内容	周期	形式
1	运行分析例会	每月1次	纪要
2	运行岗位分析检查和评价	每月1次	记录
3	运行学习班检查	每月每值抽查1次	记录
4	运行日报记录检查	每天检查1次，每月分析1次	检查记录
5	运行日志数据和记录检查	每天检查，每季度保存1次	检查记录
6	工作票统计和检查	每月1次	检查记录
7	操作票统计和检查	每月1次	检查记录
8	反事故演习检查和评价	每季度1次	检查记录
9	运行设备巡查	每月1次	检查记录
10	运行交接班情况检查	每月1次	检查记录
11	设备定期试验和轮换情况检查	每月1次	检查记录
12	运行工器具和防护用品检查	按照规定检查	检查记录
13	运行规程修订	每年检查1次，下发运行规程补充规定；每3年修改1次	检查记录
14	运行系统图修订	每年检查，下发补充系统图册；每3年修改1次	检查记录
15	生产运营指标分析	每月1次	分析报告
16	运行人员定期技能考试和考核	每季度1次	考试记录
17	设备保护投退情况月度统计	每月1次	统计记录
18	运行管理子系统中制度/标准评价	每季度1次	评价报告
19	主辅设备能耗诊断试验	A级检修前进行	报告
20	主辅设备优化运行试验	A级检修后进行	报告

13.1.2　设备维护保养制度

垃圾焚烧厂需要建立设备维护保养制度，定期实施保养工作，以延长设备寿命，保障焚烧设施的安全、连续、稳定运行。焚烧厂的设备维护保养制度主要包括以下几点：

① 正确操作，加强巡查。了解设备，掌握操作技能，正确操作是对设备最基本的维护。加强巡查，能熟悉掌握设备的运行状态，及时发现问题并处理，避免较大故障和事故的发生。

② 定期检查。定期检查一般是让设备暂停运转或在运转中进行常规检查的一种方法，主要是检查腐蚀、磨损等情况，必要时进行修复。

③ 加强设备润滑。为了避免转动设备的轴承、齿轮、链轮等磨损，对润滑油位、油温、油压实施日常检查，及时补充，并编制设备润滑检查定期加油一览表。

④ 保持清洁。对设备进行定期清扫，特别是焚烧系统等设备，有些部件直接接触垃圾、灰渣，长时间不清扫会加速设备的腐蚀和损害。

⑤ 备件和易损件更换和补充。对设备的易损件，必须根据使用寿命定期更换，以防引发故障或损害。

⑥ 状态检修。在设备运行状态下诊断故障及隐患，及时处理，提高运行率。

在遵循设备维护保养制度的同时，焚烧厂还需根据具体设备或系统的情况实施相应的维护保养工作。参照《生活垃圾焚烧厂运行维护与安全技术标准》（CJJ 128—2017），将维护保养工作内容划分为各个系统的维护保养。

1）垃圾接收存储系统

(1) 汽车衡维护保养

汽车衡维护保养应符合下列规定：①编制维护保养规程。②每年不少于一次校验。③汽车衡台面与四周保持合理间隙，保持整洁。④防雷接地完好，接地电阻符合国家标准。⑤限速标志清晰，减速带完好。⑥北方冬季采取防结冰和防滑措施。

(2) 垃圾卸料平台及卸料门维护保养

垃圾卸料平台及卸料门维护保养应符合下列规定：①及时修复破损地面、墙面或损坏的设施。②及时修复损坏、堵塞的排水设施。③定期巡检卸料门，检查驱动和传动机构，对卸料门主体材料进行防腐检查及处理；检查电动和自控装置，保证卸料门启闭正常和密封。④定期巡检卸料平台安全防护设施、照明、信号指示灯。

(3) 抓斗起重机维护保养

抓斗起重机必须经特种设备监督部门监测合格，并在许可有效期内使用。其维护保养应符合下列规定：

① 变频电机保持清洁，内部无水滴、油污及杂物，承受温度不超过 95℃，不能闻到焦味，不能出现异常振动或听到其他杂音。定期检查轴承并补充润滑脂。

② 减速器连接件、紧固件无松动，油位不低于下限，无漏油现象。

③ 制动器的制动瓦正确地贴合在制动轮上，接触面积不小于理论接触面积的 50%，制动系统各部件动作准确灵活。

④ 对钢丝绳进行日常、定期与专项检验，按《起重机 钢丝绳 保养、维护、检验和报废》（GB/T 5972—2016）有关规定进行保养，达到报废条件时必须及时报废。

⑤ 每个季度检查称量装置（载荷限制器）的传感器和报警点变化情况。

⑥ 保持大、小车的车轮轴承润滑或免润滑状态良好，轴承温度和噪声处于正常状态。

⑦ 定期检查“三合一”减速器的制动间隙，不得自行调整其制动力矩。

⑧ 经常检查起重机和小车运行轨道的压板，不得产生松动现象。

⑨ 每年一次全面检查起重机桥架及其主要构件，检查所有连接螺栓、焊缝和主梁挠度。

⑩ 检查大、小车移动电缆是否有摩擦，以及电缆跑车是否变形锁坏，轮子及螺丝是否松动、脱落。

(4) 消防设施维护保养

消防设施维护保养包括，定期巡检消防设施；经常检查消防设施完好性，发现紧固件松动及时修理；消防水炮转动部位经常加润滑剂，以保证转动灵活，使消防水炮处于良好的使用状态。

(5) 皮带输送系统维护保养

皮带输送系统维护保养，包括定期清除皮带内侧污物、异物等，确保皮带摩擦可靠；每日检查传动滚筒电机运行情况；每日检查输送皮带是否松动、是否拉长等并及时调整；每月检查主、副滚筒转动是否灵活，检查传动轧辊与皮带的配合度并及时调整，给转动机构添加润滑油。

2）焚烧炉及余热锅炉系统

(1) 炉排型焚烧炉维护保养

① 巡检炉排、给料器及除渣机。炉排无明显变形和摩擦，给料器运行无机械卡涩，进退灵活到位，行程开关指示正确；液压缸行程正常，无摩擦严重现象，进退灵敏，液压油无泄漏；出渣机运行无卡涩和严重摩擦，进退灵敏，液压油无泄漏；出渣机推杆前后无积渣，人孔门封闭完整，液压管接头完好。清洗水管、排污管及阀门畅通灵活。

② 巡检液压系统，重点是油箱油位、油质、油温和油压，检查油泵及电机的振动、声音和电流，冷却系统完好，设备管路接头有无松动、漏油现象。

③ 巡检启动及辅助燃烧系统。

④ 巡检炉墙是否完整、严密，有无脱落或烧损现象，测量焚烧炉外壁温度，监控其耐火保温材料状况。

⑤ 巡检焚烧炉密封状况，包括人孔、视镜等。

⑥ 巡检高温摄像头。

⑦ 巡检仪表和控制装置及附件是否完整、严密、畅通，指示是否正确。

(2) 余热锅炉维护保养

① 巡检水位计、压力表、温度计和流量表等，保持水位计指示正确、清晰易见，照明充足。

② 巡检锅炉承压部件，及时消除跑、冒、滴、漏、震及爆管等缺陷。

③ 安全阀等必须在标定的有效期内。

④ 巡检锅炉清灰系统，防止结渣。

⑤ 巡检空气预热器、加药装置等。

⑥ 余热锅炉停、备用时，为防止受热面腐蚀，做好水侧保养和烟气侧保养。

3）汽轮发电机及其辅助系统

汽轮发电机及其辅助系统维护保养应符合下列规定：

① 汽轮机本体，主油泵、轴承、转子等声音正常，无摩擦撞击声，轴承振动、轴向位移、滑销系统等正常。

② 调速系统动作平稳，无跳动和卡涩现象，调速汽门开度与负荷相适应。

③ 油系统油压正常，冷油器出油温度保持在 35～45℃，轴承出油通畅，轴承温度和油温正常，油箱油位正常，油系统管路无堵塞、漏油现象，排水排污及时。

④ 凝汽器本体、抽气设备、凝结水泵运行正常，凝汽器水位正常，真空变化正常，排汽温度、循环水进出水温正常，管道、法兰无漏水；冷却设备运行正常、冷却淋水细度和密度均匀，发电机冷却器无漏水漏风。

⑤ 除氧器本体及其汽水系统管道、阀门正常，加热蒸汽、主凝结水、补充水、疏水等汽水管道无泄漏，管道支撑无松动，保温层无松动脱落，管内无异常振动和水击声，阀门连接良好，除氧器压力安全阀不漏汽、不误动。

⑥ 检查润滑油控制油过滤器。阻力小于规定值时，及时切换或清洗、更换滤芯，旁路过滤至少每周一次汽轮机润滑油。

⑦ 对凝结水泵、射水泵、疏水泵、供油泵等辅助设备定期进行切换和补充润滑油等。

⑧ 汽轮机乏汽采用空冷系统冷却时，按照设备制造厂家提供的技术要求进行维护保养。

4）烟气处理系统

（1）半干法烟气脱酸系统维护保养

① 巡检石灰浆液制备系统，检查设备温度、声音、振动和转速等、石灰浆液罐料位、搅拌器电机是否正常，防止石灰浆液沉淀结块，检查浆泵叶轮磨损情况，管路及阀门是否堵塞。

② 定期酸洗石灰浆液制备系统；停运后，及时清洗石灰浆液制备系统。

③ 定期酸洗和清洗雾化器。

④ 巡检雾化器，检查转速、振动及轴承温度等是否正常；雾化器喷嘴堵塞时，及时移至检修平台酸洗或更换。

⑤ 巡检反应塔，振打底部放灰；停运后及时清理反应塔下部积灰。

（2）活性炭喷入系统维护保养

① 活性炭喷入系统避免出现架空、泄漏、堵塞等情况。

② 检查活性炭仓温度和压缩空气压力是否正常。

③ 检查各给料螺旋、喷射器、气动阀工作是否正常。

（3）袋式除尘器维护保养

① 巡检袋式除尘器，滤袋如有破损，及时更换。

② 检查压缩空气压力、压差传感器工作是否正常。

③ 根据袋式除尘器前后压差进行在线清灰或离线清灰。

④ 检查灰仓振打器、泄灰阀和刮板机工作是否正常。

5）公用系统及建（构）筑物系统

（1）公用系统维护保养

① 水池、水塔、水箱等储水设施，确保无堵塞、溢流、变形、渗漏等现象，水位正常。

② 确保水泵等转动机械设备的轴承、电机温度和电流正常，无摩擦，无异常振动，水泵盘根无大量漏水，仪表指示正确，润滑良好。

③ 长期停运的水泵，需关闭水泵进出口阀门，将水泵内积水排尽。

④ 管道、阀门及附件，无跑、冒、滴、漏现象；及时更换腐蚀、漏水的管道、阀门及设备。

⑤ 采用膜处理方式进行除盐水制备时，每2h巡检膜元件，确保产水量、工作压力、工作温度等参数正常，定期清洗膜组件。

⑥ 空压机无漏油、漏水、漏风现象，保护罩完好，紧固件连接良好，无松动，轴承温度、振动正常。

(2) 建筑物维护保养

① 及时对建筑物进行维修保养，加强隔离、密封、防水、保温、隔热、采光等功能维护，保持建筑物的外表整洁、美观。

② 垃圾池宜三年清理一次，并进行全面维护保养。

③ 水池、供水塔、冷却水塔、油库应每年清淤一次，并进行必要的防渗等维护保养。

④ 对钢结构系统及构件每年进行一次检查。

⑤ 钢结构构件的防腐油漆、防火材料表面有老化、变质和剥落时，及时除锈补漆或防火涂料。

6）炉渣输运与处理系统

炉渣收集及输送系统维护保养应符合下列规定：

① 巡检炉渣输送机械，确保托辊、驱动装置、输送带、清扫装置、支架等处于正常状态。

② 除铁器，运转部分转动灵活，减速器运转平稳，密封处不漏油，吸、卸铁功能正常。

③ 破碎机、振动筛分装置，出料粒度符合要求，无异响，无严重振动，运行平稳。

7）飞灰处理系统

(1) 机械输灰设备维护保养

① 机械输灰设备，驱动及传动装置运行良好，密封状态良好，无积灰结垢。

② 卸灰阀，密封可靠，无泄漏、无异响、动作灵活。

③ 飞灰仓，仓料位计、除尘设施、保温、加热和振打装置正常，仓内无积灰、板结、外漏、架空。

④ 计量装置计量准确。

⑤ 定期更换易磨、易损部件。

(2) 气力输灰设备维护保养

① 飞灰仓，进料装置、计量装置、除尘设备、加热装置、泵体等运行正常，无泄漏、无堵塞。

② 管道、阀门无泄漏、无堵塞。

③ 系统停运后，及时吹扫仓泵、管道积灰。

8）渗滤液处理系统维护保养

① 定期巡检渗滤液处理系统设施，及时维护、保养格栅、搅拌器、布水器、曝气装置等设备，清理污垢、杂物、积水、积泥。

② 及时对膜进行清洗。

③ 及时清除污泥浓缩池的浮渣，保持污泥处理设施、设备清洁。

④ 沼气处理和恶臭防治系统，必须严格执行动火工作票和监护制度，作业现场沼气浓度满足安全要求，及时维护、保养沼气处理和恶臭防治系统设施、设备。

13.1.3　运行管理主要技术指标

1）垃圾接收存储系统

垃圾接收存储系统主要实现计量、运输、卸料、储存，以及破碎、输送等功能。

(1) 进厂垃圾计量管理要求

① 进厂垃圾称重，垃圾量、运输车辆信息等应记录、统计、存档，储存在计量管理系统中。

② 垃圾运输车在称重过程中低于限定速度，匀速通过汽车衡。

③ 垃圾计量数据在焚烧厂运行周期内长期保存。

(2) 卸料管理要求

① 垃圾运输车进入卸料区遵从指示信号或现场人员的指挥，防止垃圾车落入垃圾池。

② 每天检查卸料门、卸料防撞、防坠落、防滑、防火等设施，以及指示灯、警示牌、事故照明灯等，确保其状态良好、工作正常。

(3) 垃圾储存管理要求

① 垃圾储存量保持在合理范围内。

② 及时转移垃圾池内卸料门前的垃圾。

③ 垃圾池内的新老垃圾分开堆放，对进料、堆酵进行动态管理，以提高入炉垃圾的均匀性和低位热值。

④ 运行人员进入垃圾池和附属建筑物作业前，有害气体检测合格并采取安全措施后，方能进入。

(4) 垃圾投料管理要求

① 抓斗起重机操控人员服从中控室生产指令，均匀供料。防止碰撞、惯冲、切换过快、泡水、侧翻等事故发生。如发现不能焚烧的大块垃圾，需将其抓至暂存区内。

② 对入炉垃圾进行计量、记录，自动计量装置需保持完好，并按有关规定定期校验。

③ 保持抓斗起重机操作室与垃圾池密闭隔离；观察窗保持清洁，透视良好。

(5) 垃圾破碎机运行管理要求

① 垃圾破碎机启动运行前须进行全面检查，控制系统、液压系统、散热系统、轴承、动静刀头等能正常运行。

② 垃圾破碎机运行前保证转动程序设置正确（启动空转 2～3min 后投料）。

③ 垃圾破碎机投料抓斗缓慢分批次张开，防止一次投放全部物料以避免堵塞或架桥；料斗内垃圾宜充实。

④ 停机时保证破碎机内无残存垃圾，在自动运行模式下自动停止设备，并将电源开关旋转至锁定位置，锁定设备。

2）焚烧炉及余热锅炉系统

炉排型焚烧炉及余热锅炉系统由炉排型焚烧炉、余热锅炉、一次风系统、二次风系统、辅助燃烧系统、给水系统和主蒸汽系统等组成。冷态启动前，焚烧炉及余热锅炉的质量检查和准备应符合下列规定：

① 重点检查炉排及液压系统、推料器、出渣机、燃烧器、燃烧室及烟道、清灰装置、转动机械、汽水管道及辅助燃料管道、压力容器、阀门、风门、挡板、汽包水位计、压力表、安全阀、承压部件的膨胀指示器、现场照明、计算机系统等。

② 试验，包括水压试验、安全阀校验、冲洗过热器、转动机械试运行、漏风试验、余热锅炉水位保护试验、压力保护试验、汽温保护试验、炉膛负压保护试验、液压系统保护试验、MFT 保护试验等。

③ 阀门置于正确状态；风门、挡板开关灵活，无卡涩现象，开度指示正确，就地控制、遥控传动装置良好，确保所有风门置于正确状态。

④ 所有系统、工艺设备处于可用状态，物料齐备。

⑤ 余热锅炉给水水质符合《火力发电机组及蒸汽动力设备水汽质量》（GB/T 12145）的有关规定。

⑥ 余热锅炉巡检完毕后，可经省煤器向炉内注入合格的除盐水。

⑦ 在上水过程中，汽包、联箱的孔门及其阀门、法兰、堵头等无漏水现象；当余热锅炉水位升至汽包水位计的－100mm 处时停止上水，此后水位不变。若水位有明显变化，查明原因并予以消除。

炉排型焚烧炉及余热锅炉冷态启动程序应符合下列规定：

① 启动时，依次开启引风机、一次风机，并以最低速度运行，维持炉膛负压至规定要求；按有关技术要求对炉膛进行吹扫；开启二次风机，以最低速度运行，调整一、二次风压，使炉膛负压至规定数值；依次开启冷却风机和密封风机。

② 焚烧炉升温时，开启主燃烧器，控制燃烧器的负荷和数量。若主燃烧器点火失败，须对炉膛进行吹扫 5min（或按锅炉制造商规定）后方可再次点火；炉膛升温过程遵循供货方提供的升温曲线要求。

③ 垃圾入炉时，须保证烟气净化设施、设备投入使用并能正常运行；当炉膛主控温度达到 850℃以上时，方可投放垃圾，并将垃圾推到炉排上铺满；开启辅助燃烧器，完成垃圾点火；观察炉排上垃圾着火和燃烧情况，逐步增加垃圾量和料层厚度；当炉排尾部出现炉渣时，调节料层挡板以维持料层厚度。

④ 助燃条件下，须确保炉膛主控温度不低于 850℃；在增加垃圾入炉量的同时，调整引风机和一、二次风机风量，确保炉膛负压和余热锅炉出口含氧量至规定值；达到额定垃圾处理量后，逐渐减少燃烧器负荷直至退出。

⑤ 垃圾热值太低，或炉膛主控温度低于 850℃时，辅助燃烧器则自动开启；观察火焰位置、料层厚度以及除渣情况，通过调整炉排运动速度，确保炉渣热灼减率达到规定值。

⑥ 炉膛升温时，余热锅炉按照厂家提供的升压曲线进行升压操作；在压力上升期间，开启省煤器与汽包之间的再循环阀，定期巡检省煤器出口水温，避免达到饱和温度；余热锅炉，正常进水时关闭再循环阀，升压至规定要求时关闭过热器疏水阀，依次对锅炉下联箱进行排污，使锅炉各受热面和下联箱受热均匀，排污过程中要密切观察汽包水位。

炉排型焚烧炉及余热锅炉运行中的监视和调整应符合下列规定：

① 焚烧运行要求为：炉膛负压保持－100～－50Pa，炉膛主控温度高于 850℃，炉渣热灼减率小于 3%，一氧化碳含量日均值（标准状态下）不大于 $80mg/m^3$，余热锅炉出口氧含量符合要求。

② 余热锅炉运行要求为：保持过热器出口蒸汽温度和压力达到额定值，以保证饱和蒸

汽和过热蒸汽的品质；保持汽包水位正常、蒸发量平稳、排烟温度至规定值。

③ 余热锅炉必须确保连续排污和定期排污正常，并根据汽水化验结果调整排污量。排污时加强对汽包水位的监视和调整，保持汽包水位稳定。

④ 出现下列情况，需立即停炉：锅炉严重满水，汽包水位超过水位计上部可见水位；锅炉严重缺水，汽包水位在水位计中消失；压缩空气压力达最低值；引风机或一次风机停止运行；锅炉汽水管道、助燃管道爆破或着火，威胁人身及设备安全；过热蒸汽压力或温度过高报警；液压系统故障，无法立即恢复；炉排故障停运，短期无法恢复；启动阶段燃烧器停运。

炉排型焚烧炉及余热锅炉停炉程序应符合下列规定：

① 停止进料，当垃圾料位达到低料位时，关闭料斗密封门。

② 炉膛主控温度不低于 850℃ 时，自动投入辅助燃烧器；如果需要，还应投入主燃烧器。

③ 减小蒸汽量和风量，直至停止供汽，关闭主汽阀。

④ 燃烧器运行宜逐渐取代垃圾燃烧，使炉膛主控温度不低于 850℃，直至炉排上垃圾完全燃尽后才停运炉排，并按照炉膛降温曲线降温，逐步减小直至关闭燃烧器。

⑤ 在炉膛降温的同时，余热锅炉降温降压，并保持余热锅炉汽包水位正常。当汽包（或汽包抽汽）压力低于设定值，供风量低于额定供风量的 30%时，停止向空气预热器供蒸汽。

⑥ 当负荷低于 20%或蒸汽温度低于设定值时，解列减温水。

⑦ 根据炉膛降温情况，逐步关闭密封风机、冷却风机、二次风机和一次风机，最后关闭引风机。

3）汽轮发电机及其辅助系统

汽轮发电机及其辅助系统运行应符合下列规定：

① 汽轮机启动前，所有阀门需处于正确位置。检查辅助设备，确认转动机械无卡涩，轴承油位正常、油质良好；所有仪表及控制系统正常；冷态启动前，测量汽轮机本体的膨胀原始值并记录检查结果。

② 汽轮机冷态启动时，需打开主蒸汽管道疏水门后再开始蒸汽管道进行暖管；低压暖管时，缓慢开启电动主汽门的旁路门；升压暖管至额定压力，升压速度和升温速度按规定进行；暖管时，严防蒸汽漏入汽缸，必要时可开启凝结器冷却水系统进行降温；冲动汽轮机转子前后，检查并确认进入汽轮发电机组各个轴承的油流正常，轴承油温、润滑油压和调速油压正常。

③ 严格监控汽轮机转速、轴承油温、轴向位移、振动、胀差等各项技术指标；汽轮机在适宜真空下运行，凝结水无过冷却现象，排汽温度和凝结水温度相差不超过 1～2℃；每运行 2000h，用提升转速的方法试验危机保安器。

④ 汽轮机正常停机前，确认各辅助油泵及盘车装置电机正常；正常停机时，按照制造厂规定的降负荷曲线进行降负荷；在负荷降至一定数值后，停止抽汽回热系统；在汽轮机转速到零时，停止射水泵；转子静止后，立即投入盘车装置，盘车期间润滑油泵运行，润滑油系统正常运行，直至机组完全冷却。

4）烟气净化系统

烟气净化系统运行应符合下列规定：

① 控制炉膛主控温度，采用SNCR系统或SCR系统、SNCR+SCR系统控制NO_x等排放达标。

② 采用干法、半干法或湿法等烟气脱酸系统，控制HCl、SO_x等排放达标。

③ 喷入规定品质和数量的活性炭，确保重金属、二噁英等排放达标。

④ 采用高效袋式除尘器，确保颗粒物排放达标。

5）公用系统及建（构）筑物系统

公用系统及建（构）筑物系统运行应符合下列规定：

① 对生产供水水质进行监督，必要时进行预处理，确保水质合格。

② 保证生活污水处理设施稳定运行，做到达标排放。

③ 加强锅炉排污水、除盐水站的酸碱中和水、循环冷却水系统排污等生产废水的管理。

④ 当压缩空气系统运行时，不使用易燃液体清洗阀门、过滤器、冷却器的气道、气腔、空气管道，以及正常条件下与压缩空气接触的其他零件。

⑤ 制定空调、通风与供暖公用设施的运行办法，并严格执行。

6）炉渣输运与处理系统

炉渣输运与处理系统运行应符合下列规定：

① 炉渣和飞灰分别收集、输送，并及时清运。

② 输送机、除铁器、破碎机、振动筛分装置等连接完好、运转正常、无堵塞、漏渣。

③ 电气、仪表、连锁保护运行良好。

④ 炉渣热灼减率不合格时，该批炉渣不宜直接出厂。

⑤ 炉渣运输车辆在运输过程中密闭，避免遗撒。

7）飞灰处理系统

飞灰处理系统运行应符合下列规定：

① 飞灰送第三方处置时，运输、转移、处理和处置全过程执行转移联单制度。

② 飞灰收集、输送及储存时，确保系统保温、加热装置、振打装置运行正常，密封良好，防止飞灰受潮、板结、搭桥；使用气力输灰时，监控仓泵进气压力等参数，确保仓泵及其管路系统无堵塞。

③ 飞灰稳定化处理时，混炼机、螺旋输送机密封良好，无漏灰、漏液现象；计量装置运行正常、计量准确。

④ 飞灰进入填埋场处置，须符合《生活垃圾填埋场污染控制标准》（GB 16889—2008）的规定；如进入水泥窑处置，需符合《水泥窑协同处置固体废物污染控制标准》（GB 30485—2013）和《水泥窑协同处置固体废物环境保护技术规范》（HJ 662—2013）的规定。

8）渗滤液处理系统

渗滤液处理系统运行应符合下列规定：

① 当渗滤液通过管网或采用密闭输送方式送至城市污水处理厂处理时，需符合《生活垃圾焚烧污染控制标准》（GB 18485—2014）的有关规定。

② 渗滤液厂内处理系统运行包括预处理、生化处理、膜处理、污泥处理、沼气处理和恶臭防治等系统。

综合以上各个系统的运行规定和注意事项，并结合《生活垃圾焚烧厂运行维护与安全技术标准》（CJJ 128—2017）的基本要求，把垃圾焚烧厂运行管理主要技术指标整理于表13-2中。

表 13-2　垃圾焚烧厂运行管理主要技术指标

序号	运行管理指标	代码	单位	计算模型	控制标准
1	进厂垃圾量	IMSW	t/d(t/h)	IMSW＝日(小时)进入垃圾池的垃圾量	—
2	焚烧垃圾量	BMSW	t/d(t/h)	BMSW＝抓斗起重机日(小时)计量的入炉垃圾量	—
3	掺煤比	COAL	%	$\text{COAL}=\dfrac{\text{月掺烧煤量(t/m)}\times\text{煤发热量(kcal/kg)}}{\text{月焚烧垃圾量(t/m)}\times 5500\text{(kcal/kg)}}$	5
4	年运行小时	—	h	统计值	8200
5	连续运行小时	—	h	两次检修之间运行小时数	3000
6	焚烧利用小时	—	h	$\text{焚烧利用小时}=\dfrac{\text{年垃圾处理量(t/a)}}{\text{焚烧炉小时处理规模(t/h)}}\times 100\%$	—
7	年均日垃圾处理量	—	t/d	$\text{年均日垃圾处理量}=\dfrac{\text{年焚烧垃圾量(t/a)}\times 24\text{(h/d)}}{\text{年运行时间(h/a)}}$	—
8	焚烧垃圾负荷率	—	%	$\text{焚烧垃圾负荷率}=\dfrac{\text{年均日垃圾处理量}}{\text{额定垃圾日处理量}}\times 100\%$	70～102
9	焚烧垃圾热负荷率	—	%	$\text{焚烧垃圾热负荷率}=\dfrac{\text{年均日垃圾处理量}\times\text{平均垃圾 LHV}}{\text{额定垃圾日处理量}\times\text{设计点 LHV}}\times 100\%$	60～110
10	炉排片更换率	—	%	按 8000h/16000h/24000h/36000h 计	0.5/1.0/1.2/2.0
11	主蒸汽参数及其变化范围	P_0/t_0	MPa/℃	锅炉过热器集箱出口的主蒸汽压力与温度	—
12	炉膛主控温度与烟气停留时间	θ_{lt}/T_{lt}	℃/s	炉膛烟气在 850℃区域停留时间	≥2
13	进对流受热面烟气温度	θ_{dl}	℃	进入末级过热器或前端蒸发器时的温度	<650
14	排烟温度	θ_{py}	℃	余热锅炉省煤器烟气侧出口温度	180～220
15	焚烧炉燃烧效率	η_{rsl}	%	$\eta_{rsl}=(1-\text{化学不完全热损失 }q_3-\text{机械不完全热损失 }q_4)\times 100\%$	97
16	余热锅炉热效率	η_{yrl}	%	$\eta_{yrl}=\dfrac{D_0\text{(kg/h)}\times H''\text{(kJ/kg)}+D_{lp}\text{(kg/h)}\times H'_s\text{(kJ/kg)}}{D_0\times H''+D_{lp}\times H'_s+Q_{ly}\text{(kg/h)}\times H_{ly}\text{(kJ/kg)}}\times 100\%$	82

续表

序号	运行管理指标	代码	单位	计算模型	控制标准
17	焚烧炉热效率	η_{gl}	%	$\eta_{gl}=\eta_{yrl}\times\eta_{rsl}$	80
18	供电量	W_{gk}	kW·h	按厂、网间电费结算依据的计算公式： 供电量=并网关口表计量点电能表抄见电量	—
19	厂用电率	L_{FD}	%	$L_{FD}=\frac{厂用电量W_{cy}}{发电量W_f}\times100\%$ 厂用电量=生产生活行政用电量+主变损耗+线损+基建用电量+临时用电量+合作单位直供电量	焚烧厂规模≤900t/d，I_{FD}≤18% 焚烧厂规模>900t/d，I_{FD}≤16% 焚烧厂规模>1800t/d，I_{FD}≤14%
20	单位垃圾发电量	WF	kW·h/t	$WF=\frac{发电量W_f-其他燃料发电量W_{other}}{焚烧垃圾量BMSW}$ 其他燃料按折合成收到基低位发热量29271kJ/kg的煤量计	500
21	单位垃圾供电量	WG	kW·h/t	$WG=\frac{垃圾发电量WF\times(1-厂用电率L_{FD})}{同期焚烧垃圾量BMSW}$	400
22	汽轮机排汽参数	P_n/t_n	MPa/℃	汽轮机排汽绝对压力与温度	—
23	单位焚烧垃圾耗电量	—	kW·h/t	$单位焚烧垃圾耗电量=\frac{厂用电量(kW\cdot h/a)}{焚烧垃圾量(t/a)}$	—
24	单位焚烧垃圾耗水量	—	t/t	单位焚烧垃圾耗水量=消耗水量(t/a)/焚烧垃圾量(t/a)	—
25	水重复利用率	—	%	水重复利用率=年重复利用水量/年消耗水量	—
26	汽轮机汽耗率	d	kg/kW·h	$d=\frac{汽轮机进汽量}{发电量}=\frac{m(kg)}{P(kW\cdot h)}$	—
27	汽轮机热耗率	HR	kJ/kW·h	HR=汽轮机汽耗率×(主汽焓－给水焓) $=d(kg/kW\cdot h)\times H''_0(kJ/kg)-H'_{gs}(kJ/kg)$	—
28	炉渣率(干)	—	%	炉渣率(干)=(干炉渣量+炉排漏渣量)/焚烧垃圾量	—
29	飞灰率	—	%	$飞灰率=\frac{飞灰量}{焚烧垃圾量}$	层燃型，3 流化型，12

续表

序号	运行管理指标		代码	单位	计算模型	控制标准
30	渗滤液率		—	%	渗滤液率＝渗滤液量/入场垃圾量	实际统计值
31	炉渣热灼减率		—	%	按规定取样的检测值	3
32	飞灰安全处置率		—	%	飞灰安全处置率$=\frac{\text{飞灰安全处置量(t)}}{\text{飞灰产生量(t)}}\times 100\%$	100
33	$Ca(OH)_2$ 消耗量		—	kg/t	$Ca(OH)_2$ 消耗量$=\frac{Ca(OH)_2\text{使用量(kg/h)}}{\text{处理垃圾量(t/h)}}$	8～12
34	烟气原始浓度（标准状态下）	颗粒物	—	mg/m^3	余热锅炉出口烟气的颗粒物浓度	—
35		NO_x	—	mg/m^3	余热锅炉出口烟气的氮氧化物浓度	—
36		CO	—	mg/m^3	余热锅炉出口烟气的一氧化碳浓度	—
37		二噁英类	—	mg/m^3	余热锅炉出口烟气的二噁英浓度	—
38	烟气污染物排放指标		—	%	尘、HCl、SO_2、NO_x、Hg、Cd、Cr、Pb、二噁英类及 CO，以标准状态下在线仪表测量及有资质第三方检测报告为准	环评批复
39	活性炭单位消耗量(标准状态下)		—	mg/m^3	活性炭单位消耗量$=\frac{\text{活性炭用量(mg/h)}}{\text{余热锅炉出口烟气量}(m^3/h)}$	50～100
40	脱氮原料消耗量		—	kg/t	脱氮原料消耗量$=\frac{\text{脱氮原料用量(kg/h)}}{\text{处理垃圾量(t/h)}}$	—
41	氨逃逸率	SCR	—	mg/m^3	SCR 出口烟气中的氨气浓度	2.3(3)
42		SNCR	—	mg/m^3	焚烧锅炉出口烟气的氨气浓度	8.0
43	环境等效噪声级		—	dB(A)	厂界噪声	环评批复
44	厂区绿化率		—	%	厂区绿化率$=\frac{\text{厂区绿化面积}(m^2)}{\text{红线内总面积}(m^2)}\times 100\%$ 注：不含屋面绿化面积	30

13.1.4 垃圾焚烧智能化管理

我国生活垃圾普遍存在热值低、水分大的特点，为了使垃圾充分燃烧就需要焚烧炉保持良好的炉温和稳定运行，并且还要考虑烟气处理，有效控制二次污染和废水处理等问题。因此，垃圾焚烧是一项复杂的系统工程。

我国经济正在进行转型升级，逐步向自动化、智能化转变。垃圾焚烧厂由于特殊的工艺条件，进行智能化改造符合行业的发展趋势，并有利于提高焚烧效率。

推广垃圾焚烧智能化控制，融合焚烧与大数据分析、人工智能，加上各类分布式传感设备和无人智能化作业设备的不断涌现，可大大改变现有焚烧厂作业模式和作业工种。同时，基于大数据的焚烧全自动控制技术和环保调控系统的研发应用、智能化检修应用，也可使焚烧厂运行更加稳定、可靠、连续，从而能够实现焚烧厂“更清洁、更高效、更安全”的目标。

智能焚烧是指通过对垃圾焚烧厂的入厂计量、焚烧工况优化、环保监管、预警及决策分析、日常运营、数据汇总等进行全过程一体化智能管理，实现精准计量焚烧垃圾、规范运行过程、实时监控污染排放和优化管理模式。国内外已在大量开展关于垃圾焚烧智能化运行的理论模拟和实证研究，包括垃圾收运和存储、焚烧过程、灰渣处理、烟气污染物等智能化控制。

(1) 垃圾收运和存储智能化控制

常用的垃圾收运系统智能控制模型有服务主导模型、中间件模型和五层模型等，其中五层模型的应用最为广泛。五层模型主要为传感器和网关的感应层、输送容量和路网容量的网络层、数据库和决策单元的中间件层、智能应用的应用层、流程图和实时图表的业务层，在垃圾收运智能化管理的具体体现如图 13-1 所示。

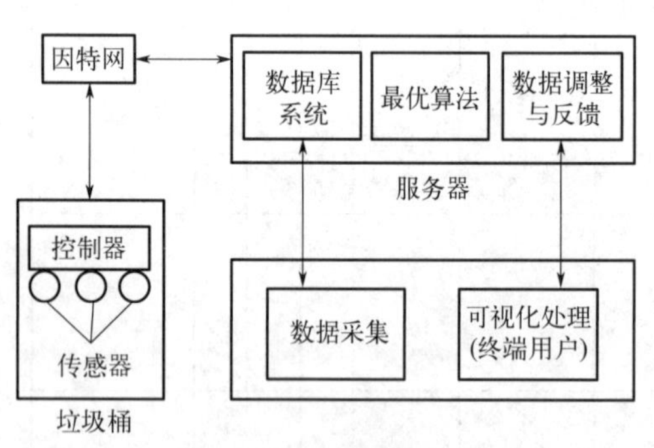

图 13-1 垃圾收运智能化管理系统结构示意图

由垃圾桶内的传感器测量垃圾桶容量和垃圾堆积水平，计算垃圾量，数据通过无线网络技术传至服务器并存入数据库系统中，经最优算法计算垃圾收运的最优路线后将目标路径发送至终端用户界面，并进行可视化互动。同时，服务端也可根据以往数据，以人工智能算法对未来垃圾的堆积水平和收运路径上的垃圾桶进行预测。通过物联网技术连接垃圾桶和垃圾焚烧厂，得出垃圾堆积地点和产生量，由此确定焚烧厂的选址地点和处理规模，并优化运输路线，最终实现低成本和高效率的垃圾收运目标。

生活垃圾具有组分复杂、含水量大及热值低的特点，经收运入池后需堆存发酵改善燃烧性能后才进入焚烧炉焚烧。垃圾的种类和成分不同，储存发酵后的热值也存在较大差异。为改善炉内垃圾燃烧状况，可在经验、历史数据和专家意见的基础上，分析焚烧炉运行机理，选择合适的输入参数，基于 ANFIS（Adaptive Network-based Fuzzy Inference System，自适应神经模糊系统）、SVM（Support Vector Machine，支持向量机）或 RF（Random Forest，随机森林）等技术建立垃圾热值预测模型，并借助 PSOA（Particle Swarm Optimization Algorithm，粒子群优化算法）、GA（Genetic Algorithm，遗传算法）或 ACOA（Ant Colony Optimization Algorithm，蚁群优化算法）进一步优化模型参数，为垃圾焚烧提供可靠的热值信号，从而实现对运行参数的精准控制和实时调控。

（2）焚烧过程智能化控制

为实现稳定燃烧和清洁的烟气排放，可采用焚烧过程智能化控制，如焚烧炉运行数据的自动监测，根据焚烧炉运行状况自动控制进料、运行参数智能化调节等。

在垃圾焚烧过程中，需要对炉内燃烧（火焰）状态进行实时监测，以便及时调整。传统的监测方法为在炉排上部安装摄像设备或在火焰观察口进行人工监测，这存在调节效率低、人工主观性强的缺点。因此，有必要采取机器智能化自动监测方法，其中有火焰图像处理和人工智能诊断技术。

垃圾焚烧炉燃烧状态诊断过程示意图如图 13-2 所示。首先，通过垃圾典型燃烧状态与火焰图像的对应关系，定义并提取特征变量。为了验证用这些变量来表征垃圾燃烧状态的效果，引入粗糙集进行特征属性约简，删去部分不相关或重要性较小的特征量，选择主导特征量构成最佳组合，这样不仅可避免部分属性对诊断结果的干扰，还有利于提高诊断系统的实时性。将选定的主导向量作为输入向量，创建一个前向反馈神经网络并用于进行燃烧状态诊断。基于火焰图像 3 个分区对应的 12 个特征量算法模型，建立典型燃烧状态特征样本集，以及神经网络为基础的燃烧状态诊断模型，最终实现燃烧状态的诊断，并能够及时给出相应的燃烧调整建议。

对于垃圾焚烧炉，尤其是小型焚烧炉，需要重点监测对燃烧过程影响较大的因素。通过神经网络模型与加森指数（Garson Index）相结合的方式，可以生成一系列的影响因素贡献分析，这不仅有助于诊断运行偏差，还能确定最重要的燃烧影响因素，简化垃圾焚烧的复杂性。研究结果表明，分批进料方式下的给料量和主燃烧室的最低温度是两个最为关键的操作因素，需要适当控制。因此，可采用模糊控制和炉温偏差神经网络 PID 控制（比例积分微分控制）的智能集成控制方法。首先，根据蒸汽负荷用模糊控制器进行给料量的调节，然后基于神经网络 PID 控制器对炉温进行调节，再将两个给料输出值进行比较，从而确定给料量变化值和合适的炉温。

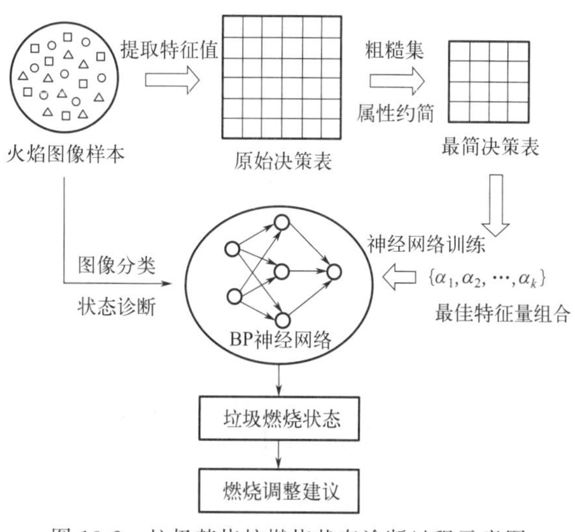

图 13-2　垃圾焚烧炉燃烧状态诊断过程示意图

垃圾焚烧运行参数具有复杂性和强耦合关系，因此除对部分参数进行重点控制外，还需要对焚烧系统进行整体控制。目前，已发出的智能化控制策略主要包括 PID 控制方法、模糊控制方法和仿人智能控制方法，并对焚烧系统进行模块化建模，从而实现对各运行参数的整体控制。

（3）灰渣处理智能化控制

垃圾焚烧过程会产生灰渣，需要妥善处理。通过智能化控制焚烧过程，可减少灰渣的产生量。对于灰渣，有必要进行收集、运输、处置和利用等环节的全过程智能化控制。目前，技术相对先进的是丹麦技术大学 Allegrini 等人的研究成果。通过对炉渣分拣、输送、配料、搅拌、布料、成型、脱膜、液压、电气控制等系统组成的全规模灰渣管理及回收利用系统进行全生命周期分析，发现该灰渣管理系统可实现无人化和自动化控制，达到盈亏平衡点。在处置方面，灰渣 pH 缓冲能力强，处理后可进入填埋场，或进行路基浇灌，制备混凝土和免烧砖等资源化利用。在智能化研究中，可以基于物联网技术对灰渣处置的全过程进行联网监管，优化运输路径，使其联动数据精确报表，实现可视化和数字化。

(4) 烟气污染物智能化控制

垃圾焚烧产生的烟气污染物主要有粉尘、酸性气体（如 NO_x、SO_2、HCl、HF 等）和痕量有机污染物（如二噁英等）。

对于颗粒物，需要实时连续监测其排放量，监测技术包括取样法（稀释抽取或直接抽取）和非取样法（插入实时监测）。若采用人工烟道取样，会存在操作复杂和工作量大的问题，因此可基于直接取样法的重量法，构建烟气颗粒物在线监测系统。通过微量振荡天平法进行自动化采样和称重，实现高自动化的连续在线监测。非取样法通过将光源发射装置布置于烟道外，反射装置在烟道内，用光程回路对烟气内污染气体进行测量。

酸性气体智能化控制主要根据烟气在线监测装置来实时监测污染物浓度，并建立相应的模型对监测结果进行评估，从而及时、准确地调控脱酸剂添加量。例如，基于物联网技术、神经网络算法和 Eley-Rideal 反应动力学方程，可建立烟气 NO_x 浓度和脱硝效率的定性分析和定量预测模型，该模型的标准化应用流程如图 13-3 所示。

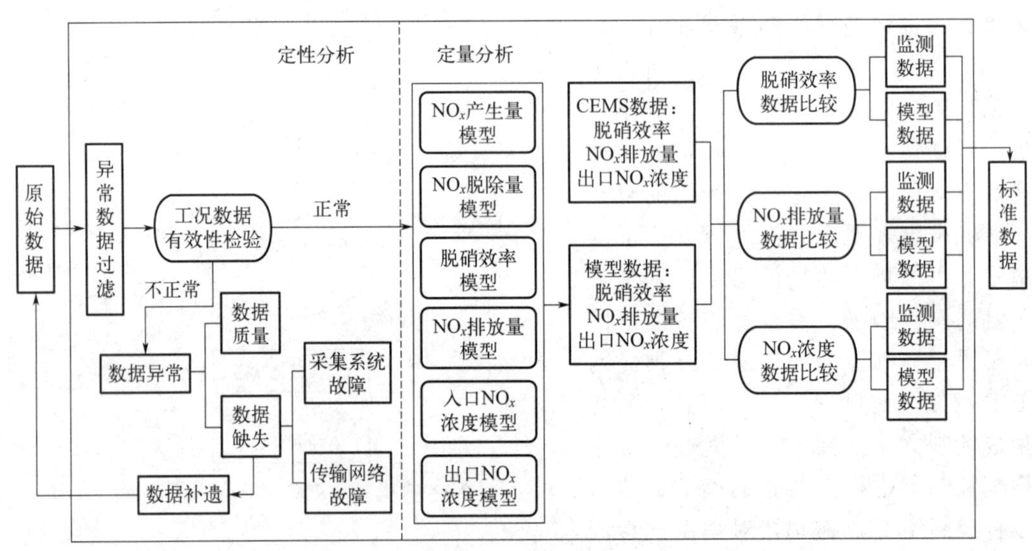

图 13-3　脱硝工艺模型标准化应用流程图

首先，采集脱硝数据，用定性分析模块对数据进行筛选，排除因异常工况或 DCS（分布式控制系统）模拟数据接入导致的异常数据。然后，用定量分析模型预测 NO_x 产生、脱除、排放和浓度数据，判断焚烧厂 CEMS（烟气在线监测系统）的有效性。最后，根据定性和定量模块筛选出可靠的工况数据，对脱酸剂的添加量进行相应调整。类似地，可构建湿法烟气脱硫智能监控系统，由监控模块检测识别烟气中的含硫因子，完成准确的脱硫智能监控，并有效减少脱硫剂的消耗量，提高系统的经济性。

二噁英的毒性很强，需要严格控制。在垃圾焚烧前，可通过垃圾分类和分选预处理减少重金属和有机氯的入炉量，从源头控制二噁英的产生。对于焚烧过程和焚烧末端产生的二噁英，通过检测、分析垃圾焚烧和烟气净化运行参数，筛选出与二噁英密切相关的参数，如炉温、烟气停留时间、烟气 CO 和 HCl 含量、烟气流速、蒸汽量、活性炭品质和喷射量、布袋除尘器压力等，根据参数检测数据构建模型，预测二噁英动态变化趋势，实现提前预警和智能诊断，并通过 DCS 和相关设备 PLC 控制，实现二噁英自动控制功能，减少或避免二噁英超标事故的发生。

由于生活垃圾组分多样化，焚烧过程极为复杂，垃圾焚烧厂智能化管理难度较大。目前，国外垃圾焚烧智能化控制的研究主要集中于欧美、日本等经济发达国家和地区。我国在此方面的研究尚处于起步阶段，垃圾焚烧厂仍相当依赖人工操作。所以，进一步研究和开发智能监测、智能控制和智能处理系统，并应用到工程实践中，是垃圾焚烧未来发展的方向。

13.2 检修管理体系

13.2.1 设备检修规定

垃圾焚烧厂的正常运行需要有效的设备检修制度来保障。为此，应充分利用现有条件，组织专业技术人员和生产运行人员，按照规定检修设备，以减少故障率，延续有效寿命期。设备检修需要满足以下几点规定：

① 检修管埋需执行《生活垃圾焚烧厂检修规程》（CJJ 231—2015）的规定，并按有关规定合理安排设备、系统及附属设施检修。

② 检修分 A、B、C、D 级，根据设备的运行状态，合理安排各级检修时间，保障焚烧线年运行时间不少于 8000h。

③ 每年下半年根据主设备和辅助设备的运行状况、检修间隔、环保排放指标和生产技术指标，结合当地季节气候特点、垃圾处理任务等因素，编制下一年度检修计划。

④ 检修开工前做好主设备、辅助设备性能试验和技术鉴定，并组织生产运行管理人员再次对设备和系统的运行情况、存在的缺陷（隐患）进行全面盘查和核实，提出检修消缺清单，优化检修项目。

⑤ 设备检修人员做到三熟三能：熟悉装配工艺、工序和质量标准，熟悉设备构造、性能和系统布置，熟悉常用工具、仪器、材料的规格、性能和使用范围。能掌握装配钳工手艺，能掌握专责范围内的安全技术知识和设备缺陷，能看懂设备构造图纸和绘制简单配件图纸。

⑥ 对外委托的检修项目实行合同管理并签订安全协议，做好实施过程管理和后评估工作。

⑦ 检修质量验收实行三级验收，质量验收实行签字负责制和质量追溯制；发现不符合项时需填写不符合项通知单，并按相应程序处理。

⑧ 检修按计划准备、施工管理、质量验收、启动试运、检修总结及后评估等环节做好持续改进工作。

⑨ 根据实际情况加强检修管理信息化系统建设，改进计划检修管理，逐步实施状态检修。

⑩ 年度检修计划、实施及变更需向当地生活垃圾处理主管部门报批，并在当地环境保护主管部门、电网公司等相关部门备案。

垃圾焚烧厂设备、系统及附属设施检修需符合预防为主、计划检修的原则，保证检修安全和检修质量，保障设备处于良好状态。为避免影响焚烧系统的正常运行，在计划和实施设备检修时，需要注意以下几点内容：

① 检修的重点和特点。设备检修工作要根据焚烧处理设备的特殊性，抓住检修工作特点和重点。一方面各系统设备繁多，设备也有主次之分，主要设备一旦出问题就可能使整个系统瘫痪。因此，对主要设备的检修要做好充分的准备工作，检修项目和程序要严格贯彻。另一方面，掌握焚烧设备出现故障率较高的环节和故障现象，如接触垃圾和灰渣的设备部件，这些设备的故障特点是受腐蚀和磨损快；设备的轴承因连续长期运行，易磨损；锅炉过热器管、对流管，挂灰较重，易形成高温腐蚀、爆管；蒸汽管道阀门，由于工质参数波动较大，长期带水的疏水蒸气管道、阀门都容易腐蚀，冲刷破损等。

② 创造有利于检修工作的环境和条件。系统设备的公用部分和单机在运行中要做到有效隔离，这样当某个环节的设备部件，或某段管、阀门出现的故障时，可单独隔离开来抢修，不至于停下整套设备。另外，主要设备应配置备用单元，以便能及时替换。

③ 检修方式的安排。统一的定期计划检修并不适用于所有设备，要根据不同的设备制定出适当的检修期，逐步实施预防性计划检修。综合考虑事后检修和状态检修，分类别进行落实。

13.2.2 分级检修重点技术要求

垃圾焚烧厂设备检修分级，计划检修分为 A、B、C、D 四级，检修等级划分及检修停用时间应符合表 13-3 的规定。其中，主设备包括抓斗起重机、焚烧炉及余热锅炉、烟气净化系统、汽轮发电机组、主变压器、分散控制系统等能够完成焚烧厂基本功能的设备及附属设备，辅助设备包括引风机、给水泵、空压机、采暖通风系统等主设备以外的生产设备。

表 13-3 焚烧厂检修等级及检修停用时间

等级	检修内容	停用时间
A 级	对主/辅设备进行全面解体检查和修理，以保持、恢复或提高设备性能	15～25d
B 级	重点对主/辅设备进行解体检查和修理	10～18d
C 级	根据主/辅设备磨损、老化的规律，有重点地进行检查、评估、修理、清扫	7～15d
D 级	在主设备总体运行状况良好时，只对附属设备和辅助设备进行集中性消缺	3～6d

焚烧厂可根据设备监控参数、技术监督项目及设备评估结果，调整主设备不同等级的检修周期。对于已有焚烧厂，常规的主设备检修周期宜符合表 13-4 的规定。对于新投产的焚烧厂，主设备第一次 A 级或 B 级检修的时间应根据设备制造厂家的要求、合同规定及主设备的具体情况确定；无明确规定时，焚烧炉及余热锅炉、汽轮发电机组和烟气净化系统应安排在正式投产运行 1 年后，主变压器应安排在正式投产运行 5 年后进行。

表 13-4　焚烧厂主设备检修周期

设备名称	检修周期			
	A 级	B 级	C 级	D 级
焚烧炉及余热锅炉	根据炉型和运行情况确定，一般为 2～4 年	两次 A 级检修之间视情况安排	每年	3～6 个月
汽轮发电机组	4～6 年	两次 A 级检修之间视情况安排	每年	—
主变压器	根据运行情况和试验结果确定，一般为 10 年	—	—	—
烟气净化系统	2～4 年	—	每年	3～6 个月
抓斗起重机	根据厂家规定确定			

焚烧厂在每年下半年需要结合本厂设备情况，编制下年度检修计划。在编制设备检修计划时，除依据国家及行业相关标准、设备使用说明书、设备运行中发生的故障和存在的缺陷、检修前设备状态评估报告等外，还需要区分 A、B、C、D 不同检修等级。

A 级标准检修计划包括：①设备制造厂要求的项目。②对设备全面解体、定期检查、清洁、测量、调整和修理。③设备定期监测、试验、校验和鉴定。④按需要定期更换零部件的项目。⑤按相关技术监督规定确定的检查项目。⑥消除设备和系统的缺陷和隐患。

B 级标准检修计划：主要针对某些主设备和主要辅助设备存在的问题，对其进行解体检查和修理。在检修过程中，可根据设备状态评估结果和特征，有针对性地实施部分 A 级标准检修项目或定期滚动检修项目。

C 级标准检修计划包括：①清除设备、系统及附属设施的缺陷和隐患；②清洁、检查和处理易损、易磨部件，必要时进行实测和试验；③按相关技术监督规定中确定的检查项目。

D 级标准检修计划主要内容为：消除设备和系统的缺陷，并根据设备状态的评估结果安排部分 C 级检修项目。

焚烧厂可根据设备状况调整各级检修的标准检修计划，在一个 A 级检修周期内安排实施所有的标准检修计划。此外，技术改造项目、反事故措施和安全技术劳动保护措施项目可根据需要安排在各级检修计划中。

在焚烧厂设备检修过程中，分级检修重点技术要求为：

① 抓斗起重机进行外观、轨道、刹车及滚筒、抓斗液压缸及阀块等全面检修维护，并做防腐处理。

② 分级检修应对焚烧炉及余热锅炉耐火材料进行检查和修复。

③ 焚烧厂 A、B、C 级检修需满足：进行余热锅炉受热面金属监督工作，对水冷壁、过热器等管道检查并抽样测厚，水冷壁管测厚抽检率不低于 20%；A 级检修时，余热锅炉受热面割管送检，并进行主蒸汽管道、受监压力管道金属监督检查工作。

④ 余热锅炉受热面检查出现变形、鼓包、胀粗等情况的受热管需立即更换；对因冲刷、磨损、高温腐蚀致使壁厚减薄量超过设计壁厚 30%的受热管需更换。

⑤ 对余热锅炉受热面检修时，割管作业采用机械切割，不得使用火焊切割；检修焊口作 100%的无损检测；余热锅炉承压部件经重大检修或改造后，进行超水压试验合格后方可投入运行，必要时进行冲管。

⑥ 焚烧炉、余热锅炉、脱酸塔及袋式除尘器灰斗应除焦、清灰。

⑦ 对袋式除尘器滤袋、仓室等部套进行检查，并需满足规定，即进行滤袋检漏试验、寿命评估，更换破损、脱落的滤袋，修复仓室漏点并对仓室进行防腐维护。

⑧ 锅炉、起重机械、压力容器等特种设备的各项检查及检定需符合国家有关标准的规定。

⑨ 汽轮机 A 级检修需进行汽门严密性、汽机超速保护等常规试验。

⑩ 发电机组、变压器、开关等电气一次设备预防性试验须符合国家现行有关标准的规定。

⑪ 电气继电保护、励磁调节器、备用电源投入装置、快切装置等电气二次设备应校验及试验。

⑫ 热工仪表及自控设备需进行检修维护、校验，并做记录；检修完工后对焚烧炉及余热锅炉联锁保护及汽轮发电机组联跳保护进行检查、试验。

⑬ 对焚烧炉及余热锅炉炉膛测温元件及回路检查、维护和校验。

⑭ 对烟气排放在线连续监测装置（CEMS）检修维护，主要部件检修后重新校验，校验合格后方可投入运行。

⑮ 清理、检修除灰渣系统设备，根据磨损情况判定设备寿命并有计划地更换。

⑯ 结合主设备 A、B、C 级检修，根据实际情况清空垃圾池，对池底、四壁做破损检查和防腐处理；卸料平台做修复或防腐处理；渗滤液收集系统清淤并疏通通道。

⑰ 结合主设备 A、B、C 级检修，对渗滤液处理系统、飞灰处置设备及附属设施同步全面检修。

⑱ 分级检修实施前对焚烧厂应急除臭设施全面检查维护，确保其在焚烧厂检修期间运行良好。

⑲ 检修完成后做好设备、管道等的防腐和保温工作；对检修结束后停用或备用的热力设备采取防锈蚀等保护措施。

13.2.3 设备维修和复装评价

焚烧厂在设备检修时必须执行工作票、操作票制度。在检修过程中，检修作业开工前完成人员、工器具、备品配件及材料的准备，并做好技术、安全交底；检修作业结束前完成质检验收、试运行及运行人员交底等工作。当检修项目在施工过程中与相关运行设备冲突时，通过检修机构和运行主管人员协商解决，检修人员不得擅自处理。余热锅炉受热面大面积更换、汽轮机揭（扣）缸、发电机抽（穿）转子等重大检修项目质量与进度控制和大型设备解体后出现难以修复的故障时，及时组织专门会议协商解决。其中，设备检修包括设备解体、检查、维修和复装工序。

设备解体需满足规定：检修人员准备好工器具与耗材，设备解体现场安全措施符合要求；按检修作业指导书的规定拆卸设备，并做到工序、工艺正确，使用工器具、仪器、材料正确，解体设备做好各部件之间的位置记号；拆卸的设备、零部件按检修现场定置管理图摆放，并封堵好与检修设备相连接的其他设备、管道的敞口部分。

设备检查需满足规定：设备解体后进行清理、检查，测量各项技术数据，并查找设备缺陷，鉴定以往检修项目和技术改造项目的效果；对检修前确认的设备缺陷（隐患）进行重点检查；对设备进行全面评估，及时调整检修项目和进度。

设备维修和复装严格按照工艺要求、质量标准和技术措施进行。设备维修和复装的评价为：

① 设备状态评价应基于巡检及例行试验、诊断性试验、在线监测、带电检测、家族缺陷、不良工况等状态信息，包括现象强度、量值大小及发展趋势，结合与同类设备比较，做出综合判断。

② 查验部件动作灵活性，设备有无泄漏；标志、指示、信号、自动装置、保护装置、表计、照明等是否正确、齐全；核对设备系统的变动情况；检查现场整齐、清洁情况。

③ 设备经过检修达到质量标准并验收合格后方可按照工艺要求、质量标准和技术措施进行复装。复装零部件须做防锈、防腐处理。

④ 设备铭牌、罩壳、标牌及因检修时拆除的栏杆、平台等，在设备复装后及时恢复。

⑤ 机组大、小修后连续无故障运行不少于 80 天，否则视故障程度按异常、障碍、事故进行考核。

设备检修结束后，对运行人员进行技术交底，并在检修现场清理完毕、安全设施恢复正常后，方可进行分部试运。当分部试运结束且试运状况良好后，由焚烧厂生产负责人主持进行主设备的冷（静）态验收，重点对检修项目完成情况和质量状况进行现场检查。

整体试运前应完成冷（静）态验收、保护校验、安全检查且合格；设备铭牌和标识正确齐全；设备异动报告和运行注意事项已向运行人员交底。整体试运及检修竣工需满足：整体试运由焚烧厂生产负责人主持，运行人员按试运大纲做好运行准备；试运期间，检修人员协助运行人员检查设备运行状况；A 级检修完成后，组织运行人员进行满负荷连续运行考核试验；检修后经过整体试运和现场全面检查，确认正常后，向当地生活垃圾处理主管部门、环境保护管理部门、电网公司等相关部门填报检修竣工报告，检修工作结束。

检修完成后，需要对各类检修资料及时整理、归档；检修资料的整理要实事求是、客观准确、全面完整，并由相关人员审核。

13.3　劳动安全体系

焚烧厂因储存和使用易燃易爆品，存在火灾、爆炸的安全隐患。此外，粉尘、有毒有害物质、噪声、高压电和高温等都可能危害职工的健康。为了避免火灾、爆炸和其他重大事故的发生，减轻对职工健康的影响，焚烧厂在设计、施工和生产运行过程中，需要建立和落实安全生产制度，制定相应的劳动安全体系，并每年至少一次对其有效性进行检查、评估和完善，每 3～5 年对相关制度进行全面修订。

焚烧厂劳动安全体系的制定可参考《生活垃圾焚烧厂运行维护与安全技术标准》（CJJ 128—2017），具体包括安全设计、安全管理、环境保护和职业健康四个方面。

(1) 安全设计

① 主厂房为一级耐火等级，其他厂房耐火等级不低于二级。设计按国家规定在室内外设置消火栓系统，在厂区设置水喷淋系统，在厂房室内外和储油罐区设置专用灭火装置。并且，在厂区设置火灾自动报警系统，在主要出入口设置手动报警按钮和警铃。

② 受压容器按《压力容器设计规定》设计和检验，高温设备和管道均需设置保温绝热层。

③ 所有正常不带电电气设备金属外壳均采取接地或接零保护。照明配电箱采用带漏电保护的自动开关，检修照明采用 36V 电压。所有变压器均设置电压、电流速断保护装置。

④ 高 15m 以上的建（构）筑物均采取防雷击保护措施，突出屋面的排气管、排风管、铁栏杆等金属物均与避雷针相连。高烟囱独立设避雷装置。

⑤ 主要通道处均设置安全应急灯。

⑥ 机械设备的运动部分均设置防护罩，不能设置防护罩的需设置防护栏杆，周围保持一定的操作活动空间。

⑦ 车间内的工作平台四周临空部分均设置防护栏杆，爬梯和楼梯设置扶手。房顶若有需检修的设备，四周需加设栏杆。特别是垃圾池、储渣池和清水池的四周加设栏杆、护手和救生器具。

⑧ 垃圾池及渗滤液池内的电气设备、灯具须选用防爆设备；在垃圾池内，设置甲烷浓度报警仪传感器。在油罐内部设置液位计，液位在中控室显示并可报警。

⑨ 对桥式起重机配备安全防护装置（如限制器、缓冲器、夹轨钳和锁定装置等）。

⑩ 石灰进出时采用密闭式运输，操作人员配备防护用品。在贮罐附近设置防潮、防水和防火设施，不得堆放易燃物。条件允许时最好使用石灰浆。

⑪ 尽可能采用噪声小的设备，对于噪声较大的设备，采用减震消音措施。

(2) 安全管理

① 建立健全运行、维护事故隐患排查治理制度。明确事故隐患排查管理职责，定期组织排查，建立档案。明确“查找—评估—报告—治理/控制—验收—销号”的闭环管理流程，并须符合规定：保证事故隐患排查治理资金，建立资金使用专项制度；落实责任人，做到全员、全过程、全方位涵盖与生产经营相关的场所、环境、人员、设备设施和环节，积极开展隐患排查工作；定期组织排查事故隐患，按事故隐患等级进行登记，建档保存，按职责分工实施监控治理；对于一般事故隐患，由焚烧厂责任人立即组织整改；对于重大事故隐患，由焚烧厂主要负责人组织制定并实施事故隐患治理方案；对于因自然灾害可能导致的事故隐患，需采取预防措施，制定应急预案。

② 建立安全事故应急救援体系。建立健全安全生产事故处理机制，定期进行应急演练；发生事故时组织有关力量进行救援，防止事故扩大，并及时如实向安全生产监督管理部门报告；按规定成立事故调查组，进行事故调查或配合有关部门进行事故调查；按事故调查报告意见，认真落实整改措施，严肃处理相关责任人。

③ 建立重大危险源管理制度。对生产系统和作业活动中的各种风险、有害因素可能产生的后果进行全面辨识与评估，登记建档，对重大危险源实施监督管理，及时消除风险。

④ 对余热锅炉、压力容器、起重机械、电梯等特种设备，建立特种设备运行、维护和安全管理制度。

⑤ 建立健全消防管理机制，落实消防安全责任制。制定消防安全制度和操作规程，按照国家和行业标准配置消防设施设备和器材，定期组织消防演练和防火检查。

⑥ 重视安全生产。认真贯彻安全生产责任制，实现全员、全面、全过程的安全管理。对各工种均制定相应的《技术安全岗位规程》，定期进行培训。

⑦ 对特种作业人员加强管理，持证上岗。凡从事特种设备的安装、维修人员，必须经劳动部门专门培训并取得相应资格后才能上岗。

⑧ 操作人员在全部停电或部分停电的电气设备上工作时必须完成以下措施：停电、验电、装设接地线、悬挂标示牌和装设遮拦。

⑨ 在设备安装和检修时，须有相应的保护设施，操作人员登高时需佩戴安全带和安全

帽。登高作业时有专人监护。

⑩ 禁止携带会产生火花的物品入厂，动用明火要事先申请。对起重机维修时也应防止产生火花。

⑪ 为防止有毒有害气体、细菌和传染病对人体的危害，进入垃圾池区域的人员需佩戴防毒面具，最好佩戴送风面罩。

⑫ 酸、碱贮罐区的操作人员，操作过程中必须穿戴防护用品，严格遵守安全操作规程。贮罐标牌应醒目，贮罐区设置洗眼器和紧急冲淋装置。

⑬ 凡进入高噪声区域的人员，必须佩戴防噪声护耳器。

⑭ 检修人员进入焚烧炉检修前，必须先对炉内强制输送新鲜空气，待含氧量大于 19% 后方可进入。检修人员在炉内检修时，必须佩戴防毒面具，同时炉外有人监护。

⑮ 维护人员定期对车间内的有毒有害气体进行检测，若发生超标情况，立即分析原因并采取相应措施。

⑯ 在主要道路、建（构）筑物、重要护坡、山岩及河床点等，设置巡检标志点和观测点，并加以保护。

⑰ 维护人员巡检、观测、记录各个标志点和观测点，观测有无位移、裂缝、沉降、倾斜、腐蚀、变形等现象，若发现异常，按有关规定维护。

⑱ 防汛期间，对重要的护坡、挡土墙、山岩、河流、排水沟、排洪沟、消防通道等专门巡检，发现问题立即整改。

⑲ 事故或事故隐患要作详细记录，分析原因并采取改进措施。

(3) 环境保护

① 建立环境保护责任制。明确焚烧厂负责人和相关人员的责任；建立环境污染隐患排查治理制度，加强监督管理。

② 环保设施属于焚烧厂生产设施的组成部分，需同时运行和维护。

③ 建立突发环境事件应急预案，并报环境保护主管部门和有关部门备案。

④ 建立污染物排放监测管理体系。制定污染物排放监测管理制度，按照国家规定和监测规范安装和使用监测设备，保证监测设备正常运行，保存原始监测记录，按规定公开监测数据，接受社会监督。

⑤ 保持厂区的整洁、卫生，标识标志规范、清晰，加强厂区生态环境维护。

⑥ 定时在垃圾池内喷洒消毒药水，防止苍蝇、蚊子等的滋生。

⑦ 每月校核烟气在线监测系统，确保监测数据真实、准确；每月校核炉膛温度检测仪表，确保炉膛主控温度测试数据准确；每条焚烧线二噁英 1 年至少检测 1 次；监测数据在电脑上保存，时间不少于 3 年。

⑧ 在线监测渗滤液处理系统出水水质指标；在线监测系统定期校核，监测数据长期保存；非在线监测的污水排放指标，定期取样并及时送检测机构检测；加强系统巡检，发现问题及时处理。

⑨ 建立飞灰台账，如实记录飞灰的产生、储存、转移、处理和处置情况，并向当地环保部门汇报。

(4) 职业健康

① 制定职业健康管理制度。进行职业危害因素识别，实施职业危害告知制度，建立职业危害申报制度。

② 建立职业健康宣传教育培训制度、职工防护用品管理制度、岗位职业健康操作规程。提高职工自我保护的意识和能力，督促职工遵守操作规程，正确使用防护用品。

③ 建立职业危害日常监测管理制度。对作业场所的粉尘类、化学因素类和物理因素类危害因素和危害点进行辨识，由专人负责日常监测，监测结果及时向从业人员公布；委托专业机构每年至少进行 1 次职业危害因素检测，每 3 年至少进行 1 次职业危害现状评价。

④ 对生产作业人员定期进行体检，并建立健康档案卡。当生产人员岗位发生变动后，也应进行跟踪检查，以便发现问题，及时治疗，确保生产人员的身体健康。

⑤ 制定职工职业健康监护档案管理制度，落实职工职业健康检查、职业健康监护档案管理工作。

思考题

1. 垃圾焚烧厂的运行管理体系包括哪些内容？
2. 简述垃圾焚烧厂设备的维护保养制度。
3. 简述垃圾焚烧厂设备运行主要技术指标。
4. 设备检修时需要注意哪几个方面？
5. 简述设备分级检修内容和检修周期，其重点技术要求是什么？
6. 垃圾焚烧厂设备解体和检查应满足哪些规定？
7. 垃圾焚烧厂在设计和运行时，应如何考虑劳动安全？

参考文献

［1］ 唐平，潘新潮，赵由才．城市生活垃圾前世今生［M］．北京：冶金工业出版社，2012.

［2］ 建设部人事教育司，建设部科学技术司，建设部科学技术发展促进中心．城市生活垃圾焚烧处理技术［M］．北京：中国建筑工业出版社，2004.

［3］ 金宜英，邴君妍，罗恩华，等．基于分类趋势下的我国生活垃圾处理技术展望［J］．环境工程，2019，37（9）：149-153.

［4］ 周菊华，刘晓，曹艳华，等．城市生活垃圾焚烧及发电技术［M］．北京：中国电力出版社，2014.

［5］ 李钢．城市生活垃圾处理常见技术分析［J］．科技与创新，2019（24）：131-132.

［6］ 高燕，陈灏，赵玉柱．国内外生活垃圾分类方法及其分类原则分析［A］．《环境工程》编辑部．环境工程 2017 增刊 2［C］．工业建筑杂志社，2017：5.

［7］ 徐紫嫣，王晓娟．我国城市生活垃圾二维码分类体系的研究［J］．中国资源综合利用，2020，38（7）：70-71，98.

［8］ 邹忆雯，朱红玉，王诗集，等．亚欧典型城市生活垃圾分类体系及产生量演变分析［J］．江西科学，2020，38（3）：349-352.

［9］ 宋薇，蒲志红．美国生活垃圾分类管理现状研究［J］．中国环保产业，2017（7）：63-65.

［10］ 李建新，王永川，张美琴，等．国内城市生活垃圾特性及其处理技术研究［J］．热力发电，2006（1）：11-14，71.

［11］ 周义德，王方，岳峰．我国生物质资源化利用新技术及其进展［J］．节能，2004（10）：8-11，2.

［12］ 孙玮．生物质资源及其利用技术分析［J］．中国高新区，2018（14）：213.

［13］ 张迪茜．生物质能源研究进展及应用前景［D］．北京：北京理工大学，2015.

［14］ 何德文，金艳，柴立元，等．国内大中城市生活垃圾产生量与成分的影响因素分析［J］．环境卫生工程，2005（4）：7-10.

［15］ Silpa Kaza，Lisa Yao，Perinaz Bhada-Tata，et al. What a waste 2.0：a global snapshot of solid waste management to 2050［R］. Washington，D. C.：World Bank Group，2018.

［16］ 聂永丰，金宜英，刘富强．固体废物处理工程技术手册［M］．北京：化学工业出版社，2013.

［17］ 金彦．生活垃圾产量灰色预测模型优化研究［D］．武汉：华中科技大学，2015.

［18］ Cheng H，Hu Y. Municipal solid waste（MSW）as a renewable source of energy：current and future practices in China［J］. Bioresource Technology，2010，101（11）：3816-3824.

［19］ 陈善平，赵爱华，赵由才．生活垃圾处理与处置［M］．郑州：河南科学技术出版社，2017.

［20］ 胡桂川，朱新才，周雄．垃圾焚烧发电与二次污染控制技术［M］．重庆：重庆大学出版社，2011.

［21］ 蔡亚明．循环流化床垃圾焚烧炉燃烧调整［D］．杭州：浙江大学，2020.

［22］ 符鑫杰，李涛，班允鹏，等．垃圾焚烧技术发展综述［J］．中国环保产业，2018（8）：56-59.

［23］ Luca Mazzoni，Manar Almazrouei，Chaouki Ghenai，et al. A comparison of energy recovery from MSW through plasma gasification and entrained flow gasification［J］. Energy Procedia，2017（142）：3480-3485.

［24］ 陈泽峰．世界垃圾焚烧 100 年［M］．福州：福建科学技术出版社，2009.

［25］ 张桂仙．生活垃圾焚烧发电行业创新实践应用回顾与展望［J］．中国新技术新产品，2020（12）：105-107.

［26］ 冯波．生活垃圾焚烧发电的发展现状和创新探索［J］．科技创新与应用，2018（16）：40-41.

［27］ Syieluing Wong，Angel Xin Yee Mah，Abu Hassan Nordin，et al. Emerging trends in municipal solid waste incineration ashes research：a bibliometric analysis from 1994 to 2018［J］. Environmental Science and Pollution Research，2020（27）：7757-7784.

［28］ 杨威，郑仁栋，张海丹，等．中国垃圾焚烧发电工程的发展历程与趋势［J/OL］．环境工程：1-14.

［29］ 刘剑．我国垃圾焚烧发电项目的技术经济评价研究［D］．长春：吉林大学，2013.

［30］ Yun Li，Xingang Zhao，Yanbin Li，et al. Waste incineration industry and development policies in China［J］. Waste Management，2015（46）：234-241.

［31］ Zhao Xin-gang，Zhang Yu-zhuo，Ren Ling-zhi，et al. The policy effects of feed-in tariff and renewable portfolio standard: A case study of China's waste incineration power industry [J]. Waste Management, 2017 (68): 711-723.

[32] Jinbo Song, Yan Sun, Lulu Jin. PESTEL analysis of the development of the waste-to-energy incineration industry in China [J]. Renewable and Sustainable Energy Reviews, 2017 (80): 276-289.

[33] 晏卓逸，岳波，靳琪，等．我国南方村镇生活垃圾组分热值特征及焚烧处置潜力分析 [J]. 环境卫生工程，2017，25 (4)：19-22.

[34] 王延涛，曹阳．我国城市生活垃圾焚烧发电厂垃圾热值分析 [J]. 环境卫生工程，2019，27 (5)：41-44.

[35] 房科靖，熊祖鸿，鲁敏，等．垃圾热值的研究进展 [J]. 新能源进展，2019，7 (4)：359-364.

[36] 孙晓钟．我国垃圾焚烧发电的现状及发展趋势研究 [J]. 通讯世界，2020，27 (4)：137-138.

[37] 李永波．我国生活垃圾焚烧技术现状与趋势 [J]. 中小企业管理与科技 (中旬刊)，2020 (1)：182-183.

[38] 夏杨．试论固体废弃物的焚烧处理技术 [J]. 中国资源综合利用，2019，37 (8)：76-77，80.

[39] 张磊，孙琪琛，刘宁，等．中国城市生活垃圾焚烧处理分析 [J]. 环境与发展，2018，30 (6)：32-33，36.

[40] 王勇．垃圾焚烧发电技术与应用 [M]. 北京：中国电力出版社，2020.

[41] 白良成．生活垃圾焚烧处理工程技术 [M]. 北京：中国建筑工业出版社，2009.

[42] 张弛，柴晓利，赵由才．固体废物燃烧技术 [M]. 2 版．北京：化学工业出版社，2017.

[43] 吉登高．水煤浆燃烧特性研究 [M]. 北京：煤炭工业出版社，2008.

[44] 徐通模．燃烧学 [M]. 2 版．北京：机械工业出版社，1980.

[45] 王罗春．污泥干化与焚烧技术 [M]. 北京：冶金工业出版社，2010.

[46] 张衍国．垃圾清洁焚烧发电技术 [M]. 北京：中国水利水电出版社，2004.

[47] 李秀金．固体废物工程 [M]. 北京：中国环境科学出版社，2003.

[48] 赵由才．生活垃圾处理与资源化 [M]. 北京：化学工业出版社，2016.

[49] 张益，赵由才．生活垃圾焚烧技术 [M]. 北京：化学工业出版社，2005.

[50] 吕玉坤．垃圾焚烧发电技术主要问题及其对策 [J]. 发电设备，2010，24 (2).

[51] 赵良庆．城市生活垃圾焚烧发电技术及装备概述 [J]. 环境保护与循环经济，2016，36 (8).

[52] 王海敏．城市生活垃圾焚烧发电技术及烟气处理 [J]. 能源与节能，2021 (4).

[53] 张芳．生活垃圾焚烧发电工艺及废气污染防治对策研究 [J]. 环境与发展，2020，32 (9).

[54] 席洋．新形势下生活垃圾焚烧发电大气环境污染控制与影响分析 [J]. 电力科技与环保，2020，36 (5)：59-62.

[55] 林海波．循环流化床固体垃圾焚烧炉的预处理系统设计 [J]. 矿山机械，2005 (10)：26-27，5.

[56] 张征．Φ3m×10m 垃圾滚筒筛设计与应用 [J]. 水泥工程，2012 (5)：53-55，67.

[57] 彭琨．某特大类垃圾焚烧发电厂结构设计 [J]. 建筑结构，2019，49 (10)：12-17.

[58] 吴才玉，等．焚烧厂垃圾池的渗滤液强化导排过程设计与改造 [J]. 内蒙古科技与经济，2016 (23)：100-101.

[59] 方朝军．浅析大容量生活垃圾循环流化床焚烧炉的技术特点与调试运行 [J]. 工业锅炉，2019 (3)：37-40.

[60] 汪玉林．垃圾发电技术及工程实例 [M]. 北京：化学工业出版社，2003.

[61] 吴王圣．城市生活垃圾焚烧发电厂的前处理与后处理技术 [J]. 环境影响评价，2017，39 (3)：75-78，83.

[62] 严建华．流化床焚烧垃圾的关键问题及预处理措施 [J]. 动力工程，2005 (1)：1-6.

[63] 暴雅娴．生活垃圾焚烧发电厂设计探讨 [J]. 环境工程，2012，30 (6)：98-100，105.

[64] 毛永宁．城市生活垃圾焚烧处理工艺选择的经济性评价 [J]. 环境卫生工程，2015，23 (1)：24-27.

[65] 步超．生活垃圾焚烧系统中的桥式起重机 [J]. 制造业自动化，2016，38 (11)：154-156.

[66] 杨海根．大型垃圾焚烧厂垃圾抓斗起重机选型探讨 [J]. 环境卫生工程，2011，19 (2)：13-14，17.

[67] 曹占强．城市生活垃圾分选技术应用浅析 [J]. 环境卫生工程，2011，19 (2)：4-6.

[68] 王怀彬．国内外垃圾焚烧炉技术概述 [J]. 工业锅炉，2003 (5)：15-19.

[69] 张永照．城市垃圾焚烧技术和二噁英排放控制 [J]. 工业锅炉，2004 (5)：1-7.

[70] 韩轩．怎样进行水暖工程施工 [M]. 北京：中国电力出版社，2012.

[71] 国家物资总局《工业锅炉技术改造》编写组．工业锅炉技术改造 [M]. 北京：中国铁道出版社，1982.

[72] 郭连忠．能源管理与低碳技术 [M]. 北京：中国电力出版社，2012.

[73] 冯威．城市生活垃圾焚烧炉炉排系统设计及其优化 [D]. 重庆：重庆理工大学，2012.

[74] 于超．垃圾焚烧发电趋势分析及余热锅炉技术进展 [J]. 有色设备，2021，35 (3)：47-57.

[75] 房德职．国内外生活垃圾焚烧发电技术进展［J］．发电技术，2019，40（4）：367-376.

[76] 胡玉平．城市垃圾焚烧锅炉的应用及发展前景［J］．工程技术研究，2020，5（14）：235-236.

[77] 毕崇涛．北京市生活垃圾焚烧处理现状及污染控制分析［J］．环境卫生工程，2018，26（2）：33-35.

[78] 马文通．自然循环余热锅炉动态仿真研究［J］．系统仿真学报，2007（17）：4055-4060.

[79] 秦宇飞．大型城市生活垃圾焚烧炉焚烧过程仿真及控制［D］．北京：华北电力大学，2011.

[80] 任远，李荣．国内外主流垃圾焚烧炉排的特点［J］．发电设备，2010，24（6）：460-463.

[81] 马长永．垃圾热值及成分变化对焚烧炉的影响［J］．环境工程，2009，27（6）：102-104.

[82] 岳优敏．生活垃圾焚烧炉炉型及炉内配风对燃烧的影响研究［J］．工程技术研究，2019，4（3）：22-25.

[83] 钱麟．城市生活垃圾焚烧炉的工程调试［J］．发电设备，2005（4）：219-222，226.

[84] 王晓文．调整炉排供风提高生活垃圾焚烧效率研究分析［J］．科技风，2020（9）：147.

[85] 刘金海．垃圾焚烧电厂一次风加热分析［J］．节能，2019，38（6）：19-21.

[86] 郭孝武．垃圾焚烧厂一次风预热系统设计优化及分析［J］．环境卫生工程，2020，28（1）：35-39.

[87] 汪明浩．垃圾焚烧发电厂中空气预热器的设计［J］．绿色科技，2015（1）：274-275.

[88] HG/T 20680—2011，锅炉房设计工艺计算规定［S］.

[89] 张轲团．大炉型生活垃圾焚烧炉燃烧工况的影响因素及调整方式探讨［J］．机电工程技术，2021，50（7）：280-282.

[90] 黄明星．垃圾焚烧炉炉膛温度的影响因素［J］．环境工程学报，2012，6（5）：1709-1712.

[91] 邹包产．炉排炉垃圾焚烧控制策略［J］．环境工程，2013，31（2）：80-82，86.

[92] 郝吉明，马广大，王书肖．大气污染控制工程［M］．3 版．北京：高等教育出版社，2010.

[93] 戴树桂．环境化学［M］．2 版．北京：高等教育出版社，2006.

[94] 赖鼎东．烟道喷射消石灰脱除垃圾焚烧炉烟气中的氯化氢［J］．福建师大福清分校学报，2019（5）：5-9.

[95] Li Q，Meng A，Jia J，et al. Investigation of heavy metal partitioning influenced by flue gas moisture and chlorine content during waste incineration［J］. Journal of environmental sciences（China），2010（22）：760-768.

[96] Takeshita R，Akimoto Y，Nito S I. Relationship between the formation of polychlorinated dibenzo-p-dioxins and dibenzofurans and the control of combustion，hydrogen chloride level in flue gas and gas temperature in a municipal waste incinerator［J］. Chemosphere，1992（24）：589-598.

[97] 朱芬芬．生活垃圾焚烧飞灰中典型污染物控制技术［M］．北京：化学工业出版社，2019.

[98] 蒋展鹏，杨宏伟．环境工程学［M］．3 版．北京：高等教育出版社，2013.

[99] 钱莲英，王稚真，徐亚平，等．生活垃圾焚烧烟气中重金属排放水平及影响因素分析［J］．环境监测管理与技术，2020，32（2）：61-64.

[100] 衣静，刘阳生．垃圾焚烧烟气中氯化氢产生机理及其脱除技术研究进展［J］．环境工程，2012，30（5）：50-54，113.

[101] 吴立，罗红．干法去除垃圾焚烧炉烟气中氯化氢的研究［J］．铁道劳动安全卫生与环保，2002（5）：205-208.

[102] 祝建中，祝建国，陈靓，等．新型转式垃圾焚烧过程中脱氯脱硫机理的研究［J］．环境工程学报，2009，3（12）：2271-2274.

[103] Wang Z，Huang H，Li H，et al. HCl formation from RDF pyrolysis and combustion in a spouting-moving bed reactor［J］. Energy & Fuels- ENERG FUEL，2002（16）：608-614.

[104] 张弘，贾志慧，王丽萍．垃圾焚烧中的二噁英污染及其防治措施的研究进展［J］．环境科技，2010，23（S2）：148-151.

[105] 周建富，李海英．发电厂烟气净化系统工艺和设备优化的探索［J］．冶金动力，2018（8）：20-23，34.

[106] 李勇．某大型垃圾焚烧发电厂烟气净化工艺选择［J］．资源节约与环保，2015（9）：13-14.

[107] 刘宝宣，翟力新，卜亚明，等．炉排型垃圾焚烧炉烟气净化工艺优化［J］．中国环保产业，2016（5）：31-36.

[108] Lu J-W，Zhang S，Hai J，et al. Status and perspectives of municipal solid waste incineration in China：A comparison with developed regions［J］. Waste Management，2017（69）：170-186.

[109] 刘汝杰，戴仪，屠健．国内外垃圾焚烧排放标准比较［J］．电站系统工程，2017，33（1）：21-23.

[110] 班福忱，胡俊生，徐启程．生活垃圾焚烧厂渗滤液处理实例教程［M］．天津：天津科学技术出版社，2017.

[111] 王天义，蔡曙光，胡延国．生活垃圾焚烧厂渗滤液处理技术与工程实践［M］．北京：化学工业出版社，2018.

[112] 黄明．垃圾焚烧发电厂零排放废水处理系统及信息管理系统［D］．重庆：重庆大学，2014．

[113] 陈磊，闫志强．垃圾分类对渗滤液减量的影响研究［J］．山西建筑，2018，44（12）：184-185．

[114] 北京市市政工程设计研究总院．给水排水设计手册（第5册）［M］．2版．北京：中国建筑工业出版社，2004．

[115] 高廷耀，顾国维，周琪．水污染控制工程（下册）［M］．4版．北京：高等教育出版社，2015．

[116] 李俊生，蒋宝军．生活垃圾卫生填埋及渗滤液处理技术［M］．北京：化学工业出版社，2014．

[117] 柯胜．膜分离技术在废水处理中的应用［J］．上海环境科学，2020，39（2）：66-68．

[118] 孙久义．我国膜分离技术综述［J］．当代化工研究，2019（2）：27-28．

[119] 冯丽娜，黄丽坤，王广智，等．焚烧厂垃圾渗沥液深度处理的研究进展［J］．现代化工，2020，40（9）：35-40．

[120] Hong M W，Lu G，Hou C C，et al. Advanced treatment of landfill leachate membrane concentrates：performance comparison，biosafety and toxic residue analysis［J］. Water Science and Technology，2017，76（11）：2949-2958．

[121] Ding J，Wang K，Wang S，et al. Electrochemical treatment of bio-treated landfill leachate：Influence of electrode arrangement，potential，and characteristics［J］. Chemical Engineering Journal，2018（344）：34-41．

[122] Mahmud K，Hossain M D，Shams S. Different treatment strategies for highly polluted landfill leachate in developing countries［J］. Waste Management，2012，32（11）：2096-2105．

[123] 胡兆吉，孙洋，陈建新，等．UV/O_3 高级氧化工艺深度处理垃圾渗滤液的研究［J］．工业水处理，2017，37（11）：42-45．

[124] 王苗苗．光催化氧化技术对垃圾渗滤液深度处理的试验研究［D］．天津：天津大学，2007．

[125] 熊斌，陈刚，李强，等．生活垃圾焚烧厂烟气湿法脱酸废水零排放处理技术应用［J］．广东化工，2019，46（5）：176-178．

[126] 吴京颖，刘祥铨，施文华，等．福州市某垃圾焚烧发电厂噪声及有害化学因素对作业工人职业健康的影响［J］．职业与健康，2018，34（14）：1877-1880．

[127] 柴晓利，赵爱华，赵由才．固体废物焚烧技术［M］．北京：化学工业出版社，2006．

[128] 毕志刚．发电厂、电站锅炉安全阀排汽系统的噪声控制［J］．黑龙江环境通报，2000（4）：51-52，33．

[129] 王文奇，何友静．节流降压与引射掺冷消声装置的试验研究［J］．环境科学，1980（1）：52-56．

[130] 董秋霞，郭留明，王海亭，等．某火电厂发电机组噪声对环境影响及防治措施［J］．青海电力，2019，38（3）：31-33，37．

[131] 曹崇宏，仇伟伟，孔江峰．水泵振动和噪声的解决方法［J］．中国新技术新产品，2018（1）：121-122．

[132] 郭昌川，姜锐，李俊科，等．垃圾填埋场恶臭污染物排放规律研究［J］．低碳世界，2019，9（12）：24-25．

[133] 郝雪薇．恶臭气体检测研究现状分析［J］．广东化工，2019，46（14）：92-93．

[134] 黄求诚，陆新生，王锋．垃圾焚烧厂的恶臭污染控制［J］．暖通空调，2019，49（9）：82-85，19．

[135] 赵银中．恶臭气体危害及其处理技术［J］．广东化工，2014，41（13）：170-171．

[136] 林琳，李萍，曹爱华，等．某垃圾焚烧发电厂职业病危害控制效果评价［J］．中国城乡企业卫生，2021，36（8）：223-225．

[137] 张霞，黄乐．城市生活垃圾焚烧处理的环境保护措施［J］．环境影响评价，2021，43（3）：51-54．

[138] 汤俣周．关于生活垃圾焚烧发电项目环境影响中关注问题简要分析［J］．农村实用技术，2021（4）：165-166．

[139] 彭连成．城市生活垃圾发电厂的环境防护研究［J］．科技创新导报，2019，16（24）：116，118．

[140] 师宓．城市垃圾焚烧的二次污染及其控制［J］．绿色科技，2019（6）：115-117．

[141] 雷玄，刘兆明．垃圾焚烧发电的环境保护措施［J］．环境与发展，2018，30（11）：226-227．

[142] 林冰梅，罗建中，郑国辉，等．垃圾焚烧炉渣用于生产矿渣硅酸盐水泥的探讨［J］．广东建材，2012，28（8）：6-8．

[143] 柴晓利，王冬扬，高桥史武，等．我国典型垃圾焚烧飞灰物化特性对比［J］．同济大学学报（自然科学版），2012，40（12）：1857-1862．

[144] 袁锋，范伊，宋晨路，等．城市生活垃圾焚烧灰渣作水泥混合材的研究［J］．新型建筑材料，2004（6）：17-19．

[145] 张建铭，胡敏云，许四法．两种典型垃圾焚烧灰渣特性的试验研究［J］．环境污染与防治，2008，30（12）：50-54，59．

[146] 陈清，汪屈峰，李艳，等．华南某垃圾焚烧厂焚烧飞灰理化特性及重金属形态研究［J］．环境卫生工程，2019，27（4）：13-18．

[147] 马晓军．水热法处理生活垃圾焚烧飞灰中重金属和二噁英的研究［D］．杭州：浙江大学，2013．

[148] 黄建欢．垃圾焚烧飞灰中重金属的浸出特性及其水泥固化研究 [D]. 广州：华南理工大学，2013.

[149] 车宁，孙英杰．垃圾焚烧飞灰的处理与处置技术 [J]. 中国环境管理干部学院学报，2019，29 (5)：76-80.

[150] 张佳圆，吴文涛，魏勇，等．不同 pH 淋滤条件下飞灰中铬、锌、镍、铅的环境效应 [J]. 地球环境学报，2019，10 (3)：299-306.

[151] 胡建杭，王华，吴桢芬，等．城市生活垃圾焚烧灰渣熔融特性的分析 [J]. 安全与环境学报，2007 (1)：83-87.

[152] 江云峰，曾照群．生活垃圾焚烧飞灰主要处理技术综述 [J]. 广东化工，2019，46 (11)：162-163.

[153] 刘国威．垃圾焚烧飞灰的重金属化学稳定化研究 [D]. 广州：中国科学院广州地球化学研究所，2018.

[154] 吴彬彬，宋薇，蒲志红．垃圾焚烧炉渣综合利用项目技术及管理现状分析 [J]. 环境卫生工程，2019，27 (3)：9-11.

[155] 金兴乾．生活垃圾焚烧炉渣资源化利用技术发展现状 [J]. 四川环境，2018，37 (6)：136-140.

[156] 邓启良，黄进，蔡雷．垃圾焚烧炉渣资源化利用 [J]. 成都大学学报（自然科学版），2011，30 (2)：188-190.

[157] 严陈玲，陈洁．浅析德国焚烧炉渣处理技术现状 [J]. 再生资源与循环经济，2019，12 (8)：42-44.

[158] 王妍，张成梁，苏昭辉，等．城市生活垃圾焚烧炉渣的特性分析 [J]. 环境工程，2019，37 (7)：172-177.

[159] 夏溢，章骅，邵立明，等．生活垃圾焚烧炉渣中有价金属的形态与可回收特征 [J]. 环境科学研究，2017，30 (4)：586-591.

[160] 章骅，何品晶．城市生活垃圾焚烧灰渣的资源化利用 [J]. 环境卫生工程，2002 (1)：6-10.

[161] 杨媛．城市生活垃圾焚烧炉渣制备免烧墙体砖及其对环境负荷的影响 [D]. 广州：华南理工大学，2010.

[162] 田明阳，马刚平，梁勇，等．生活垃圾焚烧炉渣在道路材料中的应用研究 [J]. 交通节能与环保，2016，12 (3)：41-43.

[163] 宋景慧，冯永新，徐钢，等．火力发电厂烟气低温余热利用技术 [M]. 北京：中国电力出版社，2017.

[164] 张琳，周国顺，郭镇宁，等．利用生活垃圾焚烧电厂余热协同处置市政污泥 [J]. 节能，2021，40 (6)：47-51.

[165] 刘家友．锅炉烟气余热能量置换梯级利用增效机制与实验研究 [D]. 济南：山东大学，2019.

[166] 赵艳．300MW 燃煤机组中低温烟气余热利用系统优化及变工况分析 [D]. 北京：华北电力大学，2017.

[167] 沈晓芳．生活垃圾焚烧处理的余热利用综述 [J]. 城市建设理论研究，2016 (27)：74-75.

[168] 汤学忠．热能转换和利用 [M]. 2 版．北京：冶金工业出版社，2002.

[169] 吴剑，蹇瑞欢，刘涛．我国生活垃圾焚烧发电厂的能效水平研究 [J]. 环境卫生工程，2018，26 (3)：39-42.

[170] 刘纪福．余热回收的原理与设计 [M]. 哈尔滨：哈尔滨工业大学出版社，2016.

[171] 许加庆．电站锅炉烟气余热利用与低温腐蚀防治研究 [D]. 北京：华北电力大学，2015.

[172] 刘朝晖．火力发电厂排烟及循环水余热利用系统设计及分析 [D]. 重庆：重庆大学，2012.

[173] 黄文辉．提高生活垃圾焚烧发电厂能源利用率的方法研究 [J]. 节能，2019，38 (7)：25-26.

[174] 姜鹏，陈晓峰，吴坤，等．垃圾焚烧电厂 SCR 脱硝烟气再热系统经济性分析 [J]. 环境卫生工程，2014，22 (6)：71-74.

[175] 张鑫．锅炉烟气余热利用系统分析与优化研究 [D]. 北京：华北电力大学，2015.

[176] 李允超，赵大周，刘博，等．火电厂烟气余热利用现状与展望 [J]. 发电技术，2019，40 (3)：270-275.

[177] 尹盈峰．生活垃圾焚烧发电厂运行与管理分析研究 [J]. 中小企业管理与科技（下旬刊），2017 (4)：92-93.

[178] 徐文栋．烟气余热利用技术及其工程应用研究 [D]. 上海：上海理工大学，2013.

[179] 陈云峰．燃煤电厂烟气余热利用节能及环保技术研究 [D]. 北京：华北电力大学，2017.

[180] 刘欣艳．生活垃圾焚烧发电厂能耗评价指标研究 [J]. 节能，2015，34 (2)：27-30，3.

[181] 住房和城乡建设部标准定额研究所．生活垃圾清洁焚烧指南 [M]. 北京：中国建筑工业出版社，2016.

[182] Katami T，Yasuhara A，Shibamoto T. Formation of dioxins from incineration of foods found in domestic garbage [J]. Environmental Science & Technology，2004，38 (4)：1062-1065.

[183] Okumura S，Tasaki T，Moriguchi Y. Economic growth and trends of municipal waste treatment options in Asian countries [J]. Journal of Material Cycles and Waste Management，2014，16 (2)：335-346.

[184] Nixon J D，Wright D G，Dey P K，et al. A comparative assessment of waste incinerators in the UK [J]. Waste Management，2013，33 (11)：2234-2244.

[185] 张春犇，郑维先，陈志东．垃圾焚烧发电应用技术及其安全分析 [M]. 广州：暨南大学出版社，2019.

[186] Yang Y，Liew R K，Tamothran A M，et al. Gasification of refuse-derived fuel from municipal solid waste for energy pro-

duction: a review [J]. Environmental Chemistry Letters, 2021, 19 (3): 2127-2140.

[187] Park S W, Seo Y C, Lee S Y, et al. Development of 8 ton/day gasification process to generate electricity using a gas engine for solid refuse fuel [J]. Waste Management, 2020, 113: 186-196.

[188] Ju F, Chen H, Yang H, et al. Experimental study of a commercial circulated fluidized bed coal gasifier [J]. Fuel Processing Technology, 2010, 91 (8): 818-822.

[189] 陈德喜．我国城市生活垃圾焚烧厂建设模式的探讨 [J]. 环境保护，2004 (1): 48-50.

[190] Schneider D R, Loncar D, Bogdan Z. Cost analysis of waste-to-energy plant [J]. Strojarstvo, 2010, 52 (3): 369-378.

[191] Tsai W T, Kuo K C. An analysis of power generation from municipal solid waste (MSW) incineration plants in Taiwan [J]. Energy, 2010, 35 (12): 4824-4830.

[192] He J, Lin B. Assessment of waste incineration power with considerations of subsidies and emissions in China [J]. Energy Policy, 2019 (126): 190-199.

[193] Panepinto D, Zanetti M C. Municipal solid waste incineration plant: A multi-step approach to the evaluation of an energy-recovery configuration [J]. Waste Management, 2018, 73: 332-341.

[194] 韦轩．城市生活垃圾焚烧发电厂选址优化管窥 [J]. 低碳世界，2017 (23): 116-117.

[195] Tavares G, Zsigraiova Z, Semiao V. Multi-criteria GIS-based siting of an incineration plant for municipal solid waste [J]. Waste Management, 2011, 31 (9-10): 1960-1972.

[196] Piecuch T, dabrowski J. Conceptual project of construction of waste incineration plant for Polczyn Zdroj municipality [J]. Rocznik Ochrona Srodowiska, 2014 (16): 196-222.

[197] 张乃斌．垃圾焚化厂系统工程规划与设计 [M]. 台北：茂昌图书有限公司，2001.

[198] 李东．垃圾焚烧厂两票管理分析与探讨 [J]. 产业科技创新，2020, 2 (3): 111-112.

[199] 叶荣．垃圾焚烧厂的设备维修管理 [J]. 环境卫生工程，2016, 24 (3): 84-86.

[200] 应雨轩，林晓青，吴昂键，等．生活垃圾智慧焚烧的研究现状及展望 [J]. 化工学报，1-30.

[201] You H, Ma Z, Tang Y, et al. Comparison of ANN (MLP), ANFIS, SVM, and RF models for the online classification of heating value of burning municipal solid waste in circulating fluidized bed incinerators [J]. Waste Management, 2017 (68): 186-197.

[202] Anderson S R, Kadirkamanathan V, Chipperfield A, et al. Multi-objective optimization of operational variables in a waste incineration plant [J]. Computers & Chemical Engineering, 2005, 29 (5): 1121-1130.

[203] 周志成．基于图像处理和人工智能的垃圾焚烧炉燃烧状态诊断研究 [D]. 南京：东南大学，2015.

[204] Chen J, Chen W, Chang N. Diagnosis analysis of a small-scale incinerator by neural networks model [J]. Civil Engineering and Environmental Systems, 2008, 25 (3): 201-213.

[205] 湛腾西．垃圾焚烧过程智能集成控制 [J]. 机床与液压，2010, 38 (18): 85-87.

[206] Hu Q, Long J, Wang S, et al. A novel time-span input neural network for accurate municipal solid waste incineration boiler steam temperature prediction [J]. Journal of Zhejiang University-Science A, 2021, 22 (10): 777-791.

[207] Chen J, Lin K. Diagnosis for monitoring system of municipal solid waste incineration plant [J]. Expert Systems with Applications, 2008, 34 (1): 247-255.

[208] Allegrini E, Vadenbo C, BOLDRIN A, et al. Life cycle assessment of resource recovery from municipal solid waste incineration bottom ash [J]. Journal of Environmental Management, 2015, 151: 132-143.

[209] 沈翔．基于物联网的火电厂烟气脱硝系统在线监测平台关键模型的研究 [D]. 南京：东南大学，2016.

[210] Bunsan S, Chen W, Chen H, et al. Modeling the dioxin emission of a municipal solid waste incinerator using neural networks [J]. Chemosphere, 2013, 92 (3): 258-264.

[211] Ding C, Yan A. Fault detection in the MSW incineration process using stochastic configuration networks and case-based reasoning [J]. Sensors, 2021, 21 (21): 7356.

[212] 李东．某焚烧厂安全管理分析 [J]. 质量与市场，2020, 4: 81-82.

[213] Wultsch G, Misik M, Nersesyan A, et al. Genotoxic effects of occupational exposure measured in lymphocytes of waste-incinerator workers [J]. Mutation Research-Genetic Toxicology and Environmental Mutagenesis, 2011, 720 (1-2): 3-7.

[214] Hours M, Anzivino-viricel L, Maitre A, et al. Morbidity among municipal waste incinerator workers: a cross-sectional study [J]. International Archives of Occupational and Environmental Health, 2003, 76 (6): 467-472.
[215] Tolvanen O K, Hanninen K I. Occupational hygiene in a waste incineration plant [J]. Waste Management, 2005, 25 (5): 519-529.
[216] CJ/T 313—2009，生活垃圾采样和分析方法 [S].
[217] CJ/T 106—2016，生活垃圾产生量计算及预测方法 [S].
[218] GB/T 3558—2014，煤中氯的测定方法 [S].
[219] GB/T 476—2008，煤中碳和氢的测定方法 [S].
[220] GB/T 214—2007，煤中全硫的测定方法 [S].
[221] GB/T 211—2017，煤中全水分的测定方法 [S].
[222] CJJ/T 102—2004，城市生活垃圾分类及其评价标准 [S].
[223] GB/T 476—2008，煤中碳和氢的测定方法 [S].
[224] GB 18485—2014，生活垃圾焚烧污染控制标准 [S].
[225] GB 16889—2008，生活垃圾填埋场污染控制标准 [S].
[226] GB 30485—2013，水泥窑协同处置固体废物污染控制标准 [S].
[227] GB/T 3811—2008，起重机设计规范 [S].
[228] RISN-TG 009—2010. 生活垃圾焚烧技术导则 [S].
[229] CJJ 90—2009，生活垃圾焚烧处理工程技术规范 [S].
[230] YB/T 062-2021，冶金工业炉燃烧器技术条件 [S].